U0192376

"十二五"职业教育国家规划教材

经全国职业教育教材审定委员会审定

21世纪建筑工程系列规划教材

建筑施工技术

第 3 版

主　编　张厚先　王志清
副主编　郝永池　王立军
参　编　李章珍　杨　帆

机械工业出版社

本书为"十二五"职业教育国家规划教材，经全国职业教育教材审定委员会审定。全书内容以理论够用、实用为原则，以培养学生指导现场施工能力为目标，以介绍技术系统为前提，以介绍复杂而多用技术为重点，遵守国家现行规范，反映新技术、新工艺，致力于培养应用型人才，主要内容包括土方工程、地基处理、基础工程、砌体工程、钢筋混凝土工程、预应力混凝土工程、结构安装工程、防水工程、装饰工程、脚手架与垂直运输设备、冬期与雨期施工等11章。重要计算内容均有例题、习题，配套样卷及答案、课程设计任务书及指导要点、结构计算公式、电子课件等专业教学资源，凡选用本书作为教材的老师均可登录机工教育服务网 www.cmpedu.com 注册下载。

本书可供高职高专和应用型本科的土建类专业生使用，也可供施工技术人员参考。

图书在版编目（CIP）数据

建筑施工技术/张厚先，王志清主编 . —3 版 . —北京：机械工业出版社，2015.11（2017.7重印）

"十二五"职业教育国家规划教材　21世纪建筑工程系列规划教材

ISBN 978 – 7 – 111 – 51998 – 0

Ⅰ.①建… Ⅱ.①张…②王… Ⅲ.①建筑工程 – 工程施工 – 高等职业教育 – 教材 Ⅳ.①TU74

中国版本图书馆 CIP 数据核字（2015）第 254589 号

机械工业出版社（北京市百万庄大街 22 号　邮政编码 100037）
策划编辑：覃密道　责任编辑：覃密道
责任印制：常天培　责任校对：胡艳萍　陈秀丽
北京京丰印刷厂印刷
2017 年 7 月第 3 版·第 4 次印刷
184mm × 260mm · 23.25 印张 · 573 千字
9 001—12 000 册
标准书号：ISBN 978 – 7 – 111 – 51998 – 0
定价：55.00 元

第3版前言

本教材第3版于2012年底申报"十二五"职业教育国家规划教材选题，获得批准立项。申报时考虑了以下几个方面：

第一，《高等职业学校专业教学标准（试行）》，定位高等职业学校专业教学培养目标和规格在为生产、管理、服务一线培养具有良好职业道德、专业知识素养和职业能力的高素质技能型人才；在教学模式上倡导"以学生为中心"，实行多种形式的"工学结合"教学模式；在教学内容和课程体系安排上体现与职业岗位对接、中高职衔接，理论知识够用，职业能力适应岗位要求和个人发展要求。中国建设教育协会等2012年主编的行业标准《建筑与市政工程施工现场专业人员职业标准》（JGJ/T 250—2011），规定了建筑与市政工程施工现场专业人员的工作职责、专业技能、专业知识，以及组织职业能力评价的基本要求。专业建设、课程改革、生源情况新的变化，人才培养模式的变化对课程及教材的要求等使得有必要对已出版教材进行修订。

第二，在近期修订了一批相关专业技术规范和标准，如《混凝土结构施工图平面整体表示法制图规则和构造要求》（11G101-1、11G101-2、11G101-3）、《混凝土结构工程施工规范》（GB 50666—2011）、《混凝土结构设计规范》（GB 50010—2010）等，需要在教材中得到反映。

第三，在我国信息网络化、高等教育大众化的形势下，应用型人才培养的专业课教学以理论够用、实用为原则，以培养学生指导现场施工能力为目标，是土建类专业高职高专和应用型本科的共同特征。

第四，《建筑施工技术》于2003年7月出版，2008年3月出版第二版并被评定为普通高等教育"十一五"国家级规划教材，为培养应用型人才发挥了显著作用，产生了较大的社会影响，成为第3版修订的较好基础。

本教材经修订后力求做到以下几个方面：

1）适用于高职高专和应用型本科的应用型人才专业教育，培养学生工作后指导现场施工的能力。

2）以介绍技术系统为前提，以介绍复杂而多用技术为重点，如基坑降水、模板设计、钢筋配料等。

3）重要计算内容均有例题、习题，配套样卷及答案、课程设计任务书及指导要点、结构计算公式、电子课件等专业教学资源库。

4）遵守国家现行规范，反映新技术、新工艺及成熟经验。

5）体系完整，内容精练，附图直观。

本次修订具体分工如下：南京工程学院张厚先修订绪论、第三章、第四章、第六章、第八章、习题、样卷及答案、课程设计任务书及指导要点、结构计算公式，河北建筑工程学院李章珍修订第二章，长治职业技术学院王志清、张厚先共同修订第一章、第七章，河北工业职业技术学院郝永池修订第五章、第十章，山西大同大学杨帆修订第九章，河北建筑工程学院王立军修订第十一章，张厚先统稿。

编写过程中参考了大量文献，在此一并致谢。不当和错误之处，欢迎读者批评指正，主编张厚先 Email：houxianzhang@ sina. com。

编　者

目　　录

第 3 版前言

绪论 ……………………………………………………………………………………………… 1

第一章　土方工程 …………………………………………………………………………… 8

　　第一节　基坑降水 ……………………………………………………………………… 8

　　第二节　基坑支护 ……………………………………………………………………… 19

　　第三节　填土压实 ……………………………………………………………………… 32

　　第四节　土方工程机械化施工 ………………………………………………………… 34

　　第五节　土方量计算及调配 …………………………………………………………… 37

　　第六节　土方工程施工质量要求要点及安全注意事项 ……………………………… 48

第二章　地基处理 …………………………………………………………………………… 52

　　第一节　局部地基处理 ………………………………………………………………… 53

　　第二节　砂石垫层施工 ………………………………………………………………… 56

　　第三节　灰土垫层施工 ………………………………………………………………… 58

　　第四节　灰土桩施工 …………………………………………………………………… 60

　　第五节　夯实水泥土桩施工 …………………………………………………………… 63

　　第六节　地基处理施工质量要求要点及安全注意事项 ……………………………… 64

第三章　基础工程 …………………………………………………………………………… 67

　　第一节　钢筋混凝土预制方桩施工 …………………………………………………… 68

　　第二节　混凝土灌注桩施工 …………………………………………………………… 75

　　第三节　浅基础施工 …………………………………………………………………… 98

　　第四节　基础施工质量要求要点及安全注意事项 …………………………………… 102

第四章　砌体工程 …………………………………………………………………………… 109

　　第一节　砖砌体施工 …………………………………………………………………… 109

　　第二节　砌块砌体施工 ………………………………………………………………… 112

　　第三节　石砌体施工 …………………………………………………………………… 117

　　第四节　砌体工程施工质量要求要点及安全注意事项 ……………………………… 120

第五章　钢筋混凝土工程 …………………………………………………………………… 128

　　第一节　模板工程 ……………………………………………………………………… 128

　　第二节　钢筋工程 ……………………………………………………………………… 157

　　第三节　混凝土工程 …………………………………………………………………… 182

第六章　预应力混凝土工程 ………………………………………………………………… 203

　　第一节　先张法 ………………………………………………………………………… 203

　　第二节　后张法 ………………………………………………………………………… 211

　　第三节　无粘结预应力混凝土施工 …………………………………………………… 226

　　第四节　预应力混凝土工程施工质量要求要点及安全注意事项 …………………… 232

第七章　结构安装工程 ……………………………………………………………………… 238

第一节　结构安装的起重机械 …………………………………………………… 238

第二节　装配式钢筋混凝土单层工业厂房安装 ………………………………… 242

第三节　结构安装工程施工质量要求要点及安全注意事项 …………………… 255

第八章　防水工程 ……………………………………………………………………… 260

第一节　卷材防水屋面施工 ……………………………………………………… 260

第二节　涂膜防水屋面施工 ……………………………………………………… 263

第三节　刚性防水屋面施工 ……………………………………………………… 265

第四节　地下工程防水施工 ……………………………………………………… 266

第五节　防水工程施工质量要求要点及安全注意事项 ………………………… 271

第九章　装饰工程 ……………………………………………………………………… 278

第一节　门窗安装 ………………………………………………………………… 278

第二节　抹灰工程 ………………………………………………………………… 285

第三节　楼地面工程 ……………………………………………………………… 289

第四节　饰面工程 ………………………………………………………………… 297

第五节　吊顶工程 ………………………………………………………………… 302

第六节　幕墙安装 ………………………………………………………………… 305

第七节　涂料工程 ………………………………………………………………… 309

第八节　裱糊工程 ………………………………………………………………… 312

第九节　外墙保温施工 …………………………………………………………… 314

第十章　脚手架与垂直运输设备 …………………………………………………… 318

第一节　扣件式钢管脚手架 ……………………………………………………… 318

第二节　碗扣式脚手架 …………………………………………………………… 323

第三节　框组式脚手架 …………………………………………………………… 325

第四节　悬吊式脚手架 …………………………………………………………… 328

第五节　悬挑式脚手架 …………………………………………………………… 331

第六节　附着升降式脚手架 ……………………………………………………… 333

第七节　里脚手架 ………………………………………………………………… 337

第八节　脚手架工程质量要求要点及安全注意事项 …………………………… 338

第九节　垂直运输设备 …………………………………………………………… 342

第十一章　冬期与雨期施工 ………………………………………………………… 347

第一节　土方工程冬期施工 ……………………………………………………… 347

第二节　混凝土工程冬期施工 …………………………………………………… 349

第三节　砌体工程冬期施工 ……………………………………………………… 358

第四节　装饰工程冬期施工 ……………………………………………………… 359

第五节　冬期施工安全注意事项 ………………………………………………… 361

第六节　雨期施工 ………………………………………………………………… 361

参考文献 ………………………………………………………………………………… 364

绪　　论

一、20 世纪 70 年代以前我国建筑施工技术的水平

留存至今的故宫、长城、高塔、寺庙、园林等，标志着古代中国建筑施工技术的水平。近代，中国建筑施工技术开始落后于世界经济发达国家。

新中国成立以后，我国建筑施工在机械化、专业化、工厂化和快速施工方面都取得了较大成就，当时采用的新施工技术有重锤夯实地基、砂垫层、砂桩、混凝土桩基和沉箱基础等地基基础工程施工技术，建造到七八层楼的砖石工程施工技术，钢筋冷加工、预应力混凝土、钢筋混凝土薄壳、轻质混凝土和特种混凝土等钢筋混凝土工程施工技术，卷材防水、刚性防水等屋面防水工程施工技术，冬期施工技术等。1965 年，我国有了自己的第一套施工及验收规范。

20 世纪 60 年代中期到 70 年代末，我国采用了灌注桩、井点排水、钢板桩的深坑边坡支护、地下连续墙等地基基础工程施工技术，砌筑工程采用了砌块及大型砌块，钢筋混凝土采用了大模板、组合钢模、滑模施工，装饰工程采用了钢门窗，饰面工程采用了墙纸及喷涂、滚涂、弹涂工艺，新型防水材料得到了大量应用。此外，我国还修订了施工及验收规范。

二、20 世纪 80 年代以后我国建筑施工技术的创新

1. 地基基础工程施工技术有了飞速发展

在地基处理方面，我国目前已基本形成了压（夯）密固结法、加筋复合法、换填垫层法和注浆加固法等四种系列。其中加筋复合法已成为地基处理的主导方法。

桩基础仍然是我国应用最广泛的一种基础形式，尤其混凝土灌注桩，能适用于任何土层，且其承载力大、施工对环境影响小，因而发展最快，目前已形成挤土、部分挤土和非挤土三类、数十种桩和成桩工艺，最大桩直径达 3m，最深达 100m 左右。桩基础承载力的检验，已开发应用了动态测试技术。

深基坑挡土支护技术包括挡土、支护、防水、降水、挖运土、监测和信息化施工，目前已形成了多种结构形式，如悬臂式围护结构、重力式水泥土挡墙、内撑式围护结构、拉锚式围护结构、土钉墙围护结构以及沉井等。1999 年我国首次颁布了《建筑基坑支护技术规程》（JGJ 120—1999）。目前，基础埋深超过 15m 的已很普遍，如北京京城大厦基础埋深达 25m，北京国家大剧院工程基坑最深处达 41m。

高层建筑箱基、筏基的底板、深梁等大体积混凝土，极易产生危及结构安全的裂缝。通过工程实践，总结出降低水泥水化热、合理选用骨料、掺用适量外加剂和掺合料、改善混凝土边界约束条件、合理分层分段施工、加强保温保湿养护、设置后浇带、利用混凝土后期强度、将混凝土内外部温差控制在 25℃以内等一系列措施，取得裂缝控制成功；上海市制定了基础大体积混凝土工法，1994 年经建设部审定为国家级工法。

2. 模板和脚手架以钢代木，推陈出新

（1）模板技术 长期以来，我国的模板技术一直处于散支散拆木模和定型木模板的落后局面。自从 20 世纪 70 年代提出"以钢代木"以来，模板技术逐步朝着多样化、标准化、系列化、商品化方向发展，不仅研制开发了通用性强的组合式模板，还结合工程结构构成的特点和工艺要求，研制开发了用于建筑竖向构件的大模板、滑动模板、爬升模板，用于浇筑大空间水平构件的飞（台）模、密肋楼盖模壳，可以同时浇筑墙体和楼盖的隧道模等工具式模板。另外还研制开发了用于叠合楼盖的永久模板，使我国的模板技术初步形成了组合式、工具式和永久式三大系列。

在组合式模板中，如今已有了钢框木（竹）胶合板模板（最大尺寸为 2.4m×1.2m）、无框木（竹）胶合板模板以及中型组合钢模板（最大尺寸为 2.5m×0.6m），有些模板已能满足浇筑清水混凝土的要求。此外还研制了采用组合式模板支设楼盖模板的"先拆模板、后拆支撑"的早拆体系，从而加快了模板的周转，减小了一次投放量，受到广泛的欢迎。

爬模技术吸取了大模板和滑动模板的优点，特别适用于超高层建筑施工。

飞（台）模实现了整体安装、整体拆模，从而大大节省了支、拆模板的工作量，加快了施工进度，成为无梁楼盖普遍采用的模板技术。

塑料和玻璃钢制成的模壳，适用于大跨度密肋楼盖施工。

（2）脚手架技术 我国脚手架已从竹木脚手架和钢管脚手架并存转变为以钢管脚手架为主体，并衍生出多种新型脚手架。脚手架的生产已实现工厂化、系列化；脚手架的功能已发展为多样化；脚手架的搭设、安装和设计计算也逐步趋向规范化，并已形成扣件式、门架式、碗扣式等多种工具式脚手架，以适应不同建筑高度、结构跨度以及内外作业、结构和装饰施工的需要。目前，脚手架已可以与模板支撑通用，这对于提高脚手架利用率无疑是一项重大的突破。特别是爬架，由于它能沿着建筑物攀升和下降，不受建筑物高度的限制，既可用于结构施工，又可用于外装饰作业，因此，用它进行高层、超高层建筑施工极具发展优势。

2005 年奥运工程建设开始，在水立方、机场航站楼等工程中又成功引进并推广了插片式的安德固脚手架。安德固脚手架采用 Q345 级高强度钢管，外镀锌，用卡片连接，支撑系统工具标准化，因此又可叫作"模块脚手架"，近几年来在北京迅速得到推广应用，不仅用于各种脚手架，还适用于作钢结构安装的承重平台，操作方便，节省钢材，支搭牢固，深受欢迎。除了卡扣式外，在连接方面还出现了"轮盘卡片"式等多种连接形式。

3. 现浇结构的粗钢筋连接技术从无到有

我国钢筋连接技术由于长期受到推行预制装配式结构的制约，基本上只有闪光对焊、点焊和电弧焊等技术。20 世纪 80 年代以后，随着高层现浇混凝土结构的增多，现场施工粗钢筋的连接已成为突出问题。传统的电弧焊不仅耗用钢材多、劳动强度大、工效低，而且质量难以保证。

自从北京长城饭店和西苑饭店工程在施工中研制开发了电渣压力焊以来，先后研制开发了多种适应现浇结构施工的粗钢筋连接新技术。如氧气乙炔气压焊以及套筒径向和轴向挤压连接、锥螺纹连接和直螺纹连接等机械连接技术。其中电渣压力焊由于操作简便、工效高、成本低，现已成为现浇结构竖向粗钢筋焊接的主要方法。钢筋机械连接方法不受钢筋化学成分、焊接性和气候条件的影响，并可用于垂直、水平、倾斜、高处、水下等粗钢筋的连接，具有操作便捷、接头质量稳定等优点。为此，我国于 1996 年正式公布实施了《钢筋机械连接通用技术规程》（JGJ 107—1996）、《带肋钢筋套筒挤压连接技术规程》（JGJ 108—1996）、《钢筋锥螺纹接头技术规程》（JGJ 109—1996）。这三项技术规程的公布与实施，大大促进了钢筋机械连接技术的发展。经过多年的实施，不但积累了丰富的实践经验，而且新的机械连接技术也在不断涌现，如等强锥螺纹连接技术、镦粗直螺纹连接技术、滚压直螺纹连接技术、削肋滚压直螺纹连接技术等。在此基础上，1999 年国家对《钢筋机械连接通用技术规程》（JGJ 107—1996）进行了局部修订，同时还颁布实施了《镦粗直螺纹钢筋接头》（JG/T 3057—1999）。

4. 混凝土向预拌、高强、高性能发展

我国常用混凝土的设计强度已从 20～30MPa 提高到 30～50MPa，强度等级为 C50、C60、C80 的高强混凝土在高层建筑施工中采用越来越多。

泵送技术提高了混凝土施工的机械化水平，也解决了大体积混凝土连续浇筑的问题。目前混凝土泵送最大高度已达 350m 以上。

高性能混凝土（High Performance Concrete，简称 HPC），在 1998 年被建设部列为"重点推广 10 项新技术"的内容之一。高性能混凝土是以耐久性为基本要求，可根据不同用途强化某些性能的混凝土，如补偿收缩混凝土、自密实免振混凝土等。除了低用水量外，主要是开发应用超塑化剂和超细活性掺合料，实现高工作度、高体积稳定性和高抗渗性。但高性能混凝土还有待在实践中进一步完善、总结，逐步实现规范化。

2004 年以来全国研究推广了高性能混凝土，尽管对高性能混凝土的定义还不统一，但要求混凝土应提高其耐久性、可操作性、抗裂性（含掺入矿物掺合料）及经济性，这个发展方向是正确的。我国混凝土技术正向着这个方向发展，进入 21 世纪，清水混凝土技术也有了很快的发展。清水混凝土分为两类，一类是不抹灰的清水混凝土（刮腻子即交工）；另一类是装饰混凝土（原质原味）不作任何表面处理，北京已经做到一般现浇混凝土构件不再抹水泥砂浆面层，这对解决抹灰起鼓、开裂问题，省工省料，提高工程质量，加快施工进度和降低成本都有好处。

5. 高效钢筋和现代化预应力技术得到广泛应用

随着我国混凝土结构的发展，为解决配筋稠密、钢筋用量大、造价高的问题，必须进一步提高钢筋材质强度，改善综合性能。为此，20 世纪 90 年代以后，在热轧钢筋方面研制开发了 400MPa 的新Ⅲ级钢筋，比原来 370MPa 的Ⅲ级钢筋性能优良。另外，引进生产了 20 世纪 70 年代国外发展起来的新型钢筋——冷轧带肋钢筋，由于这种钢筋强度高、韧性好且锚固性能强，已成为冷拔低碳钢丝和热轧光圆钢筋的代换品。我国相继颁布了《冷轧带肋钢筋》（GB 13788—2000）和《冷轧带肋钢筋混凝土结构技术规程》（JGJ 95—1995），且将其作为重点推广。550MPa 级冷轧带肋钢筋主要用于现浇楼盖，用其取代 HPB300 级钢筋，可节约钢材 30%；800MPa 级冷轧带肋钢筋用于预应力混凝土构件，用其取代冷拔低碳钢丝，可节约钢材 15%；650MPa 级冷轧带肋钢筋既可用于预应力构件，亦可用于非预应力现浇楼板。另外，采用中强钢丝在工厂生产焊接网片，也得到了广泛的应用。

在现代预应力混凝土技术方面，目前不但预应力混凝土用钢丝和钢绞线的标准（GB/T 5223—1995 和 GB/T 5224—1995）已与国际接轨，而且高强度低松弛钢绞线的强度已达到国际先进水平（1860MPa）。另外，大吨位锚固体系与张拉设备的开发与完善，金属螺旋管

（波纹管）留孔技术的开发与无粘结预应力成套技术的形成（包括开发了环向、竖向和超长束预应力工艺），将我国现代预应力技术从构件推向结构新阶段，应用范围不断扩大。采用预应力混凝土大柱网结构，满足高层建筑下部大空间功能的要求；无粘结预应力平板技术，可比梁板结构降低层高 0.2～0.4m，具有显著的经济和社会效益。由于研制开发了环向、竖向和超长束预应力工艺，使预应力混凝土技术用于高耸构筑物成为可能。如上海东方明珠电视塔（高 468m）、天津电视塔（高 415.2m）和北京中央电视塔（高 405m），均采用了上述技术。采用预应力技术建造整体装配式板柱结构（简称 IMS 体系），已用于北京建筑设计研究院科研楼和北京工业大学基础楼（均为 12 层）以及成都珠峰宾馆（15 层）。

21 世纪开始，预应力技术又在大跨度钢结构屋盖工程中得到推广应用，北京奥运工程中已普遍使用了这项技术。

6. 钢结构技术和大型结构整体安装技术接近国际先进水平

目前钢结构包括高层和超高层建筑钢结构、大跨度空间钢结构、轻型钢结构和钢—混凝土组合结构等，其连接技术采用高强螺栓连接、焊接、螺柱焊和自攻螺纹连接，从设计、制造、施工等方面形成了比较成熟的成套技术，某些领域还处于领先地位。首都机场四机位库（306m×90m×40m）的钢屋盖由大门钢桥、中梁桁架及正交斜放多层四角锥焊接空心球管网架 3 种结构组成，是世界上最大的飞机库之一。

近年来，我国建成的大跨度大空间结构，其结构构件安装技术复杂，难度大，施工技术已达到世界先进水平。其一是采用集群千斤顶同步整体提升，如北京西站北站房跨度 45m 的钢门楼，总重 1818t，采用 16 台 200t 千斤顶和 8 台 40t 穿心式液压千斤顶，通过 336 根 ϕ15.2mm 钢绞线，用计算机同步控制整体提升到 43.5m 的设计位置。其二是利用起重设备提升，高处合龙。如首都机场四机位库（306m×90m×40m），其钢屋盖由 306m 长的钢桥、90m 长的中梁及网架组成，总重 5400t；钢桥在大门顶部，为双跨连续梯形空间桁架，每跨长 153m、高 15m、宽 6m，在每跨的柱间地面上立拼 132m 长钢桥（重约 1000t），用 48 台 40t 穿心式液压千斤顶，计算机集中控制，同步将钢桥整体提升到安装位置；两跨合龙时，用塔式起重机将节点处钢桥高处散装就位。

2004 年以来，奥运工程、中央电视中心、首都机场 3 号航站楼等重大工程都采用大型钢结构，不仅体量及用钢量大，且结构复杂，外形要求高，给钢结构施工带来了极大的困难，如鸟巢工程钢板焊接厚度达 110mm，使用了上千吨焊条；有些钢结构使用了 Q460 高强钢板，安装技术要求高；采用高空单元散装技术，划分了 100 多个单元，每个钢结构单元都重达几十吨，有的单元重达 100 多吨，由 78 个支承点用 ϕ600 钢管组成的支承塔架。又如国家体育中心采用了双向预应力钢结构（下弦是预应力束），奥运工程中不少场馆都采用了不同形式的预应力钢结构，其制作安装难度非常大。再如国家体育中心双向预应力桁架的安装，在钢筋混凝土看台已经施工完毕的不利条件下采用了三滑道、支托上弦及移动胎架和固定胎架相结合的"滑移技术"，属于国际首创，是经过几次专家会的讨论，才制定下来的施工方案。总之，我国的钢构件制作（包括超厚钢板焊接）、运输、拼装、安装等都是国际上领先的。钢结构的提升技术发展很快，如国家图书馆和 A380 机库都是超过一万多吨一次提升的工艺。

7. 建筑节能技术由初步探索向着组织全面实施发展

从 20 世纪 80 年代初期开始，国家围绕以节约建筑能耗为核心，对建筑物围护结构和采暖（空调）系统（包括改革和废除多年来使用的传统黏土砖）进行了研究和工程试点。《民用建筑节能设计标准（采暖居住建筑部分）》（JGJ 26—1995）要求节能30%；此外国家还颁发了建筑节能技术政策，提出了推广采用混凝土小型空心砌块建筑体系、框架轻墙建筑体系、外墙外保温隔热技术、节能保温门窗（塑钢门窗）和门窗密封技术、高效先进的供热制冷系统（如直埋式保温管道、水力平衡阀和双管管网系统、分室控温分户安装表）等主要建筑节能和墙改技术，使我国的建筑节能技术向着全面实施的阶段发展。

从20世纪90年代中期开始，国家要求对建筑外墙做保温，当时为施工方便都采用"外墙内保温"技术。到了21世纪初，发觉外墙内保温弊端较多，因此改为研究开发"外墙外保温"技术，采用粘贴聚苯板，面层用玻纤网格布聚酯水泥砂浆抹灰的工艺，另外还有少数工程采用将聚苯板直接放在大模板内（外侧）与墙体混凝土同时浇筑连成一体的工艺（有锚固钢筋连接聚苯板）；也有将预制保温装饰板直接固定在外墙面上；还有将聚苯板等直接浇筑在墙体混凝土中形成夹心保温墙。最近在框架结构中还直接使用保温砌块，取消了保温层。但是，外墙保温技术迄今还在摸索阶段，尚未找到满意的工艺（做法）。在奥运工程的带动下，目前我国正在向绿色施工和绿色建筑进军，重视节能、节水、节地、节材和环保（四节一环保）工作，积极使用可再生的材料资源和控制在施工中抽排地下水资源等。

8. 现代装饰和新型防水技术广泛推广

（1）装饰技术 随着改革开放和经济建设的深入发展，人们对建筑物的环境和功能有了更高的要求，无论是居住建筑还是大型公共建筑，在建筑装饰设计、选材和施工方面，均已适应现代化的要求。广泛采用新材料、新工艺、新技术，使我国的建筑装饰技术向着高层次、现代化方向发展。

饰面装饰已从传统的湿作业抹灰，发展为采用装饰混凝土、涂料饰面、陶瓷饰面、石材饰面、壁纸和墙布饰面、玻璃饰面、塑料饰面和金属饰面。其中陶瓷饰面的镶贴技术，已相继研制开发出了不含甲醛等有害物质的多种粘合剂，既克服了传统做法易出现的空鼓脱落问题，也解决了环保问题。室内外天然石材饰面的广泛应用，促进了产品品种和镶贴技术不断更新，已开发出镜面、火烧防滑面、雕刻面等多种产品，镶贴技术已从传统的灌浆法发展到直接干挂工艺，从而解决了长期存在的石材表面变色问题。玻璃和金属饰面，已从室内装饰发展到室外幕墙，成为集装饰、围护为一体的新型技术。金属框架采用组合装配式结构，玻璃采用热工、光学、安全性能和景观效果较好的新型玻璃，并且综合使用铝塑复合板、花岗岩壁板、不锈钢饰面板和多层树脂采光壁板等，使铝和玻璃的单一立面效果得到丰富，幕墙的保温、隔热、隔声和抗震性等总体性能得到很大提高。

顶棚装饰技术已基本废除了木龙骨板条抹灰的单一做法，采用了轻钢龙骨、铝合金龙骨和各种装饰板吊顶。其组合形式有活动式（明龙骨）、隐蔽式（暗龙骨）和敞开式等，且可与灯盘、灯槽及空调、消防烟雾报警装置、喷淋装置等构成完整的装饰造型。另外，采用玻璃或非玻璃透明材料做采光屋顶，已成为现代建筑屋面装饰的一种时尚做法。

（2）防水技术 长期以来，我国防水技术北方一直沿用纸胎石油沥青油毡，南方以水泥砂浆刚性防水为主体。随着经济建设的发展，出现了诸如大跨度、屋顶花园、采光屋顶、桑拿浴房、室内游泳池以及几十米深的地下室等，要求必须根据建筑形式、防水部位、功能特点等，选用合适的防水构造、防水材料和防水工艺。

随着我国建材工业和建筑科技的快速发展，防水材料已由少数品种发展到多门类、多品种。高聚物改性沥青材料、合成高分子材料、防水混凝土、聚合物水泥砂浆、水泥基防水涂层材料以及各种堵漏、止水材料，已在各类防水工程中得到广泛应用。防水设计和施工遵循"因地制宜、按需选材、防排结合、综合治理"的原则，采取"防、排、截、堵相结合，刚柔相济，嵌涂合一，复合防水，多道设防"的技术措施，使我国的建筑防水技术日趋成熟，获得了令人瞩目的进步，基本适应各类新型防水材料做法的需要，并能规范化作业。

9. 建筑企业的计算机应用和管理技术从无到有，逐步发展

我国建筑企业的管理，在计划经济条件下主要是行政管理，不能适应市场经济瞬息万变的情况。改革开放以后，我国建筑企业围绕工期、质量、造价和投资效益引入了许多现代化管理手段，如网络计划技术、全面质量管理等，对施工企业管理水平的提高起到了积极作用。进入20世纪90年代，随着改革的深入发展，企业间竞争日趋激烈，现代管理方法和计算机在企业管理中的应用越来越多地受到重视，单项专业软件的编制水平也大大提高，内容十分广泛，如工程预算、工程成本计算、劳动工资、材料库存管理、统计报表等。

随着计算机硬件技术和软件水平的不断提高，计算机在建筑企业管理中发挥的作用日益扩大，涉及施工企业经营管理的各个方面，如投标报价、土石方工程量计算、混凝土配合比设计、深基坑挡土支护、结构施工方案决策、大体积混凝土施工温控以及成本控制等。

自从20世纪90年代初信息高速公路Internet/Intranet技术出现后，在企业管理方面，为准确地掌握各类信息，以便及时决策，已开始注重利用计算机进行信息服务，发展信息化施工技术。因此，施工软件的功能，已从单一发展到功能集成，从单项专业应用向信息化系统应用发展。

三、建筑施工技术课的特点及教学方法建议

1. 建筑施工技术学科的研究方向和地位

建筑施工技术学科研究建筑工程施工各主要工种工程的施工原理和方法。具体地说，形成了包括以下内容的课程体系：土方工程、砌筑工程、桩基工程、钢筋混凝土工程、预应力混凝土工程、结构吊装工程、防水工程、装饰工程等。随着我国建筑施工技术水平的提高，近些年在施工技术领域出现了许多理论较成熟的课题和方向，如大体积混凝土施工防裂、边坡支护结构设计、脚手架设计、大重量钢结构整体吊装等。

建筑施工技术课是土木工程专业多年教学积累形成的一门重要专业课，具有其他课程不可替代的地位；而对学生毕业后主要去施工一线的院校则意义更加重要。

2. 建筑施工技术课的教学目标

建筑施工技术课特点的分析及教学方法建议的提出，基于至少以下四个方面的教学目标：①实用，即这些施工技术原理和方法能帮助学生在毕业后解决工程实际问题，更好地承担施工任务；或为承担施工任务打下基础，经过实践提高，解决较复杂工程实际问题。②理论水平高，对工程实践操作有指导作用，达到了大学生培养规格要求水平。③尽量多地了解当代先进的施工技术，以提高建筑施工的技术水平，毕业后更好地适应工作。④培养对工程实现过程的总体把握能力或全局意识。

3. 课程特点之一——综合性强

本课程与测量学、建筑材料、建筑机械、电工学、房屋建筑学、工程力学、工程结构、建筑施工组织与管理、土力学等课程有密切关系，它们互相依赖、互相影响。

综合性强带来的教学问题有：①课程内容易造成重复或遗漏。②对其他课程的依赖性强，要求教师知识面广，要求学生具备一定的专业基础知识。

有关教学管理部门应认真协调，规定内容分工、进度配合关系，以避免课程内容的重复、遗漏或学习次序颠倒；而施工技术课教学对教师的知识面要求广；建筑施工技术课堂上，教师对相关内容的恰当复习对提高学生综合素质也有益处。

综合各学科的知识，了解相互间的联系，对提高学生综合运用能力有帮助。

4. 课程特点之二——实践性强

这里的实践性强不仅包括依赖作业、课程设计、毕业设计等所谓要求学生动手的实践性教学环节，更主要指课程与工程实践的联系紧密，亦即依赖工程直观形象，用课程内容解决实际工程问题。

实践性强造成了本课程内容涉及面广、操作性强、地区性强，因为工程实现涉及方方面面、工程实现方法往往多种多样、工程的实现与所在地区的条件应相适应，从而造成易让学生感觉课程内容琐碎、理论简单、叙述不详，容易暴露出教师实践经验欠缺等问题。

以上问题可通过以下途径解决：①专职教师在保证教学内容系统前提下选择理论较复杂的内容作为每一节课的重点、中心，如降水设计及例题等，而辅以理论简单的内容，保证每一节课以至于整个课程的高理论水平。②理论简单的内容让学生课下自学，如打桩过程的制桩、运桩、堆放、截桩、接桩等，发挥学生主观能动性、培养自学能力。③因地制宜地选择教学内容，以适应地方包括中小企业建设，而不一味求大、求单纯技术先进。④操作性强的内容借助电化教学手段或兼职教师解决，而电化教学首先应启动以自制幻灯、投影片、录像为主的常规、生动、真实、简便易行手段，兼职教师中不可低估高水平技术工人如高级技工的能力。⑤教育学生艰苦奋斗，主动学习，指导其及早建立个人实习基地，从入学开始，利用业余时间集中观察一两个工程，大学期间不断线。⑥加强生产实习和毕业实习，这对建立工程直观印象特别有效（但同时不可忽视实习的局限性，也就是说，因教学计划安排时间有限，在一个地区、在某一两个工程实习中，学生的收获必然是有限的）。

5. 课程特点之三——发展快

这一特点是由本学科或课程的综合性和实践性强决定的，即某一相关环节或学科的发展都会波及本学科内容，使各种建筑施工技术推陈出新，如建设部每年都有一批重点推广科技项目。这与当今科技迅猛发展的大趋势相适应。

这一特点造成了本课程若不与学科同步发展改进或增加教学内容，则必然落后于实际。我们的目标应定在跟上学科发展，为科技转化为生产力起宣传、推动作用，这势必极大增加教师的工作量。

这意味着教师必须加大投入，有关教学管理部门也应明确紧跟科技进步，为教师提高教学水平和教学效果提供必要的支持，使教育教学改革正规化、制度化、科学化。

第一章 土方工程

> **学习目标**：掌握流砂防治方法、轻型井点系统设计方法、影响填方压实效果的主要因素的分析。熟悉保持边坡稳定原理、井点种类及选择、集水井降水法（或明排水法）、轻型井点系统的构造、轻型井点管的埋设与使用技术、填土压实方法、推土机高效使用方法、挖土机工作特点、土方工程的质量要求要点及安全注意事项。了解土的可松性、基坑支护结构类型。了解土方调配的方法。

建筑施工中，常见的土方工程有场地平整、基坑开挖及基坑回填等。土方工程主要包括土（或石）的挖掘、填筑和运输等施工过程以及排水、降水和土壁支撑等准备和辅助过程。

土方工程施工的特点是：面广量大、劳动繁重、大多为露天作业、施工条件复杂、施工易受地区气候条件影响，且土本身是一种天然物质、种类繁多，施工时受工程地质和水文地质条件的影响也很大。因此为了减轻劳动强度、提高劳动生产效率、加快工程进度、降低工程成本，在组织施工时，应根据工程自身条件，制订合理的施工方案，尽可能采用新技术和机械化施工。

第一节 基坑降水

开挖基坑时，流入坑内的地下水和地面水如不及时排走，不仅会使施工条件恶化，造成土壁塌方，还会影响地基的承载力。因此，在施工中，做好施工排水（包括基坑降水），保持土体干燥是十分重要的。基坑降水可分为集水井降水法（或明排水法）和井点降水法。

（一）集水井降水法

集水井降水法是在开挖基坑时，沿坑底周围或中央开挖排水沟，在沟底设集水井，使基坑内的水经排水沟流向集水井，然后用水泵抽走（图1-1）。

为了防止基底土的颗粒随水流失而使土结构受到破坏，集水井应设置于基础范围之外，地下水走向的上游。根据地下水量大小、基坑平面形状及水泵抽水能力，确定集水井间距，一般每隔20～40m设置一个。集水井的直径一般为0.6～0.8m，深度应随挖土的加深而加深，并保持低于挖土工作面0.7～1.0m。当基坑挖至设计标高后，井底应低于坑底1～2m，并铺设碎石滤水层，防止由于抽水时间较长而将泥砂抽出及井底土被搅动。井壁可用竹、木等材料进行简易加固。在建筑工地上，基坑排水用的水泵主要有离心泵、潜水泵等。

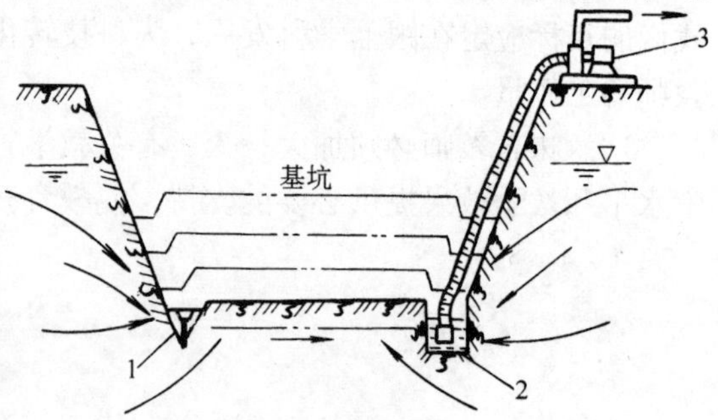

图1-1 集水井降水法
1—排水沟 2—集水井 3—水泵

（二）流砂防治

地下水流中存在着动水压力（图 1-2）。

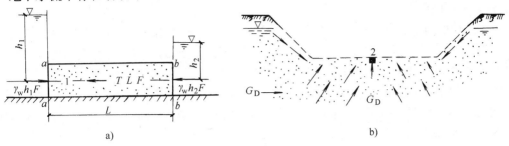

图 1-2 动水压力原理图

a）水在土中渗流时的力学现象 b）动水压力对地基土的影响

1、2—土粒

基坑左边水位线为 h_1，右边水位线为 h_2，水由高水位向低水位流动，经过长度为 L，截面面积为 F 的土体。水在渗流过程中，作用在土体左边的力为 $\gamma_w h_1 F$（γ_w 为水的重度），方向和水流方向一致，作用在右边的力为 $\gamma_w h_2 F$，其方向和水流方向相反，作用在土体中的总阻力为 TLF，方向向左。

由平衡条件得：

$$\gamma_w h_1 F - \gamma_w h_2 F - TLF = 0$$

整理以后为：

$$T = (h_1 - h_2)\gamma_w / L \tag{1-1}$$

式中 T——单位土体阻力。

$(h_1 - h_2)/L$ 为水头差（水位差）与渗流长度 L 之比，称为水力坡度，通常用 I 表示，所以 $T = I\gamma_w$。由作用与反作用定律，水对土体的压力为 $G_D = T = I\gamma_w$。G_D 称为动水压力。

由此可知，动水压力 G_D 的大小与水力坡度成正比，亦即水位差 $h_1 - h_2$ 越大，G_D 越大；而 L 越长，G_D 越小。动水压力方向与水流切线方向相同。

当水流在水位差的作用下对土颗粒产生向上的压力时，动水压力不但使土颗粒受到水的浮力，而且还使土颗粒受到向上的推力，如果动水压力等于或大于土的浮重度 γ' 时，即 $G_D \geq \gamma'$ 时，则土粒处于悬浮状态，随渗流的水一起流动，这种现象叫"流砂"。

地下水在非黏性土中渗流的过程中，流砂现象很容易在细砂、粉砂中产生。黏性土颗粒之间具有内聚力，不容易形成流砂现象。流砂可以把基坑四周和坑底的土掏空，引起地面开裂沉陷，板桩崩塌。

防治流砂的方法主要是从消除、减小或平衡动水压力入手，其具体做法有：

1）枯水期施工：因地下水位低，坑内外水位差较小，所以动水压力减小。

2）打钢板桩：将板桩沿基坑周围打入坑底面一定深度，增加地下水流入坑内的渗流路线，从而减小水力坡度、降低动水压力，防止流砂发生。

3）水下挖土：就是不排水施工，使坑内外和水压相平衡，不至形成动水压力，故可防止流砂发生。此法一般在沉井挖土下沉过程中采用。

4）人工降低地下水位：采用管井或轻型井点等方法，使地下水渗流向下，动水压力的方向也朝下，水不致于流入坑内，又增大了土颗粒间的压力，从而有效地制止流砂现象。此法采用较广亦较可靠。

5）设地下连续墙：此法是在基坑周围先浇筑一道混凝土或钢筋混凝土墙以支撑土壁截水，并防止流砂产生。

6）抢速度施工、抛大石块：如在施工过程中发生局部的或轻微的流砂现象，可组织人力分段抢挖，使挖土速度超过冒砂速度，挖至标高后，立即铺设芦席并抛大石块，增加土的压力，以平衡动水压力。此种方法已不常采用。

（三）井点降水法

井点降水法就是在基坑开挖前，先在基坑周围埋设一定数量的滤水管（井），利用抽水设备抽水，使地下水位降低在坑底以下，直至施工完毕。

井点降水法的井点有管井井点、喷射井点、电渗井点、深井井点、轻型井点等。各井点的适用范围见表1-1。

表1-1 各井点的适用范围

适用条件 降水井点型	渗透系数/(m/d)	可降低水位深度/m
一级轻型井点	0.1~50	3~6
喷射井点	0.1~50	8~20
电渗井点	<0.1	根据选定的井点确定
管井井点	20~200	3~5
深井井点	10~250	>15

1. 管井井点

管井井点（图1-3）就是沿基坑每隔20~50m距离设置一个管井，每个管井单独用一台水泵不断抽水来降低地下水位。

管井井点计算可参照轻型井点进行。

2. 喷射井点

当基坑开挖较深、降水深度超过8m时，宜采用喷射井点。喷射井点可分为喷气井点和喷水井点两种。喷水井点的喷射井管由内外管所组成，在内管下端装有升水装置（喷射扬水器）与滤管相连（图1-4）。当高压水经内外管之间的环形空间由喷嘴喷出时，地下水即被吸入而压出地面。

喷射井点计算与轻型井点基本相同，只是需计算水泵水压力。

3. 电渗井点

电渗井点排水的原理如图1-5所示，以井点管作负极、以打入的钢筋或钢管作正极，当通以直流电后，土颗粒即自负极

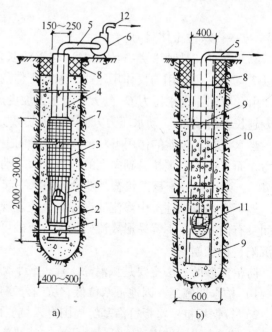

图1-3 管井井点

a）钢管管井 b）混凝土管管井

1—沉砂管 2—钢筋焊接骨架 3—滤网 4—管身 5—吸水管 6—离心泵 7—小砾石过滤层 8—黏土封口 9—混凝土实管 10—混凝土过滤管 11—潜水泵 12—出水管

向正极移动，水则自正极向负极移动而被集中排出。土颗粒的移动称为电脉表现，水的移动称为电渗现象，故名电渗井点。

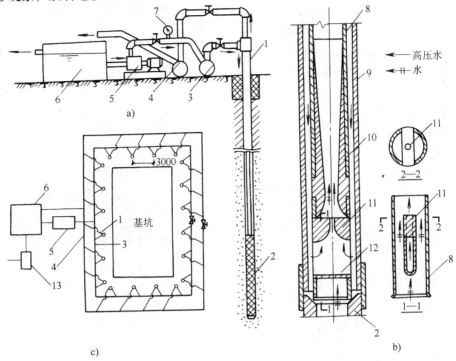

图 1-4　喷射井点设备及平面布置简图

1—喷射井管　2—滤管　3—进水总管　4—排水总管　5—高压水泵　6—水池　7—压力计
8—内管　9—外管　10—扩散管　11—喷嘴　12—混合室　13—水泵

4. 深井井点

井管直径一般为 300mm，用钢、塑料或混凝土制成（图 1-6），间距一般为 15～30m，采用钻孔埋设。水泵用潜水泵或深井泵。

深井井点系统涌水量可按无压完整井环形井点系统公式计算，详见轻型井点系统计算。

5. 轻型井点

轻型井点（图 1-7），就是沿基坑四周将许多直径较细的井点管埋入蓄水层内，井点管上部与总管连接，通过总管利用抽水设备将地下水从井点管内不断抽出，便可将原有的地下水位降至坑底以下。此种方法用于土壤的渗透系数为 0.1～80m/d 的土层中。

（1）轻型井点系统组成　轻型井点系统的设备主要包括井点管、滤管、集水总管、抽水设备等。

滤管直径为 38～50mm，长度为 1～1.5m，管壁上钻有直径为 13～19mm 的圆孔，外面包以两层滤网（图 1-8）。

滤管的上端与井点管连接。井点管采用直径为 38～50mm 的钢管，其长度为 3～7m，可整根或分节组成。井点管的上端用弯连管与总管相连。弯连管宜装有阀门，以便检修井点。近年来有的弯连管采用透明塑料管，可随时观察井点管的工作情况；有的采用橡胶管，可避免两端不均匀沉降而泄漏。

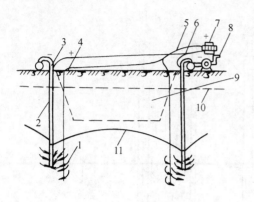

图 1-5　电渗井点布置示意

1—负极　2—正极　3—用扁钢、螺栓或
电线将负极连通　4—用钢筋或电线将正
极连通　5—正极与发电机连接电线
6—负极与发电机连接电线　7—直
流发电机（或直流电焊机）　8—水泵
9—基坑　10—原有水位线
11—降水后的水位线

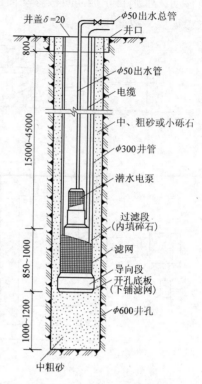

图 1-6　深井井点构造

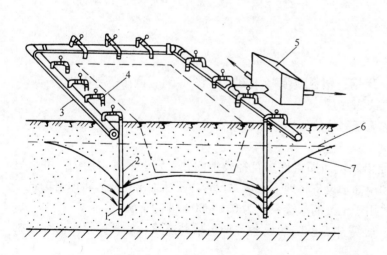

图 1-7　轻型井点降低地下水位全貌图

1—井点管　2—滤管　3—总管　4—弯联管　5—水泵房　6—原有地下
水位线　7—降低后地下水位线

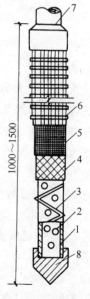

图 1-8　滤管构造

1—钢管　2—管壁上小孔　3—缠绕
的铁丝　4—粗滤网　5—细滤网
6—粗铁丝保护网　7—井点管
8—铸铁头

集水总管为内径100～127mm的无缝钢管，每节长4m，其间用橡胶套管连结，并用钢箍拉紧；以防漏水。总管上还装有与井点管连接的短接头，常见间距为0.8m。

轻型井点设备的主机由真空泵、离心水泵和分水排水器组成，称为真空泵轻型井点（图1-9）。抽水时先开动真空泵16，使土中的水分和空气受真空吸引力经管路系统向上流入分水排水器6中。然后开动离心泵17，在分水排水器内水和空气向两个方向流去：水经离心泵由出水管15排出；空气则集中在分水排水器上部由真空泵排出。如水多来不及排出时，分水排水器内浮筒21上浮，由阀门9将通向真空泵的通路关住，不使水进入缸体，保护真空泵。副分水排水器12的作用是滤清从空气中带来的少量水分，使其落入该器下层放出，使水不被吸入真空泵内。压力箱14用以调节出水量和阻止空气窜入分水排水器。过滤箱4是防止由水带来的细砂磨损机械。真空调节阀8用以调节真空度，使其适应水泵的需要。

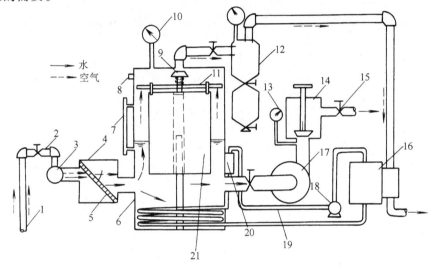

图1-9 真空泵轻型井点抽水设备工作简图

1—井点管 2—弯联管 3—总管 4—过滤箱 5—过滤网 6—分水排水器
7—水位计 8—真空调节阀 9—阀门 10—真空表 11—挡水布 12—副
分水排水器 13—压力计 14—压力箱 15—出水管 16—真空泵 17—离
心泵 18—冷却泵 19—冷却水管 20—冷却水箱 21—浮筒

如果轻型井点设备的主机由射流泵、离心泵、循环水箱等组成，则称为射流泵轻型井点（图1-10）。利用离心泵将循环水箱中的水送入射流器内，由喷嘴喷出时，由于喷嘴处断面收缩而使水流速度骤增，压力骤降，使射流器空腔内产生部分真空，把井点管内的气、水吸上来进入水箱，待水箱内的水位超过泄水口时即自动溢出，排到指定地点。

射流泵井点系统的降水深度可达6m，但其所带的井点管一般只有30～40根，采用两台离心泵和两个射流器联合工作，能带动井点管70根，总管100m，基本上抵得上W5型真空泵机组，但真空度略差。这种设备与上述真空泵轻型井点相比，具有结构简单、制造容易、成本低、耗电少、使用维修方便等优点，便于推广。

（2）轻型井点的布置

1）平面布置。当基槽宽度小于6m、且降水深度不超过6m时，可采用单排井点，布置

建筑施工技术

在地下水流的上游一侧（图1-11a）；反之，则宜采用双排井点（图1-11b）；当基坑面积较大时，则应采用环形井点（图1-11c）。

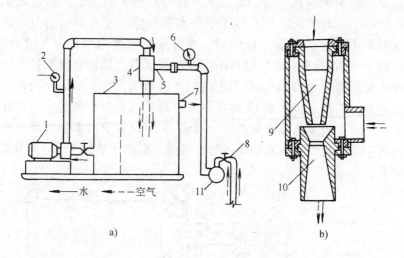

图1-10 射流泵轻型井点设备工作简图
a）总图 b）射流器剖面图
1—离心泵 2—压力计 3—循环水箱 4—射流器 5—进水管 6—真空表
7—泄水口 8—井点管 9—喷嘴 10—喉管 11—总管

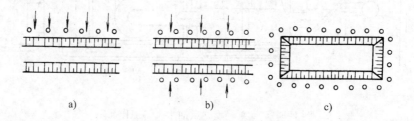

图1-11 轻型井点的平面布置
a）单排井点 b）双排井点 c）环形井点

2）断面布置。轻型井点的降水深度，从理论上讲可达10.3m，但由于管路系统的水头损失，其实际的降水深度一般不宜超过6m。

井点管的埋置深度 H'（不包括滤管）可按下式计算（图1-12、图1-13）：

$$H' \geqslant H_1 + h + IL \tag{1-2}$$

式中　H_1——井点管埋设面至坑底面的距离（m）；

　　　h——降低后的地下水位到基坑中心底面的距离，一般为0.5～1m；

　　　I——地下水降落坡度，环形井点为1/10，单排井点为1/4；

　　　L——井点管至基坑中心的水平距离（m）。

当"H'+井点管外露长度"小于降水深度6m时，则可用一级井点；当"H'+井点管外露长度"稍大于6m，如降低井点管的埋置面，可满足降水深度要求时，仍可采用一级井点；当一级井点达不到降水深度要求时，则可采用二级井点（图1-14）。

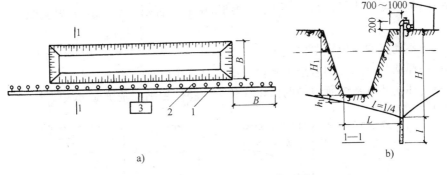

图 1-12　单排线状井点的布置图

a) 平面布置　b) 剖面布置

1—总管　2—井管　3—泵站

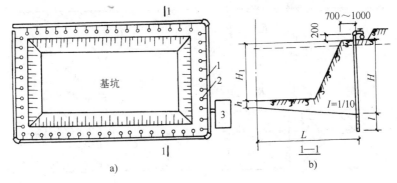

图 1-13　环形井点的布置图

a) 平面布置　b) 剖面布置

1—总管　2—井管　3—泵站

在确定井点埋置深度时，还要考虑井点管应露出地面 $0.2 \sim 0.3 \mathrm{m}$；滤管必须埋在透水层内。

（3）轻型井点的计算

1）井点系统的涌水量计算。井点系统所需井点的数量，是根据其涌水量来确定的；而井点系统的涌水量，则按水井理论进行计算。根据地下水有无压力，水井分为无压井和承压井。当水井布置在具有潜水自由面的含水层中时，称为无压井；布置在承压含水层中时，称为承压井。当水井底部达到不透水层时称为完整井；否则，称为非完整井。水井的类型不同，其涌水量计算的方法亦不相同（图 1-15、图 1-16）。

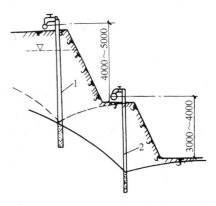

图 1-14　二级轻型井点

1—第一级井点管　2—第二级井点管

对于无压完整井的环状井点系统，涌水量计算公式为：

$$Q = 1.366K(2H - s)s/(\lg R - \lg X_0) \tag{1-3}$$

式中　Q——井点系统的涌水量（$\mathrm{m^3/d}$）；

　　　K——土壤的渗透系数（$\mathrm{m/d}$），最好通过现场扬水试验确定，也可查表；

　　　H——含水层厚度（m）；

R——抽水影响半径（m），R 应至少到坑中心，否则，基坑应分块降水；

$$R = 1.95 s (HK)^{1/2}$$

(1-4)

s——不利点的水位降落值（m）；

X_0——环状井点系统的假想圆半径（m），$X_0 = (F/\pi)^{1/2}$；

F——环状井点系统所包围的面积（长/宽≤5，否则，基坑应分块降水）。

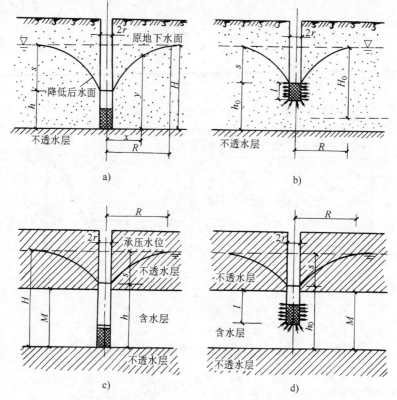

图 1-15 水井种类

a）无压完整井 b）无压非完整井 c）承压完整井 d）承压非完整井

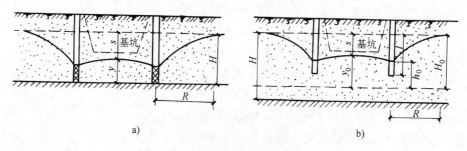

图 1-16 环形井点涌水量计算简图

a）无压完整井 b）无压非完整井

井点系统抽水后地下水位降落曲线稳定的时间视土壤的性质而定，一般为 1～5d。

在实际工程中往往会遇到无压不完整井的井点系统，这时地下水不仅从井的侧面流入，还从井底渗入，因此涌水量要比完整井大。为了简化计算，仍可采用式（1-3），仅将式中 H

换成有效深度 H_0；H_0 可查表 1-2，当算得的 H_0 大于实际含水层的厚度 H 时，则仍取 H 值。

表 1-2 有效深度 H_0 值

$s'/(s'+l)$	0.2	0.3	0.5	0.8
H_0	1.3 $(s'+l)$	1.5 $(s'+l)$	1.7 $(s'+l)$	1.85 $(s'+l)$

注：s' 为井点管中水位降落值；l 为滤管长度。

2）井管数量及井距的确定。确定井管数量先要确定单根井管的出水量。单根井管的最大出水量为：

$$q = 65\pi dl K^{1/3} \tag{1-5}$$

式中　q——单根井管的最大出水量（m^3/d）；

　　　d——滤管直径（m）；

　　　l——滤管长度（m）；

　　　K——渗透系数（m/d）。

井点最少数量由下式确定：

$$n = 1.1Q/q \tag{1-6}$$

井点管最大间距为：

$$D = L_1/n \tag{1-7}$$

式中　L_1——总管长度（m）；

　　　1.1——考虑井点堵塞等因素的井点管备用系数。

求出的井距应大于 1.5d，小于 2m，并应与总管接头的间距（0.8m）相吻合（并由此反求 n）。

3）抽水设备的选择。常用的真空泵有干式（往复式）真空泵和湿式（旋转式）真空泵两种。干式真空泵由于排气量大，所以在轻型井点中采用较多，但要采取措施，以防水分渗入真空泵。湿式真空泵具有重量轻、振动小、容许水分渗入等优点，但排气量小，宜在粉砂和黏性土中使用。抽水设备一般都已固定型号，如真空泵有 W5、W6 型。采用 W5 型泵时，总管长度不大于 100m；采用 W6 型泵时，总管长度不大于 120m。真空泵在抽水过程中所需的最低真空度 h_K 可由降水深度及各项水头损失计算得到：

$$h_K = 10(h + \Delta h) \ (kPa) \tag{1-8}$$

式中　h——降水深度（m），近似取集水总管至滤管的深度；

　　　Δh——水头损失值（m），包括进入滤管的水头损失、管路阻力及漏气损失等，近似取 1～1.5m。

使用时，还应验算一下水泵的流量是否大于井点系统的涌水量（应增大 10%～20%），即水泵流量 $Q_1 = 1.1Q$。水泵的扬程是否能克服集水箱中的真空吸力，以免抽不出水，即最小吸水扬程 $h_S = (h + \Delta h)$。

（4）井点管的埋设与使用　轻型井点的安装程序是按照设计计算的布置方案，先排放总管，在总管旁靠近基坑一侧开挖排水沟，再埋设井点管，然后用弯连管把井点与总管连接，最后安装抽水设备。

井水管的埋设可以利用冲水管冲孔，或钻孔后再将井点管沉放；也可以用带套管的水冲法及振动水冲法下沉。

轻型井点安装完毕后，需进行试抽，以便检查抽水设备运转是否正常，管路有无漏气。

轻型井点使用时（特别是开始阶段），一般应连续抽水。若时抽时停，滤网易于堵塞，出水混浊并引起附近建筑物由于土颗粒流失而沉降、开裂。同时由于中途停抽，地下水回升，也可能引起边坡塌方等事故。抽水过程中，应调节离心泵的出水量，使抽吸排水保持均匀，达到细水长流。正常的出水规律是"先大后小，先混后清"。真空度是判断井点系统工作情况是否良好的尺度，必须经常观察检查。造成真空度不足的原因很多，但多是井点系统有漏气现象，应及时采取措施。

在抽水过程中，还应检查有无堵塞的"死井"（工作正常的井管，用手触摸时，应有冬暖夏凉的感觉，或从弯连管上的透明阀门观察），如死井太多，严重影响降水效果时，应逐个用高压水冲洗或拔出重埋。为观察地下水位的变化，可在影响半径内设观察井。

【**例1-1**】 某工程设备基础施工基坑底宽10m，长15m，深4.1m，边坡坡度为1:0.5（图1-17）。经地质钻探查明，在靠近天然地面处有厚0.5m的黏土层，此土层下面为厚7.4m的极细砂层，再下面又是不透水的黏土层，地下水标高为5.000。现决定用一套轻型井点设备进行人工降低地下水位，然后开挖土方。试对该井点系统进行设计。

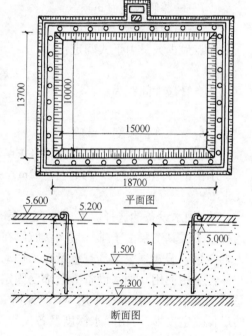

图1-17 某设备基础开挖前的井点

【**解**】 1. 井点系统布置

该基坑底尺寸为10m×15m，边坡为1:0.5，表层为0.5m厚黏土，所以为使总管接近地下水位，可先挖出0.4m，在+5.20m处布置井点系统，则布置井点系统处（上口）的基坑尺寸为13.7m×18.7m。考虑井管距基坑边1m，则井点管所围成的平面面积为15.7m×20.7m，故按环形井点布置。

$H' \geq H_1 + h + IL = (5.2 - 1.5)\text{m} + 0.5\text{m} + 1/10 \times 15.7\text{m}/2 = 4.99\text{m}$，令井点管长6m，且外露于埋设面0.2m，实际埋深 $(6.0 - 0.2)\text{m} = 5.8\text{m} > 4.99\text{m}$，故采用一级井点系统即可。

基坑中心降水深度 $s = (5.0 - 1.5)\text{m} + 0.5\text{m} = 4.0\text{m}$

再令滤管长度为1.2m，则滤管底口标高为-1.80m，距不透水的黏土层（-2.30m处）0.5m，故此井点系统为无压非完整井。

井点管中水位降落值 $s' = 5.8\text{m} - (5.20 - 5.0)\text{m} = 5.6\text{m}$，$l = 1.2\text{m}$。$s'/(s' + l) = 5.6/(5.6 + 1.2) = 0.82$，则 $H_0 = 1.85(s' + l) = 1.85 \times (5.6 + 1.2)\text{m} = 12.58\text{m}$，而含水层厚度 $H = 5.0\text{m} - (-2.3)\text{m} = 7.3\text{m} < H_0$，故 $H_0 = H = 7.3\text{m}$（无压非完整井按完整井计算）。

$R = 1.95s(HK)^{1/2} = 1.95 \times 4.0 \times (7.3 \times 30)^{1/2}\text{m} = 115\text{m} > 15.7/2$；且井点管所围成的矩形长宽比20.7/15.7 < 5。所以不必分块布置。

2. 涌水量计算

按扬水试验测得该细砂层的渗透系数 $K = 30\text{m/d}$。

$$x_0 = (15.7 \times 20.7/\pi)^{1/2}\,\mathrm{m} = 10.17\,\mathrm{m}$$

$$Q = 1.366 \times 30 \times (2 \times 7.3 - 4)4/(\lg115 - \lg10.17)\,\mathrm{m}^3/\mathrm{d} = 1592\,\mathrm{m}^3/\mathrm{d}$$

3. 计算井点管数量和间距

取井点管直径为 $\phi38\mathrm{mm}$，则单根出水量为：

$$q = (65\pi \times 0.038 \times 1.2 \times 30^{1/3})\,\mathrm{m}^3/\mathrm{d} = 28.9\,\mathrm{m}^3/\mathrm{d}$$

所以井点管的最少数量为：

$$n = 1.1 \times 1592/28.9\ 根 = 61\ 根$$

则井点管的最大间距为：

$$D = [(15.7 + 20.7) \times 2/61]\,\mathrm{m} = 1.19\,\mathrm{m}, \ 取\ D = 0.8\,\mathrm{m}。$$

故实际布置：$2 \times (15.7 + 20.7)\ 根/0.8 = 91\ 根$。

4. 抽水设备选用

抽水设备所带动的总管长度为 74.4m，所以选一台 W5 型干式真空泵（或井点管总数为 91 根，选一台 QJD—90 型射流泵），所需最低真空度为：

$$h_\mathrm{K} = 10 \times (6 + 1.2)\,\mathrm{kPa} = 72\,\mathrm{kPa}$$

水泵所需流量为：

$$Q_1 = 1.1Q = 1.1 \times 1592\,\mathrm{m}^3/\mathrm{d} = 1751\,\mathrm{m}^3/\mathrm{d}$$

水泵的最小吸水扬程为：

$$h_\mathrm{s} = 6.0\,\mathrm{m} + 1.2\,\mathrm{m} = 7.2\,\mathrm{m}$$

根据 Q_1、h_s 可查表（如《建筑施工手册》中）确定离心泵型号。

第二节 基 坑 支 护

基坑工程是为保护基坑施工、地下结构的安全和周边环境不受损害而采取的支护、基坑土体加固、地下水控制、开挖等工程的总称，包括勘察、设计、施工、监测、试验等。

导致基坑工程事故的主要原因是：①设计理论不完善。许多计算方法尚处于半经验阶段，理论计算结果尚不能很好地反映工程实际情况。②设计者概念不清、方案不当、计算漏项或错误。③设计、施工人员经验不足。工程经验在决定基坑支护设计方案和确保施工安全中起着举足轻重的作用。

实践表明，基坑工程这个历来被认为是实践性很强的岩土工程问题，发展至今天，已迫切需要理论来指导、充实、完善。基坑的稳定性、支护结构的内力和变形以及周围地层的位移对周围建筑物和地下管线等的影响及保护的计算分析，目前尚不能准确地得出定量的结果，但是，有关稳定、变形的理论，对解决这类实际工程问题仍然有非常重要的指导意义。所以，目前在工程实践中采用理论导向、量测定量和经验判断三者相结合的方法。基坑工程的理论，包括考虑应力路径的作用、土的各向异性、土的流变性、土的扰动、土与支护结构的共同作用理论、有限单元法、系统工程等，逐渐形成专门的学科——基坑工程学。

一、支护结构的类型

支护结构由挡土结构、锚撑结构组成。当支护结构不能起到止水作用时，可同时设置止水帷幕或采取坑内外降水措施。

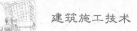

1. 基坑支护结构的分类

基坑支护结构可以分为以下两类：

（1）桩、墙式支护结构 桩、墙式支护结构常采用钢板桩、钢筋混凝土板桩、柱列式灌注桩、地下连续墙等。支护桩、墙插入坑底土中一定深度（一般均插入至较坚硬土层），上部呈悬臂或设置锚撑体系。

此类支护结构应用广泛，适用性强，易于控制支护结构的变形，尤其适用于开挖深度较大的深基坑，并能适应各种复杂的地质条件，设计计算理论较为成熟，各地区的工程经验也较多，是基坑工程中经常采用的主要形式。

（2）实体重力式支护结构 实体重力式支护结构常采用水泥土搅拌桩挡墙、高压旋喷桩挡墙、土钉墙等。此类支护结构截面尺寸较大，依靠实体墙身的重力起挡土作用，按重力式挡土墙的设计原则计算。墙身也可设计成格构式，或阶梯形等多种形式，无锚拉或内支撑系统，土方开挖施工方便，适用于小型基坑工程。土质条件较差时，基坑开挖深度不宜过大。土质条件较好时，水泥搅拌工艺使用受限制。土钉墙结构适应性较大。

2. 常用的支护结构形式

支护结构的常用形式如图 1-18、图 1-19 所示。

二、基坑工程的特点

1. 综合性强

基坑工程涉及工程地质、土力学、渗流理论、结构工程、施工技术和监测设计等多方面知识。

2. 临时性和风险性大

一般情况下，基坑支护是临时措施，支护结构的安全储备较小，风险大。

3. 地区性

各地区基坑工程的地质条件不同，同一城市不同区域也有差异。因此，设计要因地制宜，不能简单照搬。

4. 环境条件要求严格

邻近的高大建筑、地下结构、管线、地铁等对基坑的变形限制严格，施工因素复杂多变，气候、季节、周围水体均可产生重大变化。

以上特点决定了基坑工程设计、施工的复杂性。多种不确定因素，导致在基坑工程中经常发生概念性的错误，这是基坑事故的主要原因。

三、基坑工程设计内容

1. 基坑支护结构设计的极限状态

基坑支护结构设计应满足两种极限状态的要求。

（1）承载能力极限状态 基坑工程的承载能力极限状态要求不出现以下各种状况：

1）支护结构的结构性破坏——挡土结构、锚撑结构折断、压屈失稳，锚杆的断裂、拔出，挡土结构地基基础承载力不足等使结构失去承载能力的破坏形式。

2）基坑内外土体失稳——基坑内外土体整体滑动，坑底隆起，结构倾倒或踢脚等破坏形式。

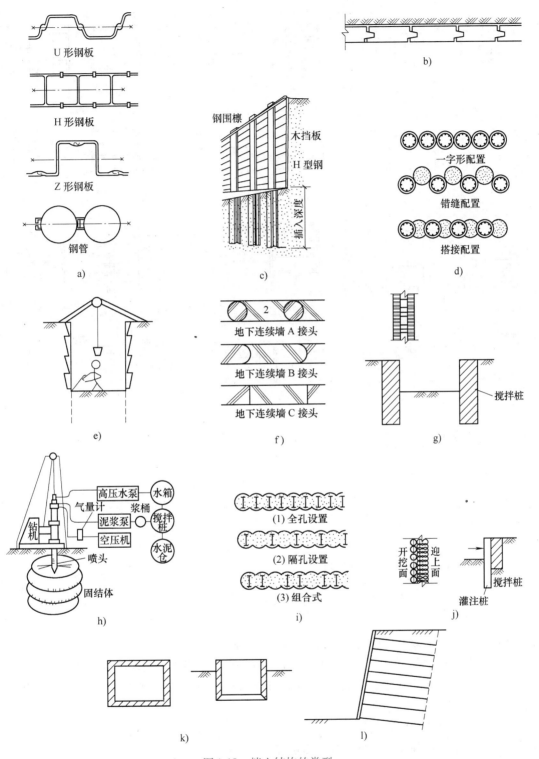

图 1-18 挡土结构的类型

a) 钢板桩　b) 钢筋混凝土板桩　c) 主桩横挡板　d) 钻孔灌注桩　e) 挖孔灌注桩

f) 地下连续墙　g) 水泥土搅拌桩挡墙　h) 高压旋喷桩挡墙　i) SMW 工法

j) 灌注桩与搅拌桩结合　k) 沉井　l) 土钉墙

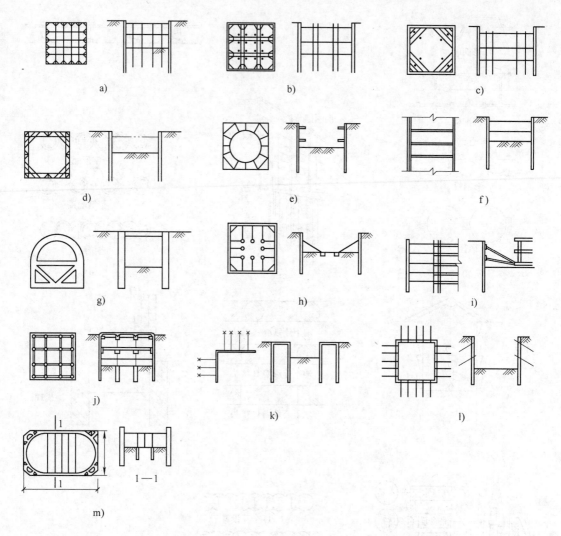

图 1-19　支撑结构的常用形式

a）直交式　b）井字型　c）角撑　d）边桁架　e）圆环梁　f）垂直对称布置　g）圆拱
h）竖向斜撑　i）中心岛式开挖的支撑　j）逆作法　k）拉锚（或锚碇）　l）锚杆
m）组合式布置

3）止水帷幕失效——坑内出现管涌、流土或流砂。

（2）正常使用极限状态　基坑的正常使用极限状态，要求不出现以下各种状况：

1）基坑变形影响基坑正常施工、工程桩产生破坏或变位；影响相邻地下结构、相邻建筑、管线、道路等正常使用。

2）影响正常使用的外观或变形。

3）因地下水抽降而导致过大的地面沉降。

2. 基坑支护结构的设计内容

1）支护结构体系的选型及地下水控制方式。

2）支护结构的强度和变形计算。

3）基坑内外土体稳定性计算。

4）基坑降水、止水帷幕设计。

5）基坑施工监测设计及应急措施的制定。

6）施工期可能出现的不利工况验算。

以上设计内容，可以分成三个部分。其一是支护结构的强度变形和基坑内外土体稳定性设计；其二是对基坑地下水的控制设计；其三是施工监测，包括对支护结构的监测和周边环境的监测。

软土地区的深基坑坑底以下土层较软，加固坑内被动区土体，可减小支护桩入土深度、基坑变形。加固范围由计算或类似工程经验确定。加固的方法常用喷射注浆、深层搅拌。深层搅拌局部加固的形式如图1-20所示。

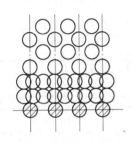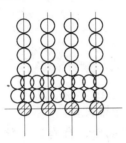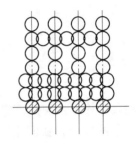

图 1-20 深层搅拌局部加固的形式

四、桩墙式支护结构施工

1. 桩墙式支护结构的构造要求

1）现浇钢筋混凝土支护结构的混凝土强度等级不得低于 C20。

2）桩墙式支护结构的顶部应设圈梁（图 1-21），其宽度应大于桩、墙的厚度。桩、墙顶嵌入圈梁的深度不宜小于 50mm；桩、墙内竖向钢筋锚入圈梁内的长度宜按受拉锚固要求确定。

3）支撑和腰梁（图 1-22）的纵向钢筋直径不宜小于 16mm；箍筋直径不应小于 8mm。

2. 灌注桩挡土结构施工概述

灌注桩挡土结构主要有钻（冲）孔灌注桩、人工挖孔灌注桩，布置形式可分为密排、疏排、双排，如图 1-23 所示，疏排桩、双排桩可与止水帷幕结合使用。用做挡土结构的灌注桩直径一般为 500～1200mm，桩间距（中心距）一般为 1.5～2 倍的桩径。桩间土可采用砂浆抹面、注浆保护。

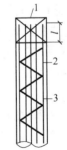

图 1-21 灌注桩顶部圈梁的设置
1—顶部圈梁 2—灌注桩
3—灌注桩竖向钢筋

3. 地下连续墙施工

（1）地下连续墙施工工艺过程 修筑导墙→挖槽→吊放接头管（箱）、吊放钢筋笼→浇筑混凝土。

（2）导墙的形式与作用 导墙的形式如图 1-24 所示。

导墙的作用：护槽口、为槽定位（标高、水平位置、垂直）、支撑（机械、钢筋笼等）、存放泥浆（可保持泥浆面高度）。

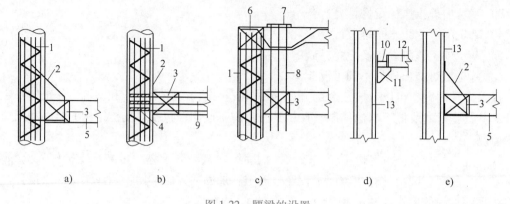

图 1-22　腰梁的设置

1—灌注桩竖向钢筋　2—拉吊筋　3—腰梁　4—环形钢板　5—支撑　6—顶部圈梁
7—钢板　8—拉吊筋　9—混凝土支撑主筋　10—钢腰梁　11—钢牛腿
12—支撑　13—型钢柱挡土结构

（3）泥浆

1）泥浆的作用：护壁、携碴、冷却润滑。

2）泥浆的成分：膨润土（特殊黏土，有售）、聚合物、分散剂（抑制泥水分离）、增黏剂（常用羟甲基纤维素，化学糨糊）、加重剂（常用重晶石）、防漏剂（堵住砂土槽壁大孔，如锯末、稻草末等）。

3）泥浆的处理：土碴的分离处理——沉淀池（考虑泥浆循环、再生、舍弃等工艺要求）、振动筛与旋流器（离心作用分离）。

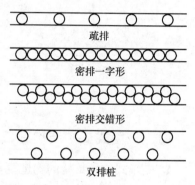

图 1-23　灌注桩挡土结构布置形式

（4）挖槽　目前，在地下连续墙施工中国内外常用的挖槽机械，按其工作机理分为挖斗式、冲击式和回转式三大类，而每一类中又分为多种（图 1-25、图 1-26）。

（5）清底　常用方法如图 1-27 所示。

（6）钢筋笼吊放　采取在钢筋笼内放桁架的方法防止钢筋笼起吊时变形，如图 1-28 所示。

（7）单元墙段的接头　常用的施工接头有以下几种：

①接头管（亦称锁口管）接头。该接头方式应用最多。施工过程如图 1-29 所示。一个单元槽段土方挖好后，于槽段端部用吊车放入接头管，然后吊放钢筋笼并浇筑混凝土，待浇筑的混凝土强度达到 0.05 ~ 0.20MPa 时（一般在混凝土浇筑后 3 ~ 5h，视气温而定），开始用起重机或液压顶升架提拔接头管，上拔速度应与混凝土浇筑速度、混凝土强度增长速度相适应，一般为 2 ~ 4m/h；应在混凝土浇筑结束后 8h 以内将接头管全部拔出。接头管直径一般比墙厚小 50mm，可根据需要分段、接长。端部半圆形可以增强整体性和防水能力。

②接头箱接头。一个单元槽段挖土结束后，吊放接头箱，再吊放钢筋笼。钢筋笼端部的水平钢筋可插入接头箱内。接头箱的开口面被焊在钢筋笼端部的钢板封住，因而浇筑的混凝土不能进入接头箱。混凝土初凝后，与接头管一样逐步吊出接头箱。其施工过程如图 1-30 所示。

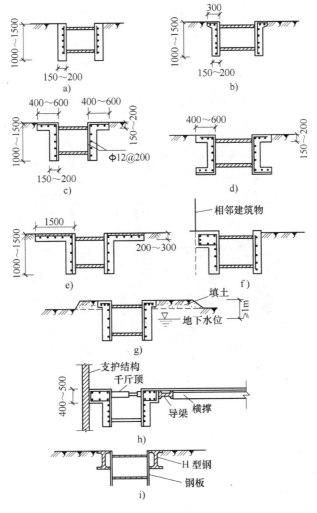

图 1-24　导墙的形式

如图 1-31 所示，用 U 形接头管与滑板式接头箱施工的钢板接头，是另一种整体式接头的做法。这种整体式钢板接头是在两相邻单元槽段的交界处，利用 U 形接头管放入开有方孔且焊有封头钢板的接头钢板，以增强接头的整体性。接头钢板上开有大量方孔，其目的是为了增强接头钢板与混凝土之间的粘结。滑板式接头箱的端部设有充气的锦纶塑料管，用来密封止浆，防止新浇筑混凝土浸透。为了便于抽拔接头箱，在接头箱与封头钢板和 U 形接头管接触处皆设有聚四氟乙烯滑板。接头管与接头箱长度一定。

③隔板式接头。隔板式接头按隔板的形状分为平隔板、榫形隔板和 V 形隔板（图 1-32）。由于隔板与槽壁之间难免有缝隙，为防止新浇筑的混凝土渗入，要在钢筋笼的两边铺贴维尼龙等化纤布。化纤布可把单元槽段钢筋笼全部罩住，也可以只有 2~3m 宽。要注意吊入钢筋笼时不要损坏化纤布。

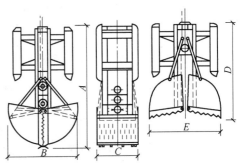

图 1-25　蚌式抓斗
（A、B、C、D、E 因墙厚而异）

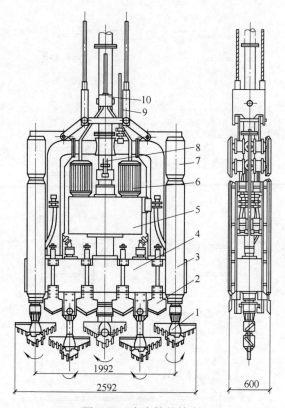

图 1-26　多头钻的钻头

1—钻头　2—侧刀　3—导板　4—齿轮箱
5—减速箱　6—潜水电动机　7—纠偏装置
8—高压进气管　9—泥浆管　10—电缆接头

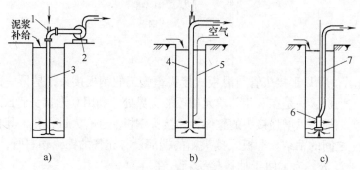

图 1-27　清底方法

a）砂石吸力泵排泥　b）压缩空气升液排泥　c）潜水泥浆泵排泥

1—接合器　2—砂石吸力泵　3—导管　4—导管或排泥管　5—压缩空气管
6—潜水泥浆泵　7—软管

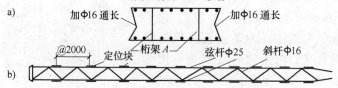

图 1-28　钢筋笼吊放防变形桁架

a）横剖面　b）纵向桁架的纵剖面

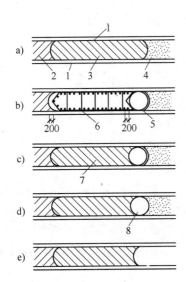

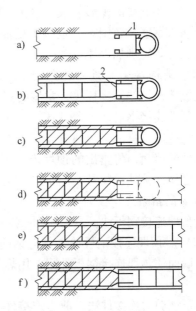

图 1-29　接头管接头的施工过程
a）开挖槽段　b）吊放接头管和钢筋笼　c）浇筑
混凝土　d）拔出接头管　e）形成接头
1—导墙　2—已浇筑混凝土的单元槽段　3—开挖的
槽段　4—未开挖的槽段　5—接头管　6—钢筋笼
7—正浇筑混凝土的单元槽段　8—接头管拔出后
形成的圆孔

图 1-30　接头箱接头的施工过程
a）插入接头箱　b）吊放钢筋笼
c）浇筑混凝土　d）吊出接头箱
e）吊放后一个槽段的钢筋笼
f）浇筑后一个槽段的混凝土形成整体接头
1—接头箱　2—焊在钢筋笼端部的钢板

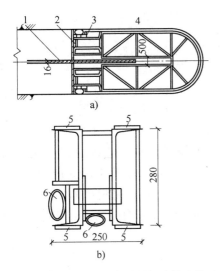

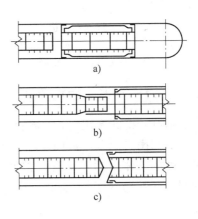

图 1-31　U 形接头管与滑板式接头箱
1—接头钢板　2—封头钢板　3—滑板式接头箱
4—U 形接头管　5—聚四氟乙烯滑板
6—锦纶塑料管

图 1-32　隔板式接头
a）平隔板　b）榫形隔板　c）V 形隔板

带有接头钢筋的榫形隔板式接头，能使各单元墙段形成一个整体，是一种较好的接头方式。但插入钢筋笼较困难，且接头处混凝土的流动亦受到阻碍，施工时要特别加以注意。

（8）结构接头　地下连续墙与内部结构的楼板、柱、梁、底板等连接的结构接头，常用的有下列几种：

①预埋连接钢筋法（图1-33）。连接钢筋弯折后预埋在地下连续墙内，待内部土体开挖后露出墙体时，凿开预埋连接钢筋处的墙面，将露出的预埋连接钢筋弯成设计形状、连接。考虑到连接处往往是结构的薄弱处，设计时一般使连接筋有20%的富余。

②预埋连接钢板法。这是一种钢筋间接连接的接头方式（图1-34）。预埋连接钢板放入并与钢筋笼固定。浇筑混凝土后凿开墙面使预埋连接钢板外露，用焊接方式将后浇结构中的受力钢筋与预埋连接钢板焊接。

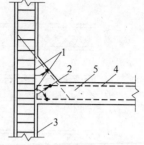

图1-33　预埋连接钢筋法
1—预埋的连接钢筋　2—焊接处
3—地下连续墙　4—后浇结构中的
受力钢筋　5—后浇结构

③预埋剪力连接件法。剪力连接件的形式有多种（图1-35）。剪力连接件先预埋在地下连续墙内，然后弯折出来与后浇结构连接。

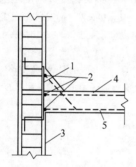

图1-34　预埋连接钢板法
1—预埋连接钢板　2—焊接处　3—地下连续墙
4—后浇结构　5—后浇结构中的受力钢筋

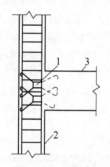

图1-35　预埋剪力连接件法
1—预埋剪力连接件　2—地下
连续墙　3—后浇结构

五、重力式水泥土挡墙施工

对于基坑开挖深度较浅，一般小于7m时，可用此支护结构，它既可挡土又可挡水，常用于沿海和南方地区。常用的水泥土挡墙支护结构的布置形式如图1-36所示。可以通过在未结硬的墙体中插入钢管、钢筋、型钢、木棒、竹筋等方法来提高水泥土挡墙支护结构的刚度（抗弯强度），有时也可用砂、碎石等置换格栅式结构中的土，以增加结构的稳定性。

1. 水泥土搅拌桩

水泥土搅拌桩法是利用水泥为固化剂，通过特制的机械（型号有多种，SJB系列深层搅拌机如图1-37所示，另配套灰浆泵、桩架等），在地基深处就地将原位土和固化剂（浆液或粉体）强制搅拌，形成水泥土桩。水泥土搅拌桩施工分为湿法（喷浆）和干法（喷粉）。

水泥土搅拌桩施工步骤由于湿法和干法的施工设备不同而略有差异。其主要步骤应为：

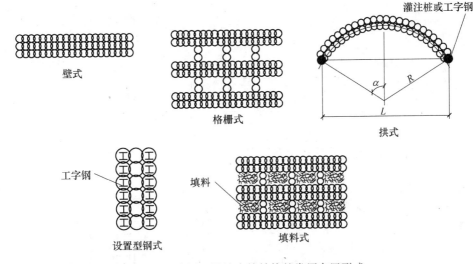

图 1-36 水泥土挡墙支护结构的常用布置形式

1）搅拌机械就位、调平。

2）预搅下沉至设计加固深度。

3）边喷浆（粉）、边搅拌提升直至预定的停浆（灰）面。

4）重复搅拌下沉至设计加固深度。

5）根据设计要求，喷浆（粉）或仅搅拌提升直至预定的停浆（灰）面。

6）关闭搅拌机械。

2. 高压喷射注浆桩

高压水泥浆（或其他硬化剂）的通常压力为 15MPa 以上，通过喷射头上一或两个直径约 2mm 的横向喷嘴向土中喷射，使水泥浆与土搅拌混合，形成桩体。喷射头借助喷射管喷射或振动贯入，或随普通或专用钻机下沉。使用特殊喷射管的二重管法（同时喷射高压浆液和压缩空气）、三重管法（同时喷射高压清水、压缩空气、低压浆液），影响范围更大，直径分别可达 1000mm、2000mm。施工工艺流程如图 1-38 所示。单管法、双重管法的喷射管如图 1-39 所示。

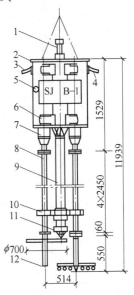

图 1-37 SJB 系列深层搅拌机

1—输浆管 2—外壳 3—出水口 4—进水口 5—电动机 6—导向滑块 7—减速器 8—搅拌轴 9—中心管 10—横向系统 11—球形阀 12—搅拌头

六、土钉墙施工

1. 施工前的准备

在进行土钉墙施工前，应充分核对设计文件、土层条件和环境条件，在确保施工安全的情况下，编制施工组织设计。要认真检查原材料、机具的型号、品种、规格及土钉各部件的质量、主要技术性能是否符合设计和规范要求。平整好场地道路，搭设好钻机平台。做好土钉所用砂浆的配合比及强度试验、构件焊接强度试验，验证能否满足设计要求。

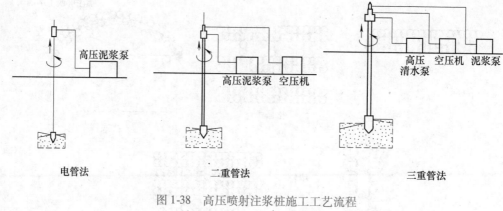

图 1-38　高压喷射注浆桩施工工艺流程

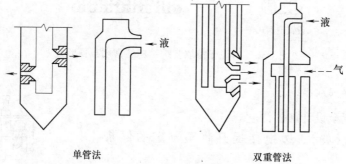

图 1-39　单管法、双重管法的喷射管

2. 钻孔

根据不同的土质情况采用不同的成孔作业法进行施工。对于一般土层，孔深小于等于15m 时，可选用洛阳铲或螺旋钻施工；孔深大于 15m 时，宜选用土锚专用钻机和地质钻机施工。对饱和土易塌孔的地层，宜采用跟管钻进工艺。掌握好钻机钻进速度，保证孔内干净、圆直，孔径符合设计要求。钻孔时如发现水量较大，要预留导水孔。

3. 土钉制作和安放

拉杆要求顺直，应除油、除锈并做好防腐处理，按要求设置好定位架。拉杆插入时，应防止扭压、弯曲，拉杆安放后不得随意敲击和悬挂重物。

4. 注浆

对孔隙比大的回填土、砂砾土层，注浆压力一般要达到 0.6MPa 以上。

5. 喷射混凝土

喷射混凝土施工的设备主要包括：混凝土喷射机、空压机、搅拌机和供水设施等。混凝土喷射机生产能力（干混合料）为 3～5m³/h，输送距离（干混合料）水平不小于100m，垂直不小于30m。空压机应满足喷射机工作风压和耗风量的要求，一般不小于 9m³/h。混合料的搅拌宜采用强制搅拌式搅拌机。输料管应能承受 0.8MPa 以上的压力，并应有良好的耐磨性能。供水设施应保持喷头处的水压大于 0.2MPa。

根据混凝土搅拌和输送工艺的不同，喷射混凝土分为干式和湿式两种。干式喷射是用混凝土喷射机压送干拌合料，在喷嘴处与水混合后喷出。湿式喷射：湿式喷射是用泵式喷射机，将已加水拌和好的混凝土拌合物压送到喷嘴处，然后在喷嘴处加入速凝剂，在压缩空气助推下喷出。

喷射作业前要对机械设备，风、水管路和电线进行全面的检查并试运转，清理受喷面，埋设好控制混凝土厚度的标志。喷射作业开始时，应先送风，后开机，再给料，料喷完后再关风。喷射时，喷头应与受喷面垂直，并保持 0.6～1.0m 的距离。喷射混凝土的回弹率不大于 15%。

6. 土钉的张拉与锁定

张拉前应对张拉设备进行标定。土钉注浆固结体和承压面混凝土强度均大于 15MPa 时方可张拉。锚杆张拉应按规范要求逐级加荷，并按规定的锁定荷载进行锁定。

七、锚杆施工

1. 工艺流程

施工准备→钻孔→安放拉杆→插入注浆管、灌浆→养护→上腰梁及锚头→张拉锁定。

2. 施工准备

勘察、原材料（含锚杆各部件、砂浆的配合比及强度试验、锚杆焊接的强度试验）、机具准备。

锚杆的拉杆常用粗钢筋、钢绞线。粗钢筋的非锚固段要涂防锈漆，并包扎沥青玻璃布。钢绞线的锚固段需用溶剂或蒸汽清除油脂。拉杆由起重机辅助放入孔内。

3. 钻孔

锚杆钻机有许多类型，一般向下倾斜。

螺旋式钻机适用于无地下水的黏性土、较密实的砂土，如图 1-40 所示。拉杆可通过两种方式放入：成孔后退出钻杆，插入拉杆；拉杆随空心钻杆到达孔底，边灌浆边退钻杆，而拉杆留在孔内。

在复杂的地质条件如涌水的松散层中钻孔时，要采用回转式钻机并需用套管保护，钻机回转机构带动钻杆给孔底钻头以一定的钻速和压力，被切削的渣土通过循环水流排出孔外。套管在灌浆后拔出。

如遇卵石、孤石等应采用冲击回转式钻机。

4. 灌浆

通过灌浆管用压浆泵或泥浆泵灌浆，压力为 0.3～4MPa。水泥砂浆浆体的灰砂比宜在 0.8～1.5 之间，水灰比宜在 0.38～0.50 之间。浆体强度应符合设计

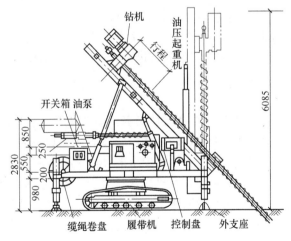

图 1-40　TK 式履带钻机

要求，并由试块检验。灌浆管为钢管或胶管，随拉杆入孔，随着灌浆拔出孔外。

5. 张拉锁定

锚杆张拉在锚固体强度大于 20MPa 并达到设计强度的 80% 后进行。边坡规范要求超张拉：1.05～1.1 设计预应力值→设计预应力值。锁定由锚具实现。外锚头涂防腐材料或外包

混凝土。

八、内支撑施工

支撑在坑内土面挖槽安装。当要在支撑顶面开行挖土机械时,支撑顶面低于坑内土面25cm左右,并架设通道板。

一般在混凝土强度达到80%设计强度后,开挖支撑以下的土方。

支撑穿越工程结构时,应设止水结构。

钢支撑施加预压力时,应注意对相邻支撑的影响。支撑长度超过30m时,一般要在支撑两端同时加压。预压力宜为30%~60%支撑轴力。

支撑的拆除,可用大锤、机械,甚至爆破。

第三节 填 土 压 实

土壤是由矿物颗粒、水、空气组成的三相体系,特征是分散性大,颗粒之间没有牢固的联结,水容易浸入。因此在外力作用或自然条件下遭到水的浸入和冻融都会产生变形。为了使填土满足强度以及稳定性要求,就必须正确选择土料和填筑方法。

填土方工程应分层填土压实,最好采用同类土。如果用不同类土时,应把透水性较大的土层置于透水性较小的土层下面。若已将透水性较小的土填筑在下层,则应在填筑上层透水性较大的土壤之前,将两层结合面做成中央高、四周低的弧面排水坡度或设置盲沟,以免填土内形成水囊。绝不能将各种土混杂在一起填筑。

当填方位于倾斜的地面时,应先将斜坡改成阶梯状,然后分层填土以防填土滑动。

回填施工前,应清除填方区的积水和杂物,如遇软土、淤泥,必须进行换土回填。回填时,若分段进行,每层接缝处应做成斜坡形,碾迹重叠0.5~1.0m,上、下层接缝应错开不小于1.0m。应防止地面水流入,并应预留一定的下沉高度。回填基坑(槽)和管沟时,应从四周或两侧均匀地分层进行,以防止基础和管道在土压力作用下产生偏移或变形。

一、土料的选择

填方土料应符合设计要求,如设计无要求时,应符合下列规定:

1)碎石类土、砂土和爆破石渣(粒径不大于每层铺厚的2/3)可用于表层下的填料。

2)含水量符合压实要求的黏性土,可用作各层填料。

3)碎块草皮和有机质含量大于8%(质量分数)的土,仅用于无压实要求的填方。

4)淤泥和淤泥质土一般不能用作填料,但在软土或沼泽地区,经过处理使含水量符合压实要求后,可用于填方中的次要部位。

5)含水溶性硫酸盐大于5%(质量分数)的土不能用作回填土,因为在地下水作用下,硫酸盐会逐渐溶解流失,形成孔洞,影响土的密实性。

6)冻土、膨胀性土等不应作为填方土料。

二、填土压实方法

填土的压实方法一般有碾压(包括振动碾压)、夯实、振动压实等几种(图1-41)。

碾压法是由沿填筑面滚动的鼓筒或轮子的压力压实土壤，多用于大面积填土工程。碾压机械有平碾（压路机）、羊足碾和气胎碾等。平碾又分为静力作用平碾和振动作用平碾。平碾对砂土、黏性土均可压实，静力作用平碾适用于较薄填土或表面压实、平整场地、修筑堤坝及道路工程；振动平碾使土受振动和碾压两种作用，效率高，适用于填料为爆破石渣、碎石类土、杂填土或轻亚黏土的大型填方。羊足碾需要较大的牵引力，与土接触面积小，但单位面积的压力比较大，土壤的压实效果好，适用于碾压黏性土。气胎碾在工作时是弹性体，其压力均匀，填土质量较好。

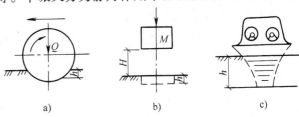

图 1-41 填土压实方法

a) 碾压 b) 夯实 c) 振动

夯实方法是利用夯锤自由下落时的冲击力来夯实土壤，主要用于基坑（槽）、沟及各种零星分散、边角部位的小型填方的夯实工作。优点是可以夯实较厚的土层，且可以夯实黏性土及非黏性土。夯实机械有夯锤、内燃夯土机和蛙式打夯机等。人工夯土用的工具有木夯、石夯、飞硪等。夯锤是借助起重机悬挂一重锤提起并落下，锤底面积约为 $0.15 \sim 0.25 \mathrm{m}^2$，其重力不宜小于 15kN，落距一般为 $2.5 \sim 4.5 \mathrm{m}$，夯土影响深度可达 $0.6 \sim 1.0 \mathrm{m}$，常用于夯实砂性土、湿陷性黄土、杂填土以及含有石块的填土。内燃夯土机作用深度为 $0.4 \sim 0.7 \mathrm{m}$，它和蛙式打夯机都是应用较广的夯实机械。人工夯土方法已少采用。

振动压实法是将振动压实机放在土层表面，借助振动机构使压实机械振动，土颗粒发生相对位移而达到紧密状态。这种方法主要用于非黏性土压实。

三、影响填方压实效果的主要因素

影响土壤压实效果的因素主要有含水量、压实功、每层铺土厚度。

1. 含水量

土中含水量对压实效果的影响比较显著（图 1-42）。当含水量较小时，由于颗粒间引力（包括毛细管压力）使土保持着比较疏松的状态或凝聚结构，土中孔隙大都互相连通，水少而气多，在一定的外部压实功作用下，虽然土孔隙中气体易被排出，密度可以增大，但由于水膜润滑作用不明显以及外部功也不足以克服颗粒间引力，土粒相对移动不容易，因此压实效果比较差；含水量逐渐增大时，水膜变厚，引力缩小，水膜又起着润滑作用，外部压实功比较容易使土粒移动，压实效果渐佳；土中含水量过大时，空隙中出现了自由水，压实功的部分被自由水所抵消，减小了有效压力，压实效果反而降低。

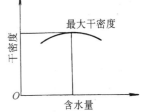

图 1-42 土的干密度与含水量的关系

从土的密度与含水量关系图中可以看出，曲线有一峰值，此处的干密度为最大，称为最大干密度 $\rho_{\max}$，只有在土中含水量达最佳含水量的情况下压实的土，水稳定性最好，土的密实度最大。然而含水量较小时土粒间引力较大，虽然干密度较小，但其强度可能比最佳含水量还要高。可是此时因密实度较低，孔隙多，一经饱水，其强度会急剧下降。因此，用干密度作为表征填方密实程度的技术指标，取干密度最大时的含水量为最佳含水量，而不取强度最大时的含水量为最佳含水量。

土在最佳含水量时的最大干密度，可由击实试验取得，也可查经验表确定（仅供参考）。各种土壤的最佳含水量（质量分数）为：砂土 8%～12%、粉土 16%～22%、粉质黏土 18%～21%、黏土 19%～23%。当回填土过湿时，应先晒干或掺入其他吸水材料；过干时应洒水湿润，尽可能使土保持在最佳含水量范围内。

2. 压实功

压实功（指压实工具的重量、碾压遍数或锤落高度、作用时间等）对压实效果的影响，是除含水量以外的另一重要因素。当压实功加大到一定程度后，对最大干密度提高的作用就不明显了（图 1-43）。所以，在实际施工时，应根据不同的土以及压实密度要求和不同的压实机械来决定压实的遍数（参见表 1-3）。此外，松土不宜用重型碾压机直接滚压，否则土层会有强烈起伏现象，效率不高。如先用轻碾压实，再用重碾就可取得较好效果。

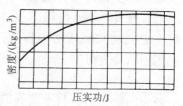

图 1-43　土的密度与
压实功的关系

表 1-3　不同压实机械分层填土虚铺厚度及压实遍数

压实机具	分层厚度/mm	每层压实遍数
平碾	250～300	6～8
振动压实机	250～350	3～4
柴油打夯机（蛙式打夯机）	200～250	3～4
人工打夯	<200	3～4

3. 每层铺土厚度

压实厚度对压实效果有明显的影响。相同压实条件下（土质、湿度与功能不变），实测土层不同深度的密实度得知，密实度随深度递减，表层 50mm 最高。不同压实工具的有效压实深度有所差异，根据压实工具类型、土质及填方压实的基本要求，每层铺筑压实厚度有具体规定数值，见表 1-3。铺土过厚，下部土体所受压实作用力小于土体本身的粘结力和摩擦力，土颗粒不能相互移动，无论压实多少遍，填方也不能被压实；铺土过薄，则下层土体压实次数过多，而受剪切破坏，所以规定了一定的铺土厚度。最优的铺土厚度应能使填方压实而机械的功耗费最小。

第四节　土方工程机械化施工

在土方工程中，应尽可能地采用机械施工，以减轻繁重的体力劳动，加快施工进度。

土方工程施工机械的种类有挖掘机、铲运机、平土机、松土机、平斗机及多斗挖掘机，还有各种碾压、夯实机械等。在土方工程的施工中，最常见的机械是推土机、单斗挖掘机以及夯实机械。

一、推土机施工

推土机（图 1-44）是把履带式拖拉机前端装上铲刀进行推土的一种机型。推土机按铲刀的操纵机构不同，分为索式和液压式两种。索式推土机的铲刀借助于本身的自重切入土中，因此在硬土中切入深度较小。液压式推土机的铲刀用油压操纵，能强制切入土中，因此切入深度较深，而且可以调升铲刀和调整铲刀的角度。

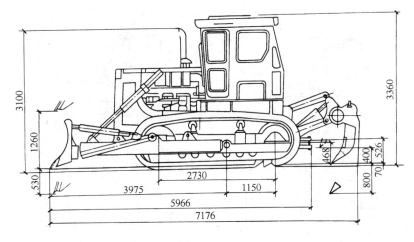

图 1-44 推土机

由于推土机操作灵活，运转方便，所需要的工作面小，行驶速度快，能爬 30° 左右的缓坡，因此应用范围广泛。可以用于清理和平整场地，开挖 1.5m 深度以内的基坑；装配其他装置后，可以破松硬土和冻土，以及进行土方压实等；可以推、挖 1～3 类土，推运距离宜在 100m 以内，发挥工作效能最好的推运距离为 40～60m。

提高推土机生产效率的主要措施是缩短推土机的工作循环时间，减少土的失散。

推土机的施工方法有：

1. 下坡推土

推土机顺地面坡度沿下坡方向切土与推进，借助于机械本身的重力作用，能增加推土机能力，缩短推土时间。当坡度在 15° 以内时，一般可提高生产效率 30%～40%。

2. 并列推土

当平整场地的面积较大时，可以用 2～3 台推土机并列作业，铲刀相距 15～30cm。倒车时，分别按先后次序退回。一般两机并列作业可增大推土量 15%～30%，但平均运距不宜超过 70m，也不宜小于 20m。

3. 槽形推土

槽形推土指推土机重复多次在一条作业线上切土和推土，使地面逐渐形成一条浅槽，可以减少土从铲刀两侧流散，可增加推土量 10%～30%。

4. 多铲集运

在硬土质上切土深度不大时，可以采用多次铲土，分批集中，一次推送的方法，这样能有效地利用推土机的功率，缩短运土时间。

二、挖掘机的选择

单斗挖掘机在土方工程中应用较广，种类较多，按工作需要可以更换其工作装置。装置分为正铲、反铲、拉铲和抓铲，按操纵机构不同，可分为机械式和液压式两类。

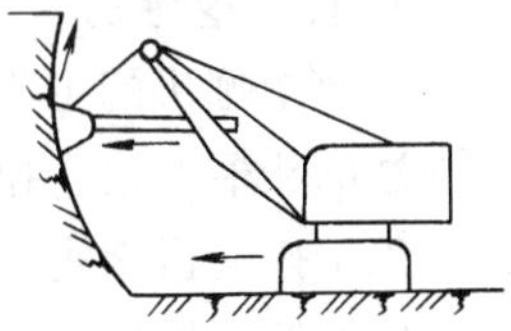

1. 正铲挖掘机

正铲挖掘机的作业特点是：前进向上，强制切土（图 1-45）。

正铲挖掘机在挖土和卸土时有两种方式（图 1-46）：

图 1-45 正铲挖掘机

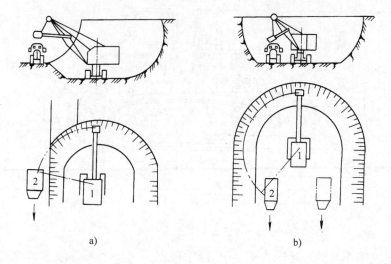

图1-46　正铲挖掘机作业方式
a) 正向挖土、侧向卸土　b) 正向挖土、后方卸土
1—正铲挖掘机　2—自卸汽车

（1）正向挖土，侧向卸土　即挖掘机沿前进方向挖土，运输工具停在侧面，由挖掘机装土，二者可不在同一工作面（运输工具可停在挖掘机平面上或高于停机平面）。这种开挖方式，卸土时挖掘机旋转角度小于90°，提高了挖土效率，可避免汽车倒开和转弯多的缺点，因而在施工中常采用此法。

（2）正向挖土，后方卸土　即挖掘机向前进方向挖土，运输工具停在挖掘机的后面装土，二者在同一工作面（即挖掘机的工作空间）上。这种开挖方式挖土高度较大，但由于卸土时必须旋转较大角度，且运输车辆要倒车开入，影响挖掘机生产率，故只宜用于基坑（槽）宽度较小而开挖深度较大的情况。

2. 反铲挖掘机

反铲挖掘机的作业特点是：后退向下，强制切土（图1-47），用于开挖停机平面以下的1~3类土，不需设置进出口通道。适用于开挖基坑、基槽和管沟，有地下水的土壤或泥泞土壤。一次开挖深度取决于挖掘机的最大挖掘深度等技术参数。

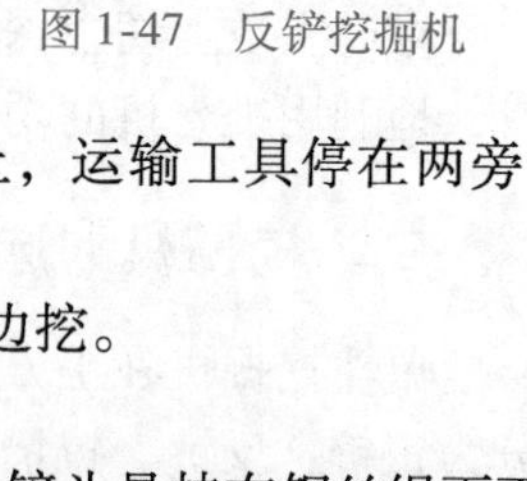

图1-47　反铲挖掘机

反铲挖掘机作业方式有两种：

（1）沟端开挖（图1-48a）　即挖掘机停在沟端，向后倒退挖土，运输工具停在两旁，由挖掘机装土。

（2）沟侧开挖（图1-48b）　即挖掘机沿着沟的一侧移动，边走边挖。

3. 拉铲挖掘机

拉铲挖掘机的工作装置简单，可直接由起重机改装。其特点是：铲斗悬挂在钢丝绳下而无刚性的斗柄。由于拉铲支杆较长，铲斗在自重作用下切入土中，能开挖的深度和宽度均较大。拉铲挖掘机常用于挖沟槽、基坑和地下室，也可开挖水下和沼泽地带的土壤。

拉铲挖掘机的开行方式和反铲一样，有沟端开行和沟侧开行两种（图1-49）。

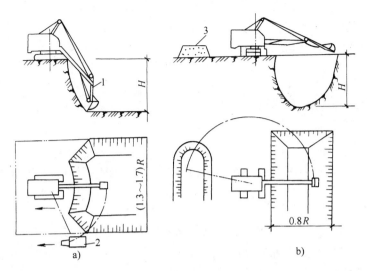

图 1-48　反铲挖掘机作业方式

a) 沟端开挖　b) 沟侧开挖

1—反铲挖掘机　2—自卸汽车　3—弃土堆

4. 抓铲挖掘机

这种挖掘机一般由正、反铲液压挖掘机更换了工作装置而成，即去掉铲斗换上抓斗。抓铲挖掘机最适宜于进行水中挖土（图 1-50）。

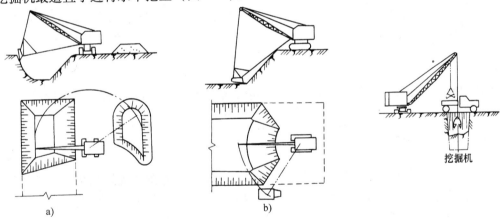

图 1-49　拉铲挖掘机

a) 沟侧开行　b) 沟端开行

图 1-50　抓铲挖掘机

第五节　土方量计算及调配

土方量采用具有一定精度而又和实际情况相近的方法进行计算。

一、基坑、基槽土方量的计算

1. 基坑土方量计算

基坑土方量是按立体几何中拟柱体体积公式（即由两个平行的平面做底的一种多面体）

来计算的（图1-51）。

其计算公式为：

$$V = H(A_1 + 4A_0 + A_2)/6 \tag{1-9}$$

式中　H——基坑深度（m）；

A_1、A_2——基坑上、下两底面积（m^2）；

A_0——基坑中截面面积（m^2）。

2. 基槽土方量计算

基槽或路堤的土方量计算，可以沿长度方面分段，分段后用与前面同样的方法进行计算（图1-52）。

计算公式为：

$$V_1 = L_1(A_1 + 4A_0 + A_2)/6 \tag{1-10}$$

式中　V_1——第一段长度的土方量（m^3）；

L_1——第一段的长度（m）；

A_1——此段基槽一端的面积（m^2）；

A_2——此段基槽另一端的面积（m^2）；

A_0——此段基槽中间截面面积（m^2）。

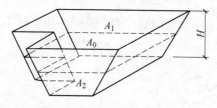

图1-51　基坑土方量计算简图

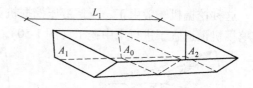

图1-52　基槽土方量计算

同样的方法，把各段体积的土方量计算出来，然后相加，即得到总的土方量为：

$$V = V_1 + V_2 + V_3 + \cdots + V_n \tag{1-11}$$

二、场地设计标高的确定

场地设计标高是进行场地平整和土方量计算的依据，也是总图规划和竖向设计的依据，合理地确定场地的设计标高，对减少土方量，加快建设速度，都有重要的经济意义。

如图1-53所示的横断面，如果场地设计标高为H_0时，那么挖方、填方的体积基本平衡，可以把土方移挖作填，就地处理；如果设计标高为H_1时，那么填方大大超过挖方，则需要从场地外大量取土回填；如果设计标高为H_2时，挖方大大超过填方，则要向场外大量弃土。

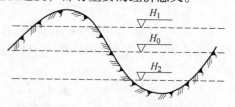

图1-53　场地不同设计标高的比较

因此，在确定场地设计标高时，应结合场地具体条件，反复进行技术经济比较，选择一个最优的方案，需考虑以下因素：

1）应满足建筑功能、生产工艺和运输要求。

2）充分利用地形（比如分区域或分台阶布置），尽量使挖填方平衡，以减少土方量。

3）要有一定的泄水坡度（≥2‰），使其能满足排水要求。

4）要考虑最高洪水水位的影响。

如果场地设计标高没有其他的特殊要求时，则可以根据挖、填平衡的原则加以确定，即场地内土方的绝对体积在平整前和平整后相等。场地设计标高的确定方法和步骤如下：

1. 初步确定场地设计标高 H_0

初步确定场地设计标高根据场地挖填土方量平衡的原则进行，即场内土方的绝对体积在平整前后是相等的。

1）在具有等高线的地形图上将施工区域划分为边长 $a = 10 \sim 40\text{m}$ 的若干方格（图1-54）。

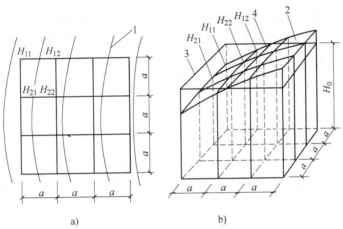

图1-54 场地设计标高计算简图

a）地形图上划分方格 b）设计标高示意图

1—等高线 2—自然地面 3—设计标高平面 4—零线

2）确定各小方格的角点高程。可根据地形图上相邻两等高线的高程，用插入法计算求得。此外，在无地形图的情况下，也可以在地面用木桩或钢钎打好方格网，然后用仪器直接测出方格网角点标高。

按填挖方平衡原则确点设计标高 H_0，即：

$$H_0 N a^2 = \sum \left(a^2 \frac{H_{11} + H_{12} + H_{21} + H_{22}}{4} \right) \tag{1-12}$$

$$H_0 = \frac{\sum (H_{11} + H_{12} + H_{21} + H_{22})}{4N} \tag{1-13}$$

从图1-54a中可知，H_{11} 系一个方格的角点标高，H_{12} 和 H_{21} 均系两个方格公共的角点标高，H_{22} 则是四个方格公共的角点标高，它们分别在上式中要加一次、两次、四次。因此，上式可改写成下列形式：

$$H_0 = \frac{\sum H_1 + 2\sum H_2 + 3\sum H_3 + 4\sum H_4}{4N} \tag{1-14}$$

式中 H_1——一个方格仅有的角点标高（m）；

H_2——两个方格共有的角点标高（m）；

H_3——三个方格共有的角点标高（m）；

H_4——四个方格共有的角点标高（m）；

N——方格网数。

2. 场地设计标高 H_0 的调整

以上我们求出了设计标高 H_0，但这个值只是一个理论值，实际上还应该考虑一些其他的因素，对 H_0 进行调整，这些因素有：

（1）土的可松性　由于土具有可松性，所以一般填土会有多余，因此，应该考虑由于土的可松性而引起的设计标高增加值 Δh。

把 V_W、V_T 分别叫按理论设计计算的挖、填方的体积，把 F_W、F_T 分别叫按理论设计计算的挖、填方区的面积，把 V_W'、V_T' 分别叫调整以后挖、填方的体积，K_s' 是最终可松性系数。

如图 1-55 所示，设 Δh 为由于土的可松性引起的设计标高增加值，则设计标高调整以后的总挖方体积 V_W' 应为：

$$V_W' = V_W - F_W\Delta h \tag{1-15}$$

总填方体积应为：$V_W' = V_T'/K_s'$

$$V_T' = V_W' K_s' \tag{1-16}$$

把（1-15）式代入（1-16）式为：

$$V_T' = (V_W - F_W\Delta h)K_s' \tag{1-17}$$

这时，填方区的标高也应该和挖方区一样，要提高 Δh；$V_W = V_T$，则有：

$$\Delta h = \left[(V_W - F_W\Delta h)K_s' - V_T\right]/F_T \tag{1-18}$$

经运算整理，求出

$$\Delta h = V_W(K_s' - 1)/(F_T + F_W K_s') \tag{1-19}$$

求出 Δh 值后，场地的设计标高应调整为：

$$H_0' = H_0 + \Delta h \tag{1-20}$$

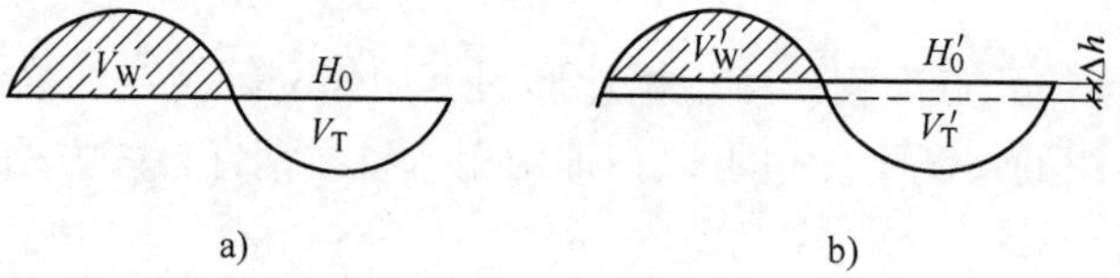

a)　　　　　　　　　　　b)

图 1-55　设计标高调整计算示意

（2）规划场地内挖填方及就近取、弃土　由于场地内大型基坑挖出的土方、修路、筑堤填高的土方以及从经济角度考虑，部分土方就近弃土，或就近借土，都会引起挖、填土方量的变化，有必要时，也要调整设计标高。

为了简化计算，场地设计标高调整可以按下面近似公式确定为：

$$H_0' = H_0 \pm Q/(Na^2) \tag{1-21}$$

式中　Q——假定按原设计标高平整以后，多余或不足的土方量；

　　　N——方格网数；

　　　a——方格网边长。

3. 泄水坡度

当按设计标高调整后的同一设计标高 H_0' 进行平整时，则整个场地表面均处于同一水平面，但是，实际上由于排水的要求，场地表面需要有一定的泄水坡度。因此，还必须根据场地泄水坡度的要求（单面泄水或双面泄水），计算出场地内各方格角点实际施工所用的设计标高。

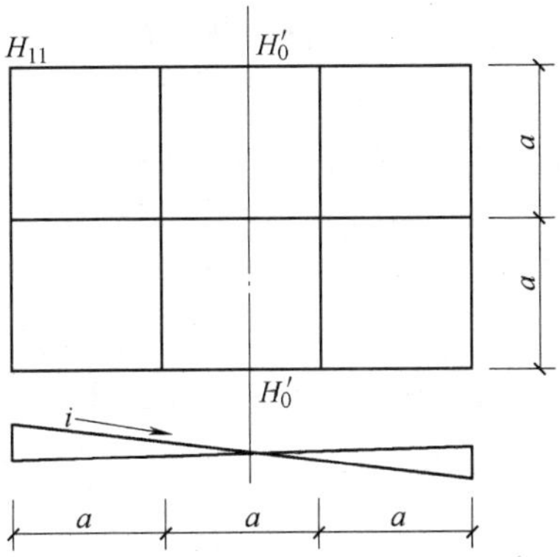

（1）场地具有单向泄水坡度　场地具有单向泄水坡度时，设计标高的确定方法，是把已经调整的设计标高 H_0' 作为场地中心线的标高（图 1-56）（当然也可设某点高程，然后由挖填平衡条件求该点高程），场地内任意一点的设计标高则为：

$$H_n = H_0' \pm li \tag{1-22}$$

式中　H_n——场地内任意一点的设计标高；

　　　l——场地任意一点至设计标高 H_0' 的距离；

　　　i——场地泄水坡度（不小于 2‰）。

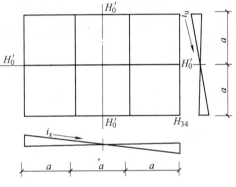

图 1-56　场地具有单向泄水坡度

例如，考虑具有泄水坡度之前，场地的设计标高为 251.47m，$a = 20$m。那么，考虑具有泄水坡度以后，如坡度为 2‰，H_{11} 的设计标高为：

$$
\begin{aligned}
H_{11} &= H_0' + 1.5ai \\
&= 251.47\text{m} + 1.5 \times 20 \times 2‰\text{m} \\
&= 251.47\text{m} + 0.06\text{m} \\
&= 251.53\text{m}
\end{aligned}
$$

（2）场地具有双向泄水坡度　场地具有双向泄水坡度时设计标高的确定方法同样是把已调整的设计标 H_0' 作为场地的纵向和横向中心线（图 1-57），场地内任意一点的设计标高为：

图 1-57　场地具有双向泄水滤度

$$H_n = H_0' \pm l_x i_x \pm l_y i_y \tag{1-23}$$

式中　l_x、l_y——分别为任意一点沿 x-x、y-y 方向距场地中心线的距离；

　　　i_x、i_y——分别为任意一点沿 x-x、y-y 方向的泄水坡度。

例如，考虑具有泄水坡度之前，场地的设计标高为 251.47m，那么，考虑具有双向泄水坡度以后，如果沿 x-x、y-y 的坡度分别为 3‰、2‰，H_{34} 角点的设计标高为：

$$
\begin{aligned}
H_{34} &= H_0' - 1.5ai_x - ai_y \\
&= 251.47\text{m} - 1.5 \times 20 \times 3‰\text{m} - 20 \times 2‰\text{m} \\
&= 251.47\text{m} - 0.09\text{m} - 0.04\text{m} \\
&= 251.34\text{m}
\end{aligned}
$$

三、场地及边坡土方量计算

场地上土方量计算方法有两种：即方格网法和断面法。场地地形较为平坦时，一般采用方格网法；场地地形较为复杂或挖填深度较大、断面又不规则时，一般采用断面法。

（一）用方格网法计算场地土方量

在确定场地设计标高时画好的方格网上进行计算，方格网边长一般为 10～40m，通常取 20m。首先把场地上各方格角点的自然标高与设计标高分别标注在方格角点上（这一步，在设计场地设计标高后已完成），那么，场地上设计标高与自然标高的差值，即为各角点的施工高度（挖或填），并习惯上"＋"号表示填方，以"－"号表示挖方。施工高度有了以后，也填在各角点上，然后就可以计算每一个方格的挖、填土方量，继而计算场地边坡的土方量。最后将填方区域和挖方区域内所有的土方量以及边坡土方量进行汇总，就得到了场地上总的平整场地土方量。

场地土方量计算步骤为：

1. 求各方格角点的施工高度

我们用 h_n 表示各角点的施工高度，亦即挖填高度，并且以"＋"为填，以"－"为挖。H_n 表示各角点的设计标高，H 表示各角点的自然标高，那么有

$$h_n = H_n - H \tag{1-24}$$

方格角点的自然标高可以根据地形图上相邻两等高线的高程，用线性插入法求出；也可以用一张透明纸，上面画上 6 根等距离的平行线，把透明纸放到标有方格网的地形图上，将 6 根平行线的最外两根分别对准两条等高线上的两点 A、B，这时 6 根等距离的平行线将 A、B 之间的高差分成 5 份，于是便可以读出 C 点的地面标高（图 1-58）。

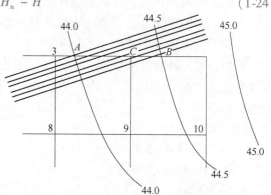

图 1-58 方格角点自然标高的图解法

2. 绘出"零线"

"零点"是某一方格的两个相临挖、填角点连线与该方格边线的交点（图 1-59）。两个相邻"零点"的连线即为"零线"。

3. 计算场地挖、填土方量

"零线"求出以后，场地内的挖、填方区域就可以标出来，然后用四角棱柱体法和三角棱柱体法进行计算。

（1）四角棱柱体法　分三种情况：

1）在方格网中，某个方格的四个角全部为填方或者全部为挖方（图 1-60）。

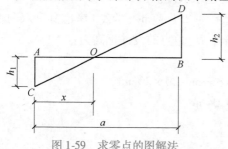

图 1-59 求零点的图解法

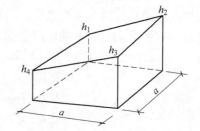

图 1-60 全填或全挖的方格

其土方量的计算公式为：

$$V = a^2(h_1 + h_2 + h_3 + h_4)/4 \tag{1-25}$$

2）方格的相邻两角点为挖，另两角为填（图 1-61）。

其挖方部分土方量的计算公式为：

$$V_{1,2} = \frac{a^2}{4}\left(\frac{h_1^2}{h_1 + h_4} + \frac{h_2^2}{h_2 + h_3}\right) \tag{1-26}$$

填方部分土方量计算公式为：

$$V_{3,4} = \frac{a^2}{4}\left(\frac{h_3^2}{h_2 + h_3} + \frac{h_4^2}{h_1 + h_4}\right) \tag{1-27}$$

3）方格的三个角为挖，另一个角为填（或方格的三个角为填，另一个角为挖）（图1-62）。

其填方部分土方量计算公式为：

$$V_4 = \frac{a^2}{6}\frac{h_4^3}{(h_1 + h_4)(h_3 + h_4)} \tag{1-28}$$

其挖方部分土方量计算公式为：

$$V_{1,2,3} = \frac{a^2(2h_1 + h_2 + 2h_3 - h_4)}{6} + V_4 \tag{1-29}$$

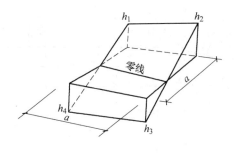

图 1-61　两挖和两填的方格

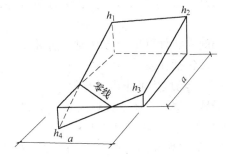

图 1-62　三挖一填（或相反）的方格

（2）三角棱柱体法　用三角棱柱体法计算场地土方量，是把每一个方格顺地形的等高线沿对角线划分成两个三角形，然后分别计算每一个三角棱柱（棱锥）体的土方量。

1）当三角形为全挖或全填时（图1-63a）。

$$V = a^2(h_1 + h_2 + h_3)/6 \tag{1-30}$$

2）当三角形有挖有填时（图1-63b）。这时，"零线"把三角形分成了两部分，一个是底边当三角形的锥体，另一部分是底面为四边形的楔体，即：

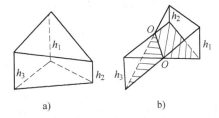

图 1-63　三角棱柱体法

a）全挖或全填　b）有挖有填

$$V_{锥} = \frac{a^2}{6}\frac{h_3^3}{(h_1 + h_3)(h_2 + h_3)} \tag{1-31}$$

$$V_{楔} = \frac{a^2}{6}\left[\frac{h_3^3}{(h_1 + h_3)(h_2 + h_3)} - h_3 + h_2 + h_1\right] \tag{1-32}$$

以上的 h_1、h_2、h_3、h_4 均为施工高度，并且均用绝对值代入。

（二）用断面法计算场地土方量

四角棱柱体法和三角棱柱体法统称为方格网法。如果当土方量计算精度要求不高时，还可以用断面法。

沿场地取若干个断面，将所取的断面划分成若干个三角形和梯形（图1-64）。

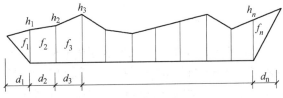

图 1-64　断面法

如果用 f_n 表示每一个小三角形或梯形的面积，则整个断面面积 $F_1 = f_1 + f_2 + f_3 + \cdots + f_n$。

如果 $d_1 = d_2 = d_3 = \cdots = d_n = d$，则 $F_1 = (h_1 + h_2 + h_3 + \cdots h_n)d$

如果分若干个断面面积分别为 F_1、F_2、F_3、$\cdots$、f_n，相邻断面间的距离分别为 l_1、l_2、l_3、$\cdots$、l_n，那么总的土方量为：

$$V = (F_1 + F_2)l_1/2 + (F_2 + F_3)l_2/2 + (F_3 + F_4)l_3/2 + \cdots + (F_{n-1} + F_n)l_n/2 \quad (1\text{-}33)$$

相邻两断面间的 l_1、l_2、$l_3 \cdots l_n$ 的大小与地形有关，地形平坦，距离可以大一些；地形起伏较大时，距离可取小一些。这时，一定要沿地形每一个起伏点的转折处取一断面，确定两断面间的距离，否则，要影响土方量计算的精确度。

用断面法计算出土方量时，边坡土方量已经包括在内。

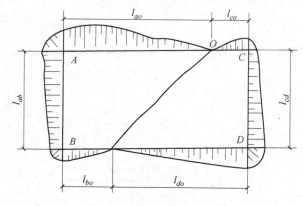

图 1-65　场地边坡平面图

（三）场地边坡土方量计算

场地平整时，还要计算边坡土方量（图 1-65）。其计算步骤如下：

1）标出场地四个角点 A、B、C、D 的填挖高度和零线位置。

2）根据土质确定填、挖边坡的坡度（图 1-66）。m 称为边坡坡度系数。

3）算出四角点的放坡宽度，如 A 点 $= m_1 h_a$；D 点 $= m_2 h_d$。

4）绘出边坡图。

5）计算边坡土方量。

A、B、C、D 四个角点的土方量，近似地按正方锥体计算，例如：A 点土方量为：

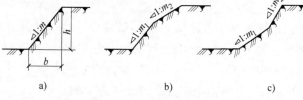

图 1-66　土方边坡示意图

边坡的坡度 $= h/b = 1/(b/h) = 1:m$

$$V_a = \frac{m_1^2 h_a^3}{6} \quad (1\text{-}34)$$

AB、CD 两边上土方量按平均断面法计算，例如：AB 边土方量为：

$$V_{ab} = (F_a + F_b)l_{ab}/2 = m_1(h_a^2 + h_b^2)l_{ab}/4 \quad (1\text{-}35)$$

AC、BD 两边分段按三角锥体计算，例如：AC 边 AO 段的土方量为：

$$V_{ao} = \frac{m_1 h_a^2 l_{ao}}{6} \quad (1\text{-}36)$$

四、土方调配

土方调配的原则是：应力求挖填平衡，运距最短，费用最省；便于改土造田；考虑土方的利用，以减少土方的重复挖、填和运输。它是土方规划中的一个重要内容，包括：划分调配区；计算土方调配区之间的平均运距（或单位土方运价，或单位土方施工费用）；确定土方的最优调配方案；绘制土方调配图表。

（一）土方调配区的划分

在划分调配区时应注意：

1）调配区的划分应与房屋或构造的位置协调，满足工程施工顺序和分期施工的要求，使近期施工和后期利用相结合。

2）调配区的大小应考虑土方及运输机械的技术性能，使其功能得到充分发挥。

例如：调配区的长度应大于或等于机械的铲土长度。调配区的面积最好和施工段的大小相适应。

3）调配区的范围应与计算土方量的方格网相协调。通常情况下可由若干个方格网组成一个调配区。

4）从经济效益出发，考虑就近借土或就近弃土，这时，一个借土区或一个弃土区均可作为一个独立的调配区。

（二）调配区之间的平均运距

平均运距是指挖方区土方重心至填方区土方重心的距离。因此，求平均运距，需先求出每个调配区重心。其方法是用求重心的公式：

取场地或方格网中的纵横两边为坐标轴，分别求出各区土方的重心位置，即：

$$X_g = \sum (Vx) / \sum V$$
$$Y_g = \sum (Vy) / \sum V$$

$\hspace{10cm}$ (1-37)

式中　X_g、Y_g——挖、填调配区的重心坐标；

$\qquad\quad$ V——每个方格的土方量；

$\qquad\quad$ x、y——每个方格的重心坐标。

重心求出以后，则标于相应的调配区图上，然后用比例尺量出（或计算）每对调配区之间的平均运距。

（三）最优调配方案的确定

最优调配方案的确定，是以线性规划为理论基础，用"表上作业法"来求解，现结合实例进行说明。

【例1-2】　已知某施工场地有四个挖方区和三个填方区，其相应的挖填土方量和各对调配区的运距见表1-4，求调配方案。

表1-4　挖方区填方区的挖填土方量和调配区间的运距

挖方区	填方区						挖方量/m³
	B_1		B_2		B_3		
A_1	(500)	50	×	70	×	100	500
A_2	×	70	(500)	40	×	90	500
A_3	(300)	60	(100)	100	(100)	70	500
A_4	×	80	×	100	(400)	40	400
填方量/m³	800		600		500		1900

【解】　用"表上作业法"进行调配的步骤为：

1. 用"最小元素法"编制初始调配方案

运距是已知的，已填入各方格的右上角，用 C 来表示运距（或单位造价）。各方格内需

建筑施工技术

要调配的土方量是未知的，用 x 表示调配的土方量。

"最小元素法"即给最小运距方格以尽可能多的土方。先在运距表的小方格中找一个最小的值，找出来之后先确定此最小的运距所对应的土方量，并且使其土方量尽可能地大，由表中可知 $C_{22} = C_{43} = 40$ 最小，于是在这两个最小运距中任取一个，现取 $C_{43} = 40$，那么所对应的需调配的土方量 x_{43}，从表中表明最大就是 400，即把 A_4 的挖方量全部运到 B_3 去，而 A_4 的土方已全部运往了 B_3，就不能满足 B_1 和 B_2 的需要了，即 x_{41}、$x_{42} = 0$。

把 400 填入 x_{43} 中，同时在 x_{41} 和 x_{42} 的格内各画一个×，然后在没有填数字的和×的格内，每选一个运距最小的方格，即选 $C_{22} = 40$ 最小，再使 x_{22} 尽可能大，由表上可知，可以把 A_2 挖方区的土方全部调运至 B_2，即 $x_{22} = 500$，同时 x_{21}、$x_{23} = 0$，即在 x_{22} 中填入了 500、x_{21}、x_{23} 填入×。

重复以上步骤，确定了初始调配方案，见表1-4。让运距最小的格内取尽可能大的土方值，也就是说优先考虑"就近调配"，所以求得的运输量是比较小的。但是，这并不能保证其运输量最小，所以还要进行判别，看是否是最优方案。

2. 最优方案的判别法

最优方案的判别法有"闭回路法"和"位势法"，两者实质都一样，都是求检验数 λ_{ij} 来判别（λ_{ij} 是运距表中第 i 行第 j 列的一个数字），只要所有的检验数 $\lambda_{ij} \geq 0$，则该方案即为最优方案，否则，不是最优方案，还需要进行调整。以下用"位势法"判别。

首先将初始方案中有调配数方格的运距 C_{ij} 列出，然后按下式求出两组位势数 u_i（$u = 1$、2、3…、m）和 v_j（$j = 1$、2、3…、n），即：

$$C_{ij} = u_i + v_j \tag{1-38}$$

式中　C_{ij}——平均运距（或单位土方造价、或施工费用）：

u_i、v_j——位势数。

用上式求出位势数以后，便可以由下式计算空格内的检验数：

$$\lambda_{ij} = C_{ij} - u_i - v_j \tag{1-39}$$

本例有以下不定解方程组：

$$C_{11} = u_1 + v_1$$
$$C_{31} = u_3 + v_1$$
$$C_{32} = u_3 + v_2$$
$$C_{22} = u_2 + v_2$$
$$C_{33} = u_3 + v_3$$
$$C_{43} = u_4 + v_3$$

令 $u_1 = 0$，求出位势数 u_i 和 v_j，见表1-5。

表1-5　有调配数方格的运距及位势数

填方区 位势 挖方区	u_i 　 v_j	B_1 $v_1 = 50$	B_2 $v_2 = 100$	B_3 $v_3 = 60$
A_1	$u_1 = 0$	50		
A_2	$u_2 = -60$		40	
A_3	$u_3 = 10$	60	110	70
A_4	$\dot{u}_4 = -20$			40

由 $\lambda_{ij} = C_{ij} - u_i - v_j$，依次求出各空格的检验数，填入表1-6。

$\lambda_{12} = C_{12} - u_1 - v_2 = 70 - 0 - 100 = -30$（<0）

$\lambda_{13} = C_{13} - u_1 - v_3 = 100 - 0 - 60 = 40$（>0）

$\lambda_{21} = C_{21} - u_2 - v_1 = 70 - (-60) - 50 = 80$（>0）

$\lambda_{23} = C_{23} - u_2 - v_3 = 90 - (-60) - 60 = 90$（>0）

$\lambda_{41} = C_{41} - u_4 - v_1 = 80 - (-20) - 50 = 50$（>0）

$\lambda_{42} = C_{42} - u_4 - v_2 = 100 - (-20) - 100 = 20$（>0）

（在表中可以只写正负号，不写数字。）

表1-6 空格的检验数

挖方区 \ 填方区	位势 u_i \ v_j	B_1 $v_1 = 50$	B_2 $v_2 = 100$	B_3 $v_3 = 60$
A_1	$u_1 = 0$	500	－	+
A_2	$u_2 = -60$	+	500	+
A_3	$u_3 = 10$	300	100	100
A_4	$u_4 = -20$	+	+	400

从表中可以看出，出现了负数，说明初始方案不是最优方案，要进一步进行调整。

3. 方案的调整

用"闭回路法"。在所有负检验数中选一个（一般可选最小的一个，本例中为 λ_{12}），从 x_{12} 格出发，沿水平或竖直方向前进，遇到适当的有数字的方格作90°转弯，然后依次继续前进再回到出发点，形成一条闭回路（表1-7）。

表1-7 闭 回 路

挖方区 \ 填方区	位势 u_i \ v_j	B_1 $v_1 = 50$	B_2 $v_2 = 100$	B_3 $v_3 = 60$
A_1	$u_1 = 0$	500	－	+
A_2	$u_2 = -60$	+	500	+
A_3	$u_3 = 10$	300	100	100
A_4	$u_4 = -20$	+	+	400

在各奇数次转角点的数字中，挑出一个最小的（本表即为500、100中选出100），各奇数次转角点方格均减此数；各偶数次转角点均加此数。这样调整后，便可得下表的新调配方案（表1-8）。

表1-8 新调配方案

挖 方 区	填方区 B_1	B_2	B_3	挖方量/m³
A_1	50/（400）	70/（100）	100/×	500
A_2	70/×	40/（500）	90/×	500
A_3	60/（400）	110/×	70/（100）	500
A_4	80/×	100/×	40/（400）	400
填方量/m³	800	600	500	1900

对新调配方案，仍用"位势法"进行检验，看其是否是最优方案。若检验数中仍有负数出现，则仍按上述步骤继续调整，直到找出最优方案为止。

上表中所有检验数均为正号，故该方案即为最优方案。其土方的总运输量为 $Z = 400 \times 50\text{m}^3\text{-m} + 100 \times 70\text{m}^3\text{-m} + 500 \times 40\text{m}^3\text{-m} + 400 \times 60\text{m}^3\text{-m} + 100 \times 70\text{m}^3\text{-m} + 400 \times 40\text{m}^3\text{-m} = 94000\text{m}^3\text{-m}$。

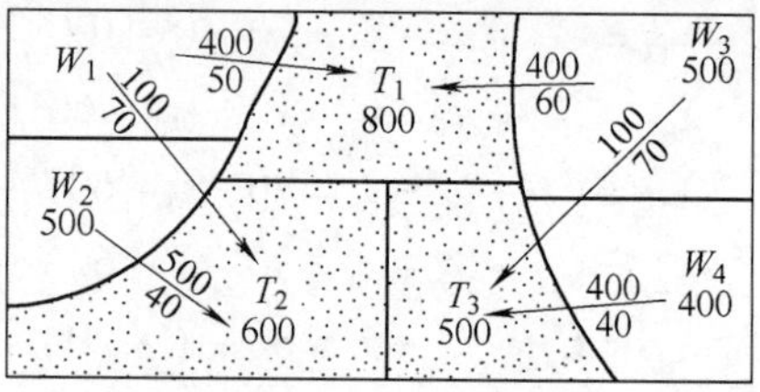

图 1-67　土方调配图

4. 土方调配图

最后将调配方案绘成土方调配图（图 1-67）。在土方调配图上应注明挖填调配区、调配方向、土方数量以及每对挖、填之间的平均运距。

第六节　土方工程施工质量要求要点及安全注意事项

一、土方工程施工质量验收一般规定

1）土方工程施工前应进行挖、填方的平衡计算，综合考虑土方运距最短、运程合理和各个工程项目的合理施工程序等，做好土方平衡调配，减少重复挖运。

土方平衡调配应尽可能与城市规划和农田水利相结合，将余土一次性运到指定弃土场，做到文明施工。

2）当土方工程挖方较深时，施工单位应采取措施，防止基坑底部土的隆起并避免危害周边环境。

3）在挖方前，应做好地面排水和降低地下水位工作。

4）平整场地的表面坡度应符合设计要求，如设计无要求时，排水沟方向的坡度不应小于 0.2%。平整后的场地表面应逐点检查。检查点每 $100 \sim 400\text{m}^2$ 取 1 点，且不应少于 10 点；长度、宽度和边坡均为每 20m 取 1 点，每边不应少于 1 点。

5）土方工程施工，应经常测量和校核其平面位置、水平标高和边坡坡度。平面控制桩和水准控制点应采取可靠的保护措施，定期复测和检查。土方不应堆在基坑边缘。

6）雨期和冬期施工还应遵守国家现行有关标准。

二、土方开挖施工质量验收

1）土方开挖前应检查定位放线、排水和降低地下水位系统，合理安排土方运输车的行走路线及弃土场。

2）施工过程中应检查平面位置、水平标高、边坡坡度、压实度、排水、降低地下水位系统，并随时观测周围的环境变化。

3）临时性挖方的边坡值应符合表 1-9 的规定。

表 1-9　临时性挖方边坡值

土 的 类 别	边坡值（高:宽）
砂土（不包括的细砂、粉砂）	$1:1.25 \sim 1:1.50$

（续）

土 的 类 别		边坡值（高∶宽）
一般性黏土	硬	1∶0.75~1∶1.00
	硬、塑	1∶1.00~1∶1.25
	软	1∶1.50 或更缓
碎石类土	充填坚硬、硬塑黏性土	1∶0.50~1∶1.00
	充填砂土	1∶0.50~1∶1.50

注∶1. 设计有要求时，应符合设计标准。

2. 如采用降水或其他加固措施，可不受本表限制，但应计算复核。

3. 开挖深度，对软土不应超过 4m，对硬土不应超过 8m。

4）土方开挖工程质量检验标准见表 1-10。

表 1-10 土方开挖工程质量检验标准 （单位∶mm）

项	序	项目	允许偏差或允许值					检验方法
			桩基基坑基槽	挖方场地平整		管沟	地（路）面基层	
				人工	机械			
主控项目	1	标高	-50	±30	±50	-50	-50	水准仪
	2	长度、宽度（由设计中心线向两边量）	+200 -50	+300 -100	+500 -150	+100	—	经纬仪、用钢直尺量
	3	边坡	设计要求					观察或用坡度尺检查
一般项目	1	表面平整度	20	20	50	20	20	用 2m 靠尺和楔形塞尺检查
	2	基底土性	设计要求					观察或土样分析

注∶地（路）面基层的偏差只适用于直接在挖、填方上做地（路）面的基层。

三、土方回填施工质量验收

1）土方回填前应清除基底的垃圾、树根等杂物，抽除坑穴积水、淤泥，验收基底标高。如在耕植土或松土上填方，应在基底压实后再进行。

2）对填方土料应按设计要求验收后方可填入。

3）填方施工过程中检查排水措施、每层填筑厚度、含水量控制、压实程度。填筑厚度及压实遍数应根据土质、压实系数及所用机具确定。

4）填方施工结束后，应检查标高、边坡坡度、压实程度，检验标准应符合表 1-11 的规定。

表 1-11 填土工程质量检验标准 （单位∶mm）

项	序	检查项目	允许偏差或允许值					检查方法
			桩基基坑基槽	场地平整		管沟	地（路）面基础层	
				人工	机械			
主控项目	1	标高	-50	±30	±50	-50	-50	水准仪
	2	分层压实系数	设计要求					按规定方法
一般项目	1	回填土料	设计要求					取样检查或直观鉴别
	2	分层厚度及含水量	设计要求					水准仪及抽样检查
	3	表面平整度	20	20	30	20	20	用靠尺或水准仪

四、土方工程施工安全注意事项

1) 要防止土方边坡塌方。

2) 边坡支护结构要经常检查，如有松动、变形、裂缝等现象，要及时加固或更换。

3) 多层支护拆除要自上而下进行，随拆随填。

4) 钢筋混凝土桩支护要在桩身混凝土达一定强度后开挖土方。开挖土方不要伤及支护桩。

5) 锚杆应验证其锚固力后方可受力。

6) 相邻土方开挖要先深后浅，并及时做好基础。

7) 上下坑沟应先挖好阶梯或设木梯，不应踩踏土壁或支护上下。

8) 挖掘机工作范围内不进行其他工作，并至少留 0.3m 深不挖，而由人工挖至设计标高。

思 考 题

1. 试述影响边坡稳定的因素。

2. 分析流砂形成的原因以及防治流砂的方法。

3. 试述人工降低地下水位的方法种类及其适用范围，轻型井点系统的设计步骤。

4. 试述推土机的工作特点、适用范围及提高生产率的措施。

5. 单斗挖掘机有哪几种类型？其工作特点和适用范围如何？正铲、反铲挖掘机开挖方式有哪几种？如何正确选择？

6. 填土压实有哪几种方法？各有什么特点？影响填土压实的主要因素有哪些？怎样检查填土压实的质量？

7. 解释土的最佳含水量概念。

习 题

1-1 某基坑底面积为 35m×20m，深 4.0m，地下水位在地面下 1m，不透水层在地面下 9.5m，地下水为无压水，渗透系数 $K = 15m/d$，基坑边坡为 1:0.5。现拟用轻型井点系统降低地下水位，试确定：（1）井点系统的平面和剖面布置；（2）井点系统涌水量、井点管根数和间距；（3）抽水设备参数（井点管长 6m、距坑边 1m、外露 0.2m，滤管直径为 50mm、长 1m，h 取 0.5m，不降低埋设面）。

1-2 某场地如图所示，方格边长为 40m。

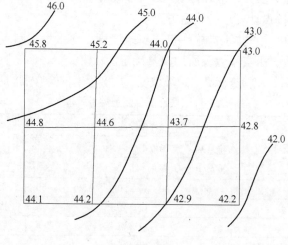

习题 1-2 图

（1）试按挖填平衡原则确定场地平整的设计标高 H_0，然后据以算出方格角点的施工高度，绘出零线，计算挖方量、填方量。

（2）当 $i_x = 2‰$，$i_y = 0$ 时，试确定方格角点的设计标高。

（3）当 $i_x = 2‰$，$i_y = 3‰$时，试确定方格角点的设计标高。

1-3 试用"表上作业法"确定表 1-12 土方量的最优调配方案。

表 1-12 挖方区、填方区挖填土方量及其运距表

挖方区	填 方 区				挖方量/m³
	T_1	T_2	T_3	T_4	
W_1	150	200	180	240	10000
W_2	70	140	110	170	4000
W_3	150	220	120	200	4000
W_4	100	130	80	160	1000
填方量/m³	1000	7000	2000	9000	

注：运距单位为 m。

第二章 地基处理

学习目标：掌握局部地基处理的方法，熟悉砂石垫层、灰土垫层、灰土桩、夯实水泥桩的施工程序，熟悉地基处理的质量要求要点及安全注意事项。

结构物的地基问题，可概括为以下四个方面：

1）强度及稳定性问题。当地基的抗剪强度不足以支承上部结构传来的荷载时，地基就会产生剪切破坏或失稳。

2）压缩及不均匀沉降问题。当地基在上部结构荷载作用下产生过大的变形时，会影响结构物的正常使用，特别是超过建筑物的容许不均匀沉降时，结构可能开裂破坏。

3）地下水流失及潜蚀和管涌问题。地基的渗漏量或水力比降超过允许值时，会发生水量损失，或因潜蚀和管涌而导致地基破坏。

4）动力荷载作用下的液化、失稳和震陷问题。地基土，特别是饱和的无黏性土在地震、机器以及车辆的振动、波浪作用和爆破等动力荷载下，可能产生液化、失稳和震陷等危害。

当结构物的天然地基可能发生上述情况之一或其中几个时，须采用适当的地基处理，以保证结构的安全与正常使用。

地基处理的方法很多，表2-1根据地基原理进行分类，在选择地基处理方案时，应考虑上部结构、基础和地基的共同作用，并经过技术经济比较，选用地基处理方案或加强上部结构和处理地基相结合的方案。本章介绍几种常用的地基处理方法。

表2-1 地基处理方法分类

编号	分 类	处 理 方 法	原 理 及 作 用	适 用 范 围
1	碾压及夯实	重锤夯实、机械碾压、振动压实、强夯（动力固结）	利用压实原理，通过机械碾压夯击，把表层地基土压实；强夯则利用强大的夯击能，在地基中产生强烈的冲击波和动应力，迫使土动力固结密实	适用于碎石土、砂土、粉土、低饱和度的黏性土、杂填土等，对饱和黏性土应慎重采用
2	换土垫层	砂石垫层、素土垫层、灰土垫层、矿渣垫层	以砂石、素土、灰土和矿渣等强度较高的材料，置换地基表层软弱土，提高持力层的承载力，扩散应力，减少沉降量	适用于处理暗沟、暗塘等软弱土地基
3	排水固结	天然地基预压、砂井预压、塑料排水带预压、真空预压、降水预压	在地基中增设竖向排水体，加速地基的固结和强度增长，提高地基的稳定性；加速沉降发展，使基础沉降提前完成	适用于处理饱和软弱土层；对于渗透性极低的泥炭土，必须慎重对待

（续）

编号	分类	处理方法	原理及作用	适用范围
4	振密挤密	振冲挤密、灰土挤密桩、砂桩、石灰桩、爆破挤密	采用一定的技术措施，通过振动或挤密，使土体的孔隙减少，强度提高；必要时，在振动挤密的过程中，回填砂、砾石、灰土、素土等，与地基土组成复合地基，从而提高地基的承载力，减少沉降量	适用于处理松砂、粉土、杂填土及湿陷性黄土
5	置换及拌入	振冲置换、深层搅拌、高压喷射注浆、石灰桩等	采用专门的技术措施，以砂、碎石等置换软弱土地基中部分软弱土，或在部分软弱土地基中掺入水泥、石灰或砂浆等形成加固体，与未处理部分土组成复合地基，从而提高地基承载力，减少沉降量	黏性土、冲填土、粉砂、细砂等。振冲置换法对于不排水抗剪强度小于20kPa时慎用
6	加筋	土工合成材料加筋、锚固、树根桩、加筋土等	在地基或土体中埋设强度较大的土工合成材料、钢片等加筋材料，使地基或土体能承受抗拉力，防止断裂，保持整体性，提高刚度，改变地基土体的应力场和应变场，从而提高地基的承载力，改善变形特性	软弱土地基，填土及陡坡填土、砂土
7	其他	灌浆、冻结、托换技术、纠偏技术	通过独特的技术措施处理软弱土地基	根据实际情况确定

第一节 局部地基处理

在基坑开挖过程中，如存在局部异常地基，在探明原因和范围后，均须妥善处理。具体处理方法可根据地基情况、工程性质和施工条件而有所不同，但均应符合使建筑物的各个部位沉降尽量趋于一致，以减小地基不均匀沉降的处理原则。

一、松土坑（填土、墓穴、淤泥）的处理

1）松土坑在基槽范围内时，可将坑中松软虚土挖除，使坑底及四壁均见天然土为止，回填与天然土压缩性相近的材料（图2-1a）。当天然土为砂土时，用砂或级配砂石回填；天然土为较密实的黏性土，用3:7灰土分层夯实回填；天然土为中密可塑的黏性土或新近沉积黏性土，可用1:9或2:8灰土分层回填夯实，每层厚度不超过20cm。

2）松土坑在基槽中范围较大，且超过基槽边沿，因条件限制，槽壁挖不到天然土层时，则应将该范围内的基槽适当加宽，加宽部分的宽度按下述条件决定：当用砂土或砂石回填时，基槽每边均应按 $l_1:h_1=1:1$ 坡度放宽；用1:9或2:8灰土回填时，基槽每边均应按0.5:1坡度放宽（图2-1b）；用3:7灰土回填时，如坑的长度小于等于2m，基槽可不放宽，但灰土与槽壁接触处应夯实。

建筑施工技术

3）松土坑范围较大，且长度超过5m时，如坑底土质与一般槽底土质相同，可将该部分基础落深，做1:2踏步与两端相接（图2-1c），踏步多少按坑深而定，但每步不高于50cm，长度不小于100cm，如深度较大，用灰土分层回填夯实至坑底平。

4）松土坑较深且大于槽宽或1.5m时，按以上要求处理到老土，槽底处理完毕后，还应当考虑是否需要加强上部结构的强度，常用的加强方法是：在灰土基础上1～2皮砖处（或混凝土基础内），防潮层下1～2皮砖处及首层顶板处各加配4根φ8～φ12钢筋，跨过该松土坑两端各1m，以防产生过大的局部不均匀沉降（图2-1d）。

5）地下水位较高的松土坑。如遇到地下水位较高，坑内无法夯实时，可将坑（槽）中软弱虚土挖去，再用砂土、砂石或混凝土代替灰土回填；或地下水位以下用粗砂与碎石（比例为1:3）回填，地下水位以上用3:7灰土回填夯实至要求高度（图2-1e）。

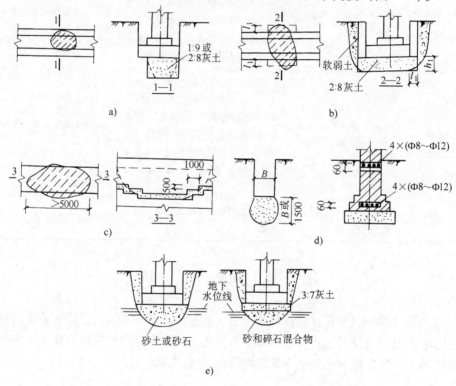

图2-1　松土坑的处理

二、砖井及土井的处理

1. 砖井、土井在室外，距基础边缘5m以内

先用素土分层夯实，回填到室外地坪以下1.5m处，将井壁四周砖拆除或松软部分挖去，然后用素土分层回填并夯实（图2-2a）。

2. 砖井、土井在室内基础附近

将水位降低到最低可能的限度，用中、粗砂及块石、卵石或碎砖等回填到地下水位以上50cm处。砖井应将四周砖圈拆至坑（槽）底以下1m或更深些，然后再用素土分层回填并夯实；如井已回填，但不密实或有软土，可用大块石将下面软土挤紧，再分层回填素土夯实（图2-2b）。

54

3. 砖井、土井在基础下或条形基础 3B 或柱基 2B（B 为基础宽度）范围内

先用素土分层回填夯实，至基础底下 2m 处，将井壁四周松软部分挖去，有砖井圈时，将砖井圈拆至槽底以下 1～1.5m 处。当井内有水，应用中、粗砂及块石、卵石或碎砖回填至水位以上 50cm 处，然后再按上述方法处理；当井内已填有土，但不密实，且挖除困难时，可在部分拆除后的砖石井圈上加钢筋混凝土盖封口，上面用素土或 2:8 灰土回填，夯实至槽底（图 2-2c）。

4. 砖井、土井在房屋转角处，且基础部分或全部压在井上

除用以上办法回填处理外，还应对基础进行加固处理，当基础压在井上部分较少时，可采用从基础中挑钢筋混凝土梁的办法处理。当基础压在井上部分较多，用挑梁的方法较困难或不经济时，则可将基础沿墙长方向向外延长出去，使延长部分落在天然土上，落在天然土上基础总面积应等于或稍大于井圈范围内原有基础的面积，并在墙内配筋或用钢筋混凝土梁来加强（图 2-2d）。

5. 砖井、土井已淤填，但不密实

可用大块石将下面软土挤密，再用上述办法回填处理，如井内不能夯填密实，而上部荷载又较大，可在井内设灰土挤密桩或石灰桩处理，如土井在大体积混凝土基础下，可在井圈上加钢筋混凝土盖板封口，上部再用素土或 2:8 灰土回填密实的办法处理，使基土内附加应力传布范围比较均匀，盖板到基底的高差 $h \geq d$（图 2-2e）。

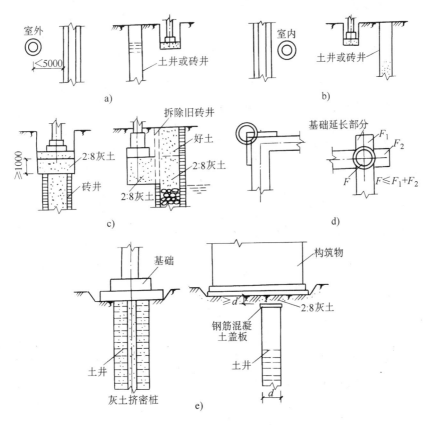

图 2-2 砖井、土井的处理

建筑施工技术

三、局部范围内硬土的处理

基础下局部遇基岩、旧墙基、大孤石、老灰土或圬工构筑物等，尽可能挖除，以防建筑物由于局部落于坚硬地基上，造成不均匀沉降而使建筑物开裂；或将坚硬地基部分凿去 30～50cm 深，再回填土、砂混合物或砂作软性褥垫，起到调节变形作用，避免裂缝（图2-3）。如硬物挖除困难，可在其上设置钢筋混凝土过梁跨越，并与硬物间保留一定空隙或在硬物上部设置一层软性褥垫以调整沉降。

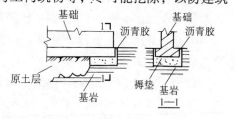

图2-3　局部硬土的处理

四、橡皮土的处理

当地基为黏性土，且含水量很大趋于饱和时，夯拍后会使地基土变成踩上去有一种颤动感的土，称为"橡皮土"。橡皮土不宜直接夯拍，因为夯拍将扰动原状土，土颗粒之间的毛细孔将被破坏，在夯拍面形成硬壳，水分不易渗透和散发，这时可采用翻土晾槽或掺石灰粉的办法降低土的含水量，然后再根据具体情况选择施工方法及基础类型。如果地基土已发生了颤动现象，可加铺一层碎石夯击，以将土挤密；如果基础荷载较大，可在橡皮土上打入大块毛石或红机砖挤密土层，然后满铺50cm碎石后再夯实，亦可采用换土方法，将橡皮土挖除，填以砂土或级配碎石。

第二节　砂石垫层施工

在地基基础设计与施工过程中，浅层软弱土的处理常采用换土垫层法，就是将基础底面下处理范围内的软弱土层挖去，分层换填强度较大的砂、碎石、灰土、二灰（石灰、粉煤灰）、煤渣、矿渣以及其他性能稳定、无侵蚀性等的材料，并夯（压、振）至要求的密实度为止，以达到提高地基承载力，减少地基沉降量的目的。

砂垫层和砂石垫层系采用砂或砂石混合物，经分层夯实，作为地基的持力层，提高基础下部地基强度，并通过垫层的压力扩散作用，降低对地基的压应力，减少变形量，同时垫层可起排水作用，地基土中孔隙水可通过垫层快速地排出，能加速下部土层的沉降和固结（图2-4）。

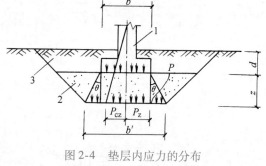

图2-4　垫层内应力的分布
1—基础　2—砂垫层　3—回填土

砂和砂石垫层具有应用范围广泛，不用水泥，由于砂石颗粒大，可防止地下水因毛细作用上升，地基不受冻结的影响；能在施工期间完成沉陷；用机械或人工都可使垫层密实，施工工艺简单，可缩短工期，降低造价等特点。

一、对材料的要求

砂石垫层宜采用级配良好、质地坚硬的材料，其颗粒的不均匀系数不小于10，以中粗砂为好。当采用细砂、粉砂时，应掺加粒径 20~50mm 的卵石（或碎石），但要分布均匀。砂垫层含泥量不宜超过 5%；也不得含有草根、垃圾等有机质杂物。作排水垫层时，含泥量不宜超过 3%，并且不应有过大的石块和碎石，因为碎石过大会导致垫层本身的不均匀压缩，一般要求碎（卵）石最大粒径不宜大于 50mm。对于湿陷性黄土地基不应选用透水性的砂石垫层。

二、施工方法和机具的选择

砂和砂石垫层采用什么方法和机具对于垫层的质量至关重要，除下卧层是高灵敏度的软土在铺设第一层时要注意不能采用振动能量大的机具扰动下卧层外，在一般情况下，砂和砂石垫层首选振动法，因为振动比碾压更能使砂和砂石密实。我国目前常用的方法有振动法（包括平振、插振）、夯实法、水撼法、碾压法等，见表 2-2。常采用的机具有：振捣器、振动压实机、平板振动器、蛙式打夯机等。

表 2-2　砂和砂石垫层每层铺筑厚度及最优含水量

捣实方法	每层铺筑厚度/mm	施工时最优含水量（质量分数,%）	施工说明	备　注
平振法	200~250	15~20	用平板式振捣器往复振捣	
插振法	振捣器插入深度	饱和	1. 用插入式振捣器 2. 插入间距可根据机械振幅大小决定 3. 不应插至下卧黏性土层 4. 插入振捣器完毕后所留的孔洞，应用砂填实	不宜使用于细砂或含泥量较大的砂所铺筑的砂垫层
水撼法	250	饱和	1. 注水高度应超过每次铺筑面 2. 钢叉摇撼捣实，插入点间距为 100mm 3. 钢叉分四齿，齿的间距 30mm，长 30mm，木柄长 900mm，质量 4kg	湿陷性黄土、膨胀土地区不得使用
夯实法	150~200	8~12	1. 用木夯或机械夯 2. 木夯质量 40kg，落距 400~500mm 3. 一夯压半夯，全面夯实	适用于砂石垫层
碾压法	250~350	8~12	6~10t 压路机往复碾压，一般不少于 4 遍	1. 适用于大面积砂垫层 2. 不宜用于地下水位以下的砂垫层

注：在地下水位以下的垫层其最下层的铺筑厚度可比上表面增加 50mm。

三、施工要点

1）铺设前应先验槽，将基底表面浮土、淤泥、杂物清除干净，两侧应设一定坡度，防止振捣时塌方。基坑（槽）两侧附近如有低于地基的孔、洞、沟、井和墓穴等，应在未做垫层前加以填实。

建筑施工技术

2）垫层底面宜铺设在同一标高上，如深度不同时，土面应挖成阶梯或斜坡搭接，并按先深后浅的顺序施工，搭接处应夯压密实。分层铺设时，接头应做成斜坡或阶梯形搭接，每层错开0.5～1.0m，并注意充分捣实。

3）人工级配的砂石垫层，应将砂石搅拌均匀后，再铺设捣实。

4）开挖基坑铺设垫层时，严禁扰动垫层下卧层及侧壁的软弱土层，防止被践踏、受冻或受浸泡，否则土的结构在施工时遭到破坏，其强度就会显著降低。因此，基坑开挖后应及时回填，不应暴露过久。如垫层下有厚度较小的淤泥或淤泥质土层，在碾压荷载下抛石能挤入该层底面时，可采取挤淤处理，先在软弱土面上堆填块石、片石等，然后将其压入以置换和挤出软弱土，再做垫层。

5）垫层应分层铺设，分层夯实或压实，基坑预先安好5m×5m网格标注，控制每层的铺设厚度。分层厚度视振动力的大小而定，一般为15～20cm，每层铺设厚度不宜超过表2-2中的数值。振夯压要做到交叉重叠1/3，防止漏振、漏压。夯实、碾压遍数、振实时间应通过试验确定。

6）采用细砂作垫层材料时，不宜使用平振法、插振法和水撼法，以免产生液化现象。

7）当地下水位较高或在饱和的软弱土地基上铺设垫层时，应加强基坑内及外侧四周的排水工作，防止砂垫层泡水引起砂的流失，保持基坑边坡稳定或采取降低地下水位措施，使地下水位降低到基坑底500mm以下。

8）当采用水撼法或插振法施工时，以振捣棒振幅半径的1.75倍为间距（一般为400～500mm）插入振捣，依次振实，以不再冒气泡为准，直至完成；同时应采取措施做到有控制地注水和排水。垫层接头应重复振捣，插入式振动棒振完所留孔洞应用砂填实；在振动底层垫层时，不得将振动棒插入原土层或基槽边部，以避免使软土混入砂垫层而降低砂垫层强度。

9）垫层铺设完毕，应进行下道工序施工，严禁小车及人在砂层上面行走，必要时，在垫层上铺板行走。

第三节　灰土垫层施工

灰土是我国传统的一种建筑用料。用灰土作垫层，已有两千余年的历史，各地都积累了丰富的经验。灰土垫层是将基础底面下要求范围内的软弱土层挖去，用一定比例的石灰与土，在最优含水量情况下，充分拌和，分层回填夯实或压实而成。灰土垫层具有一定的强度、水稳定性和抗渗性，施工工艺简单，取材容易，费用较低，是一种应用广泛、经济、适用的地基加固方法。一般用于加固深1～4m厚的软弱土、湿陷性黄土、杂填土等，还可用作结构的辅助防渗层。

一、灰土垫层的材料

1. 土料

灰土中的土不仅作为填料，而且参与化学作用，尤其是土中的黏粒（小于0.005mm）或胶粒（小于0.002mm），具有一定活性和胶结性，含量越多，即土的塑性指数越高，则灰土的强度也越高。

在施工现场常采用就地挖出的黏性土及塑性指数大于 4 的粉土，淤泥、耕植土、冻土、膨胀土以及有机质含量超过 8% （质量分数）的土料，都不得使用。土料应过筛，其粒径不应大于 15mm。

2. 石灰

石灰是一种无机胶结材料，它不但能在空气中硬化，而且还能更好地在水中硬化，建筑工程中常用的熟石灰，其原料是石灰石，含黏土的为黏土质石灰石，含碳酸镁的为白云石。

石灰生产时，将石灰石在煅烧窑内加热到 900℃ 以上（常达 1100～1200℃），碳酸钙分解后放出二氧化碳而得氧化钙（CaO），即：

$$CaCO_3 \longrightarrow CaO + CO_2 \uparrow$$

煅烧后生成的石灰系质地轻的块状物，颜色自白至灰或黄绿色，主要成分为氧化钙，其次为氧化镁。

石灰（指生石灰）在使用前一般用水熟化，它是一种放热反应，可用下式表示：

$$CaO + H_2O \longrightarrow Ca(OH)_2 + 65.3kJ/mol$$

生石灰加水后放出热量，形成蒸汽，同时体积膨胀。当质纯且煅烧良好时，其体积增大 1.5～2.0 倍。体积增大是由于其密度减小（生石灰密度为 $3.1t/m^3$，熟石灰密度为 $2.1t/m^3$）和质地变为疏松的粉末状所致。

在施工现场使用的熟石灰应预过筛，其粒径不得大于 5mm，且不应夹有未熟化的生石灰块粒及其他杂质，也不得含有过多的水分。

石灰的性质决定于其活性物质的含量，即含 CaO 与 MgO 的含量百分率，含量越高，则活性越大，胶结力越强。一般常用的熟石灰粉末其质量应符合Ⅲ级以上的标准，活性 CaO + MgO 含量不低于 50%，如要拌制强度较高的灰土，宜选用Ⅰ或Ⅱ级石灰。当活性氧化物含量不高时，应相应增加石灰的用量。石灰的贮存时间不宜超过 3 个月，长期存放将会使其活性降低。

3. 石灰用量对灰土强度的影响

灰土中石灰的用量在一定的范围内，其强度随石灰用量的增大而提高，但当超过一定限值后，则强度增加很小，并有逐渐减小的趋势。1:9 灰土强度较低，只能改变土的压实性能，当承载力要求不高时采用；2:8 和 3:7 灰土（体积比），一般作为最佳含灰率，但与石灰的等级有关，通常应以 CaO + MgO 所含质量分数达到 8% 左右为佳。石灰应以生石灰块消解（闷透）3～4d 后过筛使用，生石灰标准见表 2-3。

表 2-3 生石灰的技术标准

项 目	钙质生石灰			镁质生石灰		
	一等	二等	三等	一等	二等	三等
氧化钙加氧化镁含量不小于（%）	85	80	70	80	75	65
未消化残渣含量（5mm 圆孔筛的筛孔）不大于（%）	7	11	17	10	14	20

二、灰土垫层施工要点

1）对基槽（坑）应先验槽，消除松土，并打两遍底夯，要求平整干净，如有积水、淤泥应清除；局部有软弱土层或孔洞，应及时挖除后用灰土分层回填夯实。

2）灰土配合比应符合设计规定，一般为3:7或2:8（石灰:土，体积比）。多用人工翻拌，不少于三遍，使其达到均匀，颜色一致，并适当控制含水量，现场以手搓成团，两指轻捏即散为宜，一般最优含水量为14%～18%（质量分数）；如含水分过多或过少时，应稍晾干或洒水湿润，如有球团应打碎，要求随拌随用。

3）铺灰应分段分层夯筑，每层虚铺厚度参见表2-4，夯实机具可根据工程大小和现场机具条件或机械夯打或碾压，遍数按设计要求的干密度由试夯（或碾压）确定，一般不少于4遍。

表2-4　灰土最大虚铺厚度

夯实机具种类	重量/t	虚铺厚度/mm	备　　注
石夯、木夯	0.04～0.08	200～250	人力送夯，落距400～500mm，一夯压半夯，夯实后约80～100mm厚
轻型夯实机械	0.12～0.4	200～250	蛙式夯机、柴油打夯机，夯实后约100～150mm厚
压路机	6～10	200～300	双轮

4）灰土分段施工时，不得在墙角、柱基及承重窗间墙下接缝，上下两层的接缝距离不得小于500mm，接缝处应夯压密实，并做成直槎。当灰土地基高度不同时，应做成阶梯形，每阶宽不小于500mm，对作辅助防渗层的灰土，应将地下水位以下结构包围，并处理好接缝，同时注意接缝质量，每层虚土从留缝处往前延伸500mm，夯实时应夯过接缝300mm以上，接缝时，用铁锹在留缝处垂直切齐，再铺下段夯实。

5）灰土应当日铺填夯压，入槽（坑）灰土不得隔日夯打。夯实后的灰土3d内不得受水浸泡，并及时进行基础施工及基坑回填，或在灰土表面作临时性覆盖，避免日晒雨淋。雨期施工时，应采取适当防雨、排水措施，以保证灰土在基槽（坑）内无积水的状态下进行。刚打完的灰土，如突然遇雨，应将松软灰土除去，并补填夯实，稍受湿的灰土可在晾干后补夯。

6）冬期施工，必须在基层不冻的状态下进行，土料应覆盖保温，冻土及夹有冻土块的土料不得使用；已熟化的石灰应在次日用完，以充分利用石灰熟化时的热量，当日拌和灰土应当日铺填夯实，表面应用塑料布及草袋覆盖保温，以防灰土垫层早期受冻降低强度。

第四节　灰土桩施工

灰土桩又称灰土挤密桩，是由土桩挤密法发展而成的（图2-5）。土桩挤密地基是前苏联阿别列夫教授于1934年首创，是前苏联和东欧一些国家深层处理湿陷性黄土地基的主要方法。我国自20世纪50年代中期在西北地区开始试验使用土桩挤密地基。陕西省西安市为解决城市杂填土地基的深层处理问题，于20世纪60年代中期在土桩挤密法的基础上试验成功灰土桩挤密法。

灰土桩挤密是利用锤击（或冲击、爆破等方法）将钢管打入土中侧向挤密成孔，将管拔出后，在桩孔中分层回填2:8或3:7灰土夯实而成，与桩间土共同组成复合地基以承受上部荷载。

灰土桩是介于散体桩和刚性桩之间的桩型，其作用机理和力学性质接近石灰桩。随着桩型和桩体材料的不断演变，在灰土桩中掺入粉煤灰、炉渣等活性材料或少量水泥，可以改善桩体力学性能，提高桩体强度，从而可以用于大荷载建筑物的地基处理以及作为大直径桩或深基础承受荷载。

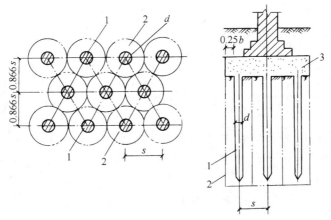

图 2-5　灰土桩及灰土垫层布置
1—灰土挤密桩　2—桩的有效挤密范围　3—灰土垫层
d—桩径　s—桩距（2.5 ~ 3.0d）　b—基础宽度

一、材料要求

桩孔内的填料应根据工程要求或处理地基的目的确定。生石灰应消解 3 ~ 4d 后过筛，粒径不大于 5mm。石灰质量不低于Ⅲ级，活性 CaO + MgO 含量的质量分数（按干重计）不小于 50%。

灰土含水量尽量接近其最优值。当含水量超过其最优值 ±3% 时，可晾晒或洒水湿润。

灰土配合比应符合设计要求。常用配合比为 2∶8 或 3∶7（体积比）。灰土应拌和均匀，颜色一致，要及时填入桩孔，不宜隔日使用。灰土的夯实质量用压实系数 λ_c 控制，λ_c 不应小于 0.97。

二、灰土桩的施工要点

1. 灰土桩的施工机械设备

（1）成孔设备　一般采用 0.6t 或 1.2t 柴油打桩机或自制锤击式打桩机，亦可采用冲击钻机或洛阳铲成孔。

（2）夯实机具　常用夯实机具有偏心轮夹杆式夯实机和卷扬机提升式夯实机两种，后者在工程中应用较多。夯锤用铸钢制成，质量一般选用 100 ~ 300kg，其竖向投影面积的压力不小于 20kPa。夯锤最大部分的直径应较桩孔直径小 100 ~ 150mm，以便填料顺利通过夯锤四周。夯锤形状下端应为抛物线形锥体或尖锥形锥体，上段成弧形。

2. 灰土桩的成孔方法

桩的成孔方法可根据现场机具条件选用沉管法、爆扩法、冲击法或洛阳铲成孔法等。

（1）沉管法成孔　沉管法是用打桩机将与桩孔同直径的钢管打入土中，使土向孔的周围挤密，然后缓慢拔管成孔。桩管顶设桩帽，下端做成锥形约成60°角，桩尖可以上下活动（图2-6），以利空气流动，可减少拔管时的阻力，避免坍孔。成孔后应及时拔出桩管，不应在土中搁置时间过长。成孔施工时，地基土宜接近最优含水量，当含水量低于12%（质量分数）时，宜加水增湿至最优含水量。本法简单易行，孔壁光滑平整，挤密效果好，应用广泛。但处理深度受桩架限制，一般不超过8m。

（2）爆扩法成孔 爆扩法系用钢杆打入土中形成直径25～40mm孔或用洛阳铲打成直径60～80mm孔，然后在孔内装入条形炸药卷和2～3个雷管，爆扩成直径20～45cm的孔。爆扩法工艺简单，但孔径不易控制。

（3）冲击法成孔 冲击法是使用冲击钻钻孔，将0.6～3.2t锥形锤头提升0.5～2.0m高后落下，反复冲击成孔，用泥浆护壁，直径可达50～60cm，深度可达15m以上，适于处理湿陷性较大的土层。

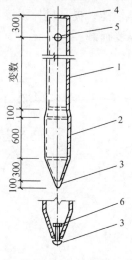

图2-6 桩管构造

1—φ275mm 无缝钢管 2—φ300mm×10mm
无缝钢管 3—活动桩尖 4—10mm 厚封头板
（设 φ300mm 排气孔） 5—45mm 管焊于桩管内，
穿 M40 螺栓 6—重块

3. 施工要点

1）施工前应在现场进行成孔、夯填工艺和挤密效果试验，以确定分层填料厚度、夯击次数和夯实后干密度等要求。

2）桩施工一般先将基坑挖好，预留 20～30cm 土层，然后在坑内施工灰土桩。其成孔方法，应按设计要求和现场条件选用沉管（振动、锤击）、冲击或爆扩等方法进行成孔，使土向孔周围挤密。

3）成孔施工时地基土宜接近最优含水量，当含水量低于12%（质量分数）时，宜加水增湿至最优含水量。桩孔中心点的偏差不应超过桩距设计值的5%；桩孔垂直偏差不应大于1.5%。对于沉管法，桩孔的直径和深度应与设计值相同；对于冲击法或爆扩法，桩孔直径的误差不得超过设计值的±70mm，桩孔深度不应小于设计深度0.5m。

4）回填施工前，孔底必须夯实，然后用灰土在最优含水量状态下分层回填夯实，每次回填厚度为250～400mm，人工夯实用质量为25kg、带长柄的混凝土锤，机械夯实用偏心轮夹杆式夯实机或卷扬机提升式夯实机（图2-7）或链条传动摩擦轮提升连续式夯实机，一般落锤高度不小于2m，每层夯实不少于10锤。施工时，逐层以量斗定量向孔内下料，逐层夯实。当采用连续夯实机时，则将灰土用铁锹不间断地下料，每下两锹夯两击，均匀地向桩孔下料、夯实。桩顶应高出设计标高15cm，挖土时将高出部分铲除。

5）成孔和回填夯实的施工顺序，宜间隔进行。应先外排后里排，同排内应间隔1～2孔进行；对大型工程可采取分段施工，以免因振动挤压造成相邻孔缩孔或坍孔。

6）若孔底出现饱和软弱土层时，可加大成孔间距，以防由于振动而造成已打好的桩孔内挤塞；当孔底有地下水流入时，可采用井点降水后再回填填料或向桩孔内填入一定数量的干砖渣和石灰，经夯实后再分层填入填料。

7）施工过程中，应有专人监测成孔及回填夯实的质量并做好施工记录。如发现地基土质与勘察资料不符、并影响成孔或回填夯实时，应立即停止施工，待查明情况或采取有效措施处理后，方可继续施工。

8）雨期或冬期施工，应采取防雨、防冻措施，防止灰土受雨水淋湿或冻结。

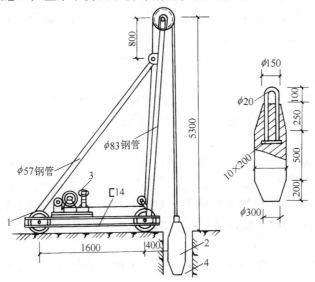

图 2-7　卷扬机提升式夯实机构造（桩直径 350mm）

1—机架　2—铸钢夯锤　3—1t 卷扬机　4—桩孔

第五节　夯实水泥土桩施工

夯实水泥土桩是利用机械成孔（挤土、不挤土）或人工成孔，然后将土和水泥拌和，夯入孔中所形成的桩，这种桩所用的土含水量可以得到控制，加之夯实所形成的高密度，因此，桩体具有较高强度（3~5MPa），且能节约水泥。在机械挤土成孔和夯填桩料时，对可挤密的桩间土具有明显的加强效果。

一、施工准备

（1）施工前应具备的资料　建筑场地岩土工程勘察资料；建筑物（包括构筑物）基础设计图及夯实水泥土桩设计图；建筑物场地和邻近区域内的地上、地下管线及障碍物等的调查资料。

（2）施工前应具备的条件　影响施工管线的障碍已经清除；施工用水、用电有保证，道路畅通，施工场地平整；建筑物的方位、标高的控制桩已设定。

（3）施工前应编制施工组织设计　其主要内容包括：施工平面及桩位布置图；施工机械人员配置；编制施工顺序；材料、备品、备件供应计划；进度计划；质量控制、安全保证和季节性施工技术措施。

二、桩材制备

1）水泥宜采用325号或425号矿渣水泥或普通硅酸盐水泥；进场水泥应进行强度和安定性试验，储存和使用过程中要做好防潮、防雨措施。

2）土料宜采用黏性土、粉土、粉细砂、渣土，土料中有机质含量不得超过5%（质量分数），不得含有冻土或膨胀土，使用时应过 20～25mm 筛。

3）混合料要按设计配合比配制，并搅拌均匀，含水量与最优含水量允许偏差为 ±2%。当用人工搅拌时，拌和次数不应少于 3 遍；当用机械搅拌时，搅拌时间不应少于 1min。混合料拌和后应在 2h 内用于成桩。

三、桩体施工

1）夯实水泥土桩成孔应选用机械成孔法，如沉管、螺旋钻孔等方法。在场地狭窄、孔深较浅、桩数较少或不具备机械施工条件时，可采用人工洛阳铲成孔。桩孔深度不应小于设计深度。

2）夯实桩体应优先选用机械夯实，当选用人工夯实时，应加强夯实质量的监测和控制。填料厚度应根据具体夯实设计确定，采用一击一填的连续成桩工艺，桩体的压实系数不应小于 0.93，填料频率与落锤频率要协调一致，并均匀填料，每击填料厚度约为 5cm，严禁突击填料。向孔内填料前孔底必须夯实，当孔底含水率较高时，可先填入少量碎石或干拌混凝土再予以夯实。

桩体施工的工艺为：成孔──→夯实孔底──→填料──→夯实──→填料──→……──→封顶──→夯实。

第六节　地基处理施工质量要求要点及安全注意事项

一、灰土砂石垫层的质量验收

1）灰土、砂、石等原材料质量、配合比应符合设计要求，砂、石应搅拌均匀。

2）施工过程中必须检查分层厚度、分段施工时搭接部分的压实情况、加水量、压实遍数、压实系数。

3）施工结束后，应检验灰土、砂石地基的承载力。

4）灰土、砂石地基的质量检验标准应符合表 2-5 的规定。

表 2-5　灰土、砂石地基质量检验标准

项目	序号	检查项目	允许偏差或允许值	检查方法
主控项目	1	地基承载力	设计要求	按规定方法
	2	配合比	设计要求	检查拌和时的体积比或质量比
	3	压实系数	设计要求	现场实测
一般项目	1	土料、砂石料有机质含量（%）	≤5	焙烧法
	2	砂石料含泥量（%）	≤5	水洗法
	3	石灰料径/mm	≤5	筛分法
	4	土颗粒粒径/mm	≤1.5	
	5	石料粒径/mm	≤100	
	6	含水量（与最优含水量比较）（%）	±2	烘干法
	7	分层厚度（与设计要求比较）/mm	±50	水准仪

注：表中含量均为质量分数。

5）压实系数的测定方法：环刀取样检验，取样点应位于每层 2/3 深度处，对大基坑每 50～100m² 应不少于 1 个检验点；对基槽每 10～20m 应不少于 1 个检验点；每个单独柱基应不少于 1 个检验点。

6）当无设计规定时，灰土可按表 2-6 的要求执行。

7）灰土表面应平整，无松散、起皮和裂缝现象。

表 2-6　灰土质量标准

灰土种类	黏土	粉质黏土	粉土
灰土最小干密度/(t/m³)	1.45	1.50	1.55

二、灰土桩的质量验收

1）施工前应对灰土的质量、桩孔放样位置等进行检查；施工中应检查桩孔直径、桩孔深度、夯击次数、填料的含水量等；施工结束后，应检验成桩的质量及地基承载力。

2）灰土桩地基质量检验标准应符合表 2-7 的规定。

表 2-7　灰土桩地基质量检验标准

项目	序号	检查项目	允许偏差或允许值	检查方法
主控项目	1	地基承载力	设计要求	按规定方法
	2	桩体及桩间干密度	设计要求	现场取样检查
	3	桩长/mm	+500	现场实测
一般项目	1	土料有机质含量（质量分数,%）	≤5	焙烧法
	2	石灰粒径/mm	≤5	筛分法
	3	桩位偏差	满堂布桩≤0.40D 条基布桩≤0.25D	用钢直尺量，D 为桩径
	4	垂直度（%）	≤1.5	用经纬仪测桩管
	5	桩径/mm	−20	用钢直尺量

3）灰土桩的检测方法：桩成孔质量应按桩数的 5% 抽查；其承载力检验数量应为总数的 0.5%～1%，但不应少于 3 处。有单桩强度检验要求时，数量应为总数的 0.5%～1%，但不应少于 3 根。

三、夯实水泥土桩的质量验收

1）水泥及夯实用土料的质量应符合设计要求；施工中应检查孔位、孔深、孔径、水泥和水的配合比、混合料的含水量等；施工结束后，应对桩体质量及复合地基承载力进行检验，褥垫层应检查其夯填度。

2）夯实水泥土桩质量检验标准应符合表 2-8 的规定。

3）褥垫层的质量控制：褥垫层材料应不含植物残体、垃圾等杂物，当采用散体材料时，最大粒径不宜大于 20mm；褥垫层铺设厚度要均匀，厚度允许偏差为 ±20mm；褥垫层应宽出基础轮廓线外缘 100mm，铺平后须振实或夯实，夯填度应符合表 2-8 的规定。

4）夯实水泥桩的质量控制：按设计布桩图放线布点、设专人监测成孔、成桩质量，并做好施工记录，发现问题及时处理；雨期或冬期施工时，应采取防雨、防冻措施，防止原料淋湿或冻结；施工中要预防触电、机械倾倒、高空坠落等恶性事故的发生，确保安全。

表 2-8 夯实水泥土桩质量检验标准　　　　　（单位：mm）

项目	序号	检查项目	允许偏差或允许值	检查方法
主控项目	1	地基承载力	设计要求	按规定方法
	2	桩径/mm	−20②	用钢直尺量
	3	桩长/mm	+500	测桩孔深度
	4	桩体干密度	设计要求	现场取样检查
一般项目	1	土料有机质含量（质量分数,%）	≤5	焙烧法
	2	含水量（与最优含水量比）（%）	±2	烘干法
	3	土料粒径/mm	≤20	筛分法
	4	水泥质量	设计要求	查产品质量合格证书或抽样送检
	5	桩位偏差	满堂布桩≤0.40D 条基布桩≤0.25D	用钢直尺量，D 为桩径
	6	桩孔垂直度（%）	≤1.5	用经纬仪测桩管
	7	褥垫层夯填度①	≤0.9	用钢直尺量

① 夯填度是指夯实后的褥垫层厚度与虚体厚度的比值。

② 桩径允许偏差负值是指个别断面。

5）夯实水泥桩的质量检验：按施工图及设计变更通知书检验桩位及桩数，若有漏桩必须补足；桩体质量的抽检量不应少于桩体总数的 2%，且不少于 5 根，当采用人工夯实时，应加倍抽检，在成桩过程中随时随机抽取。检验方法可采用取样检测桩体材料的压实系数，一般为 0.93；也可采用轻便触探法检测桩体材料的 N_{10} 击数，一般不应低于 30 击。

6）地基承载力检验：一级建筑物、地质条件复杂的场地或在同一场地地基处理面积较大时，应进行单桩复合地基载荷试验，检验数量不应少于 3 点；必要时可进行多桩复合地基载荷试验。检验不合格时应采取补救措施。

四、地基处理安全注意事项

1）操作人员应熟悉操作规程。

2）操作人员应正确穿戴安全防护用品。

3）安全措施、安全操作规程健全。

4）器材堆放整齐、稳固，废料及时清理。

5）水泥、石灰卸料有防尘设施或密封装置。

6）洞内作业通风良好，照明充足、安全。

7）排水通道畅通。

思 考 题

1. 试述松土坑的处理方法（无地下水、有地下水）。

2. 砖井的处理方法有哪些？

3. 试述橡皮土的处理方法。

4. 灰土垫层适用情况与施工要点是什么？

5. 试述砂与砂石地基适用情况、施工要点、捣实方法与质量检查方法。

6. 试述灰土桩施工工艺过程及质量保证要点。

7. 试述夯实水泥土桩施工工艺过程及质量保证要点。

第三章 基础工程

学习目标：掌握打桩顺序选择的原理、停锤标准、干作业螺旋钻孔灌注桩的施工程序、灌注桩的常见质量问题分析与防治。熟悉预制桩的制作、运输、堆放要求，打桩机械的选择方法，打桩记录内容、静力压桩的接桩与截桩技术、先张法预应力管桩静力压桩的质量控制项目及内容、灌注桩施工的通用技术、泥浆护壁钻孔灌注桩泥浆的作用及性能指标、人工挖孔灌注桩施工方法的主要优缺点、单打法、复打法和翻（反）插法，桩基工程的质量要求要点及安全注意事项。了解打桩的常见问题及成因、泥浆正反循环过程、桩基施工工艺的分类及适用范围、浅基础施工工艺过程。

建筑物或构筑物的基础根据埋深可分为浅基础和深基础。浅基础包括灰土基础、三合土基础、砖基础、毛石基础、混凝土和毛石混凝土基础、钢筋混凝土独立基础（包括现浇和预制杯口基础）、钢筋混凝土条形基础、片筏式钢筋混凝土基础和箱形基础（包括逆作法施工技术），其中灰土基础、三合土基础、砖基础、毛石基础、混凝土和毛石混凝土基础由于能承受的弯矩较小，一般称之为刚性基础。深基础一般是指桩基础或桩箱复合基础。

桩基础是由设置于岩土中的桩和连接于桩顶端的承台组成的基础，简称桩基。其作用是将上部结构的荷载，通过较弱土层或水传递到深部土层。

在一般房屋基础工程中，桩主要承受垂直的轴向荷载，但在河港、桥梁、高耸塔型建筑、近海钻采平台、支挡建筑，以及抗震工程中，桩还要承受侧向的风力、波浪力、土压力和地震力等水平荷载。

桩基础通过桩端的地层阻力和桩侧土层的摩阻力来支承轴向荷载，依靠桩侧土层的侧阻力来支承水平荷载。

木桩是最早使用的桩。新石器时代，人类在湖泊和沼泽地里栽木桩搭台作为水上住所。汉朝已用木桩修桥。到宋代，桩基技术已比较成熟，如现今山西太原的晋祠圣母殿，即为北宋年代修建的桩基建筑物。19世纪20年代，开始使用铸铁板桩修筑围堰和码头。20世纪初，美国出现了各种形式的型钢桩，特别是H型钢桩受到重视。第二次世界大战后，随着冶炼技术的发展，无缝钢管被用作桩材。上海宝钢工程中曾使用直径为90cm、长为60m的钢管桩基础。钢筋混凝土桩出现于20世纪初，按桩的截面形状分为方桩、预应力管桩；按施工方法分为预制桩、灌注桩。

按桩的性能和竖向受力情况，桩分为摩擦型桩和端承型桩。摩擦型桩的桩顶竖向荷载主要由桩侧阻力承受；端承型桩的桩顶竖向荷载主要由桩端阻力承受。

按桩的使用功能，桩分为竖向抗压桩（抗压桩）、竖向抗拔桩（抗拔桩）、水平受荷桩（主要承受水平荷载）、复合受荷桩（竖向、水平荷载均较大）。按桩身材料，桩分为混凝土桩（预制桩、灌注桩）、钢桩、组合材料桩。按桩径（d）大小，桩分为小桩（$d \leqslant 250mm$）、中等直径桩（$250mm < d < 800mm$）、大直径桩（$d \geqslant 800mm$）。

按照施工方法的不同，桩可分为预制桩和灌注桩。预制桩是在工厂或施工现场制成的各种材料和形式的桩，通常用钢筋混凝土方桩、预应力混凝土管桩、钢桩、木桩等，然后用沉桩设备将桩打入、压入、振入、高压水冲入或旋入土中。灌注桩是在施工现场的桩位上先成孔，然后在孔内灌注混凝土，或者加入钢筋后再灌注混凝土而形成；根据成孔方法的不同可分为钻、挖、冲孔灌注桩，套管灌注桩和爆扩桩等。

第一节 钢筋混凝土预制方桩施工

一、钢筋混凝土预制方桩的制作、运输和堆放

（一）桩的制作

钢筋混凝土预制方桩一般在预制厂制作，较长的桩在施工现场附近露天预制。桩的制作长度主要取决于运输条件及桩架高度，一般不超过30m。如桩长超过30m，可将桩分成几段预制，在打桩过程中接桩。混凝土预制方桩的截面边长为25～55cm。

钢筋混凝土预制桩所用混凝土强度等级不宜低于30MPa。混凝土浇筑工作应由桩顶向桩尖连续进行，严禁中断，并应防止另一端的砂浆积聚过多，将桩顶击碎。桩顶和桩尖处不得有蜂窝、麻面、裂缝和掉角。桩的制作偏差应符合规范的规定。

钢筋混凝土预制桩主筋应根据桩截面的大小确定，一般为4～8根，直径为12～25mm。主筋连接宜采用对焊或电弧焊；主筋接头配置在同一截面内的数量，当采用闪光对焊和电弧焊时，不超过50%；相邻两根主筋接头截面的间距应大于35d（d为主筋直径），并不小于500mm。预制桩箍筋直径为6～8mm，间距不大于20cm。预制桩骨架的允许偏差应符合规范的规定。桩顶和桩尖处的配筋应加强（图3-1）。

（二）桩的起吊、运输和堆放

钢筋混凝土预制桩应在混凝土达到设计强度的70%方可起吊；达到设计强度的100%才能运输，达到要求强度与龄期后方可打桩。如提前吊运，应采取措施并经验算合格后方可进行。

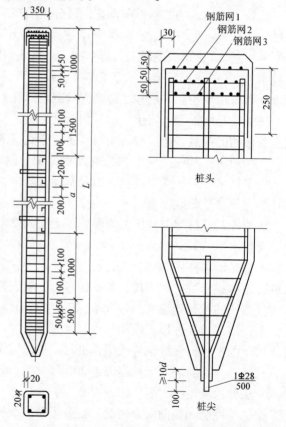

图3-1 钢筋混凝土预制方桩示例

桩在起吊和搬运时，吊点应符合设计规定。如无吊环，吊点位置的选择随桩长而异，并应符合起吊弯矩最小的原则（图3-2）。

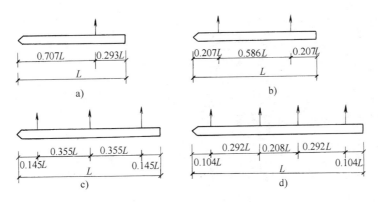

图 3-2 桩的吊点位置

a) 1 个吊点 b) 2 个吊点 c) 3 个吊点 d) 4 个吊点

当运距不大时，可采用滚筒、卷扬机等拖动桩身运输；当运距较大时，可采用小平台车运输。运输过程中支点应与吊点位置一致。

桩在施工现场的堆放场地应平整、坚实，并不得产生不均匀沉陷。堆放时应设垫木，垫木的位置与吊点位置相同，各层垫木应上、下对齐，堆放层数不宜超过 4 层。

二、锤击沉桩的施工方法

（一）打桩机械

打桩机械主要包括桩锤、桩架和动力装置三个部分。桩锤是对桩施加冲击力，将桩打入土中的机具；桩架的作用是将桩吊到打桩位置，并在打桩过程中引导桩的方向，保证桩锤能沿要求的方向冲击；动力装置包括驱动桩锤及卷扬机用的动力设备。

在选择打桩机具时，应根据地基土壤的性质、工程的大小、桩的种类、施工期限、动力供应条件和现场情况确定。

1）桩架：主要由底盘、导向杆、斜撑、滑轮组等组成。桩架应能前后左右灵活移动，以便于对准桩位。桩架行走移动装置有撬滑、拖板滚轮、滚筒、轮轨、轮胎、履带、步履等方式，履带式桩架如图 3-3 所示。

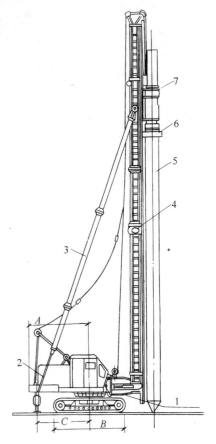

图 3-3 履带式桩架

1—立柱支撑 2—导杆 3—斜撑 4—立柱
5—桩 6—桩帽 7—桩锤

2）桩锤：施工中常用的桩锤有落锤、单动气锤、双动气锤（图 3-4）、柴油桩锤（图 3-5）和振动桩锤；液压锤是最新型桩锤。桩锤的适用范围及优缺点见表 3-1。锤型选择可参考表 3-1 及工程经验；必要时，也可通过现场试沉桩来验证所选择桩锤的正确性。

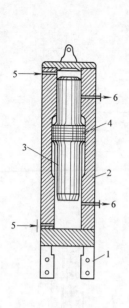

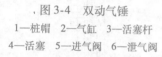

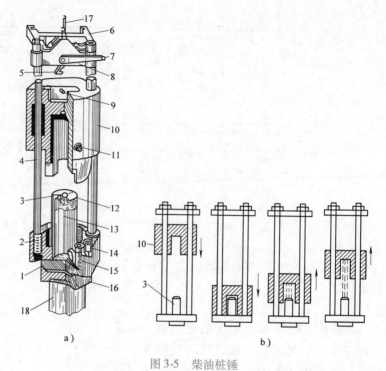

a)

b)

图 3-4 双动气锤

1—桩帽 2—气缸 3—活塞杆

4—活塞 5—进气阀 6—泄气阀

图 3-5 柴油桩锤

a) 构造 b) 工作原理

1—上部活塞座 2—螺栓 3—喷嘴 4—导杆 5—吊钩 6—横梁 7—手柄

8—起落架 9—吊杆 10—气缸 11—凸块 12—固定活塞 13—配油管

14—杠杆 15—油泵 16—下部活塞 17—钢绳 18—桩

表 3-1 桩锤的适用范围及优缺点

桩锤种类	适 用 范 围	优 缺 点	附 注
落锤	1）宜打各种桩 2）土、含砾石的土和一般土层均可使用	构造简单，使用方便，冲击力大，能随意调整落距，但锤打速度慢，效率较低	落锤是指桩锤用人力或机械拉升，然后自由落下，利用自重夯击桩顶。锤重 0.5~2t
单动气锤	适于打各种桩	构造简单，落距短，对设备和桩头不易损坏，打桩速度及冲击力较落锤大，效率较高	利用蒸汽或压缩空气的压力将锤头上举，然后由锤的自重向下冲击沉桩
双动气锤	1）宜打各种桩，便于打斜桩 2）用压缩空气时可在水下打桩 3）用于拔桩	冲击次数多、冲击力大、工作效率高，可不用桩架打桩，但需锅炉或空压机，设备笨重，移动较困难	利用蒸气或压缩空气的压力将锤头上举及下冲，增加夯击能量
柴油锤	1）宜用于打木桩、钢板桩 2）适于在过硬或过软的土中打桩	附有桩架、动力等设备，机架轻，移动便利，打桩快，燃料消耗少，有重量轻和不需要外部能源等优点；但有油烟和噪声污染	利用燃油爆炸，推动活塞，引起锤头跳动。击打频率约 50 次/min
振动桩锤	1）宜于打钢板桩、钢管桩、钢筋混凝土和土桩 2）用于砂土，塑性黏土及松软砂黏土 3）卵石夹砂及紧密黏土中效果较差	沉桩速度快，适应性大，施工操作简易安全，能打各种桩并帮助卷扬机拔桩	利用偏心轮引起激振，通过刚性连接的桩帽传到桩上

选择桩锤应根据地质条件、桩的类型、桩身结构强度、桩的长度、桩群密集程度以及施工条件因素来确定，其中尤以地质条件影响最大。土的密实程度不同，所需桩锤的冲击能量可能相差很大。实践证明：当桩锤重量大于桩重的 1.5~2 倍时，能取得较好的打桩效果。

（二）锤击沉桩施工

1. 打桩前的准备工作

打桩前应处理地上、地下障碍物，对场地进行平整压实，放出桩基线并定出桩位，并在不受打桩影响的适当位置设置水准点，以便控制桩的入土标高；接通现场的水、电管线，准备好施工机具；做好对桩的质量检验。

正式打桩前，还可选择进行打桩试验，以便检验设备和工艺是否符合要求。

2. 打桩顺序

打桩顺序是否合理，直接影响打桩进度和施工质量。在确定打桩顺序时，应考虑桩对土体的挤压位移对施工本身及附近建筑物的影响。一般情况下，桩的中心距小于 4 倍桩的直径时，就要拟定打桩顺序；桩距大于 4 倍桩的直径时，打桩顺序与土壤挤压情况关系不大。

打桩顺序一般分为：逐排打、自中央向边缘打、自边缘向中央打和分段打等四种情况（图3-6）。

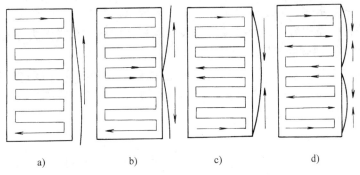

图 3-6 打桩顺序和土壤挤压情况

a）逐排打　b）自中央向边缘打　c）自边缘向中央打　d）分段打

逐排打桩，桩架系单向移动，桩的就位与起吊均很方便，故打桩效率较高；但它会使土壤向一个方向挤压，导致土壤挤压不均匀，后面桩的打入深度将因而逐渐减小，最终会引起建筑物的不均匀沉降。自边缘向中央打，则中间部分土壤挤压较密实，不仅使桩难以打入，而且在打中间桩时，还有可能使外侧各桩被挤压而浮起，因此上述两种打法均适用于桩距较大（大于等于 4 倍桩的直径）即桩不太密集时施工。自中央向边缘打、分段打是比较合理的施工方法，一般情况下均可采用。

另外，当一侧毗邻建筑物时，由毗邻建筑物处向另一方向施打；根据桩的设计标高，先深后浅；根据桩的规格，先大后小，先长后短。

3. 打桩施工

打桩过程包括：桩架移动和定位、吊桩和定桩、打桩、截桩和接桩等。

桩机就位时桩架应垂直，导杆中心线与打桩方向一致，校核无误后将其固定。然后，将桩锤和桩帽吊升起来，其高度超过桩顶，再吊起桩身，送至导杆内，对准桩位调整垂直偏差，合格后，将桩帽或桩箍在桩顶固定，并将桩锤缓落到桩顶上，在桩锤的重量作用下，桩沉入土中一定深度达稳定位置，再校正桩位及垂直度，此谓定桩。然后才能进行打桩。打桩开始时，用短落距轻击数锤至桩入土一定深度后，观察桩身与桩架、桩锤是否在同一垂直线上，然后再以全落距施打，这样可以保证桩位准确，桩身垂直。桩的施打原则是"重锤低击"，这样可使桩锤对桩头的冲击小，回弹也小，桩头不易损坏，大部分能量都能用于沉桩。

打桩是隐蔽工程，应做好打桩记录。开始打桩时，若采用落锤、单动气锤或柴油锤，应测量记录桩身每沉落 1m 所需锤击的次数及桩锤落距的平均高度，当桩下沉接近设计标高时，则应实测 10 击的桩入土深度，该贯入度适逢停锤时称为最后贯入度；当采用双动气锤或振动桩锤时，开始应记录桩每沉入 1m 的工作时间（每分钟锤击次数也应记入备注栏），当桩下沉接近设计标高时，应记录每分钟的沉入量。设计和施工中所控制的贯入度以合格的试桩数据为准，如无试桩资料，可按类似桩沉入类似土的贯入度作为参考。

桩端位于一般土层时，控制桩的入土深度应以设计标高为主，而以贯入度作为参考；桩端位于坚硬、硬塑的黏性土、中密度以上的粉土、砂土、碎石类土、风化岩时，控制桩的入土深度，则以贯入度为主，而以设计标高作为参考。贯入度已达到要求而设计标高未达到要求时，应继续锤击 3 阵，按每阵 10 击的贯入度不大于设计值加以确认；设计标高已达到要求而贯入度未达到要求时，应继续打至达到贯入度要求。

各种预制桩打桩完毕后，为使桩顶符合设计高程，应将桩头或无法打入的桩身截去。

4. 打桩过程中常遇到的问题

由于桩要穿过构造复杂的土层，所以在打桩过程中要随时注意观察，凡发生贯入度突变、桩身突然倾斜、移位或有严重回弹、桩顶或桩身出现严重裂缝或破碎等情况时，应暂停施工，及时与有关单位研究处理。

施工中常遇到的问题有：

1）桩顶、桩身被打坏。与桩头钢筋设置不合理、桩顶与桩轴线不垂直、混凝土强度不足、桩尖通过过硬土层、锤的落距过大、桩锤过轻等有关。

2）桩位偏斜。当桩顶不平、桩尖偏心、接桩不正、土中有障碍物时都容易发生桩位偏斜，因此施工时应严格检查桩的质量并按施工规范的要求采取适当措施，保证施工质量。

3）桩打不下。施工时，桩锤严重回弹，贯入度突然变小，则可能与土层中夹有较厚砂层或其他硬土层以及钢渣、孤石等障碍物有关。当桩顶或桩身已被打坏，锤的冲击不能有效传给桩时，也会发生桩打不下的现象。有时因特殊原因，停歇一段时间后再打，则由于土的固结作用，桩也往往不能顺利地被打入土中。所以打桩施工中，必须在各方面做好准备，保证施打的连续进行。

4）一桩打下邻桩上升。桩贯入土中，使土体受到急剧挤压和扰动，其靠近地面的部分将在地表隆起和水平移动，当桩较密，打桩顺序又欠合理时，土体被压缩到极限，就会发生一桩打下、周围土体带动邻桩上升的现象。

三、静力压桩

静力压桩（图 3-7、图 3-8）是在均匀软弱土中利用压桩架（型钢制作）的自重和配重，通过卷扬机的牵引传到桩顶，将桩逐节压入土中的一种沉桩方法。这种沉桩方法无振动，无噪声，对周围环境影响小，适合在城市中施工。

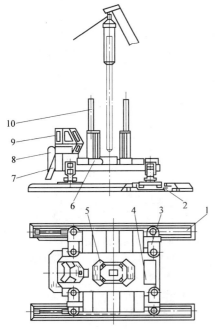

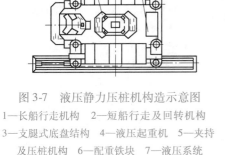

图 3-7 液压静力压桩机构造示意图

1—长船行走机构 2—短船行走及回转机构
3—支腿式底盘结构 4—液压起重机 5—夹持
及压桩机构 6—配重铁块 7—液压系统
8—电控系统 9—操作室 10—导向架

图 3-8 液压静力压桩机实景图

压桩施工，一般情况下都采用分段压入、逐节接长的方法（图 3-9）。施工时，先将第一节桩压入土中，当其上端与压桩机操作平台齐平时，进行接桩。接桩的方法有焊接结合、管式结合、硫磺砂浆钢筋结合、管桩螺栓结合（图 3-10）等，预应力混凝土管桩接长如图3-11 所示。接桩后，将第二节桩继续压入土中。每节桩的长度根据压桩架的高度而定，预应力混凝土管桩常见每节桩长为 7 ~ 15m。

压桩施工时应随时注意使桩保持轴心受压，接桩时也应保证上下接桩的轴线一致，并使接桩时间尽可能的缩短，否则，间歇时间过长会由于压桩阻力过大导致发生压不下去的事故。当桩接近设计标高时，不可过早停压，否则，在补压时也会发生压不下去或压入过少的现象。

压桩过程中，当桩尖碰到夹砂层时，压桩阻力可能突然增大，甚至超过压桩能力而使桩机上抬。这时可以将最大的压桩力作用在桩顶，采取停车再开、忽停忽开的办法，使桩有可能缓慢下沉穿过砂层。如果工程中有少量桩确实不能压至设计标高而相差不多时，可以采取截去桩顶的办法。

压桩与打桩相比，由于避免了锤击应力，桩的混凝土强度及其配筋只要满足吊装弯矩和使用期受力要求就可以，因而桩的断面和配筋可以减小，同时压桩引起的桩周土体的水平挤动也小得多，因此压桩是软土地区一种较好的沉桩方法。

预应力混凝土管桩与承台连接的节点如图 3-12 所示。

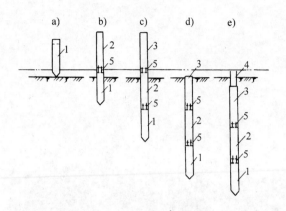

图 3-9　静力压桩工作程序

a) 准备压第一段桩　b) 接第二段桩　c) 接第三段桩

d) 整根桩压入地面　e) 送桩

1—第一段桩　2—第二段桩　3—第三段桩

4—送桩　5—接桩处

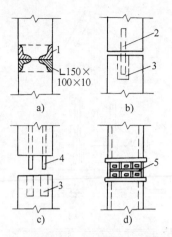

图 3-10　桩的接头形式

a) 焊接结合　b) 管式结合　c) 硫磺砂浆

钢筋结合　d) 管桩螺栓结合

1—型钢∟50×100×10　2—预埋钢管

3—预留孔洞　4—预埋钢筋

5—法兰螺栓连接

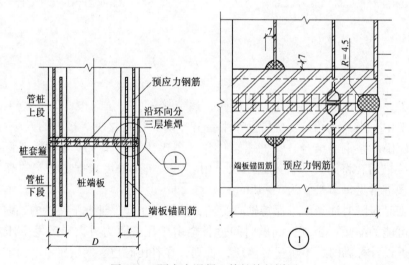

图 3-11　预应力混凝土管桩接长详图

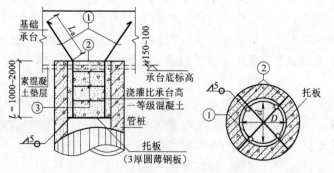

图 3-12　管桩与承台连接节点（桩外径≤400mm）

第二节 混凝土灌注桩施工

灌注桩是直接在桩位上就地成孔，然后在孔内灌注混凝土或钢筋混凝土的一种成桩方法。与预制桩相比，由于避免了锤击应力，桩的混凝土强度及配筋只要满足使用要求就可以，因而具有节约材料、成本低廉、施工不受地层变化的限制、无需接桩及截桩等优点。但也存在着技术间隔时间长，不能立即承受荷载，操作要求严，在软土地基中易缩颈、断裂，冬期施工较困难等缺点。

灌注桩施工类型如图3-13所示。表3-2为一些常用的灌注桩设桩工艺选择参考表。

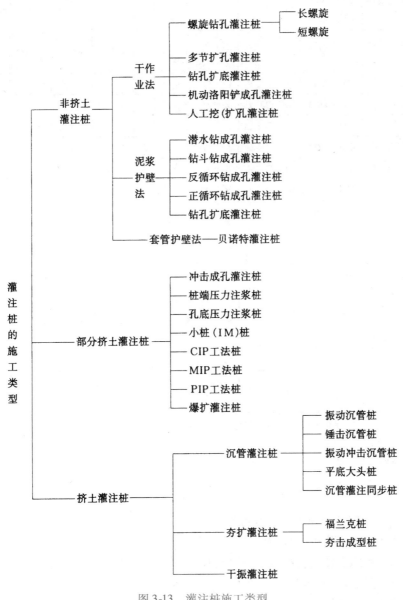

图 3-13 灌注桩施工类型

表 3-2　常用的灌注桩设桩工艺选择参考表

桩　型	桩径或桩宽/mm	桩长/m ≤	穿越土层								桩端进入持力层				地下水位		影响环境		孔或桩底部挤密
			一般黏性土、填土	湿陷黄土		季节性冻土、膨胀土	淤泥、淤泥质土	粉土	砂土	碎石土	硬质黏性土	密实砂土	碎石土	软质岩石、风化岩石	以上	以下	振动噪声	排浆	
				非自重	自重														
长螺旋钻孔灌注桩	300~1500	30	○	○	△	○	×	○	△	×	○	○	△	×	○	×	低	无	无
短螺旋钻孔灌注桩	300~3000	80	○	○	△	○	×	○	△	×	○	○	△	×	○	×	低	无	无
小直径钻孔扩底灌注桩(干作业)	300~400 (800~1200)	15	○	○	△	○	×	○	△	×	○	○	×	×	○	×	低	无	无
机动洛阳铲成孔灌注桩	270~500	20	○	○	△	○	×	△	×	×	○	×	×	×	○	×	中	无	无
人工挖(扩)孔灌注桩	800~4000	25	○	○	△	○	△	○	△	△	○	○	○	△	○	×	无	无	无
潜水钻成孔灌注桩	450~4500	80	○	△	×	○	○	○	○	△	○	○	△	×	△	△	低	有	无
钻斗钻成孔灌注桩	800~1500	40	○	○	×	○	○	○	○	△	○	○	×	×	△	△	低	有	无
反循环钻成孔灌注桩	400~4000	90	○	○	×	○	○	○	○	△	○	○	△	△	△	△	低	有	无
正循环钻成孔灌注桩	400~2500	50	○	○	×	○	○	○	○	△	○	○	△	△	△	△	低	有	无
冲击成孔灌注桩	600~2000	50	×	○	○	○	○	○	○	○	○	○	○	△	△	△	中	有	无
大直径钻孔扩底灌注桩(泥浆护壁)	800~4100 (1000~4380)	70	○	○	×	△	○	○	○	×	○	○	△	×	×	×	低	有	无
桩端压力注浆桩	400~2000	80	○	○	△	○	×	△	△	△	○	○	○	○	○	△	低	无	有
孔底压力注浆桩	400~600	30	○	○	△	○	×	△	△	△	○	○	△	×	○	△	低	无	有
锤击沉管成孔灌注桩	270~800	30	○	○	△	○	△	○	△	×	○	○	△	×	○	△	高	无	有
振动沉管成孔灌注桩	270~600	40	○	○	△	○	△	○	△	×	○	○	△	×	○	△	高	无	有
振动冲击沉管成孔灌注桩	270~500	24	○	○	△	○	△	○	△	△	○	○	△	×	○	△	高	无	有
贝诺特灌注桩	600~2500	60	○	○	○	○	○	○	○	△	○	○	△	△	○	○	低	无/有	无

注：1. ○表示适合；△表示可采用；×表示不能采用。

2. 桩径或桩宽指扩大头。

3. 贝诺特灌注桩中遇地下水时有排浆，不遇地下水则无排浆。

一、灌注桩施工的一般规定

（一）进行灌注桩基础施工前应取得的资料

1）建筑场地的桩基岩土工程报告书。

2）桩基础工程施工图，包括桩的类型与尺寸、桩位平面布置图、桩与承台连接、桩的配筋与混凝土标号以及承台构造等。

3）桩试成孔、试灌注、桩工机械试运转报告。试成孔的数量不得少于两个，以便核对

第三章 基础工程

地质资料，检验所选的设备、施工工艺以及技术要求是否适宜。如果出现缩颈、坍孔、回淤、吊脚、贯穿力不足、贯入度（或贯入速度）不能满足设计要求的情况时，应拟定补救技术措施，或重新考虑施工工艺，或选择更合适的桩型。

4）桩的静载试验和动测试验资料。

5）主要施工机械及配套设备的技术性能。

（二）成孔

1. 成孔设备

就位后，必须平正、稳固，确保在施工中不发生倾斜、移动，容许垂直偏差为 0.3%。为准确控制成孔深度，应在桩架或桩管上做出控制深度的标尺，以便在施工中进行观测、记录。

2. 成孔的控制深度

1）对于摩擦桩必须保证设计桩长，当采用沉管法成孔时，桩管入土深度的控制以标高为主，并以贯入度（或贯入速度）为辅。

2）对于端承摩擦桩、摩擦端承桩和端承桩，当采用钻、挖、冲成孔时，必须保证桩孔进入桩端持力层达到设计要求的深度，并将孔底清理干净。当采用沉管法成孔时，桩管入深度的控制以贯入度（或贯入速度）为主，与设计持力层标高相对照为辅。

3. 为保证成孔全过程安全生产应做好的工作

1）现场施工和管理人员应了解成孔工艺、施工方法和操作要点，以及可能出现的事故和应采取的预防处理措施。

2）检查机具设备的运转情况、机架有无松动或移位，防止桩孔发生移动或倾斜。

3）钻孔桩的孔口必须加盖。

4）桩孔附近严禁堆放重物。

5）随时查看桩施工附近地面有无开裂现象，防止机架和护筒等发生倾斜或下沉。

6）每根钻孔桩的施工应连续进行，如因故停机，应及时提上钻具，保护孔壁，防止造成塌孔事故。同时应记录停机时间和原因。

（三）钢筋笼制作与安放

1）钢筋笼的绑扎场地应选择在运输和就位等都比较方便的场所，最好设置在现场内。

2）钢筋的种类、钢号及尺寸规格应符合设计要求。

3）钢筋进场后应按钢筋的不同型号、不同直径、不同长度分别堆放。

4）钢筋笼绑扎顺序大致是先将主筋等间距布置好，待固定住架立筋（即加强箍筋）后，再按规定间距安设箍筋。箍筋、架立筋与主筋之间的接点可用电弧焊接等方法固定。在直径为 2~3m 级的大直径桩中，可使用角钢作为架立钢筋，以增大钢筋笼刚度。

5）从加工、组装精度，控制变形要求以及起吊等综合因素考虑，钢筋笼分段长度一般宜定在 8m 左右。但对于长桩，当采取一些辅助措施后也可定为 12m 左右或更长一些。

6）钢筋笼下端部的加工应适应钻孔情况。在贝诺特法中，为防止在拔出套管时将钢筋笼带上来，在钢筋笼底部加上架立筋，有时可将 Φ14~Φ20 的钢筋安装成井字型钢筋。在反循环钻成孔和钻斗钻成孔法中，应将箍筋及架立筋预先牢固地焊到钢筋笼端部上。这样当将钢筋笼插到孔底时，可有效地防止架立筋插到桩端处的地基中。

7）为了防止钢筋笼在装卸、运输和安装过程中产生不同的变形，可采取下列措施：

77

①在适当的间隔处应布置架立筋，并与主筋焊接牢固，以增大钢筋笼刚度。

②在钢筋笼内侧暂放支撑梁，以补强加固，等将钢筋笼插入桩孔时，再卸掉该支撑梁。

③在钢筋笼外侧或内侧的轴线方向安设支柱。

8）钢筋笼的保护层：为确保桩身混凝土保护层的厚度，一般都在主筋外侧安设钢筋定位器，其外形呈圆弧状突起。定位器在贝诺特法中通常使用直径为 10~14mm 左右的普通圆钢，而在反循环钻成孔法和钻斗钻成孔法中，为了防止桩孔侧面受到损坏，大多使用宽度为 50mm 左右的钢板，长度为 400~500mm（图 3-14）。在同一断面上定位器有 4~6 处，沿桩长的间距为 2~10m。

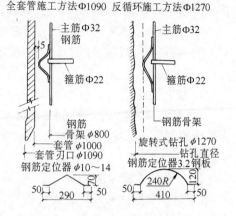

图 3-14　钢筋定位器

9）钢筋笼堆放，应考虑安装顺序、钢筋笼变形和防止事故等因素，以堆放两层为好。如果能合理地使用架立筋牢固绑扎，可以堆放三层。

10）钢筋笼沉放，要对准孔位、扶稳、缓慢、避免碰撞孔壁，到位后应立即固定。大直径桩的钢筋笼通常是利用起重机将钢筋笼吊入桩孔内。

当桩长度较大时，钢筋笼可采用逐段接长法放入孔内。即先将第一段钢筋笼放入孔中，利用其上部架立筋暂固定在套管（贝诺特桩）或护筒（泥浆护壁钻孔桩）等上部。此时主筋位置要正确、竖直。然后吊起第二段钢筋笼，对准位置后用绑扎或焊接等方法接长后放入钻孔中。如此逐段接长后放入到预定位置。

待钢筋笼安设完毕后，一定要检测确认钢筋顶端的高度。

（四）灌注混凝土

1. 灌注混凝土宜采用的方法

1）导管法用于孔内水下灌注。

2）串筒法用于孔内无水或渗水量很小时灌注。

3）短护筒直接投料法用于孔内无水或虽孔内有水但能疏干时灌注。

4）混凝土泵可用于混凝土灌注量大的大直径钻、挖孔桩。

2. 灌注混凝土应遵守的规定

1）检查成孔质量合格后应尽快灌注混凝土。桩身混凝土必须留有试件，直径大于 1m 的桩，每根桩应有 1 组试块，且每个灌注台班不得少于 1 组，每组 3 件。

2）混凝土灌注充盈系数（实际灌注混凝土体积与按设计桩身直径计算体积之比）不得小于 1；一般土质为 1.1；软土为 1.2~1.3。

3）每根桩的混凝土灌注应连续进行。对于水下混凝土及沉管成孔从管内灌注混凝土的桩，在灌注过程中应用浮标或测锤测定混凝土的灌注高度，以检查灌注质量。

4）灌注混凝土至桩顶时，应适当超过桩顶设计标高，以保证在凿除浮浆层后，桩顶标高和桩顶混凝土质量能符合设计要求。

5）当气温低于 0℃时，灌注混凝土应采取保温措施，灌注时的混凝土温度不应低于 3℃；桩顶混凝土未达到设计强度的 50% 前不得受冻。当气温高于 30℃时，应根据具体情况对混凝土采取缓凝措施。

6）灌注结束后，应设专人做好记录。

3. 主筋的混凝土保护层厚度

1）非水下灌注混凝土时，不应小于 30mm。

2）水下灌注混凝土时，不应小于 50mm。

（五）质量管理

1）灌注桩施工必须坚持质量第一的原则，推行全面质量管理（全企业、全员、全过程的质量管理）。特别要严格把好成孔（对钻孔和清孔，对沉管桩包括沉管和拔管以及复打等）、下钢筋笼和灌注混凝土等几道关键工序。每一工序完毕时，均应及时进行质量检验，上一工序质量不符合要求，严禁进行下一工序，以免存留隐患。每一工地应设专职质量检验员，对施工质量进行检查监督。

2）灌注桩根据其用途、荷载作用性质的不同，其质量标准有所不同，施工时必须严格按其相应的质量标准和设计要求执行。

3）灌注桩质量要求，主要是指成孔、清孔、拔管、复打，钢筋笼制作、安放，混凝土配制、灌注等工艺过程的质量标准。每个工序完工后，必须严格按质量标准进行质量检测，并认真做好记录。

二、干作业螺旋钻孔灌注桩

（一）干作业螺旋钻孔的基本原理及特点

1. 干作业螺旋成孔的基本原理

干作业螺旋钻孔施工按成孔方法可分为长螺旋钻成孔施工法和短螺旋钻成孔施工法。

长螺旋钻成孔施工法是用长螺旋钻孔机的螺旋钻头，在桩位处就地切削土层，被切土块钻屑随钻头旋转，沿着带有长螺旋叶片的钻杆上升，输送到出土器后自动排出孔外，然后装卸到小型机动翻斗车（或手推车）中运走，其成孔工艺可实现全部机械化。

短螺旋钻成孔施工法是用短螺旋钻孔机的螺旋钻头，在桩位处就地切削土层，被切土块钻屑随钻头旋转，沿着带有数量不多的螺旋叶片的钻杆上升，积聚在短螺旋叶片上，形成"土柱"，此后靠提钻、反转、甩土，将钻屑散落在孔周。一般每钻进 0.5～1.0m 就要提钻甩土一次。

用以上两种螺旋钻孔机成孔后，在桩孔中放置钢筋笼或插筋，然后灌注混凝土成桩。

2. 干作业螺旋钻成孔的特点

干作业螺旋钻成孔的优点如下：

1）振动小，噪声低，不扰民。

2）一般土层中，用长螺旋钻孔机钻一个深 12m、直径为 400mm 的桩孔，作业时间只需 7～8min，其钻进效率远非其他成孔方法可比，加上移位、定位，正常情况下，长螺旋钻孔机一个台班可钻成深 12m、直径为 400mm 的桩孔 20～25 个。

3）无泥浆污染。

4）造价低。

5）设备简单，施工方便。

6）混凝土灌注质量较好。因是干作业成孔，混凝土灌注质量隐患通常比水下灌注或振动套管灌注等要少得多。

干作业螺旋钻成孔的缺点如下：

1）桩端或多或少留有虚土。

2）单方承载力（即桩单位体积所提供的承载力）较打入式预制桩低。

3）适用范围限制较大。

（二）干作业螺旋钻成孔方法的适用范围

干作业螺旋钻成孔适用于地下水位以上的填土层、黏性土层、粉土层、砂土层和粒径不大的砾砂层，但不宜用于地下水位以下的上述各类土层以及碎石土层、淤泥层、淤泥质土层。对非均质含碎砖、混凝土块、条块石的杂填土层及大卵砾石层，成孔困难大。

国产长螺旋钻孔机，桩孔直径为 300~800mm，成孔深度在 26m 以下。国产短螺旋钻孔机，桩孔最大直径可达 1828mm，最大成孔深度可达 70m（此时桩孔直径为 1500mm）。

（三）螺旋钻孔机分类

1）按钻杆上螺旋叶片多少，可分为长螺旋钻孔机（又称全螺旋钻孔机，即整个钻杆上都装置螺旋叶片）和短螺旋钻孔机（其钻具只是临近钻头 2~3m 内装置带螺旋叶片的钻杆）。

2）按装载方式，螺旋钻孔机底盘可分为履带式、步履式、轨道式和汽车式。

3）按钻孔方式，螺旋钻孔机可分为单根螺旋钻孔的单轴式和多根螺旋钻孔的多轴式。在通常情况下，都采用单轴式螺旋钻孔机；多轴式螺旋钻孔机一般多用于地基加固和排列桩等施工中。

4）按驱动方式，螺旋钻孔机可分为风动、内燃机直接驱动、电动机传动和液压马达传动，后两种驱动方式用得最多。

（四）长螺旋钻孔机的配套打桩架

国内长螺旋钻孔机多与轨道式、步履式和悬臂式履带式打桩架配套使用。

轨道式打桩架采用轨道行走底盘。

液压步履式打桩架以步履方式移动桩位和回转，不需铺枕木和钢轨。机动灵活，移动桩位方便，打桩效率较高，是一种具有我国自己特点的打桩架（图3-15）。

悬臂式履带式打桩架以通用型履带起重机为主机，以起重机吊杆悬吊打桩架导杆，在起重机底盘与导杆之间用叉架连接。此类桩架可容易地利用已有的履带起重机改装而成，桩架构造简单，操纵方便，但垂直精度调节较差。

汽车式长螺旋钻孔移动桩位方便，但钻孔直径和钻深均受到限制。

国外的长螺旋钻孔机动力头多与三点支撑式履带式打桩架配套使用。三点支撑式履带式打桩架是以专用履带式机械为主机，配以钢管

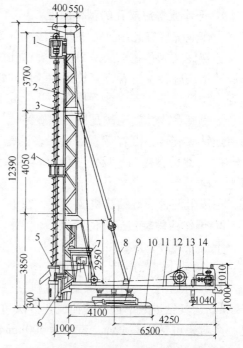

图3-15 液压步履式长螺旋钻孔机

1—减速器总成 2—臂架 3—钻杆 4—中间导向套 5—出土装置 6—前支腿 7—操纵室 8—斜撑 9—中盘 10—下盘 11—上盘 12—卷扬机 13—后支腿 14—液压系统

式导杆和两根后支撑组成，是国内外最先进的一种桩架。一般采用全液压传动，履带中心距可调，导杆可单导向也可双导向，还可自转90°。

三点支撑式履带式打桩架的特点为：垂直精度调节灵活；整机稳定性好；同类主机可配备几种类型的导杆以悬挂各种类型的柴油锤、液压锤和钻孔机动力头；不需外部动力源；拆装方便，移动迅速。

（五）长螺旋钻孔灌注桩施工程序

1）钻孔机就位。钻孔机就位后，调直桩架导杆，再用对位圈对桩位，读钻深标尺的零点。

2）钻进。用电动机带动钻杆转动，使钻头螺旋叶片旋转削土，土块随螺旋叶片上升，经排土器排出孔外。

3）停止钻进及读钻孔深度。钻进时要用钻孔机上的测深标尺或在钻孔机头下安装测绳，掌握钻孔深度。

4）提起钻杆。

5）测孔径、孔深和桩孔水平与垂直偏差。达到预定钻孔深度后，提起钻杆，用测绳在手提灯照明下测量孔深及虚土厚度，虚土厚度等于钻深与孔深的差值。

6）成孔质量检查。把手提灯吊入孔内，观察孔壁有无塌陷、胀缩等情况。

7）盖好孔口盖板。

8）钻孔机移位。

9）复测孔深和虚土厚度。

10）放混凝土溜筒。

11）放钢筋笼。

12）灌注混凝土。

13）测量桩身混凝土的顶面标高。

14）拔出混凝土溜筒。

（六）短螺旋钻孔灌注桩施工程序

短螺旋钻孔灌注桩的施工程序，基本上与长螺旋钻孔灌注桩一样，只是第二项施工程序——钻进，有所差别。被短螺旋钻孔机钻头切削下来的土块钻屑落在螺旋叶片上，靠提钻反转甩落在地上。这样钻成一个孔需要多次钻进、提钻和甩土。

（七）施工特点

1. 长螺旋钻成孔施工特点

长螺旋钻成孔速度快慢主要取决于输土是否通畅，而钻具转速的高低对土块钻屑输送的快慢和输土消耗功率的大小都有较大影响，因此合理选择钻削转速是成孔工艺的一大要点。

当钻进速度较低时，钻头切削下来的土块钻屑送到螺旋叶片上后不能自动上升，只能被后面继续上来的钻屑推挤上移，在钻屑与螺旋面间产生较大的摩擦阻力，消耗功率较大，当钻孔深度较大时，往往由于钻屑推挤阻塞，形成"土塞"而不能继续钻进。

当钻进速度较高时，每一个土块受其自身离心力所产生的土块与孔壁之间的摩擦力的作用而上升。

钻具的临界角速度 ω_r（即钻屑产生沿螺旋叶片上升运动的趋势时的角速度）可按下式计算：

$$\omega_r = \sqrt{\frac{g(\sin\alpha + \cos\alpha)}{f_1 R(\cos\alpha - f_2\sin\alpha)}} \tag{3-1}$$

式中　g——重力加速度（m/s^2）；

　　　α——螺旋叶片与水平线间的夹角；

　　　R——螺旋叶片半径（m）；

　　　f_1——钻屑与孔壁间的摩擦因数，$f_1 = 0.2 \sim 0.4$；

　　　f_2——钻屑与叶片间的摩擦因数，$f_2 = 0.5 \sim 0.7$。

在实际工作中，应使钻具的转速为临界转速的 1.2 ~ 1.3 倍，以保持顺畅输土，便于疏导，避免堵塞。

为保持顺畅输土，除了要有适当高的转速之外，还需根据土质等情况，选择相应的钻压和进给量。在正常工作时，进给量一般为每转 10 ~ 30mm，砂土取高值，黏土取低值。

总的说来，长螺旋钻成孔，宜采用中高转速，低转矩，少进刀的工艺，使得螺旋叶片之间保持较大的空间，就能收到自动输土、钻进阻力小、成孔效率高的效果。

2. 短螺旋钻成孔施工特点

短螺旋钻孔机的钻具在临近钻头 2 ~ 3m 内装置带螺旋叶片的钻杆。成孔需多次钻进、提钻、甩土。一般为正转钻进，反转甩土，反转转速为正转转速的若干倍。因升降钻具等辅助作业时间长，其钻削效率不如长螺旋钻孔机高。为缩短辅助作业时间，多采用多层伸缩式钻杆。

短螺旋钻孔省去了长孔段输入土块钻屑的功率消耗，其回转阻力矩小。在大直径或深桩孔的情况下，采用短螺旋钻施工较合适。

（八）施工注意事项

1. 钻进时应遵守的规定

1）开钻前应纵横调平钻机，安装导向套（长螺旋钻孔机）。

2）在开始钻进或穿过软硬土层交界处时，为保持钻杆垂直，宜缓慢进尺。在含砖头、瓦块的杂填土层或含水量较大的软塑黏性土层中钻进时，应尽量减少钻杆晃动，以免扩大孔径。

3）钻进过程中如发现钻杆摇晃或难钻进时，可能遇到硬土、石块或硬物等，这时应立即提钻检查，待查明原因并妥善处理后再钻，否则较易导致桩孔严重倾斜、偏移，甚至使钻杆、钻具扭断或损坏。

4）钻进过程中应随时清除孔口积土和地面散落土。遇到孔内渗水、塌孔、缩颈等异常情况时，应将钻具从孔内提出，然后会同有关部门研究处理。

5）在砂土层中钻进如遇地下水，则钻深应不超过初见水位，以防塌孔。

6）在硬夹层中钻进时可采取以下方法：

①对于均质的冻土层、硬土层可采用高转速，小给进量，均压钻进。

②对于直径小于 10cm 的石块和碎砖，可用普通螺旋钻头钻进。

③对于直径大于成孔直径 1/4 的石块，宜用合金耙齿钻头钻进。石块一部分可挤进孔壁，一部分可沿螺旋钻杆输出钻孔。

④对于直径很大的石块、条石、砖堆，可用镶有硬合金的筒式钻头钻进，钻透后硬石砖块挤入钻筒内提出。

7）钻孔完毕，应用盖板盖好孔口，并防止在盖板上行车。

8）采用短螺旋钻孔机钻进时，每次钻进深度应与螺旋长度大致相同。

2. 清理孔底虚土时应遵守的规定

钻到预定钻深后，必须在原深处进行空转清土，然后停止转动，提起钻杆。注意在空转清土时不得加深钻进；提钻时不得回转钻杆。孔底虚土厚度超过质量标准时，要分析和采取相应措施。

3. 灌注混凝土应遵守的规定

1）混凝土应随钻随灌，成孔后不要过夜。遇雨天，特别要防止成孔后灌水，冬期施工要防止混凝土受冻。

2）钢筋笼必须在浇注混凝土前放入，放时要缓慢并保持竖直，注意防止放偏和刮土下落，放到预定深度时将钢筋笼上端妥善固定。

3）桩顶以下5m内的桩身混凝土必须随灌注随振捣。

4）灌注混凝土宜用机动小车或混凝土泵车。当用搅拌运输车灌注时，应防止压坏桩孔。

5）混凝土灌至接近桩顶时，应随时测量桩身混凝土顶面标高，避免超长灌注，同时保证在凿除浮浆层后，桩顶标高和质量能符合设计要求。

6）桩顶插筋，保持竖直插进，保证足够的保护层厚度，防止插斜插偏。

7）混凝土坍落度一般保持为 8~10cm，强度等级不小于 C13；为保证其和易性及坍落度，应注意调整含砂率、掺减水剂和粉煤灰等掺合料。

（九）常遇问题、原因和处理方法

干作业螺旋钻孔灌注桩常遇问题、原因和处理方法见表3-3。

表3-3 干作业螺旋钻孔灌注桩常遇问题、原因和处理方法

常遇问题	主要原因	处理方法
桩孔倾斜	场地不平	保持地面平整
	桩架导杆不竖直	调整导杆垂直度
	钻机缺少调平装置	钻机需备有底盘调平手段
	钻杆弯曲	将钻杆调直，保持钻杆不直不钻进
	钻具连接不同心	调整钻具使其同心
	钻头导向尖与钻杆轴线不同心	调整同心度
	长螺旋钻孔未带导向圈作业，钻具下端自由摆动	坚持无导向圈不钻进
	钻头底两侧土层软硬不均	钻进时应减轻钻压，控制进给速度
	遇地下障碍物、孤石等	可采用筒式钻头钻进，如还不行则挪位另行钻孔；如障碍物位置较浅，清除后填土再钻
钻进困难	遇坚硬土层	换钻头
	遇地下障碍物（石块、混凝土块等）	障碍物埋得浅，清除后填土再钻；障碍物埋得较深时，移位重钻
	钻进速度太快造成憋钻	控制钻进速度，对于饱和黏性土层可采用慢速高转矩方式钻孔，在硬土层中钻孔时，可适当往孔中加水
	钻杆倾斜太大造成憋钻	调整钻杆垂直度
	钻机功率不够，钻头倾角和转速选择不合适	根据工程地质条件，选择合适的钻机、钻头和转速

（续）

常遇问题	主要原因	处理方法
塌孔	地表水通过地表松散填土层流窜入孔内	疏干地表积存的天然水
	流塑淤泥质土夹层中成孔，孔壁不能直立而塌落	尽量选用其他有效成孔方法，塌孔处理采取投入黄土及灰土，捣实后重新钻进，也可先钻至塌孔以下 1~2m，用豆石低等级混凝土（C5~C10）填至塌孔以上 1m，待混凝土初凝后再钻至设计标高
	局部有上层滞水渗漏	采用电渗井降水，可在该区域内先钻若干个孔，深度透过隔水层到砂层，在孔内填入级配卵石，让上层滞水渗漏到桩孔下砂层后钻孔
	孔底部的砂卵石、卵石造成孔壁不能直立	采用深钻方法，任其塌落，但要保证设计桩长
	钻具弯曲	严格选配同心度高的钻具
	钻压不足，长时间空转虚钻，造成对稳定性差的土层的强力机械扰动，由局部孔段超径而演化成孔壁坍塌	正确选用成孔技术参数
孔底虚土过多	在松散填土或含有大量炉灰、砖头、垃圾等杂填土层或在流塑淤泥、松砂、砂卵石、卵石夹层中钻孔，成孔过程中或成孔后土体容易坍塌	探明地质条件，避开可能大量塌孔的地点施工，或选用不同工艺
	孔口土未及时清理，甚至在孔口周围堆积大量钻出的土，提钻或踩踏回落孔底	及时清理孔口土
	成孔后，孔口未放盖板，孔口土回落孔底；成孔后未及时灌注	成孔后及时加盖板，当天成孔必须当天灌注混凝土
	钻杆加工不直，或使用中变形，或钻连接法兰不平而使钻杆连接后弯曲，因此钻进过程中钻杆晃动，造成局部扩径，提钻后回落	校直钻杆，垫平法兰
	放混凝土漏斗或钢筋笼时，孔口土或孔壁土被碰撞掉入孔底	竖直放混凝土漏斗或钢筋笼
桩身混凝土质量差	分段放置钢筋笼，分段灌注	通长放置钢筋笼，然后灌注，以避免桩身夹土
	水泥过期，集料含泥量大，配比不当	按规范控制材料及配比质量
	混凝土振捣不密实，出现蜂窝、空洞	桩顶下 4~5m 内的混凝土必须用振捣棒振实

三、反循环钻成孔灌注桩施工

反循环钻成孔施工法是在桩顶处设置护筒（其直径比桩径大 15% 左右），护筒内的水位要高出自然地下水位 2m 以上，以确保孔壁的任何部分均保持 0.02MPa 以上的静水压力，保护孔壁不坍塌，因而钻挖时不用大套管。钻机工作时，旋转盘带动钻杆端部的钻头钻挖孔内土。在钻进过程中，冲洗液从钻杆与孔壁间的环状间隙中流入孔底，并携带被钻挖下来的岩土钻渣，由钻杆内腔返回地面；与此同时，冲洗液又返回孔内形成循环，这种钻削方法称为反循环钻削。

反循环钻成孔施工按冲洗液（指水或泥浆）循环输送的方式、动力来源和工作原理可分为泵吸、气举和喷射等方法。气举反循环，因钻杆下端喷嘴喷出压缩空气，使泥浆与气在钻杆内形成密度比水还轻的混合物，而被钻杆外水柱压升。喷射反循环，利用射流泵在钻杆顶端射出的高速水流在钻杆内产生负压，而使钻杆内泥浆上升。国内的钻孔灌注桩施工由于桩孔深度较浅，多采用泵吸反循环钻进成孔（图3-16）。

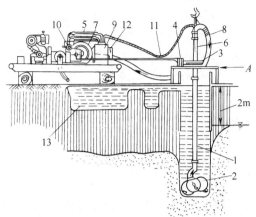

图3-16 泵吸反循环钻进成孔

1—钻杆 2—钻头 3—旋转台盘 4—液压马达 5—液压泵 6—方形传动杆 7—砂石泵 8—吸渣软管 9—真空柜 10—真空泵 11—真空软管 12—冷却水槽 13—泥浆沉淀池

（一）反循环钻成孔施工的优缺点

1. 优点

1）振动小、噪声低。

2）除个别特殊情况外，一般可不必使用稳定液，只用天然泥浆即可保护孔壁。

3）因钻挖钻头不必每次上下排弃钻渣，只要接长钻杆，就可以进行深层钻挖。目前最大成孔直径为4.0m，最大成孔深度为90m。

4）用特殊钻头可钻岩石。

5）反循环钻成孔采用旋转切削方式，钻挖靠钻头平稳的旋转，同时将土砂和水吸升；钻孔内的泥浆压力抵消了孔隙水压力，从而避免涌砂等现象。因此，反循环钻成孔是对付砂土层最适宜的成孔方式，可钻挖地下水位以下厚细砂层（厚度5m以上）。

6）可进行水上施工。

7）钻速较快。例如，对于普通土质、直径1m、深度30~40m左右的桩，每天可完成一根。

2. 缺点

1）很难钻挖比钻头的吸泥口径大（15cm以上）的卵石层。

2）土层中有较高压力的水或地下水流时，施工比较困难（针对这种情况，需加大泥浆压力方可钻削）。

3）如果水压头和泥水密度等管理不当，会引起坍孔。

4）废泥水处理量大，钻挖出来的土砂中水分多，弃土困难。

5）由于土质不同，钻挖时桩径扩大10%~20%左右，混凝土的数量将随之增大。

6）暂时架设的规模大。

（二）反循环钻成孔施工的适用范围

反循环钻成孔适用于填土、淤泥、黏土、粉土、砂土、砂砾等地层；当采用圆锥式钻头时，可进入软岩；当采用滚轮式（又称牙轮式）钻头时，可进入硬岩。

（三）施工工艺

1）设置护筒。

建筑施工技术

2）安装反循环钻。

3）钻挖。

4）第一次处理孔底虚土（沉渣）。

5）移走反循环钻孔机。

6）测定孔深。

7）将钢筋笼放入孔中。

8）插入导管。

9）第二次处理孔底虚土。

10）水下灌注混凝土，拔出导管。

11）拔出护筒。

（四）施工特点

（1）护筒的埋设　反循环施工法是在静水压力下进行钻挖作业的，故护筒的埋设是反循环施工作业中的关键。

护筒的直径一般比桩径大 15% 左右，护筒端部应打入黏土层或粉土层中，一般不应打入填土层、砂层或砂砾层中，以保证筒不漏水。如确实需要将护筒端部打入填土层、砂层或砂砾层中时，应在护筒外侧回填黏土，分层夯实，以防漏水。

（2）反循环施工法在无套管条件下不坍孔的条件　要使反循环施工法在无套管情况下不坍孔，必须具备以下五个条件：

1）确保孔壁任何部分的静水压力在 0.02MPa 以上，护筒内的水位要高出自然地下水位 2m 以上。

2）泥浆造壁。在钻挖过程中，孔内泥浆一面循环，一面对孔壁形成一层泥浆膜。泥浆的作用为：将钻孔内不同土层中的空隙渗填密实，使孔内漏水减少到最低限度；保持孔内有一定水压以稳定孔壁；延缓砂粒等悬浮状土颗粒的沉降，易于处理沉渣。

3）保持一定的泥浆密度。在黏土和粉土层中钻挖时泥浆密度可取 1.02 ~ 1.04t/m³，在砂和砂砾等容易坍孔的土地层中挖掘时，必须使泥浆密度保持在 1.05 ~ 1.08t/m³。

当泥浆密度超过 1.08t/m³ 时，则钻挖困难，效率降低，易使泥浆泵产生堵塞或使混凝土的置换产生困难，要用水适当稀释，以调整泥浆密度。

在不含黏土或粉土的纯砂层中钻挖时，还须在贮水槽和贮水池中加入黏土，并搅拌成适当密度的泥浆，造浆黏土应符合下列技术要求：胶体率不低于 95%，含砂率不大于 4%，造浆率不低于 0.006 ~ 0.008m³/kg。

成孔时，由于地下水稀释等因素使泥浆密度减小，可添加膨润土等来增大密度。膨润土含量（质量分数）与溶液密度的关系见表3-4。

表3-4　膨润土含量（质量分数）与溶液密度的关系

w（%）	6	7	8	9	10	11	12	13	14
密度/（t/m³）	1.035	1.040	1.045	1.050	1.055	1.060	1.065	1.070	1.075

注：膨润土密度按2.3t/m³计。

4）钻挖时保持孔内的泥浆流速比较缓慢。

5）保持适当的钻挖速度。钻挖速度同桩径、钻深、土质、钻头的种类与钻速以及泵的扬程有关。在砂层中钻挖需考虑泥膜形成的所需时间；在黏性土中钻挖则需考虑泥浆泵的能力并要防止泥浆浓度的增加。表3-5为反循环法钻挖速度与钻头转速关系的参考表。

表3-5 反循环法钻挖速度与钻头转速关系的参考表

土 质	钻挖速度/(m/min)	钻头转速/(r/min)
黏土	3～5	9～12
粉土	4～5	9～12
细砂	4～7	6～8
中砂	5～8	4～6
砾砂	6～10	3～5

（3）反循环钻孔机的主体 可在与旋转盘离开30m处进行操作，这使得反循环法的应用范围更为广泛。例如，可在水上施工，也可在净空不足的地方施工。

（4）钻挖的钻头排渣 不需每次上下排弃钻渣，只要在钻头上部逐节接长钻杆（每节长度一般为3m），就可以进行深层钻挖，与其他桩基施工法相比，越深越有利。

（五）施工注意事项

（1）规化布置施工现场 应首先考虑冲洗液循环、排水、清渣系统的安设，以保证反循环作业时，冲洗液循环畅通，污水排放彻底，钻渣清除顺利。

1）循环池的容积应不小于桩孔实际容积的1.2倍，以便冲洗液正常循环。

2）沉淀池的容积一般为6～20m³，桩径小于800mm时，选用6m³；桩径小于1500mm时，选用12m³；桩径大于1500mm时，选用20m³。

3）现场应专设储浆池，其容积不小于桩孔实际容积的1.2倍，以免灌注混凝土时冲洗液外溢。

4）循环槽（或回灌管路）的断面面积应是砂石泵出水管断面面积的3～4倍。若用回灌泵回灌，其泵的排量应大于砂石泵的排量。

（2）冲洗液净化

1）清水钻削时，钻渣在沉淀池内通过重力沉淀后予以清除。沉淀池应交替使用，并及时清除沉渣。

2）泥浆钻削时，宜使用多级振动筛和旋流除砂器或其他除渣装置进行机械除砂清渣。振动筛主要清除粒径较大的钻渣，筛板（网）规格可根据渣粒径的大小分级确定。旋流除砂器的有效容积，要适应砂石泵的排量，除砂器数量可根据清渣要求确定。

3）应及时清除循环池沉渣。

（3）钻头吸水 断面应开敞、规整，减少流阻，以防砖块、砾石等堆集堵塞；钻头体吸口端距钻头底端高度不宜大于250mm；钻头体吸水口直径宜略小于钻杆内径。

在填土层和卵砾层中钻挖时，碎砖、填石或卵砾石的尺寸不得大于钻杆内径的4/5，否则易堵塞钻头水口或管路，影响正常循环。

（4）钻进操作要点

1）起动砂石泵，待反循环正常后，才能开动钻孔机慢速回转下放钻头至孔底。开始钻削时，应先轻压慢转，待钻头正常工作后，逐渐加大转速，调整压力，并使钻头吸口不产生堵水。

2）钻削时应认真仔细观察进尺和砂石泵排水出渣的情况；排量减少或出水中含钻渣量较多时，应控制给进速度，防止因循环液密度太大而中断反循环。

3）钻削参数应根据地层、桩径、砂石泵的合理排量和钻机的经济钻速等加以选择和调整。钻进参数和钻速的选择见表3-6。

表3-6　泵吸反循环钻进推荐参数和钻速表

钻削参数和钻速 地　　层	钻压 /kN	钻头转速 /(r/min)	砂石泵排量 /(m³/h)	钻进速度 /(m/h)
黏土层	10 ~ 25	30 ~ 50	180	4 ~ 6
砂土层	5 ~ 15	20 ~ 40	160 ~ 180	6 ~ 10
砂层、砂砾层、砂卵石层	3 ~ 10	20 ~ 40	160 ~ 180	8 ~ 12
中硬以下基岩、风化基岩	20 ~ 40	10 ~ 30	140 ~ 160	0.5 ~ 1

注：1. 本表摘自江西地矿局"钻孔灌注桩施工规程"。

2. 本表钻进参数以 GPS—15 型钻机为例；砂石泵排量要考虑孔径大小和地层情况灵活选择调整，一般外环间隙冲液流速不宜大于10m/min，钻杆内上返流速应大于2.4m/s。

3. 桩孔直径较大时，钻压宜选用上限，钻头转速宜选用下限，获得下限钻进速度；桩孔直径较小时，钻压宜选用下限，钻头转速宜选用上限，获得上限钻进速度。

4）在砂砾、砂卵、卵砾石地层中钻进时，为防止钻渣过多、卵砾石堵塞管路，可采用间断钻削、间断回转的方法来控制钻进速度。

5）加接钻杆时，应先停止钻进，将钻具提离孔底80 ~ 100mm，维持冲洗液循环1 ~ 2min，以清洗孔底并将管道内的钻渣携出排净，然后停泵加接钻杆。

6）钻杆连接应拧紧上牢，防止螺栓、螺母、拧卸工具等掉入孔内。

7）钻削时如孔内出现坍孔、涌砂等异常情况，应立即将钻具提离孔底，控制泵量，保持冲洗液循环，吸除坍落物和涌砂；同时向孔内输送性能符合要求的泥浆，保持水头压力以抑制继续涌砂和坍孔，恢复钻进后，泵排量不宜过大，以防吸坍孔壁。

8）钻削达到要求孔深停钻时，仍要维持冲洗液正常循环，清洗吸除孔底沉渣直到返出冲洗液的钻渣含量小于4%为止。起钻时应注意操作平稳，防止钻头拖刮孔壁，并向孔内补入适量冲洗液，稳定孔内水头高度。

（5）气举反循环压缩空气的供气方式　可分别选用并列的两个送风管或双层管柱钻杆方式。气水混合室应根据风压大小和孔深的关系确定，一般风压为600kPa，混合室间距宜用24m，钻杆内径和风量配用，一般用120mm钻杆配用风量4.5m³/min。

（6）清孔

1）清孔要求：清孔过程中应观测孔底沉渣厚度和冲洗液含渣量，当冲洗液含渣量小于4%、孔底沉渣厚度符合设计要求时即可停止清孔，并应保持孔内水头高度，防止塌孔。

2）第一次沉渣处理：在终孔时停止钻具回转，将钻头提离孔底50 ~ 80cm，维持冲洗液的循环，并向孔中注入含砂量小于4%（质量分数）的新泥浆或清水，令钻头在原地空转10min 左右，直至达到清孔要求为止。

3）第二次沉渣处理：在灌注混凝土之前进行第二次沉渣处理，通常采用普通导管的空气升液排渣法或空吸泵的反循环方式。

空气升液排渣法是将头部带有1m多长管子的气管插入导管之内，管子的底部插入水下至少 10m，气管至导管底部的最小距离为 2m 左右。压缩空气从气管底部喷出，如使导管底部在桩孔底部不停地移动，就能全部排除沉渣。再急骤地抽取孔内的水，为不降低孔内水位，必须不断地向孔内补充清水。

对深度不足 10m 的桩孔，须用空吸泵清渣。

（六）常遇问题、原因和处理方法

泵吸反循环钻成孔灌注桩的常遇问题、原因和处理方法见表 3-7。

表 3-7　泵吸反循环钻成孔灌注桩的常遇问题、原因和处理方法

常遇问题	主要原因	处理方法
真空泵起动时，系统真空度达不到要求	起动时间不够	适当延长起动时间，但不宜超过 10min
	分水排水器中未加足清水	向分水排水器中加足清水
	管路系统漏气，密封不好	检修管路系统，尤其是砂石泵塞线和水龙头处
	真空泵机械故障	检修或更换
	操作方法不当	按正确操作方法操作
真空泵起动时不吸水；或吸水但起动砂石泵时不上水	真空管路或循环管路被堵	检修管路，注意检查真空管路上的阀是否打开
	钻头水口被堵住	将钻头提离孔底，并冲堵
	吸程过大	降低吸程，吸程不宜超过 6.5m
灌注起动时，灌注阻力大，孔口不返水	管路系统被堵塞物堵死	清除堵塞物
	钻头水口被埋	把钻具提离孔底，用正循环冲堵
砂石泵起动，正常循环后循环突然（或逐渐）中断	管路系统漏气	检修管路，紧固砂石泵塞线压盖或水龙头压盖
	管路突然被堵	冲堵管路
	钻头水口被堵	清除钻头水口堵塞物
	吸水胶管内层脱胶损坏	更换吸水胶管
在黏土层中钻进时，进尺缓慢，甚至不进尺	钻头有缺陷	检修或更换钻头
	钻头有泥包或糊钻	清除泥包，调节冲洗液的密度和黏度，适当增大泵量或向孔内投入适量砂石解除泥包糊钻
	钻进参数不合理	调整钻进参数
在基岩中钻进时，进尺很慢甚至不进尺	岩石较硬，钻压不够	加大钻压（可用加重块）调整钻进参数
	钻头切削刃崩落，钻头有缺陷或损坏	修复或更换钻头
在砂层、砂砾层或卵石层中钻进时，有时循环突然中断或排量突然中断或排量突然减少；钻头在孔内跳动厉害	进尺过快，管路被砂石堵死	控制钻进速度
	冲洗液的密度过大	立即稍提升钻具，调整冲洗液密度至符合要求
	管路被石头堵死	启闭砂石泵出水阀，以造成管路内较大的瞬时压力波动，可清除堵塞物，或用正循环冲堵，清除堵塞物；如无效，则应起钻予以排除
	冲洗液中钻渣含量过大	降低钻速，加大排量，及时清渣
	孔底有较大的活动卵砾石	起钻用专门工具清除大块砾石
钻头脱落	钻管的连接螺栓松动或破损	及时将螺栓拧紧，破损者及时更换
转台不能旋转	液压泵或液压马达发生故障	修理或更换
	工作油不足	及时补充液压油

（续）

常遇问题	主要原因	处理方法
孔壁坍塌	水头压力保持不够	应维持0.02MPa静水压力。孔内水位必须比地下水位高2m以上
	护筒的埋深位置不合适，护筒埋设在砂或粗砂层中，砂土由于水压漏水后容易坍塌；而且由于振动与冲击影响，使护筒的周围与底部地基土松软而造成坍塌	将护筒的底贯入黏土中约0.5m以上
	因把旋转台盘直接安装在护筒上，由于钻进中的振动，使护筒周围与底部地基土松动，钻孔内的水也将漏失，引起孔壁坍塌	把旋转台盘设置在固定台上
	（静水压）水头太大，超过需要时，护筒底部的水压将比该深度外覆盖土重量大，而使钻孔外侧的土发生涌起翻砂以致破坏	孔内静水压力原则上应取地下水头+2.0m
	有粗颗粒砂砾层等强透水层，当钻孔达到该土层时，由于漏水使孔内水急剧下降而引起孔壁坍塌	最好不采用钻孔桩，选用打入式桩。如已选用钻孔桩，则应预先注入化学药液以加固地基或采用稳定液
	有较强的承压水并且水头甚高，特别是比孔内水压还大时，孔底发生翻砂和孔壁坍塌	反循环法施工很难成功，宜选用其他合适的施工方法
	地面上重型施工机械的重量和它作业时的振动与地基土层自重应力影响常导致地面以下10～15m左右处发生孔壁坍塌	事前应充分调查在地面以下10～15m附近的土质是否是松砂等易坍塌的土层。施工时采用稳定液，尽量减少施工作业振动等影响
	泥浆的密度和含量的质量分数不足，使孔壁坍塌	按不同地层土质采用不同的泥浆密度
	成孔速度太快，在孔壁上还来不及形成泥膜，容易使孔壁坍塌	成孔速度视地质情况而异
	排除较大障碍物（例如40cm大小的漂石），形成大空洞而漏水致使孔壁坍塌	采用密度为$1.06～1.08t/m^3$的泥浆，在保持泥浆循环的同时，考虑各种加强保护孔壁不坍塌的措施
	松散地层泵量过大，造成抽吸塌孔	调整泵量，减少抽吸

（续）

常遇问题	主要原因	处理方法
孔壁坍塌	操作不当，产生压力变动	注意操作，升降钻具应平缓
	护筒变形过大或形状不合适，使钻孔内的水漏失，引起孔壁坍塌	护筒形状应符合要求
	放钢筋笼时碰撞了孔壁，破坏了泥膜和孔壁	从钢筋笼绑扎、吊插以及定位垫板设置安装等环节均应予以充分注意
	给水泵、软管类的故障	及时修理或更换

（七）护壁泥浆的性能指标及其测定

常用泥浆的性能指标包括：①密度。②黏度。③含砂率。④胶体率。⑤失水率。⑥泥皮厚度。⑦静切力。⑧稳定性。⑨pH 值。

泥浆密度用泥浆密度计测定。泥浆密度计利用浮力原理，可采用金属浮子。

泥浆黏度用漏斗法测定。漏斗法黏度计利用被测液体盛满特定容器后，在标准管孔内流出所需的时间来标定液体的黏度，单位为 s。

泥浆含砂率用含砂量测定器测定。含砂量测定器（如 NA—1 型泥浆含砂量计）由一只装有 200 目筛网的滤筒和与滤筒直径相应的漏斗及一只有 0～100% 刻度的玻璃测管组成，用清水冲洗筛网上所得的砂子，剔除残留泥浆，得到砂量。

泥浆胶体率用量杯法测定。测定胶体率的量杯法是将 100mL 泥浆倒入有刻度的量筒中，静放 24h 后，扣除量筒顶部从泥浆中析出水的数量即为泥浆的胶体量。

泥浆失水率用失水量仪测定。失水量仪（如 NS-1 型气压泥浆式失水量测定器）的测定原理是一定体积的泥浆在规定空气压力下流出的滤液量即为失水量。

泥浆泥皮厚度用失水量仪测定。原理是一定体积的泥浆在规定空气压力下通过过滤层流出滤液，固体部分在过滤层形成泥皮，泥皮厚度可测。

泥浆的静切力是指泥浆刚开始运动所需要的最低剪切应力，可用静切力计测定。静切力计用已知刚度系数的钢丝所悬挂的圆柱体，在稳定的泥浆杯中偏转的角度来测定。

泥浆稳定性用稳定性测定仪测定。测定原理是将一定量的泥浆倒入特制量筒（稳定性测定仪中），静放 24h 后测定上、下两部分泥浆的密度，用密度之差表示泥浆稳定性的好坏；差值越小，泥浆的稳定性越好。

泥浆 pH 值用 pH 试纸测定。

四、正循环钻成孔灌注桩施工

正循环钻成孔施工法是由钻孔机回转装置带动转杆和钻头回转切削破碎岩土，钻进时用泥浆护壁、排渣；泥浆由泥浆泵输进钻杆内腔后，经钻头的出浆口射出，带动钻渣沿钻杆与孔壁之间的环状空间上升，到孔口溢进沉淀池后返回泥浆池中净化，再供使用。这样，泥浆在泥浆泵、钻杆、钻孔和泥浆池之间反复循环运行（图 3-17）。

（一）正循环钻成孔施工的优缺点

1. 优点

1）钻孔机小，重量轻，狭窄工地也能使用。

2）设备简单，在不少场合，可直接或稍加改进地借用地质岩心钻探设备或水文水井钻探设备。

3）设备故障相对较少，工艺技术成熟、操作简单，易于掌握。

4）噪声低，振动小。

5）工程费用较低。

6）能有效地使用于基础工程。

7）有的正循环钻孔机（如日本利根 THS-70 钻孔机）可打倾角为 10°的斜桩。

2. 缺点

由于桩孔直径大，正循环回转钻进时，其钻杆与孔壁之间的环状断面面积大，泥浆上返速度低，挟带泥砂颗粒直径较小，排除钻渣能力差，岩土重复破碎现象严重。

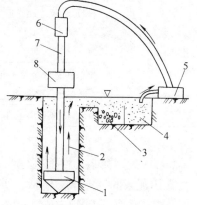

图 3-17 正循环钻成孔
1—钻头 2—泥浆循环方向 3—沉淀池及沉渣 4—泥浆池及泥浆 5—泥浆泵 6—水龙头 7—钻杆 8—钻孔机回转装置

从使用效果看，正循环钻进劣于反循环钻进。反循环钻进时，冲洗液是从钻杆与孔壁间的环状空间中流入孔底，并携带钻渣，经由钻杆内腔返回地面的；由于钻杆内腔断面面积比钻杆与孔壁间的环状断面面积小得多，故冲洗液在钻杆内腔能获得较大的上返速度。而正循环钻削时，泥浆运行方向是从泥浆泵输进钻杆内腔，再带动钻渣沿钻杆与孔壁间的环状空间上升到泥浆池，故冲洗液的上返速度低，一般情况下，反循环冲洗液的上返速度比正循环快 40 倍以上。

（二）正循环成孔施工法的适用范围

正循环钻进成孔适用于填土层、淤泥层、黏土层，也可在卵砾石含量不大于 15%、黏径小于 10mm 的部分砂卵砾石层和软质基岩、较硬基岩中使用。桩孔直径一般不宜大于 1000mm，钻孔深度一般约为 40m，某些情况下，钻孔深度可达 100m。

五、潜水钻成孔灌注桩施工

潜水钻成孔施工法是在桩位采用潜水钻孔机钻进成孔，钻孔作业时，钻孔机主轴连同钻头一起潜入水中，由孔底动力直接带动钻头钻进。从钻进工艺品来说，潜水钻孔机属于旋转钻进类型。其冲洗液排渣方式有正循环排渣和反循环排渣两种（图 3-18、图 3-19）。

（一）潜水钻成孔施工的优缺点

1. 优点

1）潜水钻设备简单，体积小，重量轻，施工转移方便，适合于城市狭小场地施工。

2）整机潜入水中钻时无噪声，又因采用钢丝绳悬吊式钻进，整机钻进时无振动，不扰民，适合于城市住宅区、商业区施工。

3）工作时动力装置潜在孔底，耗用动力小，钻孔时不需要提钻排渣，钻孔效率较高。

4）电动机防水性能好，过载能力强，水中运转时温升较低。

5）钻杆不需要旋转，除了可减小钻杆的断面面积外，还可避免因钻杆折断而发生工程事故。

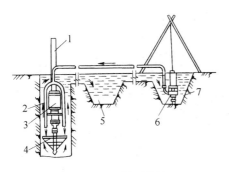

图 3-18　正循环排渣
1—钻杆　2—送水管　3—主机　4—钻头
5—沉淀池　6—潜水泥浆泵　7—泥浆池

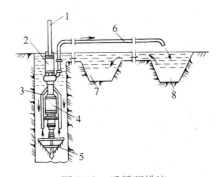

图 3-19　反循环排渣
1—钻杆　2—砂石泵　3—抽渣管　4—主
机　5—钻头　6—排渣胶管　7—泥浆泵
8—沉淀池

6）与全套管钻孔机相比，其自重轻，拔管反力小。因此，钻架对地基容许承载力要求低。

7）该机采用悬吊式钻削，只需钻头中心对准孔中心即可钻削，对底盘的倾斜度无特殊要求，安装调整方便。

8）可采用正、反两种循环方式排渣。

9）如果循环泥浆不间断，孔壁不易坍塌。

2. 缺点

1）因钻孔需泥浆护壁，施工场地泥泞。

2）现场需挖掘沉淀池和处理排放的泥浆。

3）采用反循环排渣时，土中若有大石块，容易卡管。

4）桩径易扩大，使灌注混凝土超方。

（二）潜水钻成孔施工的适用范围

潜水钻成孔适用于填土、淤泥、黏土、砂土等地层，也可在强风化基岩中使用，但不宜用于碎石土层。潜水钻孔机尤其适于在地下水位较高的土层中成孔。这种钻孔机由于不能在地面变速，且动力输出全部采用刚性传动，对非均质的不良地层适应性较差，加之转速较高，不适合在基岩中钻进。

六、人工挖（扩）孔灌注桩

人工挖（扩）孔灌注桩是指在桩位采用人工挖掘的方法成孔（或桩端扩大），然后安放钢筋笼、灌注混凝土而成为基桩。

（一）人工挖（扩）孔施工的优缺点

1. 优点

1）成孔机具简单，作业时无振动、无噪声，当施工场地狭窄，邻近建筑物密集或桩数较少时尤为适用。

2）施工工期短，可按进度要求分组同时作业，若干根桩齐头并进。

3）由于人工挖掘，便于清底，孔底虚土能清除干净，施工质量可靠。

4）由于人工挖掘，便于检查孔壁和孔底，可以核实桩孔地层土质情况。

5）桩径和桩深可随承载力的情况而变化。

6) 桩端可以人工扩大，以获得较大的承载力，满足一柱一桩的要求。

7) 国内因劳动力便宜，故人工挖（扩）孔桩造价低。

8) 灌注桩身各段混凝土时，可下人入孔采用振捣棒捣实，混凝土灌注质量较好。

2. 缺点

1) 桩孔内空间狭小，劳动条件差，施工文明程度低。

2) 人员在孔内上下作业，稍一疏忽，容易发生人身伤亡事故。

3) 混凝土用量大。

（二）人工挖（扩）孔桩的适用范围

人工挖（扩）孔桩宜在地下水位以上施工，适用于人工填土层、黏土层、粉土层、砂土层、碎石土层和风化岩，也可在黄土、膨胀土和冻土中使用，适应性较强。

在覆盖层较深且具有起伏较大的基岩面的山区和丘陵地区建设中，采用不同深度的挖孔桩，将上部荷载通过桩身传给基岩，技术可靠，受力合理。

因地层或地下水的原因，以下情况挖掘困难或挖掘不能进行：①地下水的涌水量多且难以抽水的地层。②有松砂层，尤其是在地下水位下有松砂层。③孔中氧气缺乏或有毒气产生的地层。

根据以上情况，当高层建筑采用大直径钢筋混凝土灌注桩时，人工挖孔往往比机械成孔具有更大的适用性。

人工挖（扩）孔桩的桩身直径一般为 800 ~ 2000mm，最大直径可达 3500mm。桩端可采取不扩底和扩底两种方法。视桩端土层情况，扩底直径一般为桩身直径的 1.3 ~ 2.5 倍，最大扩底直径可达 4500mm。

扩底变径尺寸一般按 $(D-d)/2 : h = 1 : 4$ 的要求进行控制，其中 D 和 d 分别为扩底部和桩身的直径，h 为扩底部的变径部高度。扩底部可分为平底和弧底两种，后者的矢高 $h_1 \geqslant (D-d)/4$。

挖孔桩的孔深一般不宜超过 25m。当桩长 $L \leqslant 8m$ 时，桩身直径（不含护壁，下同）不宜小于 0.8m；当 $8m < L \leqslant 15m$ 时，桩身直径不宜小于 1.0m；当 $15m < L \leqslant 20m$ 时，桩身直径不宜小于 1.2m；当桩长 $L \geqslant 20m$ 时，桩身直径应适当加大。

（三）人工挖（扩）孔灌注桩施工用的机具设备

人工挖（扩）孔灌注桩施工用的机具设备比较简单，主要有：

1) 电动葫芦（或手摇辘轳）和提土桶，用于材料和弃土的垂直运输以及供施工人员上下。

2) 护壁钢模板（国内常用）或波纹模板（日本人工挖孔桩时用）。

3) 潜水泵，用于抽出桩孔中的积水。

4) 鼓风机和送风管，用于向桩孔中强制送入新鲜空气。

5) 镐、锹、土筐等挖土工具，若遇到硬土或岩石还需准备风镐。

6) 插捣工具，以插捣护壁混凝土。

7) 应急软爬梯。

（四）施工工艺

为确保人工挖（扩）孔桩施工过程中的安全，必须考虑防止土体坍滑的支护措施。支护的方法很多，例如可采用现浇混凝土护壁、喷射混凝土护壁和波纹钢模板工具式护壁等。

采用现浇混凝土分段护壁的人工挖孔桩的施工工艺流程如下：

（1）放线定位 按设计图放线、定桩位。

（2）开挖土方 采用分段开挖，每段高决定于土壁保持直立状态的能力，一般以0.8～1.0m为一施工段。

挖土由人工从上到下逐段用镐、锹进行，遇坚硬土层用锤、钎破碎。同一段内挖土次序为先中间后周边。扩底部分采取先挖桩身圆柱体，再按扩底尺寸从上到下削土修成扩底形。

弃土装入活底吊桶或箩筐内。垂直运输则在孔口安支架、工字轨道、电葫芦或架三木搭，用10～20kN慢速卷扬机提升。桩孔较浅时，亦可用木吊架或木辘轳借助麻绳提升。

在地下水位以下施工应及时用吊桶将泥水吊出。如遇大量渗水，则在孔底一侧挖集水坑，用高扬程潜水泵排出桩孔外。

（3）测量控制 桩位轴线采取在地面设十字控制网、基准点。安装提升设备时，使吊桶的钢丝绳中心与桩孔中心线一致，以作挖土时粗略控制中心线用。

（4）支设护壁模板 模板高度取决于开挖土方施工段的高度，一般为1m，由4块或8块活动钢模板组合而成。

护壁支模中心线控制，系将桩控制轴线、高度引到第一节混凝土护壁上，每节以十字线对中，吊大线锤控制中心点位置，用尺杆找圆周，然后由基准点测量孔深。

（5）设置操作平台 在模板顶放置操作平台，平台可用角钢和钢板制成半圆形，两个合起来即为一个整圆，用来临时放置混凝土拌合料和灌注护壁混凝土用。

（6）灌注护壁混凝土 护壁混凝土要注意捣实，因为它起着护壁与防水双重作用，上下护壁间搭接50～75mm。

护壁通常为素混凝土，但当桩径、桩长较大，或土质较差、有渗水时，应在护壁中配筋，上下护壁的主筋应搭接。

分段现浇混凝土护壁厚度，一般由地下最深段护壁所承受的土压力及地下水的侧压力确定，地面上施工堆载产生侧压力的影响可不计，护壁厚度可按下式计算：

$$t \geqslant kF/f_{ck} \tag{3-2}$$

式中 t——护壁厚度（cm）；

$\quad\;\; F$——作用在护壁截面上每厘米高的压力（N/cm），$F = pd/2$；

$\quad\;\; p$——土及地下水对护壁的最大压力（N/cm^2）；

$\quad\;\; d$——挖孔桩桩身直径（cm）；

$\quad\;\; f_{ck}$——混凝土的轴心抗压设计强度（N/cm^2）；

$\quad\;\; k$——安全系数，$k = 1.65$。

护壁混凝土强度采用C25或C30，厚度一般取10～15cm；加配的钢筋可采用直径为6～9mm的光圆钢筋。

第一节混凝土护壁宜高出地面20cm，便于挡水和定位。

（7）拆除模板继续下一段的施工 当护壁混凝土达到一定强度（按承受土的侧向压力计算）后，便可拆除模板，一般在常温情况下约24h可以拆除模板，再开挖下一段土方，然后继续支模灌注护壁混凝土，如此循环，直到挖到设计要求的深度。

（8）钢筋笼沉放 钢筋笼就位，对质量在1000kg以内的小型钢筋笼，可用带有小卷扬机和活动三木搭的小型起重运输机具，或汽车起重机吊放入孔内就位。对直径、长度、重量大的钢筋笼，可用履带式起重机或大型汽车起重机进行吊放。

（9）排除孔底积水，灌注桩身混凝土　在灌注混凝土前，应先放置钢筋笼，并再次测量孔内虚土厚度，超过要求应进行清理。混凝土坍落度为 8～10cm。

混凝土灌注可用起重机吊混凝土吊斗，或用翻斗车，或用手推车运输向桩孔内灌注。混凝土下料用串桶，深桩孔用混凝土导管。混凝土要垂直灌入桩孔内，避免混凝土倾向冲击孔壁，造成塌孔（对无混凝土护壁桩孔的情况）。

混凝土应连续分层灌注，每层灌注高度不超过 1.5m。对于直径较小的挖孔桩，距地面6m 以下利用混凝土的大坍落度（掺粉煤灰或减水剂）和下冲力使之密实；6m 以内的混凝土应分层振捣密实。对于直径较大的挖孔桩应分层捣实，第一次灌注到扩底部位的顶面，随即振捣密实；再分层灌注桩身，分层捣实，直到桩顶。当混凝土灌注量大时，可用混凝土泵车和布料杆。在初凝前抹压平整，以避免出现塑性收缩裂缝和环向干缩裂缝。表面浮浆层应凿除，使之与上部承台或底板连接良好。

（五）施工注意事项

1）开挖前，应从桩中心位置向桩四周引出四个桩心控制点，用牢固的木桩标定。当一节桩孔挖好安装护壁模板时，必须用桩心点来校正模板位置，并应设专人严格校核中心位置及护壁厚度。

2）修筑第一节孔圈护壁（俗称开孔）应符合下列规定：①孔圈中心线应和桩的轴线重合，其与轴线的偏差不得大于 20mm。②第一节孔圈护壁应比下面的护壁厚 100～150mm，并应高出现场地表面 200mm 左右。

3）修筑孔圈护壁应遵守下列规定：①护壁厚度、拉结钢筋或配筋、混凝土强度等级应符合设计要求。②桩孔开挖后应尽快灌注护壁混凝土，且必须当天一次性灌注完毕。③上下护壁间的搭接长度不得少于 50mm。④灌注护壁混凝土时，可用敲击模板或用竹杆、木棒等反复插捣。⑤不得在桩孔水淹没模板的情况下灌注护壁混凝土。⑥护壁混凝土拌合料中宜掺入早强剂。⑦护壁模板的拆除，应根据气温等情况而定，一般可在 24h 后进行。⑧发现护壁有蜂窝、漏水现象应及时加以堵塞或导流，防止孔外水通过护壁流入桩孔内。⑨同一水平面上的孔圈两正交直径的极差不宜大于 50mm。

4）多桩孔同时成孔，应采取间隔挖孔的方法，以避免相互影响和防止土体滑移。

5）对桩的垂直度和直径，应每段检查，发现偏差，随时纠正，保证位置正确。

6）遇到流动性淤泥或流砂时，可按下列方法进行处理：①减少每节护壁的高度（可取0.3～0.5m），或采用钢护筒、预制混凝土沉井等作为护壁。待穿过松软层或流砂层后，再按一般方法边挖掘边灌注混凝土护壁，继续开挖桩孔。②当采用方法"①"后仍无法施工时，应迅速用砂回填桩孔到能控制坍孔为止，并会同有关单位共同处理。③开挖流砂严重的桩孔时，应先将附近无流砂的桩孔挖深，使其起集水井作用。集水井应选在地下水流的上方。

7）遇塌孔时，一般可在塌方处用砖砌成外模，配适当钢筋（Φ6～Φ9，间距 150mm），再支钢内模、灌注混凝土护壁。

8）当挖孔至桩端持力层岩（土）面时，应及时通知建设、设计单位和质检（监）部门，对孔底岩（土）性进行鉴定。经鉴定符合设计要求后，才能按设计要求进行入岩挖掘或进行扩底端施工。不能简单地按设计图样提供的桩长参考数据来终止挖掘。

9）扩底时，为防止扩底部塌方，可采取间隔挖土扩底措施，留一部分土方作为支撑，待灌注混凝土前挖除。

10）终孔时，应清除护壁污泥、孔底残渣、浮土、杂物和积水，并通知建设单位、设计单位及质检（监）部门对孔底形状、尺寸、土质、岩性、入岩深度等进行检验。检验合格后，应迅速封底、安装钢筋笼、灌注混凝土。孔底岩样应妥善保存备查。

七、套管成孔灌注桩

1. 沉管

套管成孔灌注桩又称为打拔管灌注桩，是利用一根与桩的设计尺寸相适应的钢管，其下端带有桩尖，采用锤击或振动的方法将其沉入土中，然后将钢筋笼放入钢管内，再灌注混凝土，并随灌随将钢管拔出，利用拔管时的振动将混凝土捣实。

锤击沉管时采用落锤或蒸汽锤将钢管打入土中（图3-20）。振动沉管是将钢管上端与振动沉桩机刚性连接，利用振动力将钢管打入土中（图3-21）。

钢管下端有两种构造，一种是开口，在沉管时套以钢筋混凝土预制桩尖，拔管时，桩尖留在桩底土中；另一种是管端带有活瓣桩尖，其构造如图3-22所示。沉管时，桩尖活瓣合拢，灌注混凝土及拔管时活瓣打开。

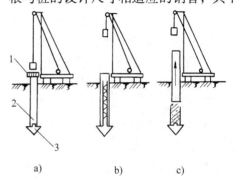

图 3-20 锤击套管成孔灌注桩

a）钢管打入土中 b）放入钢筋骨架
c）随浇混凝土拔出钢管
1—桩帽 2—钢管 3—桩靴

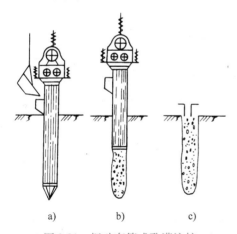

图 3-21 振动套管成孔灌注桩

a）沉管后浇注混凝土 b）拔管 c）桩浇完后插入钢筋

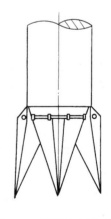

图 3-22 活瓣桩尖示意图

2. 拔管

拔管的方法根据承载力的要求不同，可分别采用单打法、复打法和翻插法。

（1）单打法 即一次拔管法。拔管时每提升0.5~1.0m，振动5~10s后，再拔管0.5~1.0m，如此反复进行，直到全部拔出为止。

（2）复打法 在同一桩孔内进行两次单打，或根据要求进行局部复打。

（3）翻插法　将钢管每提升 0.5m，再下沉 0.3m（或提升 1m，下沉 0.5m），如此反复进行，直至拔离地面。此种方法，在淤泥层中可消除缩颈现象，但在坚硬土层中易损坏桩尖，不宜采用。

3. 常见质量问题

套管成孔灌注桩施工中常会出现一些质量问题，要及时分析原因，采取措施处理。

（1）灌注桩混凝土中部有空隔层或泥水层、桩身不连续　主要是由于钢管的管径较小，混凝土集料粒径过大，和易性差，拔管速度过快造成。预防措施是严格控制混凝土的坍落度不小于 5～7cm，集料粒径不超过 3cm，拔管速度不大于 2m/min，拔管时应密振慢拔。

（2）缩颈　指桩身某处桩径缩减，小于设计断面。其产生的原因是在含水率很高的软土层中沉管时，土受挤压产生很高的孔隙水压，拔管后挤向新灌的混凝土，造成缩颈。因此施工时应严格控制拔管速度，并使桩管内保持不少于 2m 高的混凝土，以保证有足够的扩散压力，使混凝土出管压力扩散正常。

（3）断桩　主要是桩中心距过近，打邻近桩时受挤压；或因混凝土终凝不久就受振动和外力作用所造成。故施工时为消除临近沉桩的相互影响，避免引起土体竖向或横向位移，最好控制桩的中心距不小于 4 倍桩的直径。如不能满足时，则应采用跳打法或相隔一定技术间歇时间后再打邻近的桩。

（4）吊脚桩　指桩底部混凝土隔空或混进泥砂而形成松软层。其形成的原因是预制桩尖质量差，沉管时被破坏，泥砂、水挤入桩管。

第三节　浅基础施工

一、钎探与验槽

当全部的基槽（坑）土方挖好后，应进行全面而详细的检验，观察土质是否与地质资料相符，主要检验基坑底下有无空洞、墓穴、枯井及其他对建筑物不利的情况存在，特别是技术勘测报告中注明要进行钎探者，必须进行钎探。其检验的方法一般是用钎探、自由落锤式钎探和洛阳铲等进行。

1. 钎探

钎探是用锤将钢钎打入土中一定深度，从锤击数量和入土难易程度判断土的软硬程度，如钢钎急剧下沉，说明该处有空洞或墓穴。

钢钎用 φ22～25mm 的钢筋制成，钎尖呈 60°尖锥状。钢钎长 1.8～2.0m，每隔 30cm 有一刻度，如图 3-23 所示。钎孔的间距、布置方式和深度，要根据基坑的大小、形状、土质等因素确定。钢钎用人工打入时，可用 8 磅或 10

图 3-23　钢钎

磅的大锤，锤离钎顶 50～70cm，将钢钎垂直打入土中。采用三角架上悬挂吊锤打入时，每次将锤提至钎顶 60cm 左右，让锤自由下落，将钢钎打入土中。

施工时要做好记录，将钢钎每打入土中 30cm 的锤击数记下来，每打完一个孔，填入钎探记录表内，表格包括探孔号、打入长度、若干 30cm 的锤击数、总锤击数、打钎人等内容。

2. 洛阳铲探孔

洛阳铲的形状如图 3-24 所示,它由铲头、铁杆和探杆三部分组成。铲头的刃端呈月牙形,长约 20cm,因土质不同可将铲头做成不同形状。铲头上部焊有 0.8m 长的铁杆,铁杆上端为管口,用以插入探杆。探杆长 2m 左右,用韧性的白蜡杆制作,当探孔毡过全长时,可在白蜡杆上端系上绳子。

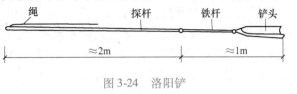

图 3-24 洛阳铲

探孔的布置见表 3-8。探孔距离 L 在 1.5 ~ 2.0m 之间。面积较大的基坑内采用梅花形布置时,最外两排为深探,中间的探孔均为浅探。根据土质及建筑物重要性决定钎探深度,一般为 3 ~ 7m,浅探只要探到天然土层以下 0.5m 处即可。探查时要做好记录,将探出的空洞、墓穴,枯井的大小、深度记录下来,以便进行处理。

表 3-8 探孔的布置

基槽宽/cm	排列方式及图示	间距 L/m	探孔深度/m
小于 200	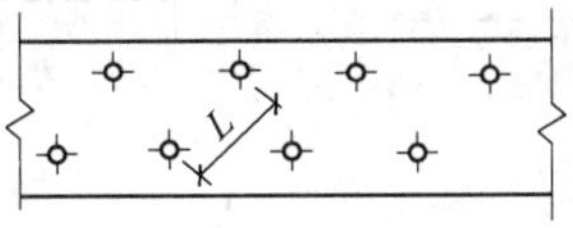	1.5 ~ 2.0	3.0
大于 200	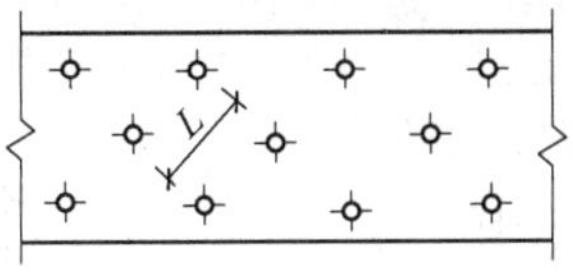	1.5 ~ 2.0	3.0
柱基	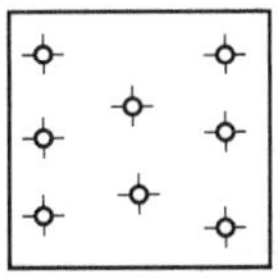	1.5 ~ 2.0	3.0(荷重较大时为 4.0 ~ 5.0)
加孔	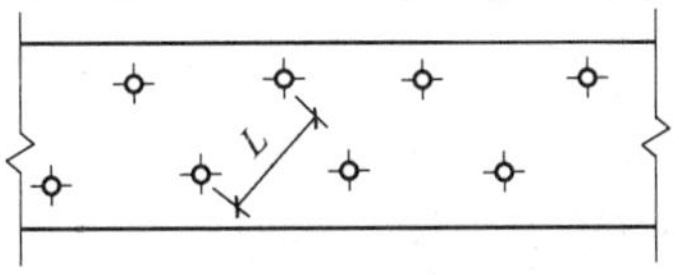	<2.0(如基础过宽时中间再加孔)	3.0

3. 夯探

夯探较之以上两种方法更为方便,不用复杂的设备,而是用铁碾和蛙式打夯机对基槽进行夯击,凭夯击时的声响来判断下卧后的强弱或是否有土洞或暗墓。

4. 钎探记录和结果分析

1) 先绘制基础平面图,并在图上注明钎探点的位置及编号。

2) 在钎探时按平面图标定的钎探点顺序进行,并按要求项目填写记录和结果分析。

5. 验槽

钎探后应组织有关人员进行验槽,其进行方式各地有所不同,检查内容为:墓槽(坑)标高及平面尺寸,打钎记录,软(或硬)下卧层,坟、井、坑等情况,以及提出的处理方案。如槽底有局部土质过硬或过软以及废井,要进行处理。

二、逆作法施工

浅基础（图 3-25 ~ 图 3-31）施工方法一般为开敞式施工，即大开口放坡开挖，或用支护结构围护后垂直开挖基坑土方，挖至设计高程后，验槽、放轴线、检验基坑（槽）尺寸和土质是否符合设计规定。通过后做基础垫层，然后由下而上进行基础主体的施工。灰土基础施工、三合土基础施工，详见本书"地基处理"有关部分内容。砖、石基础施工详见本书"砌体工程"有关部分内容。混凝土与钢筋混凝土基础的施工详见本书第五章的有关部分内容。

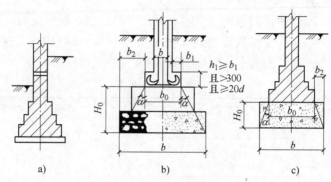

图 3-25　刚性基础构造示意图

a）砖基础　b）毛石或混凝土基础　c）灰土或三合土基础

d—柱中纵向钢筋直径

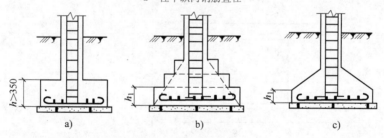

图 3-26　柱下钢筋混凝土独立基础

a）、b）阶梯形　c）锥形

实际上，当基础工程施工受到场地、工期、技术等环境条件的限制，不能或不方便采用开敞式施工时，也可以采用逆作法施工。

所谓逆作法施工是先沿建筑物地下室轴线或周围施工地下连续墙或其他支护结构，同时在建筑物内部的有关位置（柱子或隔墙相交处等，根据需要计算确定）浇筑或打下中间支承柱，作为施工期间于底板封底之前承受上部结构自重和施工荷载的支撑。然后施工地面一层的梁板楼面结构，作为地下连续墙刚度很大的支撑，随后逐层向下开挖土方和浇筑各层地下结构，直至底板封底。与此同时，由于地面一

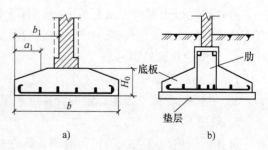

图 3-27　柱下钢筋混凝土条形基础

a）无肋　b）有肋

层的楼面结构已完成，为上部结构施工创造了条件，所以可以同时向上逐层进行地上结构的施工。如此地面上、下同时进行施工，直至工程结束（图 3-32）。

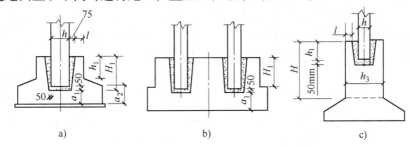

图 3-28　杯形基础形式、构造示意图
a）一般杯口基础　b）双杯口基础　c）高杯口基础

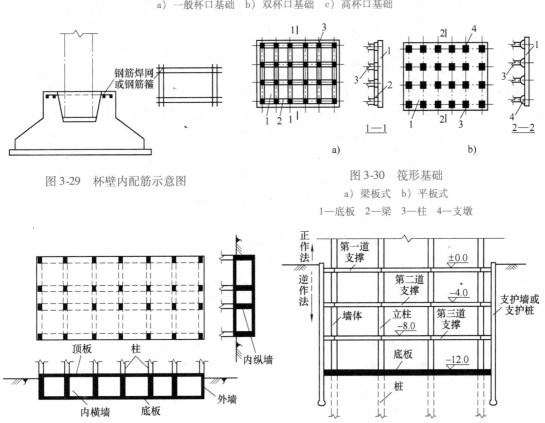

图 3-29　杯壁内配筋示意图

图 3-30　筏形基础
a）梁板式　b）平板式
1—底板　2—梁　3—柱　4—支墩

图 3-31　箱形基础

图 3-32　逆作法的工艺原理

与传统施工方法比较，用逆作法施工多层地下结构有下述优点：

（1）缩短工期　用逆作法施工，一般情况下只有 -1 层占绝对工期，其他各层地下室可与地上结构同时施工，不占绝对工期，因此可以缩短工程的总工期。

（2）基坑变形小，相邻建筑物沉降少　采用逆作法施工，是利用逐层浇筑的地下室结构作为周围支护结构地下连续墙的内部支撑。由于地下室结构与临时支撑相比刚度大得多，所以地下连续墙在侧压力作用下的变形就小得多。

（3）使底板设计趋向合理　钢筋混凝土底板要满足抗浮要求。用逆作法施工，在施工时底板的支点增多，跨度减小，较易满足抗浮要求，甚至可减少底板配筋，使底板的结构设计趋向合理。

（4）可节省支护结构的支撑　深度较大的多层地下结构，用逆作法施工，土坎开挖后可利用地下结构本身来支撑支护结构，可省去支护结构的临时支撑。

逆作法是施工高层建筑多层地下室和其他多层地下结构的有效方法。国外（如美、日、德、法等国家）在多层地下结构施工中已广泛应用，收到较好的效果。如美国75层、高203m的芝加哥水塔广场大厦的4层地下室，就是用18m深的地下连续墙和144根大直径钻孔灌注桩做中间支承柱，以逆作法进行施工的。我国上海高116m的电信大楼的3层地下室等，也成功地应用了逆作法进行施工。

第四节　基础施工质量要求要点及安全注意事项

一、桩基础施工质量验收一般规定

1）桩位的放样允许偏差为：群桩20mm；单排桩10mm。

2）桩基工程的桩位验收，除设计有规定外，还应按下述要求进行：①当桩顶设计标高与施工场地标高相同时，或桩基施工结束后，有可能对桩位进行检查时，桩基工程验收应在施工结束后进行。②当桩顶设计标高低于施工场地标高，送桩后无法对桩位进行检查时，对打入桩可在每根桩顶沉至场地标高时，进行中间验收，待全部桩施工结束，承台或底板开挖到设计标高后，再做最终验收。灌注桩可对护筒位置做中间验收。

3）打（压）入桩（预制混凝土方桩、先张法预应力管桩、钢桩）的桩位偏差必须符合表3-9的规定。斜桩倾斜度的偏差不得大于倾斜角正切值的15%（倾斜角系桩的纵向中心线与铅垂线间的夹角）。

表3-9　预制桩（钢桩）桩位的允许偏差　　　　　　　（单位：mm）

序　号	项　目	允许偏差
1	盖有基础梁的桩： 1）垂直基础梁的中心线 2）沿基础梁的中心线	$100 + 0.01H$ $150 + 0.01H$
2	桩数为1~3根桩基中的桩	100
3	桩数为4~16根桩基中的桩	1/2桩径或边长
4	桩数大于16根桩基中的桩 1）最外边的桩 2）中间桩	1/3桩径或边长 1/2桩径或边长

注：H为施工现场地面标高与桩顶设计标高的距离。

4）灌注桩的桩位偏差必须符合表3-10的规定，桩顶标高至少要比设计标高高出0.5m，桩底清孔质量按不同的成桩工艺有不同的要求，应按规范要求执行。每浇筑50m³必须有1组试件，小于50m³的桩，每根桩必须有1组试件。

5）工程桩应进行承载力检验。对于地基基础设计等级为甲级或地质条件复杂，成桩质量可靠性低的灌注桩，应采用静载荷试验的方法进行检验，检验桩数不应少于总数的1%，且不应少于 3 根，当总桩数少于 50 根时，不应少于 2 根。

表 3-10 灌注桩的平面位置和垂直度的允许偏差

序号	成孔方法		桩径允许偏差/mm	垂直度允许偏差（%）	桩位允许偏差/mm	
					1～3 根、单排桩基垂直于中心线方向和群桩基础的边桩	条形桩基沿中心线方向和群桩基础的中间桩
1	泥浆护壁钻孔桩	$D \leq 1000mm$	±50	<1	$D/6$，且不大于 100	$D/4$，且不大于 150
		$D > 1000mm$	±50		$100 + 0.01H$	$150 + 0.01H$
2	套管成孔灌注桩	$D \leq 500mm$	-20	<1	70	150
		$D > 500mm$			100	150
3	干成孔灌注桩		-20	<1	70	150
4	人工挖孔桩	混凝土护壁	+50	<0.5	50	150
		钢套管护壁	+50	<1	100	200

注：1. 桩径允许偏差的负值是指个别断面。

2. 采用复打、反插法施工的桩，其桩径允许偏差不受上表限制。

3. H 为施工现场地面标高与桩顶设计标高的距离，D 为设计桩径。

6）桩身质量应进行检验。对设计等级为甲级或地质条件复杂，成桩质量可靠性低的灌注桩，抽检数量不应少于总数的 30%，且不应少于 20 根；其他桩基工程的抽检数量不应少于总数的 20%，且不应少于 10 根；对混凝土预制桩及地下水位以上且终孔后经过核验的灌注桩，检验数量不应少于总桩数的 10%，且不得少于 10 根。每个柱子承台下不得少于 1 根。

7）对砂、石子、钢材、水泥等原材料的质量、检验项目、批量和检验方法，应符合国家现行标准的规定。

二、静力压桩

1）静力压桩包括锚杆静压桩及其他各种非冲击力沉桩。

2）施工前应对成品桩（锚杆静压成品桩一般均由工厂制造，运至现场堆放）做外观及强度检验，接桩用的焊条或半成品硫磺胶泥应有产品合格证书，或送有关部门检验，压桩用的压力计、锚杆规格及质量也应进行检查。硫磺胶泥半成品应每 100kg 做一组试件（3 件）。

3）压桩过程中应检查压力、桩垂直度、接桩间歇时间、桩的连接质量及压入深度。重要工程应对电焊接桩的接头做 10% 的探伤检查。对承受反力的结构应加强观测。

4）施工结束后，应做桩的承载力及桩体质量检验。

5）静力压桩质量检验标准应符合表 3-11 的规定。

表 3-11 静力压桩质量检验标准

项目	序号	检查项目	允许偏差或允许值		检查方法
			单位	数值	
主控项目	1	桩体质量检验	按基桩检测技术规范		按基桩检测技术规范
	2	桩位偏差	见表 3-9		用钢直尺量
	3	承载力	按基桩检测技术规范		按基桩检测技术规范

（续）

项目	序号	检查项目	允许偏差或允许值		检查方法
			单位	数值	
一般项目	1	成品桩质量：外观	表面平整，颜色均匀，掉角深度＜10mm，蜂窝面积小于总面积的0.5%		直观
		外形尺寸	见表3-12		见表3-12
		强度	符合设计要求		查产品合格证书或抽样送检
	2	硫磺胶泥质量（半成品）	符合设计要求		查产品合格证书或抽样送检
	3	接桩	电焊接桩：焊缝质量	见《建筑地基基础工程施工质量验收规范》（GB 50202—2002）表5.5.4-2	
			电焊结束后停歇时间	min	＞1.0	秒表测定
			硫磺胶泥接桩：胶泥浇筑时间	min	＜2	秒表测定
			浇筑后停歇时间	min	＞7	秒表测定
	4	电焊条质量	符合设计要求		查产品合格证书
	5	压桩压力（设计有要求时）	%	±5	查压力表读数
	6	接桩时上下节平面偏差	mm	＜10	用钢直尺量
		接桩时节点弯曲矢高	mm	＜l/1000	用钢直尺量，l为两节桩长
	7	桩顶标高	mm	±50	水准仪

三、混凝土预制桩

1）桩在现场预制时，应对原材料、钢筋骨架（表3-12）、混凝土强度进行检查；采用工厂生产的成品桩时，桩进场后应进行外观及尺寸检查。

表3-12 预制桩钢筋骨架质量检验标准 （单位：mm）

项目	序号	检查项目	允许偏差或允许值	检查方法
主控项目	1	主筋距桩顶距离	±5	用钢直尺量
	2	多节桩锚固钢筋位置	5	用钢直尺量
	3	多节桩预埋件	±3	用钢直尺量
	4	主筋保护层厚度	±5	用钢直尺量
一般项目	1	主筋间距	±5	用钢直尺量
	2	桩尖中心线	10	用钢直尺量
	3	箍筋间距	±20	用钢直尺量
	4	桩顶钢筋网片	±10	用钢直尺量
	5	多节桩锚固钢筋长度	±10	用钢直尺量

2）施工中应对桩体垂直度、沉桩情况、桩顶完整状况、接桩质量等进行检查，对电焊接桩，重要工程应做10%的焊接缝探伤检查。

3）施工结束后，应对承载力及桩体质量做检验。

4）对长桩或总锤击数超过 500 击的锤击桩，应符合桩体强度及 28d 龄期的两项条件才能锤击。

5）钢筋混凝土预制桩的质量检验标准应符合表 3-13 的规定。

表 3-13 钢筋混凝土预制桩的质量检验标准

项目	序号	检查项目	允许偏差或允许值		检查方法
			单位	数值	
主控项目	1	桩体质量检验	按基桩检测技术规范		按基桩检测技术规范
	2	桩位偏差	见表 3-9		用钢直尺量
	3	承载力	按基桩检测技术规范		按基桩检测技术规范
一般项目	1	砂、石、水泥、钢材等原材料（现场预制时）	符合设计要求		查出厂质保文件或抽样送检
	2	混凝土配合比及强度（现场预制时）	符合设计要求		检查称量及查试块记录
	3	成品桩外形	表面平整，颜色均匀，掉角深度 < 10mm，蜂窝面积小于总面积的 0.5%		直观
	4	成品桩裂缝（收缩裂缝或起吊、装运、堆放引起的裂缝）	深度 < 20mm，宽度 < 0.25mm，横向裂缝不超过边长的一半		裂缝测定仪，该项在地下水有侵蚀地区及锤击数超过 500 击的长桩不适用
	5	成品尺寸：横截面边长	mm	±5	用钢直尺量
		桩顶对角线差	mm	< 10	用钢直尺量
		桩尖中心线	mm	< 10	用钢直尺量
		桩身弯曲矢高		< l/1000	用钢直尺量，l 为桩长
		桩顶平整度	mm	< 2	用水平尺量
	6	电焊接桩：焊缝质量	见《建筑地基基础工程施工质量验收规范》（GB 50202—2002）表 5.5.4-2		
		电焊结束后停歇时间	min	> 1.0	秒表测定
		上下节平面偏差	mm	< 10	用钢直尺量
		节点弯曲矢高		< l/1000	用钢直尺量，l 为两节桩长
	7	硫磺胶泥接桩：胶泥浇筑时间	min	< 2	秒表测定
		浇筑后停歇时间	min	> 7	秒表测定
	8	桩顶标高	mm	±50	水准仪
	9	停锤标准	符合设计要求		现场实测或查沉桩记录

四、混凝土灌注桩

1）施工前应对水泥、砂、石子（如现场搅拌）、钢材等原材料进行检查，对施工组织设计中制定的施工顺序、监测手段（包括仪器、方法）也应进行检查。

2）施工中应对成孔、清渣、放置钢筋笼、灌注混凝土等进行全过程检查，人工挖孔桩尚应复验孔底持力层土（岩）性。嵌岩桩必须有桩端持力层的岩性报告。

3）施工结束后，应检查混凝土强度，并应做桩体质量及承载力的检验。

4）混凝土灌注桩的质量检验标准应符合表 3-14、表 3-15 的规定。

5）人工挖孔桩、嵌岩桩的质量检验应按本节执行。

表 3-14 混凝土灌注桩钢筋笼质量检验标准 （单位：mm）

项目	序号	检查项目	允许偏差或允许值	检查方法
主控项目	1	主筋间距	±10	用钢直尺量
	2	长度	±100	用钢直尺量
一般项目	1	钢筋材质检验	符合设计要求	抽样送检
	2	箍筋间距	±20	用钢直尺量
	3	直径	±10	用钢直尺量

表 3-15 混凝土灌注桩质量标准

项目	序号	检查项目	允许偏差或允许值		检查方法
			单位	数值	
主控项目	1	桩位	见表 3-10		基坑开挖前量护筒，开挖后量桩中心
	2	孔深	mm	+300	只深不浅，用重锤测，或测钻杆、套管长度，嵌岩桩应确保进入设计要求的嵌岩深度
	3	桩体质量检验	按基桩检测技术规范。如钻芯取样，大直径嵌岩桩应钻至桩尖下 50cm		按基桩检测技术规范
	4	混凝土强度	符合设计要求		试件报告或钻芯取样送检
	5	承载力	按基桩检测技术规范		按基桩检测技术规范
一般项目	1	垂直度	见表 3-10		测套管或钻杆，或用超声波探测，干施工时吊垂球
	2	桩径	见表 3-10		井径仪或超声波检测，干施工时用钢尺量，人工挖孔桩不包括内衬厚度
	3	泥浆相对密度（黏土或砂性土中）	1.15 ~ 1.20		用比重计测，清孔后在距孔底 50cm 处取样
	4	泥浆面标高（高于地下水位）	m	0.5 ~ 1.0	目测
	5	沉渣厚度：端承桩 摩擦桩	mm mm	≤50 ≤150	用沉渣仪或重锤测量
	6	混凝土坍落度：水下灌注 干施工	mm mm	160 ~ 220 70 ~ 100	坍落度仪
	7	钢筋笼安装深度	mm	±100	用钢直尺量
	8	混凝土充盈系数	>1		检查每根桩的实际灌注量
	9	桩顶标高	mm	+30 -50	水准仪，需扣除桩顶浮浆层及劣质桩体

五、桩基础施工安全注意事项

1）起吊和搬运吊索应系于设计吊点，起吊时应平稳，以免撞击和振动。

2）堆放时，应堆置在平整坚实的地面上，支点设于吊点处，各层垫木应在同一垂直线上，堆放高度不超过四层。

3）清除妨碍施工的高空和地下障碍物。整平打桩范围的场地，压实打桩机行走的道路。

4）对临近建筑物或构筑物，以及地下管线等要认真查清情况，并研究适当的隔振、减振措施，以免振坏原有设施而发生伤亡事故。

5）打桩过程中遇有地面隆起或下陷的情况，应随时垫平地面或调直打桩机。

6）桩机操作员应思想集中，服从指挥，经常检查打桩机运转情况，发现异常应立即停止打桩，纠正后方可继续进行。

7）打桩时，严禁用手拨正桩头垫料，严禁桩锤未打到桩顶即起锤或制动，以免损坏设备。

8）送桩入土后应及时添灌桩孔。钢管桩打完后应及时加盖临时桩帽。

9）冲抓锥或冲孔锤作业时，严禁任何人进入落锤区，以防砸伤。

10）对爆扩桩，在雷、雨时不要包扎药包，已包扎好的药包要打开。检查雷管和已包好的药包时应做好安全防护。爆扩桩引爆时要划定安全区（一般不小于20m），并派专人警戒。

11）从事挖孔桩作业的工人以健壮男性青年为宜，并须经健康检查和井下、高空、用电、吊装及简单机械操作安全作业培训且考核合格后，方可进入现场施工。

在施工图会审和桩孔挖掘前，要认真研究钻探资料，分析地质情况，对可能出现流砂、管涌、涌水以及有害气体等情况应制定有针对性的安全防护措施。如对安全施工存在疑虑，应事前向有关单位提出。

施工现场所有设备、设施、安全装置、工具、配件以及个人劳保用品等必须经常进行检查，确保完好和安全使用。

防止挖孔桩孔壁坍塌，应根据桩径大小和地质条件采用可靠的支护孔壁的施工方法。

孔口操作平台应自成稳定体系，防止在孔口下沉时被拉垮。

挖孔桩施工时在孔口设水平移动式活动安全盖板，当提土桶提升到离地面约1.8m时，推活动盖板关闭孔口，手推车推至盖板上卸土后，再开盖板，放下吊土桶装土，以防土块、操作人员掉入孔内伤人，采用电动葫芦提升提土桶，桩孔四周应设安全栏杆。

挖孔桩孔内必须设置应急软爬梯，供人员上下孔使用的电动葫芦、吊笼等应安全可靠，并配有自动卡紧保险装置，不得使用麻绳和尼龙绳吊扶或脚踏井壁凸缘上下，电动葫芦宜用按钮式开关，使用前必须检验其安全吊线力。

挖孔桩吊运土方用的绳索、滑轮和盛土容器应完好牢固，起吊时垂直下方严禁站人。

施工场地内的一切电源、电路的安装和拆除必须由持证电工操作，电器必须严格接地、接零和使用漏电保护器。各孔用电必须分闸，严禁一闸多用。孔上用电缆必须架空2.0m以上，严禁拖地和埋压土中，孔内电缆电线必须有防湿、防潮、防断等保护措施。

挖孔桩护壁要高出地表面200mm左右，以防杂物滚入孔内。孔周围要设置安全防护栏杆。

挖孔桩施工人员必须戴安全帽，穿绝缘胶鞋。孔内有人时，孔上必须有人监督防护，不得擅离岗位。

挖孔桩施工当桩孔开挖深度超过5m时，每天开工前应进行有毒气体的检测；挖孔时，时刻注意是否有有毒气体；特别是当孔深超过 10m 时，要采取必要的通风措施，风量不宜小于 25L/s。

挖孔桩挖出的土方应及时运走，机动车不得在桩孔附近通行。

挖孔桩施工应加强对孔壁土层涌水情况的观察，发现异常情况应及时采取处理措施。

挖孔桩施工灌注桩身混凝土时，相邻 10m 范围内的挖孔作业应停止，并不得在孔底留人。

12）暂停施工的桩孔，应加盖板封闭孔口，并加 0.8～1m 高的围栏。

13）现场应设专职安全检查员，在施工前和施工中进行认真检查；发现问题及时处理，待消除隐患后再行作业；专职安全员对违章作业有权制止。

思 考 题

1. 桩的分类有哪些？

2. 如何选择桩锤？

3. 打桩顺序有哪几种？在什么情况下需考虑打桩顺序？为什么？

4. 试述打桩过程及其质量控制要点。

5. 灌注桩的成孔方法分为几种？各种方法的特点及适用范围如何？

6. 试比较钻孔灌注桩和套管成孔灌注桩的优缺点。

7. 套管成孔灌注桩常易发生哪些质量问题？如何预防与处理？什么叫单打法、复打法和翻插法？

8. 人工挖孔桩有哪些特点？试述施工中应注意的问题。

9. 怎样根据混凝土浇筑量判断套管成孔灌注桩有无颈缩或形成吊脚现象？

第四章 砌体工程

学习目标：掌握砖砌体砌筑工艺过程及各环节的技术要求、钢筋混凝土构造柱的施工方法。熟悉砌砖前的准备工作、砌体工程的质量要求要点及安全注意事项。

砌体工程是利用砌筑砂浆对砖、石和砌块的砌筑。

砖石砌筑工程在我国有着悠久的历史，它取材方便、技术成熟、造价低廉，在工业与民用建筑和构筑物中得到广泛采用。但砖石砌筑工程生产效率低、工期长、劳动强度高，难以适应现代建筑工业的需要，所以必须改善砌筑工程，推广使用中、小型砌块。

砌筑工程包括砂浆制备、材料运输、脚手架搭设、砌体砌筑等施工过程。

第一节 砖砌体施工

目前砌体应用较多的块体材料是烧结普通砖、烧结多孔砖、蒸压灰砂砖、蒸压粉煤灰砖。烧结普通砖的施工工艺具有代表性，本节着重加以介绍。

一、砌砖前准备

1. 材料准备

砖的品种、强度等级必须符合设计要求，用于清水墙、柱表面的砖，尚应边角整齐、色泽均匀。常温下，砖在砌筑前应提前 1~2d 浇水湿润，以免砖过多吸走砂浆中的水分而影响粘结力，并可除去砖表面的粉尘。但浇水过多，而在砖表面形成一层水膜，则会产生跑浆现象，使砌体走样或滑动，流淌的砂浆还会污染墙面。烧结普通砖、多孔砖含水率宜为 10%~15%（质量分数），灰砂砖、粉煤灰砖含水率宜为 8%~12%（质量分数）；现场以将砖砍断后，其断面四周吸水深度达到 15~20mm 为宜；适宜含水率根据有关单位试验或经验提出。

砌筑用砂浆的种类、强度等级应符合设计要求。施工中如用水泥砂浆代替水泥混合砂浆时，应按现行国家标准《砌体结构设计规范》（GB 50003—2011）的有关规定，考虑砌体强度降低的影响，重新确定砂浆强度等级，并以此重新设计配合比。砂浆的稠度和分层度均应符合前述规定。

2. 抄平、放线、制作皮数杆

砌筑基础前应对垫层表面进行抄平，表面如有局部不平，高差超过 30mm 处应用 C15 以上的细石混凝土找平后才可砌筑，不得仅用砂浆填平。砌筑各层墙体前也应在基础顶面或楼面上定出各层标高并找平，使各层砖墙底部标高符合设计要求。

砌筑前应将砌筑部位清理干净并放线。砖基础施工前，应在建筑物的主要轴线部位设置标志板（龙门板），标志板上应标明基础、墙身和轴线的位置及标高，外形或构造简单的建筑物，也可用控制轴线的引桩代替标志板。然后在垫层表面上放出基础轴线及底宽线。砖墙施工前，也应放出墙身轴线、边线及门窗洞口等位置线。

为了控制砌体的标高，应用方木或角钢事先制作皮数杆，并根据设计要求、砖规格和灰缝厚度在皮数杆上标明皮数及竖向构造的变化部位。在基础皮数杆上，竖向构造包括：底层室内地面、防潮层、大放脚、洞口、管道、沟槽和预埋件等。墙身皮数杆上，竖向构造包括：楼面、门窗洞口、过梁、圈梁、楼板、梁及梁垫等。

二、砖砌体砌筑工艺

砌筑砖砌体的一般工艺包括摆砖、立皮数杆、盘角挂线、砌筑、楼层标高控制等。

1. 摆砖（撂底）

摆砖是在放线的基面上按选定的组砌形式用干砖试摆，砖与砖之间留出 10mm 竖向灰缝宽度。摆砖的目的是为了尽量使门窗洞口、附墙垛等处符合砖的模数，以尽可能减少砍砖，并使砌体灰缝均匀、组砌得当。

2. 立皮数杆

砌基础时，应在垫层转角处、交接处及高低处立好基础皮数杆；砌墙体时，应在砖墙的转角处及交接处立起皮数杆（图4-1）。皮数杆间距不超过 15m。立皮数杆时，应使杆上所示标高线与抄平所确定的设计标高相吻合。

3. 盘角挂线

砌体角部是确定砌体横平竖直的主要依据，所以砌筑时应根据皮数杆先在转角及交接处砌几皮砖，并保证其垂直平整，称为盘角。然后再在其间拉准线，依准线逐皮砌筑中间部分。一砖半厚及其以上的砌体要双面挂线。

4. 砌筑

砌筑操作方法可采用"三一"砌筑法或铺浆法。"三一"砌筑法即一铲灰、一块砖、一挤揉并随手将挤出的砂浆刮去的操作方法，这种砌法灰缝容易饱满、粘结力好、墙面整洁，故宜采用此方法砌砖，尤其是抗震设防的工程。采用铺浆法砌筑时，铺浆长度不得超过 750mm；气温超过 30°C时，铺浆长度不得超过 500mm。

砖墙每天的砌筑高度以不超过 1.8m 为宜，以保证墙体的稳定性。

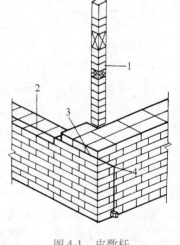

图 4-1 皮数杆
1—皮数杆 2—准线
3—竹片 4—圆钉

5. 楼层标高控制

楼层的标高除用皮数杆控制外，还可在室内弹出水平线来控制。即当每层墙体砌筑到一定高度后，用水准仪在室内各墙角引测出标高控制点，一般比室内地面或楼面高 200～500mm。然后根据该控制点弹出水平线，用以控制各层过梁、圈梁及楼板的标高。

三、砖砌体质量保证措施

砖砌体的质量要求可用十六字概括为：横平竖直、砂浆饱满、组砌得当、接槎可靠。

1. 横平竖直

横平，即要求每一皮砖必须在同一水平面上，每块砖必须摆平。为此，首先应将基础或楼面抄平，砌筑时严格按皮数杆层层挂水平准线并要拉紧，每块砖按准线砌平。

竖直，即要求砌体表面轮廓垂直平整，且竖向灰缝垂直对齐。因而在砌筑过程中要随时用线锤和托线板进行检查，做到"三皮一吊、五皮一靠"，以保证砌筑质量。

2. 砂浆饱满

砂浆的饱满程度对砌体强度影响较大。砂浆不饱满，一方面造成砖块间粘结不紧密，使砌体整体性差，另一方面使砖块不能均匀传力。水平灰缝不饱满会引起砖块局部受弯、受剪而致断裂，所以为保证砌体的抗压强度，要求水平灰缝的砂浆饱满度不得小于80%。竖向灰缝的饱满度对一般以承压为主的砌体的强度影响不大，但对砌体抗剪强度有明显影响。因而对于受水平荷载或偏心荷载的砌体，饱满的竖向灰缝可提高砌体的抗横向能力。况且竖缝砂浆饱满可避免砌体透风、漏水，且保温性能好。施工时竖缝宜采用挤浆或加浆方法，不得出现透明缝，严禁用水冲浆灌缝。

此外，还应使灰缝的厚薄均匀。水平灰缝过厚，不仅易使砖块浮滑、墙身侧倾，而且由于砂浆的横向膨胀加大，造成对砖块的横向拉力增加，降低砌体强度。灰缝过薄，会影响砖块之间的粘结力和均匀受压。砖砌体水平灰缝厚度和竖向灰缝宽度宜为10mm，不得小于8mm，也不应大于12mm。

3. 组砌得当

为保证砌体的强度和稳定性，各种砌体均应按一定的组砌形式砌筑。其基本原则是上下错缝、内外搭砌，错缝长度一般不应小于60mm，并避免墙面和内缝中出现连续的竖向通缝，同时还应考虑砌筑方便和少砍砖。

4. 接槎可靠

接槎是指先砌筑的砌体与后砌筑的砌体之间的接合。接槎方式合理与否对砌体的整体性影响很大，特别在地震区，接槎质量将直接影响到房屋的抗震能力，故应给予足够的重视。

砌基础时，内外墙的砖基础应同时砌起。如因特殊情况不能同时砌起时，应留置斜槎，斜槎的长度不应小于斜槎高度。

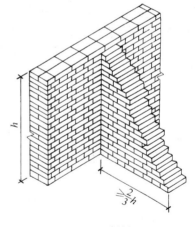

图 4-2　斜槎

砖墙的转角处和交接处应同时砌筑，严禁无可靠措施的内外墙分砌施工。对不能同时砌起而必须留置的临时间断处，应砌成斜槎，斜槎的长度不应小于斜槎高度的2/3（图4-2）。如留斜槎确有困难，除转角处外，可留直槎（图4-3），但直槎必须做成凸槎，并应加设拉结钢筋。拉结钢筋的构造见本章第四节。

隔墙与承重墙不能同时砌筑而又不能留成斜槎时，可于承重墙中引出凸槎。对抗震设防的工程，还应在承重墙的水平灰缝中预埋拉结钢筋，其构造与上述直槎相同，且

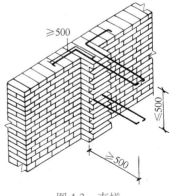

图 4-3　直槎

每道墙不得少于两根。

砖砌体接槎时，必须将接槎处的表面清理干净，浇水湿润，并应填实砂浆，保持灰缝平直。

第二节　砌块砌体施工

目前我国小型砌块的种类、规格很多，有混凝土空心砌块、加气混凝土砌块、粉煤灰砌块和各种轻骨料混凝土砌块。承重砌块以混凝土空心砌块为主，它有竖向方孔，主规格尺寸为 390mm×190mm×190mm（图 4-4），还有一些辅助规格的砌块以配合使用，按力学性能分为 MU3.5、MU5、MU7.5、MU10、MU15 五个强度等级。加气混凝土砌块 A 系列尺寸为 600mm×75（100、125、150…）mm×200（250、300）mm；B 系列尺寸 600mm×60（120、180、240…）mm×240（300）mm，强度等级分为 MU1、MU2.5、MU5、MU7.5、MU10。粉煤灰砌块主规格尺寸为 880mm×240mm×380mm、880mm×240mm×430mm 两种，强度等级分为 MU10 和 MU15。轻骨料混凝土砌块常用品种有煤矸石混凝土空心砌块、煤渣混凝土空心砌块、浮石混凝土空心砌块及各种陶粒混凝土空心砌块等，它们的规格不一，以主规格尺寸为 390mm×190mm×190mm 的居多，其强度等级也各不相同，最高的可达 MU10，最低的为 MU2.5。

由于砌块尺寸比普通砖尺寸大得多，从而可节省砌筑砂浆和提高砌筑效率。而且不少种类的砌块都主要利用工业废渣制成，不仅可大量节约黏土，还是处理工业废渣的良好途径。因而采用小型砌块作为砌体结构的材料是墙体改革的一个方向，大有发展前途。

小型混凝土空心砌块不但强度高，而且因其体积和重量均不大，施工操作方便，不需要特殊的设备和工具，并能节约砂浆和提高劳动生产率，因此用混凝土空心砌块作为多层砌体房屋承重墙体的材料，已得到逐步推广和应用。

一、混凝土空心砌块墙砌筑形式

混凝土空心砌块墙厚等于砌块的宽度。其立面砌筑形式只有全顺一种，即各皮砌块均为顺砌，上下皮竖缝相互错开 1/2 砌块长，上下皮砌块空洞相互对准（图 4-5）。

空心砌块墙的转角处，应隔皮纵、横墙砌块相互搭砌，即隔皮纵、横墙砌块端面露头（图 4-5）。

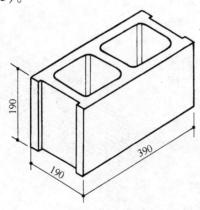

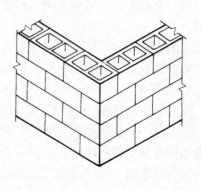

图 4-4　混凝土空心砌块　　　　　　　　图 4-5　空心砌块墙转角砌法

空心砌块墙的T字交接处，应隔皮使横墙砌块端面露头。当该处无芯柱时，应在纵墙上交接处砌两块一孔半的辅助规格砌块，隔皮砌在横墙露头砌块下，其半孔应位于中间（图4-6）。当该处有芯柱时，应在纵墙上交接处砌一块三孔的大规格砌块，砌块的中间孔正对横墙露头砌块靠外的孔洞（图4-7）。在T字交接处，纵墙如用主规格砌块，则会造成纵墙墙面上有连续三皮通缝，这是不允许的。

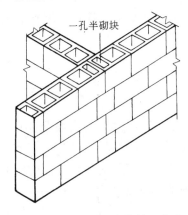

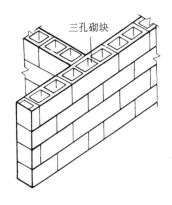

图 4-6　混凝土空心砌块墙T字交　　　　图 4-7　混凝土空心砌块墙T字
接处砌法（无芯柱）　　　　　　　交接处砌法（有芯柱）

空心砌块墙的十字交接处，当该处无芯柱时，在交接处应砌一孔半砌块，隔皮相互垂直相交，其半孔应在中间。当该处有芯柱时，在交接处应砌三孔砌块，隔皮相互垂直相交，中间孔相互对正。如在十字交接处用主规格砌块，则会使纵横墙交接面出现连续三皮通缝，这也是不允许的。

当个别情况下砌块无法对孔砌筑时，允许错孔砌筑，但搭接长度不应小于90mm。如不能满足该要求时，应在砌块的水平灰缝中设置拉结钢筋或钢筋网片。拉结钢筋可用2Φ6钢筋，钢筋网片可用直径4mm的钢筋焊接而成，加筋的长度不应小于700mm（图4-8）。但竖向通缝仍不超过两皮砌块。

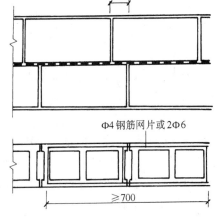

图 4-8　混凝土空心砌块墙
灰缝中设置拉结钢筋或网片

二、影响混凝土空心砌块砌体质量的因素

目前，混凝土空心砌块砌体所存在的主要质量问题是墙体易开裂，而引起开裂的因素有以下几方面：

1. 空心砌块砌体对裂缝敏感性强

由于砌块的空心率高且壁肋较窄，使砌块与水平灰缝中砂浆的接触面积较小；同时因砌块高度较大（190mm），砌筑时竖缝砂浆的饱满度也较难保证。这些都会影响砌体的整体性。所以虽然混凝土空心砌块砌体的抗压强度较高，约为同强度等级普通砖砌体强度的1.3～1.5倍，但其抗剪强度却仅为砖砌体的55%～58%。因而在湿度及温度变化所产生的应力作用下，比普通砖砌体更易出现裂缝。

2. 收缩裂缝

混凝土砌块从生产到砌筑，直至建筑物使用，总体上是处于一个逐渐失水的过程。而砌块的干缩率很大（约为其温度线胀系数的 33 倍）。随着含水率的减少，砌块的体积将显著缩小，从而造成砌体的收缩裂缝。

3. 温度变形裂缝

混凝土砌块砌体的温度线胀系数约为普通砌体的两倍，因此，砌块建筑物的温度涨缩变形及应力，比普通砖砌建筑要大得多。

为了防止砌块墙体的开裂，施工中应严格控制砌块的含水率，选择性能良好的砌筑砂浆，并采取提高砌体整体性的各项措施。

三、混凝土空心砌块墙砌筑要点

1. 砌筑前的准备

砌块砌筑前，应根据砌块高度和灰缝厚度计算皮数，制作皮数杆，并将其竖立于墙的转角和交接处。皮数杆间距宜小于 15m。

砌块使用前应检查其生产龄期，生产龄期不应小于28d，使其能在砌筑前完成大部分收缩值。应清除砌块表面的污物，芯柱部位所用砌块，其孔洞底部的毛边也应去掉，以免影响芯柱混凝土的灌注。还应剔除外观质量不合格的砌块。承重墙体严禁使用断裂砌块或壁肋中有竖向裂缝的砌块。为控制砌块砌筑时的含水率，砌块一般不宜浇水；当天气炎热且干燥时，可提前喷水湿润；严禁雨天施工；砌块表面有浮水时，亦不得施工。为此砌块堆放时应做好防雨和排水处理。

2. 砂浆配制

为在砌筑砌块时，砂浆易于充满灰缝，尤其是填满竖缝，砂浆应具有良好的和易性、保水性和粘结性。因此，防潮层以上的砌块砌体，应采用水泥混合砂浆或专用砂浆砌筑，并宜采取改善砂浆性能的措施，如掺加粉煤灰掺合料及减水剂、保塑剂等外加剂。

3. 砌筑

为保证混凝土空心砌块砌体具有足够的抗剪强度和良好的整体性、抗渗性，必须特别注意其砌筑质量。砌筑时应按照前述砌筑形式对孔错缝搭砌，且操作中必须遵守"反砌"原则，即应使每皮砌块底面朝上砌筑，以便于铺筑砂浆并使其饱满。水平灰缝应平直，按净面积计算的砂浆饱满度不应低于90%。竖向灰缝应采用加浆方法，使其砂浆饱满，严禁用水冲浆灌缝；不得出现瞎缝、透明缝；竖缝的砂浆饱满度不宜低于80%。水平灰缝厚度和竖向灰缝宽度一般为10mm，不应小于8mm，也不应大于12mm。砌筑时的一次铺灰长度不宜超过两块主规格砌块的长度。

常温条件下，空心砌块墙的每天砌筑高度，宜控制在1.5m或一步脚手架高度内，以保证墙体的稳定性。

4. 墙体留槎

空心砌块墙的转角处和交接处应同时砌起。墙体临时间断处应砌成斜槎，斜槎的长度应等于或大于斜槎高度（图4-9）。在非抗震设防地区，除外墙转角处，墙体临时间断处可从墙面伸出200mm砌成直槎，并应沿墙高每隔600mm设2Φ6拉结筋或钢筋网片；拉结筋或钢筋网片必须准确埋入灰缝或芯柱内；埋入长度从留槎处算起，每边均不应小于600mm，钢筋外露部分不得任意弯曲（图4-10）。

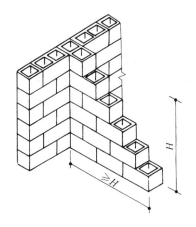

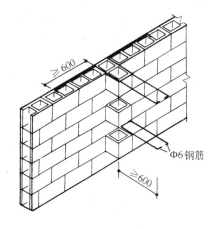

图 4-9　空心砌块墙斜槎　　　　　　　图 4-10　空心砌块墙直槎

Φ6 钢筋

如砌块墙作为后砌隔墙或填充墙时，沿墙高每隔 600mm 应与承重墙或柱内预留的 2Φ6 钢筋或钢筋网片拉结，拉结钢筋伸入砌块墙内的长度不应小于 600mm。

5. 留洞与填实

对设计规定的洞口、管道、沟槽和预埋件，应在砌筑墙体时预留和预埋，不得随意打凿已砌好的墙体。需要在墙上留脚手眼时，可用辅助规格的单孔砌块侧砌，利用其孔洞作为脚手眼，墙体完工后用强度等级不低于 C15 的混凝土填实。

在砌块墙的地下或某些直接承载部位，应采用强度等级不低于 C15 的混凝土灌实砌块的孔洞后再砌筑，这些部位有：底层室内地面以下或防潮层以下的砌体；无圈梁的楼板支承面下的一皮砌块；未设置混凝土垫块的次梁支承处，灌实宽度不应小于 600mm，高度不应小于一皮砌块；悬挑长度不小于 1.2m 的挑梁；支承部位的内外墙交接处，纵横各灌实三个孔洞，高度不小于三皮砌块。

四、钢筋混凝土构造柱、芯柱的施工

设置钢筋混凝土构造柱或芯柱是提高多层砌体房屋抗震能力的一种重要措施，为此在《建筑抗震设计规范》（GB 50011—2010）中都有具体的规定，施工中应尤加注意，以保证房屋的抗震性能。

（一）钢筋混凝土构造柱施工

1. 构造柱的主要构造措施

构造柱的截面尺寸一般为 240mm × 180mm 或 240mm × 240mm；竖向受力钢筋常采用 4 根直径为 12mm 的 HPB300 级钢筋；箍筋直径采用 4～6mm，其间距不大于 250mm，且在柱上下端适当加密。

砖墙与构造柱应沿墙高每隔 500mm 设置 2Φ6 的水平拉结钢筋，两边伸入墙内不宜小于 1m；若外墙为一砖半墙，则水平拉结钢筋应用 3 根（图 4-11、图 4-12）。

砖墙与构造柱相接处，砖墙应砌成马牙槎，从每层柱脚开始，先退后进；每个马牙槎沿高度方向的尺寸不宜超过 300mm（或 5 皮砖高）；每个马牙槎退进应不小于 60mm（图 4-13）。

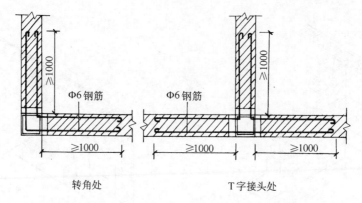

图 4-11　一砖墙转角处及交接处构造柱水平拉结钢筋布置

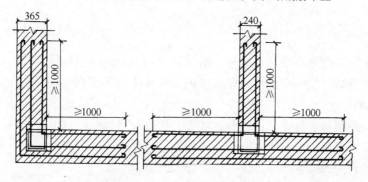

图 4-12　一砖半墙转角处及交接处构造柱水平拉结钢筋的布置

　　构造柱必须与圈梁连接。其根部可与基础圈梁连接，无基础圈梁时，可增设厚度不小于120mm 的混凝土底脚，深度从室外地平以下不应小于 500mm。

2. 钢筋混凝土构造柱施工要点

　　1）构造柱的施工顺序为：绑扎钢筋、砌砖墙、支模板、浇筑混凝土。必须在该层构造柱混凝土浇筑完毕后，才能进行上一层的施工。

　　2）构造柱的竖向受力钢筋伸入基础圈梁或混凝土底脚内的锚固长度，以及绑扎搭接长度，均不应小于 35 倍钢筋直径。接头区段内的箍筋间距不应大于 200mm。钢筋混凝土保护层厚度一般为 20mm。

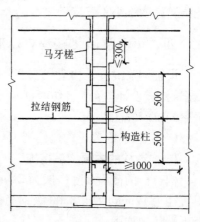

图 4-13　砖墙的马牙槎布置

　　3）砌砖墙时，每楼层马牙槎应先退后进，以保证构造柱脚为大断面。当马牙槎齿深为 120mm 时，其上口可采用第一皮先进 60mm，往上再进 120mm 的方法，以保证浇筑混凝土时上角密实。

　　4）构造柱的模板，必须与所在砖墙面严密贴紧，以防漏浆。在浇筑混凝土前，应将砖墙和模板浇水湿润，并将模板内的砂浆残块、砖渣等杂物清理干净。

　　5）浇筑构造柱的混凝土坍落度一般以 50～70mm 为宜。浇筑时宜采用插入式振动器，分层捣实，但振捣棒应避免直接触碰钢筋和砖墙，严禁通过砖墙传振，以免砖墙变形和灰缝开裂。

（二）钢筋混凝土芯柱施工

1. 芯柱的主要构造措施

钢筋混凝土芯柱是按设计要求设置在小型混凝土空心砌块墙的转角处和交接处，在这些部位的砌块孔洞中插入钢筋，并浇筑混凝土而形成的。

芯柱所用插筋不应少于 1 根直径为 12mm 的 HPB300 级钢筋，所用混凝土强度不应低于C15。芯柱的插筋和混凝土应贯通整个墙身和各层楼板，并与圈梁连接，其底部应伸入室外地坪以下 500mm 或锚入基础圈梁内。上下楼层的插筋可在楼板面上搭接，搭接长度不小于40 倍插筋直径。

芯柱与墙体连接处，应设置拉结钢筋网片，网片可用直径 4mm 的钢筋焊成，每边伸入墙内不宜小于 1m，沿墙高每隔 600mm 一道（图 4-14）。

对于非抗震设防地区的混凝土空心砌块房屋，芯柱中的插筋直径不应小于 10mm，与墙体连接的钢筋网片，每边伸入墙内不小于 600mm。其余构造与前述相似。

2. 钢筋混凝土芯柱施工要点

1）在芯柱部位，每层楼的第一皮砌块，应采用开口小砌块或 U 形小砌块，以形成清理口。

2）浇筑混凝土前，从清理口掏出砌块孔洞内的杂物，并用水冲洗孔洞内壁，将积水排出，用混凝土预制块封闭清理口。

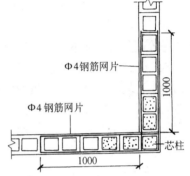

图 4-14　芯柱拉结钢筋网片设置

3）芯柱混凝土应在砌完一个楼层高度后连续浇筑，并宜与圈梁同时浇筑，或在圈梁下留置施工缝。而且，砌筑砂浆的强度应大于 1MPa 后，方可浇灌芯柱混凝土。

4）为保证芯柱混凝土密实，混凝土内宜掺入增加流动性的外加剂，其坍落度不应小于70mm，振捣混凝土宜用软轴插入式振动器，分层捣实。

5）应事先计算每个芯柱的混凝土用量，按计算浇灌混凝土。

第三节　石砌体施工

砌筑用石分为毛石、料石两类。毛石又分为乱毛石和平毛石两种。乱毛石是指形状不规则的石块；平毛石是指形状不规则，但两个平面大致平行的石块。毛石的中部厚度不宜小于 150mm。料石按其加工面的平整程度分为细料石、半细料石、粗料石和毛料石四种。料石的宽度、厚度均不宜小于 200mm，长度不宜大于厚度的 4 倍。石材的强度等级分为MU10、MU15、MU20、MU30、MU40、MU50、MU60、MU80、MU100，其强度等级以 70mm边长的立方体试块的抗压强度表示（取三个试块的平均值）。

一、毛石基础施工

用天然石材作为基础，其强度比砖高得多，能够保证基础的质量。毛石基础砌筑前，要检查基槽（坑）的尺寸及标高，清除杂物，按弹好的边线砌第一层石块。在适当的位置立皮数杆，皮数杆上要画出分层砌石高度及退台情况，皮数杆之间拉上准线，各层石块要按准

建筑施工技术

线砌筑。

根据所放基础准线，先砌墙角石块，以此固定准线作为砌石的标准。砌第一皮时，应选较大或较平整的石块摞底。第一皮摞底的石块是建筑的根基，位置是否正确，砌筑是否稳固，对以后砌筑有很大影响。砌筑方法因地基的不同，有以下两种：

（1）在土质基槽上的砌法　先将大且较平整的石块铺满一层，再将砂浆灌入空隙处，用小石块填空挤入砂浆，然后用手锤打紧，务必使砂浆充满空隙，使石块平稳密实。不允许先塞小石块后铺砂浆。以免发生干缝和空隙。这种施工方法，因石块的大面向下，并且石块的凹凸面与土质密贴，石块与土之间不需要砂浆胶结，可节约一层砂浆。以上按设计要求施工。

（2）在垫层或岩石面上的砌法　将垫层或岩石面上清扫干净后，先铺上一层砂浆，再砌石块，使砂浆与石块粘结，这样可使石块受力均匀，增加稳定性。

块石应分层砌筑，每层厚度约30cm为宜（或按设计规定）。块石之间的上下皮竖缝必须错开，并力求丁顺交错排列。每砌筑一层，其表面必须大致平整，不可有尖角、驼背、放置不稳等现象，以便下一层砌筑时容易放稳，并有足够的接触面。上下层之间一般要求搭接不小于8cm，以增加砌体的强度（图4-15a）。填心的石块应根据空隙的大小，选用整块石，不要用几块小石块来填充一个空隙的填心砌法（也称牛槽砌法）（图4-15b），以免影响砌体强度。每砌完一层，必须校对中心线，检查有无偏斜现象，若偏斜则应立即纠正。墙基如需留槎子，不能留在外墙转角或T字墙的结合处，基础留槎应留成踏步槎。当基础砌至最上一层时，外皮石块要求伸入墙内长度不小于墙厚的一半，以免因连接不好而影响砌体的质量（图4-16）。

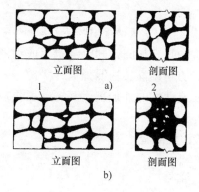

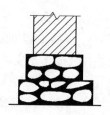

图4-15　毛石基础砌法
a）正确　b）不正确
1—通缝　2—牛槽砌法

图4-16　毛石基础最上一层砌法

二、毛石墙施工

毛石墙砌筑前要选石、做面、放线、立皮数杆、拉准线等。选石是从石料中选取在应砌的位置上适宜大小的石块，并有一个面作为墙面，原则是"有面取面，无面取凸"，做面是把凸部或不需要的部分用铁锤打掉，做成一个面然后砌入墙中。放线、立皮数杆和拉准线在方法上与砌砖基本相同。

1. 石墙的转角和丁字接头

转角应用角边是直角的"角石"，安放在转角处，将直角边安放在墙角的一面，并根据长短形状，纵横搭接成砌筑毛石墙体（图4-17）。

丁字接头应先取较平整的长方形石块，长短纵横上下皮相互错缝咬住槎子，不能通缝（图 4-18）。

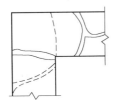

图 4-17　毛石墙的转角

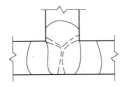

图 4-18　毛石墙丁字接头

2. 墙体砌筑

第一层石块应大面向下，其余各层应利用自然形状相互搭接紧密，并要选择比较平整的一面朝外，较大空隙用碎石填塞。上下石块要相互错缝，内外搭接，墙中不应放斜面石和全部对合石（图 4-19）。不得采用外面侧立石块，中间填心的砌法。整个墙体应分层砌筑，每层厚大约为 30～40cm，每层中间隔 1m 左右应砌与墙同宽的拉结石，上下层间拉结石的位置应错开（图 4-20）。砌体灰缝控制在 20～30mm 之间，每天砌筑高度不应大于 1.2m，留槎高度不应大于一步架，并留成踏步槎。每砌完一步架应大致找平一次，砌至楼层高度时，要全面找平，以达到顶面平整。如果砌毛石与砖的组合墙时，毛石与砖应同时砌筑，并每隔 4～6 皮砖加砌一皮丁砖层，使其与毛石砌体拉接，两种砌体间的空隙必须用砂浆填满（图 4-21）。

石墙的勾缝形式，一般多采用平缝或凸缝（图 4-22）。勾缝前应先剔缝，将灰缝刮深 2～3cm，墙面用水湿润，不整齐的要加以修整。勾缝用 1:1 的水泥砂浆，有时还掺入麻刀，勾缝线条必须均匀一致，深浅相同。

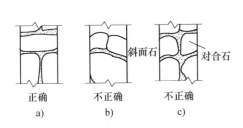

图 4-19　毛石墙砌筑

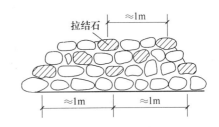

图 4-20　拉结石的位置

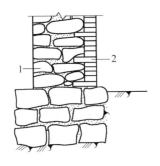

图 4-21　毛石与砖的组合墙
1—毛石　2—砖

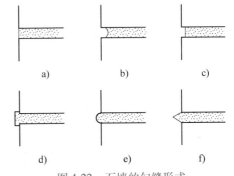

图 4-22　石墙的勾缝形式
a) 外齐　b) 弧面内凹　c) 平面内凹　d) 平面外凸
e) 弧面外凸　f) 锥面外凸

第四节 砌体工程施工质量要求要点及安全注意事项

一、术语

施工质量控制等级：按质量控制和质量保证若干要素对施工技术水平所做的分级。

型式检验：确认产品或过程应用结果适用性所进行的检验。

通缝：砌体中，上下皮块材搭接长度小于规定数值的竖向灰缝。

假缝：为掩盖砌体竖向灰缝内在质量缺陷，砌筑砌体时仅在表面做灰缝处理的灰缝。

配筋砌体：网状配筋砌体柱、水平配筋砌体墙、砖砌体和钢筋混凝土面层或钢筋砂浆面层组合砌体柱（墙）、砖砌体和钢筋混凝土构造柱组合墙以及配筋砌块砌体剪力墙的统称。

芯柱：在砌块内部空腔中插入竖向钢筋并浇灌混凝土后形成的砌体内部的钢筋混凝土小柱。

原位检测：采用标准的检验方法，在现场砌体中选样进行非破损或微破损检测，以判定砌筑砂浆和砌体实体强度的检测。

二、基本规定

1）砌体工程所用的材料应有产品的合格证书、产品性能检测报告。块材、水泥、钢筋、外加剂等尚应有材料主要性能的进场复验报告。严禁使用国家明令淘汰的材料。

2）砌筑基础前，应校核放线尺寸，允许偏差应符合表4-1的规定。

表 4-1 放线尺寸的允许偏差

长度 L、宽度 B/m	允许偏差/mm	长度 L、宽度 B/m	允许偏差/mm
L（或 B）≤30	±5	60 < L（或 B）≤90	±15
30 < L（或 B）≤60	±10	L（或 B）>90	±20

3）砌筑顺序应符合下列规定：基底标高不同时，应从低处砌起，并应由高处向低处搭砌；当设计无要求时，搭接长度不应小于基础扩大部分的高度。砌体的转角处和交接处应同时砌筑；当不能同时砌筑时，应按规定留槎、接槎。

4）在墙中留置临时施工洞口，其侧边离交接处墙面不应小于500mm，洞口净宽度不应超过1m。抗震设防烈度为9度的地区建筑物的临时施工洞口位置，应会同设计单位确定。临时施工洞口应做好补砌。

5）不得在下列墙体或部位设置脚手眼：120mm厚墙、料石清水墙和独立柱；过梁上与过梁成60°角的三角形范围及过梁净跨度1/2的高度范围内；宽度小于1m的窗间墙；砌体门窗洞口两侧200mm（石砌体为300mm）和转角处450mm（石砌体为600mm）范围内；梁或梁垫下及其左右500mm范围内；设计不允许设置脚手眼的部位。

6）施工脚手眼补砌时，灰缝应填满砂浆，不得用干砖填塞。

7）设计要求的洞口、管道、沟槽应于砌筑时正确留出或预埋，未经设计同意，不得打凿墙体和在墙体上开凿水平沟槽。宽度超过300mm的洞口上部，应设置过梁。

8）尚未施工楼板或屋面的墙或柱，当可能遇到大风时，其允许自由高度不得超过表4-2

的规定。如超过表中限值时，必须采用临时支撑等有效措施。

9）搁置预制梁、板的砌体顶面应找平，安装时应座浆。当设计无具体要求时，应采用1:2.5的水泥砂浆。

10）砌体施工质量控制等级应分为三级，并应符合表4-3的规定。

11）设置在潮湿环境或有化学侵蚀性介质的环境中的砌体灰缝内的钢筋应采取防腐措施。

12）砌体施工时，楼面和屋面堆载不得超过楼板的允许荷载值。施工层进料口楼板下，宜采取临时加撑措施。

13）分项工程的验收应在检验批验收合格的基础上进行。检验批的确定可根据施工段划分。

14）砌体工程检验批验时，其主控项目应全部符合《砌体结构工程施工质量验收规范》（GB 50203—2011）的规定；一般项目应有80%及以上的抽检处符合此规范的规定，或偏差值在允许偏差范围以内。

表4-2 墙和柱的允许自由高度 （单位：m）

墙（柱）厚/mm	砌体密度 >1600kg/m³			砌体密度 ≤1600kg/m³		
	风载/（kN/m²）			风载/（kN/m²）		
	0.3（约7级风）	0.4（约8级风）	0.5（约9级风）	0.3（约7级风）	0.4（约8级风）	0.5（约9级风）
190	—	—	—	1.4	1.1	0.7
240	2.8	2.1	1.4	2.2	1.7	1.1
370	5.2	3.9	2.6	4.2	3.2	2.1
490	8.6	6.5	4.3	7.0	5.2	3.5
620	14.0	10.5	7.0	11.4	8.6	5.7

注：1. 本表适用于施工处相对标高（H）在10m范围内的情况。如 10m<H≤15m、15m<H≤20m 时，表中的允许自由高度应分别乘以 0.9、0.8 的系数；如 H>20m 时，应通过抗倾覆验算确定其允许自由高度。

2. 当所砌筑的墙有横墙或其他结构与其连接，而且间距小于表列限值的2倍时，砌筑高度可不受本表的限制。

表4-3 砌体施工质量控制等级

项 目	施工质量控制等级		
	A	B	C
现场质量管理	制度健全，并严格执行；非施工方质量监督人员经常到现场，或现场设有常驻代表；施工方有在岗专业技术管理人员，人员齐全，并持证上岗	制度基本健全，并能执行；非施工方质量监督人员间断地到现场进行质量控制；施工方有在岗专业技术管理人员，并持证上岗	有制度；非施工方质量监督人员很少作现场质量控制；施工方有在岗专业技术管理人员
砂浆、混凝土强度	试块按规定制作，强度满足验收规定，离散性小	试块按规定制作，强度满足验收规定，离散性较小	试块强度满足验收规定，离散大
砂浆拌和方式	机械拌和；配合比计量控制严格	机械拌和；配合比计量控制一般	机械或人工拌和；配合比计量控制较差
砌筑工人	中级工以上，其中高级工不少于20%	高、中级工不少于70%	初级工以上

三、砌筑砂浆

1）水泥进场使用前，应分批对其强度、安定性进行复验。检验批应以同一生产厂家、同一编号为一批。当在使用中对水泥质量有怀疑或水泥出厂超过三个月（快硬硅酸盐水泥超过一个月）时，应复查试验，并按其结果使用。不同品种的水泥不得混合使用。

2）砂浆用砂不得含有有害杂物。砂浆用砂的含泥量应满足下列要求：对水泥砂浆和强度等级不小于 M5 的水泥混合砂浆，不应超过 5%；对强度等级小于 M5 的水泥混合砂浆，不应超过 10%；人工砂、山砂及特细砂，应经试配能满足砌筑砂浆技术条件要求。

3）配制水泥石灰砂浆时，不得采用脱水硬化的石灰膏。

4）消石灰粉不得直接使用于砌筑砂浆中。

5）拌制砂浆用水，水质应符合国家现行标准《混凝土用水标准》（JGJ 63—2006）的规定。

6）砌筑砂浆应通过试配确定配合比，当砌筑砂浆的组成材料有变更时，其配合比应重新确定。

7）施工中当采用水泥砂浆代替水泥混合砂浆时，应重新确定砂浆强度等级。

8）凡在砂浆中掺入有机塑化剂、早强剂、缓凝剂、防冻剂等，应经检验和试配符合要求后，方可使用。有机塑化剂应有砌体强度的形式检验报告。

9）砂浆现场拌制时，各组分材料应采用重量计量。

10）砌筑砂浆应采用机械搅拌，自投料完算起，搅拌时间应符合下列规定：水泥砂浆和水泥混合砂浆不得少于 2min；水泥粉煤灰砂浆和掺用外加剂的砂浆不得少于 3min；掺用有机塑化剂的砂浆应为 3~5min。

11）砂浆应随拌随用，水泥砂浆和水泥混合砂浆应分别在 3h 和 4h 内使用完毕；当施工期间最高气温超过 30°C 时，应分别在拌成后 2h 和 3h 内使用完毕；对掺缓凝剂的砂浆，其使用时间可根据具体情况确定。

12）砌筑砂浆试块强度验收时其强度合格标准应符合下列规定：同一验收批砂浆试块强度平均值应大于或等于设计强度等级值的 1.10 倍；同一验收批砂浆试块抗压强度的最小一组平均值应大于或等于设计强度等级值的 85%。砌筑砂浆的验收批，同一类型、强度等级的砂浆试块不应少于 3 组；同一验收批砂浆只有 1 组或 2 组试块时，每组试块抗压强度平均值应大于或等于设计强度等级值的 1.10 倍；对于建筑结构的安全等级为一级或设计使用年限为 50 年及以上的房屋，同一验收批砂浆试块的数量不得少于 3 组；砂浆强度应以标准养护，28d 龄期的试块抗压强度为准；制作砂浆试块的砂浆稠度应与配合比设计一致。抽检数量：每一检验批且不超过 250m³ 砌体的各类、各强度等级的普通砌筑砂浆，每台搅拌机应至少抽检一次；验收批的预拌砂浆、蒸压加气混凝土砌块专用砂浆，抽检可为 3 组。检验方法：在砂浆搅拌机出料口或在湿拌砂浆的储存容器出料口随机取样制作砂浆试块（现场拌制的砂浆，同盘砂浆只应做 1 组试块），试块标养 28d 后做强度试验。预拌砂浆中的湿拌砂浆稠度应在进场时取样检验。

13）当施工中或验收时出现下列情况，可采用现场检验的方法对砂浆和砌体强度进行原位检测或取样检测，并判定其强度：砂浆试块缺乏代表性或试块数量不足；对砂浆试块的试验结果有怀疑或有争议；砂浆试块的试验结果，不能满足设计要求。

四、砖砌体工程

"四"适用于烧结普通砖、烧结多孔砖、蒸压灰砂砖、粉煤灰砖等砌体工程。

（一）一般规定

1）用于清水墙、柱表面的砖，应边角整齐，色泽均匀。

2）有冻胀环境和条件的地区，地面以下或防潮层以下的砌体，不宜采用多孔砖。

3）砌筑砖砌体时，砖应提前 1~2d 浇水湿润。

4）砌砖工程当采用铺浆法砌筑时，铺浆长度不得超过 750mm；施工期间气温超过 30°C 时，铺浆长度不得超过 500mm。

5）240mm 厚承重墙的每层墙的最上一皮砖，砖砌体的阶台水平面上及挑出层，应整砖丁砌。

6）砖砌平拱过梁的灰缝应砌成楔形缝。灰缝的宽度在过梁的底面不应小于 5mm；在过梁的顶面不应大于 15mm；拱脚下面应伸入墙内不小于 20mm，拱底应有 1% 的起拱。

7）砖过梁底部的模板，应在灰缝砂浆强度不低于设计强度的 50% 时，方可拆除。

8）多孔砖的孔洞应垂直于受压面砌筑。

9）施工时施砌的蒸压（养）砖的产品龄期不应小于 28d。

10）竖向灰缝不得出现透明缝、瞎缝和假缝。

11）砖砌体施工临时间断处补砌时，必须将接槎处表面清理干净，浇水湿润，并填实砂浆，保持灰缝平直。

（二）主控项目

1）砖和砂浆的强度等级必须符合设计要求。抽检数量：每一生产厂家的砖到现场后，按烧结砖 15 万块、多孔砖 5 万块、灰砂砖及粉煤灰砖 10 万各为一验收批，抽检数量为 1 组。砂浆试块的抽检数量执行本节"三"第 12 条的有关规定。检验方法：查砖和砂浆试块试验报告。

2）砌体水平灰缝隙的砂浆饱满度不得小于 80%。抽检数量：每检验批抽查不应少于 5 处。检验方法：用百格网检查砖底面与砂浆的粘结痕迹面积；每处检测 3 块砖，取其平均值。

3）砖砌体的转角处和交接处应同时砌筑，严禁无可靠措施的内外墙分砌施工。对不能同时砌筑而又必须留置的临时间断处应砌成斜槎，斜槎水平投影长度不应小于高度的 2/3。抽检数量：每检验批抽 20% 接槎，且不应少于 5 处。检验方法：观察检查。

4）非抗震设防及抗震设防烈度为 6 度、7 度地区的临时间断处，当不能留斜槎时，除转角处外，可留直槎，但直槎必须做成凸槎。留直槎处应加设拉钢筋，拉结钢筋的数量为每 120mm 墙厚放置 1 ϕ 6 拉结钢筋（120mm 厚墙放置 2 ϕ 6 拉结钢筋），间距沿墙高不应超过 500mm；埋入度从留槎处算起每边均不应小于 500mm，对抗震设防烈度为 6 度、7 度的地区，不应小于 1000mm，末端应有 90° 弯钩（图 4-23）。抽检数量：

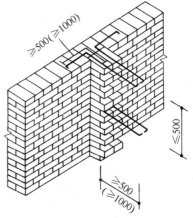

图 4-23 直槎处加设拉结钢筋

建筑施工技术

每检验批抽20%接槎，且不应少于5处。检验方法：观察和尺量检查。合格标准：留槎正确，拉结钢筋设置数量、直径正确，竖向间距偏差不超过100mm，留置长度基本符合规定。

5）砖砌体的位置及垂直度允许偏差应符合表4-4的规定。抽检数量：轴线查全部承重墙柱；外墙垂直度全高查阳角，且不应少于4处，每层每20m查一处；内墙按有代表性的自然间抽10%，且不应少于3间，每间不应少于两处，柱不少于5根。

表4-4 砖砌体的位置及垂直度允许偏差

项次	项目			允许偏差/mm	检验方法	抽检数量
1	轴线位移			10	用经纬仪和尺或用其他测量仪器检查	承重墙、柱全数检查
2	墙面垂直度	每层		5	用2m托线板检查	不应少于5处
		全高	≤10m	10	用经纬仪、吊线和尺或用其他测量仪器检查	外墙全部阳角
			>10m	20		

（三）一般项目

1）砖砌体组砌方法应正确，上下错缝，内外搭砌，砖柱不得采用包心砌法。抽检数量：外墙每20m抽查一处，每处3~5m，且不应少于3处；内墙按有代表性的自然间抽10%，且不应少于3间。检验方法：观察检查。合格标准：除符合本条要求外，清水墙、窗间墙应无通缝；混水墙中长度大于或等于300mm的通缝每间不超过3处，且不得位于同一面墙体上。

2）砖砌体的灰缝应横平竖直，厚薄均匀。水平灰缝厚度宜为10mm，且不应小于8mm，也不应大于12mm。抽检数量：每步脚手架施工的砌体，每20m抽查1处。检验方法：用尺量10皮砖砌体高度折算。

3）砖砌体的一般尺寸允许偏差应符合表4-5的规定。

表4-5 砖砌体的一般尺寸允许偏差

项次	项目		允许偏差/mm	检验方法	抽检数量
1	基础、墙、柱顶面标高		±15	用水准仪和尺检查	不应少于5处
2	表面平整度	清水墙、柱	5	用2m靠尺和楔形塞尺检查	不应少于5处
		混水墙、柱	8		
3	水平灰缝平直度	清水墙	7	拉5m线和尺检查	不应少于5处
		混水墙	10		
4	门窗洞口高、宽（后塞口）		±10	用尺检查	不应少于5处
5	外墙上下窗口偏移		20	以底层窗口为准，用经纬仪或吊线检查	不应少于5处
6	清水墙游丁走缝		20	以每层第一皮砖为准，用吊线和尺检查	不应少于5处

五、混凝土小型空心砌块砌体工程

"五"适用于普通混凝土小型空心砌块和轻骨料混凝土小型空心砌块（以下简称小砌块）工程的施工质量验收。

（一）一般规定

1）施工时所用的小砌块的产品龄期不应小于28d。

2）砌筑小砌块时，应清除表面污物和芯柱用小砌块孔洞底部的毛边，剔除外观质量不合格的小砌块。

3）施工时所用的砂浆，宜选用专用的小砌块砌筑砂浆。

4）底层室内地面以下或防潮层以下的砌体，应采用强度等级不低于C20的混凝土灌实小砌块的孔洞。

5）小砌块砌筑时，在天气干燥炎热的情况下，可提前洒水湿润小砌块；对轻骨料混凝土小砌块，可提前浇水湿润。小砌块表面有浮水时，不得施工。

6）承重墙体严禁使用断裂小砌块。

7）小砌块墙体应对孔错缝搭砌，搭接长度不应小于90mm。墙体的个别部位不能满足上述要求时，应在灰缝中设置拉结钢筋或钢筋网片，但竖向通缝仍不得超过两皮小砌块。

8）小砌块应底面朝上反砌于墙上。

9）浇灌芯柱的混凝土，宜选用专用的小砌块灌孔混凝土，当采用普通混凝土时，其坍落度不应小于90mm。

10）浇灌芯柱混凝土，应遵守下列规定：①清除孔洞内的砂浆杂物，并用水冲洗；②砌筑砂浆强度大于1MPa时，方可浇灌芯柱混凝土；③在浇灌芯柱混凝土前应先注入适量与芯柱混凝土相同的去石水泥砂浆，再浇灌混凝土。

11）需要移动砌体中的小砌块或小砌块被撞动时，应重新铺砌。

（二）主控项目

1）小砌块和砂浆的强度等级必须符合设计要求。抽检数量：每一生产厂家，每1万块小砌块至少应抽检一组。用于多层以上建筑基础和底层的小砌块抽检数量不应少于2组。砂浆试块的抽检数量执行本节"三"第12条的有关规定。检验方法：查小砌块和砂浆试块试验报告。

2）砌体水平灰缝的砂浆饱满度，按净面积计算不得低于90%；竖向灰缝饱满度不得小于80%，竖缝凹槽部位应用砌筑浆填实；不得出现瞎缝、透明缝。抽检数量：每检验批不应少于3处。检验方法：用专用百格网检测小砌块与砂浆粘结痕迹，每处检测3块小砌块，取其平均值。

3）墙体转角处和纵横墙交接处应同时砌筑。临时间断处应砌成斜槎，斜槎水平投影长度不应小于高度的2/3。抽检数量：每检验批抽20%接槎，且不应少于5处。检验方法：观察检查。

4）砌体的轴线偏移和垂直度偏差应按本节"四（二）"第5条的规定执行。

（三）一般项目

1）墙体的水平灰缝和竖向灰缝宽度宜为10mm，但不应大于12mm，也不应小于8mm。抽检数量：每层楼的检测点不应少于3处。抽检方法：用尺量5皮小砌块的高度和2m砌体长度折算。

2）小砌块墙体的一般尺寸允许偏差应按表4-5中1~5项的规定执行。

六、填充墙砌体工程

"六"适用于房屋建筑采用空心砖、蒸压加气混凝土砌块、轻骨料混凝土小型空心砌块等砌筑填充墙砌体的施工质量验收。

（一）一般规定

1）蒸压加气混凝土砌块、轻骨料混凝土小型空心砌块砌筑时，其产品龄期应超过28d。

2）空心砖、蒸压加气混凝土砌块、轻骨料混凝土小型空心砌块等的运输、装卸过程中，严禁抛掷和倾倒。进场后应按品种、规格分别堆放整齐，堆置高度不宜超过2m。加气混凝土砌块应防止雨淋。

3）填充墙体砌筑前块材应提前2d浇水湿润。蒸压加气混凝土砌块砌筑时，应向砌筑面适量浇水。

4）在厨房、卫生间、浴室等处采用轻骨料混凝土小型空心砌块、蒸压加气混凝土砌块砌筑墙体时，墙底部宜现浇混凝土砍台，其高度宜为150mm。

（二）主控项目

砖、砌块和砌筑砂浆的强度等级应符合设计要求。检验方法：检查砖或砌块的产品合格证书、产品性能检测报告和砂浆试块试验报告。

（三）一般项目

1）填充墙砌体一般尺寸的允许偏差应符合表4-6的规定。抽检数量：对表中1、2项，在检验批的标准间中随机抽查10%，但不应少于3间，大面积房间和楼道按两个轴线或每10延长米按一标准间计数，每间检验不应少于3处；对表中3、4项，在检验批中抽检10%，且不应少于5处。

表4-6　填充墙砌体一般尺寸的允许偏差

项　次	项　　目		允许偏差/mm	检验方法
1	轴线位移		10	用尺检查
	垂直度	≤3m	5	用2m托线板或吊线、尺检查
		>3m	10	
2	表面平整度		8	用2m靠尺和楔形塞尺检查
3	门窗洞口高、宽（后塞口）		±5	用尺检查
4	外墙上、下窗口偏移		20	用经纬仪或吊线检查

2）蒸压加气混凝土砌块砌体和轻骨料混凝土小型空心砌块砌体不应与其他块材混砌。抽检数量：在检验批中抽检20%，且不应少于5处。检验方法：外观检查。

3）填充墙砌体的砂浆饱满度及检验方法应符合表4-7的规定。抽检数量：每步架子不少于3处，且每处不应少于3块。

表4-7　填充墙砌体的砂浆饱满度及检验方法

砌体分类	灰　缝	饱满度及要求	检验方法
空心砖砌体	水平	≥80%	采用百格网检查块材底面砂浆的粘结痕迹面积
	垂直	填满砂浆，不得有透明缝、瞎缝、假缝	
加气混凝土砌块和轻骨料混凝土小砌块砌体	水平	≥80%	
	垂直	≥80%	

4）填充墙砌体留置的拉结钢筋或网片的位置应与块体皮数相符合。拉结钢筋或网片应置于灰缝中，埋置长度应符合设计要求，竖向位置偏差不应超过一皮高度。抽检数量：在检验批中抽检20%，且不应少于5处。检验方法：观察和用尺量检查。

5）填充墙砌筑时应错缝搭砌，蒸压加气混凝土砌块搭砌长度不应小于砌块长度的1/3；轻骨料混凝土小型空心砌块搭砌长度不应小于90mm；竖向通缝不应大于2皮。抽检数量：在检验批的标准间中抽查10%，且不应少于3间。检查方法：观察和用尺检查。

6）填充墙砌体的灰缝厚度和宽度应正确。空心砖、轻骨料混凝土小型空心砌块的砌体灰缝应为8~12mm。蒸压加气混凝土砌块砌体的水平灰缝厚度及竖向灰缝宽度分别宜为15mm和20mm。抽检数量：在检验批的标准间中抽查10%，且不应少于3间。检查方法：用尺量5皮空心砖或小砌块的高度和2m砌体长度折算。

7）填充墙砌至接近梁、板底时，应留一定空隙，待填充墙砌筑完并至少间隔7d后，再将其补砌挤紧。抽检数量：每验收批抽10%填充墙片（每两柱间的填充墙为一墙片），且不应少于3片墙。检验方法：观察检查。

七、砌体工程安全注意事项

1）严禁在墙顶上站立划线、刮缝、清扫墙柱面和检查大角垂直等工作。

2）砍砖时应面向内打，以免碎砖落下伤人。

3）不得砌筑超过胸口以上的墙面。不准用不稳定的工具或物体在脚手板面垫高工作。

4）从砖垛上取砖时，防止垛倒伤人。

5）砖、石运输车辆距离，在平道不小于2m，坡道不小于10m。

6）垂直运输设施不得超载，使用过程中经常检查和维护。

7）起重机吊砖时，要用砖笼，砖笼下方不得有人行走或停留。砂浆料斗不能装得过满。

8）用锤打石时，应先检查铁锤是否牢固。严禁在墙顶或脚手架上修改石材。不得在墙上徒手移动料石，以免压破或擦伤手指。

思 考 题

1. 砖砌体施工质量有哪些要求？

2. 什么是砂浆饱满度？如何检查？用什么砌筑方法易使砂浆饱满？

3. 简述砖墙施工工艺过程。

4. 什么是皮数杆？安设时应注意什么？

5. 砖墙砌筑时，轴线、标高应如何引测？

6. 砖砌体砌筑时应检查哪几方面的问题？如何检查？

7. 简述砌块砌体施工工艺过程。

第五章 钢筋混凝土工程

学习目标：掌握现浇混凝土结构施工时对模板的要求、模板验算方法、钢筋配料单编制方法、施工配合比的调整及施工配料方法。熟悉模板系统的组成、典型构件模板构造、模板的拆除、钢筋现场加工技术要点、混凝土搅拌机的选择、混凝土搅料及运输要点、混凝土浇筑要点、混凝土养护方法、混凝土强度等级评定方法，熟悉钢筋混凝土工程的质量要求要点及安全注意事项。了解模板及配套材料、早拆模板体系、钢筋混凝土结构用钢筋种类、钢筋进场验收程序。

钢筋混凝土结构施工可分为现浇和预制装配两类。现浇混凝土结构是在建筑结构的设计位置支设模板、绑扎钢筋、浇筑混凝土、振捣成型，再经过养护使混凝土达到拆模强度后拆除模板，整个工程均在施工现场进行。现浇混凝土结构整体性好、抗震性好、节约钢材，而且施工不需要大型安装用起重机；其缺点为现场施工周期长、需要耗费大量模板、现场运输工作量大、劳动强度高、施工易受气候条件影响、建筑垃圾和噪声造成公害。在现浇混凝土结构施工中，现已日益广泛地采用工业化定型模板，钢筋连接和接长采用各种先进的电焊技术和机械连接技术，混凝土浇筑采用泵送混凝土及商品混凝土等一系列新材料、新工艺、新设备，在一定程度上克服了上述某些缺点，使现浇钢筋混凝土结构得到新的发展。本章着重介绍现浇钢筋混凝土结构的施工工艺。

混凝土结构工程由模板工程、钢筋工程和混凝土工程三部分组成。组织现浇钢筋混凝土结构的施工，施工前必须做好充分的准备工作，施工中要加强管理，合理安排施工程序，组织好各工种之间的紧密配合，制定合理的安全技术措施，以保证工程的顺利进行，提高综合效益。

第一节 模板工程

模板系统包括面板和支撑两部分。面板是指与混凝土直接接触，使混凝土具有规定形状的模型；支撑是指支撑模板、承受荷载，并使模板保持所要求形状、位置的结构。

现浇混凝土结构施工时对模板有以下基本要求：①保证结构和构件各部分形状、尺寸和相互间位置的正确性；②具有足够的强度、刚度和稳定性；③装拆方便，能多次周转使用；④接缝严密，不易漏浆；⑤成本低。清水混凝土另有其他要求。

一、常用模板种类

1. 木模板

木模板及支撑系统一般都在加工厂或现场的木工棚加工成部件，然后再在现场拼成整体。木模板是最传统的模具之一，近年来，随着我国森林面积的急剧减少以及新型模板的发展，木模板的应用已逐渐减少。目前仅用于建筑工程的楼梯、梁柱接头、异形构件、模板镶拼等部位。

2. 胶合板模板

模板用胶合板有木胶合板和竹胶合板两种。

木胶合板是一组由 5、7、9、11 奇数层单板（薄木片）按相邻层木纹方向互相垂直组成的板坯，经热压固化胶合而成。木胶合板模板的周转次数在 10 次以内，使用的广泛性受到限制。

竹胶合板是将编好的竹席在水溶液中浸泡或蒸煮，让竹材中的木质素软化，内应力消失，具有可塑性，然后在一定的温度和压力下，用粘结材料塑合而成。竹胶合板模板的综合效益要高于木模板，但成本较高，目前通过加肋等加固措施广泛作为楼板模板、墙体模板、柱模板等大面积模板。竹胶合板模板的常用厚度有 12mm、15mm、18mm、20mm 四种。

3. 组合钢模板

组合钢模板是一种工具式模板，用它可以拼出多种尺寸和几何形状，可适应多种类型建筑物的梁、柱、板、墙、基础和设备基础等施工的需要，也可用其拼成大模板、台模等。施工时可以在现场直接组装，也可预拼成各种大块的模板用起重机吊运安装。由此可见，组合钢模板具有轻便灵活、装拆方便、存放、修理和运输便利以及周转率高等优点。但也存在安装速度慢，模板拼缝多，易漏浆，拼成大块模板时重量大、较笨重等缺点，将来会逐渐被整体式模板所取代。

组合钢模板由钢模板和配件两部分组成。

（1）钢模板　钢模板包括平面模板、阴角模板、阳角模板和连接角模等几种（图 5-1）。

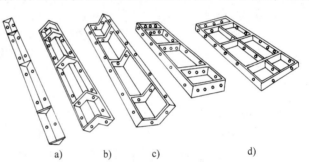

图 5-1　钢模板
a）连接角模　b）阳角模板　c）阴角模板　d）平面模板

钢模板采用模数制设计，宽度模数以 50mm 进级，长度模数以 150mm 进级。钢模板可竖向或横向拼装，其规格尺寸见表 5-1。

表 5-1　钢模板规格尺寸　　　　　　　　　　　　　（单位：mm）

规格	平面模板	阴角模板	阳角模板	连接角模
宽度	300，250，200，150，100	150 × 150 100 × 150	100 × 100 50 × 50	50 × 50
长度	1500，1200，900，750，600，450			
肋高	55			

（2）配件　配件包括连接件和支承件两部分。它们的作用分别为：

1）连接件（图 5-2）

①U 形卡：将钢模板从横向连接成整体。

②L 形插销：插入钢模板端部横肋的插销孔内，用以增强钢模板纵向拼装刚度。

③钩头螺栓：用于钢模板与内、外钢楞的连接固定。

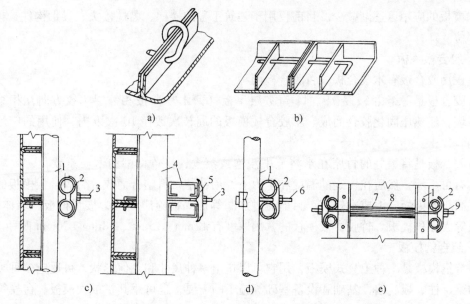

图 5-2　钢模板连接件

a）U 形卡连接　b）L 形插销连接　c）钩头螺栓连接

d）紧固螺栓连接　e）对拉螺栓连接

1—圆钢管钢楞　2—3 形扣件　3—钩头螺栓　4—内卷边槽钢钢楞

5—蝶形扣件　6—紧固螺栓　7—对拉螺栓　8—塑料套管　9—螺母

④紧固螺栓：用于紧固内、外钢楞。

⑤对拉螺栓：用于连接固定两组侧向钢模板。

⑥扣件：用于钢楞与钢模板或钢楞之间的扣紧。按钢楞的不同形状，可采用蝶形或 3 形扣件。

2）支承件（图 5-3）

①钢楞：用于支撑钢模板和加强其整体刚度。钢楞可用圆钢管、矩形钢管、内卷边槽钢等做成。

②立柱：用以承受竖向荷载，有管式和四立柱式两种。

③斜撑：用以承受单侧模板的侧向荷载和调整竖向支模时的垂直度。

④柱箍：用以承受新浇混凝土侧压力等水平荷载。

⑤平面组合式桁架：用作水平模板的支承件。其跨度可灵活调节。

4. 钢框覆面胶合板模板

钢框覆面胶合板模板是以热轧异型钢为框架，以覆面胶合板作面板的一种新型工业化组合模板。其面板有木胶合板、竹胶合板和复合纤维板等。

钢框覆面胶合板模板有以下优点：首先是重量较轻、板幅较大，比组合钢模板轻 1/4 ~ 1/5。由于模板轻，因而可增加模板的板幅（即单块模板的长宽大小），减少了模板的拼接缝。其次是模板吸附力小，易于脱模；保温性能也较钢模要好，有利于冬期施工。第三，可以与组合钢模板配套使用，连接件和支承件均可通用。钢框的作用是保护覆面胶合板的边角免受损伤，延长使用寿命，提高模板的承载力和刚度。

5. 台模

台模又称桌模、飞模。台模体系由面板和支架两部分拼装而成，适用于现浇楼板工程。这种模板可以一个房间的楼板为一块，施工中不需重复装拆，用起重机将其整体吊运到上一楼层即可，实现快速支模、脱模。图5-4为一种折叠式台模，台面用胶合板，支架用铝合金材料，装有螺旋和折叠装置。台模安装时由支腿直接支于下层楼面上（图5-4b中①）。拆模时先将折板脱开并拆下，然后放松支腿上的螺旋，使台模下降与新浇混凝土楼面脱开。台模吊运时，将支腿折起来，滚轮着地（图5-4b中②），向前推出1/3台模长，用起重机吊住一端，继续推出2/3，吊住另一端（图5-4b中③），再整体吊运到新的位置。

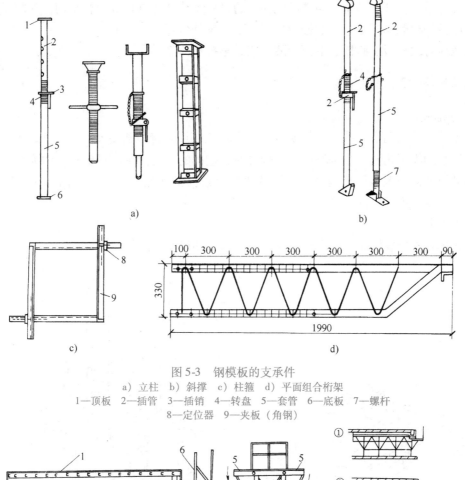

图5-3　钢模板的支承件

a）立柱　b）斜撑　c）柱箍　d）平面组合桁架

1—顶板　2—插管　3—插销　4—转盘　5—套管　6—底板　7—螺杆

8—定位器　9—夹板（角钢）

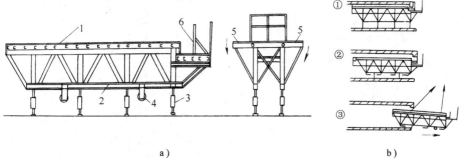

图5-4　折叠式台模示意图

a）折叠式台模的组成　b）折叠式台模的拆模过程

1—面板　2—支架　3—折叠式支腿　4—滚轮　5—折板　6—梁侧模

6. 永久性模板

永久性模板主要用于现浇钢筋混凝土楼板施工中，它既是楼板施工中的模板，也是楼板的一个组成部分。由于模板不需拆除，可以大大改进常规混凝土施工工艺，有效地加快施工进度。永久性模板有预制混凝土薄板与压型钢板两类。

作为永久性模板的混凝土薄板厚度为 50～80mm，主要有两种类型：一为预应力混凝土薄板，一般在跨度大于 4.5m 时使用；二为双筋钢筋混凝土薄板。

压型钢板用作混凝土楼面永久性模板，一般有下列两种方式：①压型钢板仅作为楼板混凝土施工用模板，承受混凝土自重和施工荷载，待混凝土达到设计强度后，全部荷载由现浇钢筋混凝土承受；②压型钢板与楼面混凝土通过一定构造措施形成组合结构，共同承受楼面荷载，压型钢板既是模板，又起楼板混凝土受拉钢筋作用。

其他尚有大模板、爬模、滑模、隧道模、早拆模体系等。

二、模板构造要点

1. 基础模板

基础模板可采用永久性台模。模板可利用基坑（或基槽）进行支撑。图 5-5 所示为阶梯形独立柱基础模板构造。当基坑的土质较好时，基础的下台阶可不设侧模，称为混凝土原槽浇筑。横板加固一般采用"内撑外拉"式进行，顶撑的作用为不使模板向里倾，铁丝则使模板在浇筑混凝土后不向外倾。

2. 柱模板

图 5-6 为胶合板柱膜双层钢楞支撑。柱模的顶部根据梁的尺寸开有缺口。柱箍采用短钢

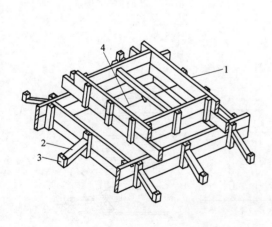

图 5-5　阶梯形独立柱基础模板构造

1—侧板　2—斜撑　3—木桩　4—铁丝

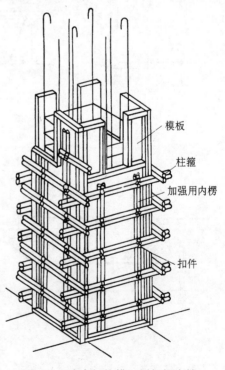

模板

柱箍

加强用内楞

扣件

图 5-6　胶合板柱模双层钢楞支撑

管和钢管脚手架用扣件组成，其作用主要是抵抗新浇混凝土的侧压力，间距为 300 ~ 500mm。由于靠近柱底的侧压力较大，柱箍间距应加密。由于木胶合板板面较薄，刚度不够，必须用加劲肋楞加强。

采用组合钢模板组装各种构件模板时，应合理选择若干种规格的定型钢模板，将其组配成所需形状和尺寸，并绘制成配板图，这项工作称为配板设计。

3. 墙模板

墙模板的构造如图 5-7 所示。

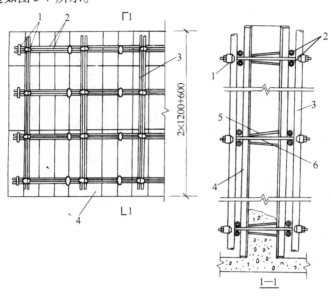

图 5-7　墙钢模板构造图

1—3 形扣件　2—内钢楞　3—外钢楞　4—钢模板　5—套管　6—对拉螺栓

4. 梁、楼板模板

梁、楼板模板构造如图 5-8 所示。立柱多为伸缩式，可以调整高度，立柱应支在坚实的地面或楼面上，下垫木楔，以便拆除。当立柱支于泥地时，应做好排水设施，避免土壤被水泡软而产生较大沉降，同时还应在立柱下加垫木板，以分布立柱传给地面的集中荷载，减少立柱的沉降量。立柱间应用水平和斜向拉杆拉牢，以增强其整体稳定性。在多层或高层建筑施工时，上、下层楼面立柱应在同一竖直线上，使上层楼面立柱的荷载能直接传递到下层楼面立柱上去，因为这时下层楼面混凝土的强度还较低，不能承受由上层立柱传来的施工荷载。当梁的跨度在 4m 或 4m 以上时，梁底模应起拱，起拱值由设计规定，如设计

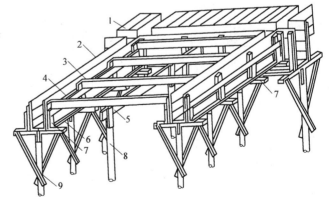

图 5-8　梁、楼板模板构造

1—楼板模板　2—梁侧模板　3—搁栅　4—横档　5—牵杠　6—夹条
7—短撑木　8—牵杠撑　9—支柱（琵琶撑）

无规定时，起拱高度宜取全跨长度的 0.1% ~0.3%。

图 5-9 为梁与楼板模板的两种连接方法，一种是用阴角模板 1 连接；另一种是用嵌补模板 2 连接。

5. 楼梯模板

图 5-10、图 5-11 为一板式楼梯木模板构造图。

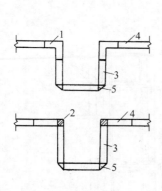

图 5-9　梁与楼板模板相互连接的两种方法

1—阴角模板　2—嵌补模板　3—梁模板

4—楼板模板　5—连接角模

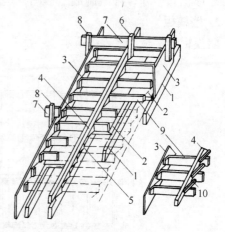

图 5-10　楼梯模板立体图

1—楞木　2—底模　3—边侧模　4—反扶

梯基　5—二角木　6—吊木　7—横楞

8—立木　9—踢脚板　10—顶木

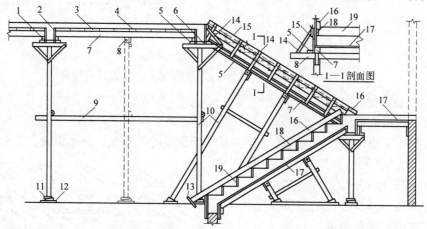

图 5-11　肋形楼盖及楼梯模板

1—托板　2—梁侧板　3—定型模板　4—承定型模板　5—固定夹板　6—梁底模板　7—楞木

8—横木　9—拉条　10—支撑　11—木楔　12—垫板　13—木桩　14—斜撑　15—边板

16—反扶梯基　17—板底模板　18—三角木　19—踢脚板

三、模板安装

（一）主要机具

1）施工机械：电锯、电钻，电动扳手及电焊机等。

2）主要工具：斧、锯、钉锤、水平尺、钢直尺、钢卷尺、线锤、手电钻、手电锯、钢丝刷、毛刷、小油漆桶、小白线、墨斗、撬杠等。

（二）作业条件

1）施工图样及有关资料齐全，并已组织学习和技术交底。

2）施工机具、材料已按计划进场。作业需要的脚手架已搭设完毕。

3）测量控制及轴线、标高等能满足施工要求。

（三）安装要点

1. 基础模板

建筑物的基础一般可分为独立基础、条形基础、筏式基础和箱形基础等多种形式。不同的基础形式，模板施工方法也不尽相同。

基础是建筑物的最基本部分，其施工质量对整个建筑结构都会产生影响。基础的模板施工要特别注意以下几点：

1）注意垫层混凝土的平整。垫层混凝土顶面标高要正确，垫层混凝土周边尺寸要比基础底板尺寸大 10~15cm。施工前应先进行基础模板放线，为正确支模提供条件。浇筑垫层时要埋设标高点，周边要设置简易模板。

2）必须正确放线。要校核建筑物轴线后，再放模板边线和标高线。

3）在配模支模时，要考虑混凝土施工缝的设置部位。箱形基础等有防水要求的基础要正确设置止水带。能分次浇捣混凝土时尽量分次浇捣，以方便支模。当底板与基础墙要一次支模时，往往给支模及混凝土浇筑带来困难，但对防水有好处。

4）在基础模板支模时要注意设备管道的尺寸和位置。如排水管等因有坡度要求，在基础上各点的标高是不同的。有时为方便起见，考虑建筑物今后下沉等因素，要留较大的孔洞，供管道安装。

2. 柱模板

柱的模板可采用组合钢模板或钢框胶合板模板。为了加快工程进度，提高安装质量，加快模板周转率，应将定型钢模板预拼成较大的模板块，再用起重机吊装就位拼接。预拼装是组合钢模板施工中关键的工作，预拼成的模板块表面必须平整且具有很好的刚度，使吊装后不产生变形。

根据配板设计图，柱模板可拼成单片、L形和整体式三种。L形即一个柱模由两个L形板块相对互拼组成；整体式即由四块拼板拼成柱的筒状模板。柱内埋设的连接用的锚固钢筋，不应在柱模板上开洞留设。应将锚固钢筋折成直角绑扎于柱的箍筋上，拆模后将锚固钢筋凿出扳直。

施工程序：

1）先清理已绑好柱钢筋的底部，弹出柱的中心线及四周边线。

2）根据测量标高抹水泥砂浆找平层，调整柱底标高，并作为定位的基准，支侧模时应与其靠紧。

3）把四侧模板用柱箍围住，柱箍可用角钢加螺栓或短钢管加扣件做成。柱箍主要是为承担混凝土侧压力的，其竖向间距为 400~800mm，柱子根部可密些，往上可稀些，这是与侧压力在根部大、上部减小相符合的。如柱截面较大，则按构造要求加设对拉螺栓。

4）通排柱（或多根柱）模板安装时，应先将柱脚互相搭牢固定，再将两端柱模板找正吊直，固定后，拉通线校正中间各柱模板。柱模板除各柱单独固定外还应加设剪刀撑彼此拉牢，以免浇筑混凝土时偏斜。

5）按构造要求在柱脚预留清扫口，柱子较高时预留浇筑口，高度不得大于 2m。

6）柱模板初步支好后，要挂线锤检查垂直度，做到竖向垂直、根部位置准确。

7）在浇筑混凝土前，应用水冲洗模板内侧，一起湿润作用，二可把模板底部脏物杂物冲出清洗口，然后再把口封住，这样浇筑的混凝土柱根不会夹渣、吊脚。

8）混凝土浇筑后立即对柱模板进行二次校正。二次校正可用可调支撑进行，也可用中间加花篮螺栓的脚手钢管作调整杆进行调整。

柱模板支撑的关键是：一要垂直；二要柱箍足够，保证不会胀模；三要稳定，不会移动。

3. 墙模板

墙模板安装一般应按照下列步骤进行：

1）支模前，应在垫层上放出墙的中心线和边线，并核对标高、找平。

2）先将一侧模板立起，用线锤吊直，然后安装背楞和支撑，经校正后固定。

3）待钢筋保护层垫块及钢筋间的内部撑铁安装完毕后，支另一侧模板，墙身较高时要合理设置混凝土浇筑口。

4）为了控制墙的厚度，内外模板之间用螺栓紧固，加外模支撑，防止模板外倾。

5）调整模板的位置及垂直度，全面拧紧对拉螺栓，最后固定好支撑。

6）全面检查安装质量并与相邻墙模板连接牢固。

7）模板底部应留清扫口。

4. 梁、楼板模板

梁模板分为侧模板和底模板两种。一般建筑物内，当梁高不大时，可采用工具式梁卡支撑模板；当梁高大于 600mm 时，因侧压力较大，为慎重起见，宜采用对拉螺栓支模方式。通常，梁侧模板像墙模一样，能较早拆除，梁底模板要在混凝土强度较高时才能拆除。

在梁模板支模中，要注意下列问题：

1）要做好梁模板与柱模板的接口处理、主梁模板与次梁模板的接口处理，以及梁模板与楼板模板接合处的处理。这些地方往往容易造成漏浆或构件尺寸偏差。当用木模板或胶合板模板时，要用木方转接；采用组合钢模板时，要用阴角模或木方转接。必要时，可再以薄铁皮之类予以覆盖，以使接口处不致漏浆，保证尺寸的准确。

2）要根据梁的跨度在支模时按设计要求对模板起拱。梁模板组装完成后，因侧模和底模相结合能起构架作用，使梁模板刚度很大，往往使起拱困难，所以在支撑开始时就要考虑到梁模板的起拱，而后将侧模、底模连成整体。在预留起拱量时，要考虑地基下沉、支撑间隙闭合等因素，使梁的起拱量符合设计要求。

3）花篮梁、挑梁、曲线梁、曲梁等截面线条多变化的梁，要加强定位卡具，加密对拉螺栓，使梁模板在浇筑混凝土时不致走样。

4）在梁模板施工中，如要求梁侧模板先行拆除时，要进行支模设计，不使楼板模板背楞压在梁侧模板上。板模背楞的设置要给梁侧模的先行拆除留有活动余地。

楼板模板通常都是水平方向的模板，但也有坡度较缓的模板，与墙、柱模板相比，一般情况下楼板模板的荷载较小。

施工程序：

①放线确定梁轴线位置、尺寸，梁、板底标高。

②根据梁轴线位置支设梁底模板支撑体系，一般采用顶撑，顶撑间要设水平拉结，以增

强整体刚度。当房屋层间高度大于 5m 时，宜采用钢管排架支模，也可用桁架支模。

③铺设梁底模板（也可以先支一侧模板），然后绑扎梁钢筋并支设梁侧模板。

④用木板或钢模来组合底模板和侧模板，梁侧模板可在底部用方木或钢管卡住；上部可用斜撑或上口卡或螺栓拉住。梁高度较大时，中间要加对拉螺栓。

⑤支设板的模板。板模板的支撑比较简单，用木模板的，应先把板下搁栅铺放平整，再在其上钉木板；用组合钢模板的，应先将板支点的间距定好，然后在这些点上放钢管并调平，最后铺钢模板；如用大张胶合板（夹板）铺面，则支模更方便。假如设计的楼板厚度大于 120mm 时，应在模板下加密木搁栅或钢管，再用立杆支撑，保证刚度，避免拆模后出现板底下垂的现象，并注意接缝紧密防止漏浆。

⑥通过检查轴线或中线校正梁模板，并根据标高调整支撑高度，可用木楔在立杆或立管底进行调整，也可通过可调支座来调整。

⑦检查板模标高及平整度并将板面清理干净。

梁、楼板模板支撑的关键是要保证刚度及支撑牢固。要避免出现拆模后梁成鱼腹式、板底下沉的情形。另外要保证预埋件、预留孔洞位置的正确。

5. 楼梯模板

楼梯模板的一般施工程序为：

1）计算斜坡模板长度及踏步三角木的尺寸。

2）定标高和起步位置。

3）支基础梁的模板，梯步处侧模上口要与斜坡底板坡口相接。

4）支休息平台梁和平台板，支法和上述梁板支模相似。关键是要掌握好结构标高。

5）支斜坡模板，支撑必须与斜坡垂直，并要互相用拉杆牵牢。斜撑支点根部不能滑动。

6）钉梯帮板及踏步板，并把反扶梯基在踏步板上钉牢。

四、早拆模板体系

一般混凝土楼板的跨度均在 2m 以上、8m 以下，要混凝土浇筑后 8～10d，达到设计强度的 75% 才可拆模。早拆模板体系是在楼板混凝土浇筑后 3～4d、强度达到设计强度的 50% 时，即可拆除楼板模板与托梁，但仍保留一定间距的支柱，继续支撑着楼板混凝土，使楼板混凝土处于小于 2m 的短跨受力状态，待楼板混凝土强度增长到足以承担全跨自重和施工荷载时，再拆除支柱。用早拆模板体系就可提早 5～6d 拆除模板，加快了模板的周转、减少了模板的备用数量，可产生较明显的经济效益。

早拆模板体系由模板块、托梁、带升降头的钢支柱及支撑组成（图 5-12）。模板块多采用钢覆面胶合板模板。托梁有轻型钢桁架和薄壁空腹钢梁两种。托梁顶部有 70mm 宽凸缘与楼板混凝土直接接触，两侧翼缘用于支承模板块端部，托梁的两端则支于支柱上端升降头

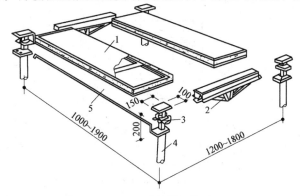

图 5-12 早拆模板体系

1—模板块 2—托梁 3—升降头 4—可调支柱 5—跨度定位杆

的梁托板上。支柱下端设有底脚螺栓，用以调整支柱高度。斜撑杆和水平撑杆的作用是保证支柱的稳定性。

早拆模板安装时，先安装支柱等支撑系统，形成满堂支架，再逐个按区间将模板安放到托梁上。拆模时用铁锤敲击升降头上的滑动板，托梁连同模板块降落 100mm 左右，但钢支柱上端升降头的顶板仍然支撑着混凝土楼板（图 5-13）。升降头目前有斜面自锁式（图 5-14）、支承销板式（图 5-15）和螺旋式三种。

早拆模板体系施工的一个循环周期为 7d。第一天安装支撑系统；第二天模板块安装完毕，开始绑扎钢筋；第三天钢筋绑扎完毕，浇筑混凝土；第四、五、六天养护混凝土；第七天拆除模板，保留钢支柱，准备下一循环。

利用保留部分支柱，减小跨度的原理，用散拼模板保留支撑板带也可实现模板的早拆。

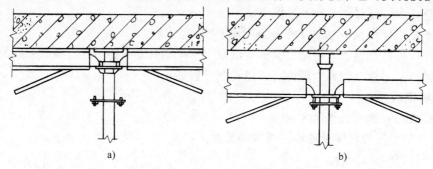

图 5-13　早拆模板拆模示意图

a）梁托板升起位置　b）梁托板下降拆模

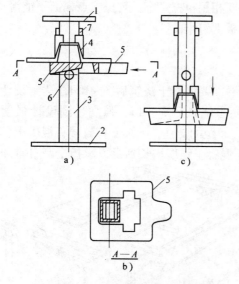

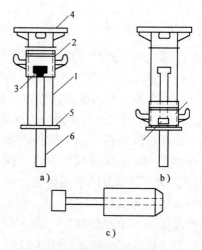

图 5-14　斜面自锁式升降头的构造

a）升降头在支模后的使用状态

b）滑动斜面板的俯视图

c）升降头中斜面板与梁托的降落状态

1—顶板　2—底板　3—方形管　4—梁托

5—滑动斜面板　6—承重销　7—限位板

图 5-15　支承销板式升降头的构造

a）升降头支模后的使用状态

b）升降头中的销板与梁托的降落状态

c）支承销板详图

1—矩形管　2—梁托　3—支承销板

4—顶板　5—底板　6—管状体

五、模板验算（按《混凝土结构工程施工规范》（GB 50666—2011））

模板工程应编制专项施工方案。滑模、爬模等工具式模板工程及高大模板支架工程的专项施工方案，应进行技术论证。模板及支架应根据施工过程中的各种工况进行设计，应具有足够的承载力和刚度，并应保证其整体稳固性。模板及支架应保证工程结构和构件各部分形状、尺寸和位置准确，且应便于钢筋安装和混凝土浇筑、养护。模板及支架宜选用轻质、高强、耐用的材料，连接件宜选用标准定型产品。接触混凝土的模板表面应平整，并应具有良好的耐磨性和硬度；清水混凝土模板的面板材料应能保证脱模后所需的饰面效果。脱模剂应能有效减小混凝土与模板间的吸附力，并应有一定的成膜强度，且不应影响脱模后混凝土表面的后期装饰。模板及支架的形式和构造应根据工程结构形式、荷载大小、地基土类别、施工设备和材料供应等条件确定。

模板及支架的设计应包括下列内容：①模板及支架的选型及构造设计；②模板及支架上的荷载及其效应计算；③模板及支架的承载力、刚度验算；④模板及支架的抗倾覆验算；⑤绘制模板及支架施工图。

模板及支架的设计应符合下列规定：①模板及支架的结构设计宜采用以分项系数表达的极限状态设计方法；②模板及支架的结构分析中所采用的计算假定和分析模型，应有理论或试验依据，或经工程验证可行；③模板及支架应根据施工过程中各种受力工况进行结构分析，并确定其最不利的作用效应组合；④承载力计算应采用荷载基本组合；变形验算可仅采用永久荷载标准值。模板及支架设计时，应根据实际情况计算不同工况下的各项荷载及其组合。各项荷载的标准值可按规范确定。

模板及支架变形值限制同相应规范。多层楼板连续支模应分析互相影响，支架地基或结构承载力验算应符合相应规范。钢管扣件支架宜采用中心传力方式，单根立杆轴力标准值不宜大于 12kN，高大模板支架立杆轴力标准值不宜大于 10kN。立杆顶部承受水平杆扣件传递的竖向荷载时，立杆应按不小于 50mm 的偏心距进行承载力验算，高大模板支架的立杆应按不小于 100mm 的偏心距进行承载力验算。顶部水平杆可按受弯构件进行承载力验算，扣件抗滑承载力验算可按现行行业标准的有关规定执行。门式、碗扣式、盘扣式或盘销式等钢管架搭设的支架，应采用支架立柱杆端插入可调托座的中心传力方式，其承载力及刚度可按国家现行有关标准的规定进行验算。

（一）模板验算荷载标准值

1）模板及支架自重（G_1）：按图或查表。

2）混凝土自重（G_2）：按容重。

3）钢筋自重（G_3）：按图或查表。

4）混凝土侧压力（G_4）：采用内部振捣器、浇筑速度不大于 10m/h、混凝土塌落度不大于 180mm 时，取二式计算结果的较小值；浇筑速度大于 10m/h、或混凝土塌落度大于180mm 时，用第 2 式。

$$F = 0.28\gamma_c t_o \beta V^{\frac{1}{2}} \tag{5-1}$$

$$F = \gamma_c H \tag{5-2}$$

式中　F——新浇混凝土的最大侧压力（kN/m^2）；

γ_c——混凝土重力密度（kN/m^3）；

t_o——新浇混凝土初凝时间（h），由实测确定。当缺乏资料时，可采用如下公式计算：$t_o = 200/(T+15)$（T 为混凝土温度，单位为℃）；

β——混凝土坍落度影响修正系数，当坍落度大于 50mm 且不大于 90mm 时，取 0.85；

V——混凝土的浇筑速度（m/h）；

H——混凝土侧压力计算位置处至新浇混凝土顶面的总高度（m）。

混凝土侧压力的计算分布如图 5-16 所示，其中，$h = F/\gamma_c$（h 为有效压头高度，单位为 m；F 为取得的小值）。

5）施工人员设备荷载（Q_1）：据实确定且不小于 2.5kN/m^2。

6）下料荷载（Q_2）：对垂直面模板的水平荷载标准值查表，作用于有效压头高度 $h = F/\gamma_c$。

7）附加水平荷载（Q_3）：泵送、不均堆载等造成，取计算工况下竖向永久荷载标准值的 2%，作用于支架上端的水平方向。

8）风荷载（Q_4）：按《建筑结构荷载规范》（GB 50009—2012）10 年一遇风压，基本风压不小于 0.2kN/m^2，

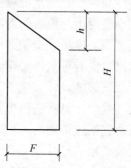

图 5-16　混凝土侧压力的计算分布图

$$w_k = \beta_z \mu_s \mu_z w_0 \tag{5-3}$$

式中　w_k——风荷载标准值（kN/m^2）；

β_z——高度 z 处的风振系数，$\beta_z = 1 + 2gI_{10}B_z\sqrt{1+R^2}$；

$g = 2.5$（峰值因子）；

I_{10}——湍流强度，0.39（城区结构较高）；

R——共振因子，$R = \sqrt{\dfrac{\pi}{6\zeta_1}\dfrac{x_1^2}{(1+x_1^2)^{4/3}}}$，$x_1 = \dfrac{30f_1}{\sqrt{k_w w_0}}$；

f_1——结构第一阶自振频率；

k_w——地面粗糙度修正系数，查表；

ζ_1——结构阻尼比，查表；

B_z——背景因子，$B_z = kH^{a_1}\rho_x\rho_z\dfrac{\phi_1(z)}{\mu_z}$；

k、a_1——系数，查表；

H——结构高度；

ρ_x——风荷载水平方向相关系数，

$$\rho_x = \dfrac{10\sqrt{B+50e^{-B/60}-60}}{B};$$

ρ_z——风荷载竖直方向相关系数，

$$\rho_z = \dfrac{10\sqrt{H+60e^{-B/60}-60}}{H};$$

B——结构迎风面宽度；

　　$\phi_1(z)$——结构第一阶振型系数，结力计算或查表；

　　　　μ_s——风荷载体型系数，查表；

　　　　μ_z——风压高度变化系数，查表（非山区、非远海海面和海岛）；

　　　　w_0——基本风压（kN/m^2），查表（荷载规范）。

　　（二）荷载组合、计算项目

　　荷载组合：承载力计算用荷载基本组合，变形计算用永久荷载标准值。承载力计算荷载组合项目见表5-2。

表 5-2　承载力计算荷载组合项目

计算内容		参与荷载项
模板	底模	$G_1 + G_2 + G_3 + Q_1$
	侧模	$G_4 + Q_2$
支架	支架水平杆及节点	$G_1 + G_2 + G_3 + Q_1$
	立杆	$G_1 + G_2 + G_3 + Q_1 + Q_4$
	支架整稳	$G_1 + G_2 + G_3 + Q_1 + Q_3$ $G_1 + G_2 + G_3 + Q_1 + Q_4$

　　计算项目有：

　　1）$\gamma_0 \gamma_R S \leqslant R$（强度和稳定一般计算式）。

　　2）钢管支架单杆受力标准值有限值，高大模板支架立杆为10kN，一般模板及支架立杆为12kN。

　　3）钢管支架整稳考虑偏心作用（高大模板支架立杆偏心100mm，一般模板支架立杆偏心50mm）。

　　4）钢管支架钢构件长细比限制$\left(满堂脚手架 \lambda = \dfrac{\mu h}{i} \leqslant [\lambda]\right)$。

式中　γ_0——结构重要性系数，重要模板及支架：$\gamma_0 \geqslant 1$；一般模板及支架：$\gamma_0 \geqslant 0.9$；

　　　γ_R——承载力设计值调整系数，根据模板及支架重复使用情况取，$\gamma_R \geqslant 1$；

　　　　S——模板及支架按荷载基本组合计算的荷载效应设计值，

$$S = 1.35\alpha \sum S_{G_{ik}} + 1.4 \Psi_{cj} \sum S_{Q_{jk}} \tag{5-4}$$

式中　$S_{G_{ik}}$——第i个永久荷载标准值产生的效应值；

　　　$S_{Q_{jk}}$——第i个可变荷载标准值产生的效应值；

　　　　α——模板及支架的类型系数，侧模取0.9，底模及支架取1；

　　　Ψ_{cj}——第j个可变荷载组合系数，宜大于等于0.9（荷载规范中，风为0.6，施工荷载为0.7）；

　　　　μ——考虑整稳因素的单杆计算长度系数，查表（扣件架规范）；

　　　　h——步距；

　　　　i——杆件惯性半径（$\phi48 \times 3.5$钢管1.58cm）；

　　荷载规范2012版增加使用年限系数γ_L。施工荷载使用10年，$\gamma_L = 0.9 + 0.1/(50-5) \times 5$。此处未考虑。

　　　　R——模板及支架结构构件承载力设计值。

（三）算例

【例5-1】 某建筑工程，建筑高度为25m，楼层高度 $H = 2.8$ m，柱网尺寸为 $6m \times 6m$，建筑平面长42m、宽18m。现浇钢筋混凝土楼板厚度 $D = 120$ mm。采用钢管扣件式支架（图5-17）。楼板模板面板采用18mm厚胶合板，次楞采用 $50mm \times 100mm$ 杉木，间距为200mm；主楞、纵横向水平杆、支架和扫地杆皆采用 48×3.5 钢管，主楞间距800mm。模板所用木材力学性能如下：抗弯强度 $f_w = 20$ MPa，抗剪强度 $f_v = 1.7$ MPa，弹性模量 $E = 10$ GPa。Q235钢抗弯（拉、压同）强度设计值 $f = 205$ MPa，抗剪强度设计值 $f_v = 120$ MPa，弹性模量 $E = 2.06 \times 10^5$ MPa。

支架设置纵横双向扫地杆，扫地杆距楼地面100mm。支架全高范围内设置纵横双向水平杆，水平杆的步距（上、下水平杆间距）下部为1.4m，顶部 ≤ 1.2 m，支架纵、横距均为0.8m。支架顶端设置纵横双向水平杆。架体外围沿全高设置竖向剪刀撑，架体内部双向每4～5m设置竖向剪刀撑。竖向剪刀撑斜杆与地面的倾角宜在45°～60°。

要求验算支架的整体稳定性承载力。

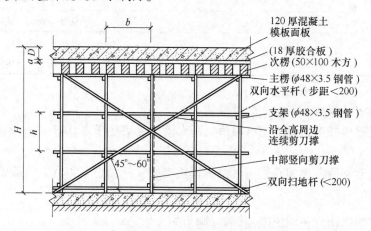

图5-17 现浇钢筋混凝土楼板钢管扣件式支架

【解】

本工程为满堂脚手架，图中上部支架步距应为1038mm。

1. $G_1 + G_2 + G_3 + Q_1 + Q_4$

单根立杆负担面积为 $0.8m \times 0.8m$

模板及支架自重 $G_{1k} = 0.75$ kN/m²

钢筋自重 $G_{2k} = (1.1 \times 0.12)$ kN/m² $= 0.132$ kN/m²

混凝土自重 $G_{3k} = (24 \times 0.12)$ kN/m² $= 2.88$ kN/m²

施工人员设备荷载 $Q_{1k} = 2.5$ kN/m²

风荷载标准值 $w_k = \beta_z \mu_s \mu_z w_0 = (1 \times 1.3 \times 1 \times 0.35)$ kN/m²

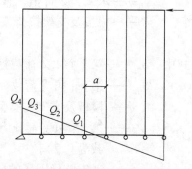

图5-18 力矩平衡计算简图

$= 0.455$ kN/m²。10年一遇基本风压为0.35kN/m²，城市密集区风压高度系数 $\mu_z = 1.0$，风压体形系数 $\mu_s = 1.3$，风压风振系数 $\beta_z = 1.0$。按建筑周边迎风面高750mm（考虑梁模高，但支架立杆都如楼板立杆），(0.455×0.75) kN/m $= 0.334$ kN/m。

按力矩平衡（图5-18）求出风荷载作用下支架立杆的最大压力、拉力标准值。支架立杆间距 0.8m，18m 宽度立杆总数为 $18/0.8 + 1 \approx 24$，拉、压杆各 12 根。

$$\frac{Q_1}{Q_2} = \frac{0.5a}{1.5a} = \frac{1}{3}, Q_1 \text{ 力臂} = a$$

$$\frac{Q_1}{Q_3} = \frac{0.5a}{2.5a} = \frac{1}{5}, Q_2 \text{ 力臂} = 3a$$

$$\cdots\cdots$$

$$\frac{Q_1}{Q_k} = \frac{0.5a}{(k-0.5)a} = \frac{0.5}{k-0.5}, Q_k \text{ 力臂} = (2k-1)a$$

$$\frac{Q_1}{Q_{12}} = \frac{0.5a}{(12-0.5)a} = \frac{1}{23}$$

$$\sum Q_k \times (2k-1)a$$

$$= \sum \frac{(k-0.5)Q_1}{0.5} \times (2k-1)a$$

$$= \sum \frac{(k-0.5)}{0.5} \times \frac{Q_{12}}{23} \times (2k-1)a$$

$$= Q_{12} \sum \frac{(k-0.5)}{11.5} 0.8(2k-1)$$

$$= 0.8 \times 0.334h(\text{共 25 根立杆时}, \sum Q_k \cdot 2ka = Q_{12} \sum 2ka)$$

$$Q_{12} = 0.003\text{kN}, Q_{12}/0.8^2 = 0.005\text{kN/m}^2$$

$$S = 1.35\alpha \sum S_{G_{ik}} + 1.4\Psi_{cj} \sum S_{Q_{jk}}$$

$$= [1.35 \times 1 \times (0.75 + 0.132 + 2.88) + 1.4 \times 1 \times (2.5 + 0.005)]\text{kN/m}^2$$

$$= 8.59\text{kN/m}^2$$

单杆负担面积为 $0.8\text{m} \times 0.8\text{m}$，单杆受力标准值 $N_1 = [0.8 \times 0.8 \times (0.75 + 0.132 + 2.88 + 1 \times 2.5)]\text{kN} = 4.0\text{kN} < 12\text{kN}$，满足规范要求。单杆受力基本组合设计值 $N = (0.8 \times 0.8 \times 8.59)\text{ kN} = 5.5\text{kN}$

按《建筑施工扣件式钢管脚手架安全技术规范》（JGJ 130—2011）$l_0 = k\mu h = [1.155 \times (2.758 - (2.758 - 2.335)/(1.5 - 1.2) \times (1.4 - 1.2)) \times 1.4]\text{m} = 1.155 \times 2.476 \times 1.4\text{m} = 4.0\text{m}(0.8\text{mm} \times 0.8\text{mm}$ 间距取 $0.9\text{mm} \times 0.9\text{mm}$ 间距，偏于安全）

钢管截面回转半径 $i = 1.58\text{cm} \left(i = \sqrt{\dfrac{I}{A}} \right)$

立杆较大（比上部步距），长细比 $\lambda = 400/1.58 = 253$

轴压稳定系数 $\phi = 7320/\lambda^2 = 7320/253^2 = 0.114$

偏心距 $e = 53\text{mm}$，附加弯矩设计值 $M = (5.5 \times 0.053)\text{kN} \cdot \text{m} = 0.29\text{kN} \cdot \text{m}$

$$\sigma = \gamma_R \gamma_0 \left(\frac{N}{\phi A} + \frac{M}{W} \right)$$

$$= \left[1 \times 0.9 \left(\frac{5.5 \times 10^3}{0.114 \times 4.89 \times 10^{-4}} + \frac{0.29 \times 10^3}{5.08 \div 10^{-6}} \right) \right]\text{Pa}$$

$$= 140 \times 10^6\text{Pa} < f$$

$$= 205\text{MPa}(\text{满足})$$

2. $G_1 + G_2 + G_3 + Q_1 + Q_3$

附加水平面荷载 $[(0.75 + 0.132 + 2.88) \times 2\%]kN/m^2 = 0.075kN/m^2$，变为线荷载 $(0.075 \times 18)kN/m = 1.35kN/m$

用上述力矩平衡方法求得立杆最大轴压力：

$0.8/11.5Q_{12}(0.5 \times 1 + 1.5 \times 3 + 2.5 \times 5 + 3.5 \times 7 + 4.5 \times 9 + 5.5 \times 11 + 6.5 \times 13 + 7.5 \times 15 + 8.5 \times 17 + 9.5 \times 19 + 10.5 \times 21 + 11.5 \times 23) = 1.35 \times 0.8 \times 2.8$，$Q_{12} = 0.038kN$

单杆负担面积为 $0.8m \times 0.8m$，所负担压力设计值：

$$S = 1.35\alpha\sum S_{Gik} + 1.4\Psi_{cj}\sum S_{Qjk}$$
$$= [1.35 \times 1 \times (0.75 + 0.132 + 2.88) + 1.4 \times 1 \times (2.5 + 0.0038/0.8^2)]kN/m^2$$
$$= 8.66kN/m^2$$

单杆受力标准值 $N_1 = [0.8 \times 0.8 \times (0.75 + 0.132 + 1 \times 2.5)]kN = 4.0kN$。单杆受力基本组合设计值 $N = (0.8 \times 0.8 \times 8.66)kN = 5.5kN$。

以下同 "1"，此处略。

立杆较大（比上部步距），长细比 $\lambda = 400/1.155/1.58 = 219 > 180$（不满足规范 4.3.12 条）。杆件长细比另有意见为 $140/1.58 = 89$，满足规范 4.3.12 条；甚至 $180/1.58 = 114$，也满足（编者注）。

六、模板验算（按《建筑施工模板安全技术规范》（JGJ 162—2008））

常用的木拼板模板和定型组合钢模板，在其经验适用范围内一般不需进行设计验算，但对重要结构的模板、特殊形式的模板或超出经验适用范围的模板，应进行设计或验算，以确保工程质量和施工安全，防止浪费。

模板和支撑系统的设计应根据结构形式、荷载大小、地基土类别、施工设备和材料供应等条件进行。设计内容一般包括选型、选材、配板、荷载计算、结构设计、拟定制作安装和拆除方案、绘制模板施工图等。

（一）荷载计算

1. 模板及其支撑自重标准值

模板及其支撑自重标准值应根据模板设计图样确定。肋形楼板及无梁楼板模板的自重标准值可按表 5-3 采用。

表 5-3　楼板模板的自重标准值　　　　　　　　　（单位：kN/m²）

项次	模板构件名称	木模板	定型组合钢模板
1	平板的模板及小楞的自重	0.3	0.5
2	楼板模板的自重（其中包括梁的模板）	0.5	0.75
3	楼板模板及支架的自重（楼层高度为 4m 以下）	0.75	1.1

2. 新浇混凝土自重标准值

普通混凝土采用 $24kN/m^3$，其他混凝土根据实际密度确定。

3. 钢筋自重标准值

根据工程图样确定。一般梁板结构每立方米钢筋混凝土的钢筋自重可按以下数值取用：楼板 1.1kN，梁 1.5kN。

4. 施工人员和设备自重标准值

1）计算模板及直接支模板的小楞时，均布活荷载为 $2.5kN/m^2$，另应以集中荷载 $2.5kN$ 再行验算，比较两者所得的内力值，取其大者采用。

2）计算直接支承小楞的结构构件时，均布活荷载为 $1.5kN/m^2$。

3）计算支架立柱及其他支承结构构件时，均布活荷载为 $1kN/m^2$。

说明：①对大型设备，如上料平台、混凝土输送泵等按实际情况计算。

②混凝土堆集料高度超过 100mm 以上者按实际高度计算。

③模板单块宽度小于 150mm 时，集中荷载可分布在两块板上。

5. 振捣混凝土时产生的荷载标准值

对水平模板为 $2kN/m^2$，对垂直面模板为 $4kN/m^2$（作用范围在新浇混凝土侧面压力有效压头高度之内）。

6. 新浇混凝土对模板侧面的压力标准值

采用内部振捣器时，新浇的普通混凝土作用于模板的最大侧压力，可按下列两式计算，并取两式计算结果的较小值。

$$F = 0.22\gamma_c t_o \beta_1 \beta_2 v^{\frac{1}{2}} \tag{5-5}$$

$$F = \gamma_c H \tag{5-6}$$

式中 F——新浇混凝土的最大侧压力（kN/m^2）；

v——混凝土的浇筑速度（m/h）；

t_o——新浇混凝土初凝时间（h），由实测确定。当缺乏资料时，可采用 $t_o = 200/(T+15)$ 计算（T 为混凝土温度，单位为℃）；

γ_c——混凝土重力密度（kN/m^3）；

H——混凝土侧压力计算位置处至新浇混凝土顶面的总高度（m）；

β_1——外加剂影响修正系数，不掺外加剂时取 1.0，掺具有缓凝作用的外加剂时取 1.2；

β_2——混凝土坍落度影响修正系数，当坍落度小于 30mm 时取 0.85，50～90mm 时取 1.0，110～150mm 时取 1.15。

影响新浇混凝土侧压力的因素有很多，如混凝土骨料的种类、水泥用量、外加剂、坍落度等，但最重要的还是外界的影响，如混凝土的浇筑速度，混凝土的温度、振捣方式、模板情况、构件厚度等。混凝土的浇筑速度是一个重要的影响因素，最大侧压力一般与其成正比。但当达到一定速度后，再提高浇筑速度，则对最大侧压力的影响就不明显。混凝土的温度影响其凝结速度，温度低，凝结慢，混凝土侧压力的有效压力就高，最大侧压力就大；反之，最大侧压力就小。

混凝土侧压力的计算分布如图 5-16 所示，其中，$h = F/\gamma_c$（h 为有效压头高度，单位为 m）。

7. 倾倒混凝土时产生的荷载标准值

倾倒混凝土时，在垂直面模板产生的水平荷载作用在有效压头高度内，其标准值可按表 5-4 采用。

计算模板及其支撑的荷载设计值时，应采用荷载标准值乘以相应的荷载分项系数，荷载分项系数应按表 5-5 采用。

表5-4　倾倒混凝土时产生的水平荷载标准值　　　　　　　（单位：kN/m²）

向模板内供料方法	水平荷载
溜槽、串筒或导管	2
容量小于0.2m³的运输器具	2
容量为0.2~0.8m³的运输器具	4
容量大于0.8m³的运输器具	6

表5-5　荷载分项系数

项　次	荷载类别	γ_i
1	模板及其支撑自重	
2	新浇混凝土自重	1.2
3	钢筋自重	
4	施工人员和设备自重	
5	振捣混凝土时产生的荷载	1.4
6	新浇混凝土对模板侧面的压力	1.2
7	倾倒混凝土时产生的荷载	1.4

上述各项荷载应根据不同的结构构件按表5-6的规定进行荷载效应组合。

表5-6　参与模板及其支撑荷载效应组合的荷载

模　板　类　别	参与组合的荷载项	
	计算承载能力	验算刚度
平板和薄壳的模板及支撑	1、2、3、4	1、2、3
梁和拱模板的底板及支撑	1、2、3、5	1、2、3
梁、拱、柱（边长小于或等于300mm）、墙（厚小于或等于100mm）的侧面模板	5、6	6
大体积结构、柱（边长大于300mm）、墙（厚大于100mm）的侧面模板	6、7	6

（二）结构计算规定

模板及其支撑属于临时性结构，设计时可根据规范中规定的安全等级为三级的结构构件来考虑。钢模板及其支架的设计应符合现行国家标准《钢结构设计规范》（GB 50017—2003）的规定，其截面塑性发展系数取1.0；其荷载设计值可乘以系数0.85予以折减。采用冷弯薄壁型钢应符合现行国家标准《冷弯薄壁型钢结构技术规范》（GB 50018—2002）的规定，其荷载设计值不应折减。木模板及其支撑的设计应符合现行国家标准《木结构设计规范》（GB 50005—2003）的规定，当木材含水率小于25%（质量分数）时，其荷载设计值可乘以系数0.9予以折减。

为保证结构构件表面的平整度，模板必须有足够的刚度，验算时其最大变形值不得超过下列规定：

1）结构表面外露的模板为模板构件计算跨度的1/400。

2）结构表面隐蔽的模板为模板构件计算跨度的1/250。

3）支撑的压缩变形值或弹性挠度为相应的结构计算跨度的1/1000。

支撑的立柱或桁架应保持稳定，并用撑拉杆件固定。

为防止模板及其支撑在风荷载作用下倾倒，应从构造上采取有效措施，如在相互垂直的两个方向加水平斜拉杆、缆风绳、地锚等。当验算模板及支架在自重和风荷载作用下的抗倾倒稳定性时，应符合有关的专门规定。

（三）模板验算实例

【例5-2】　柱模板验算

某框架结构柱截面宽度 $B=600\text{mm}$，柱截面高度 $H=500\text{mm}$，柱模板的总计算高度 $H_1=3.0\text{m}$。柱模板构造如图5-19所示。

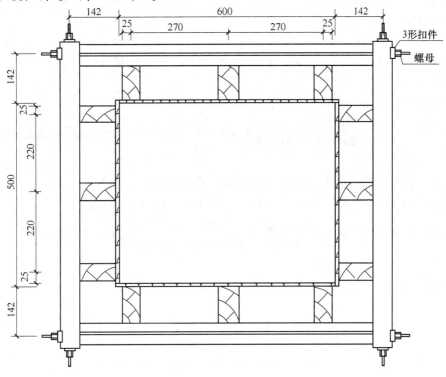

图5-19　柱模板构造

柱箍为 $2\phi48\times3.5$ 钢管、间距为450mm，竖楞为 $50\text{mm}\times100\text{mm}$ 方木，面板为竹胶合板，厚度为18.0mm、弹性模量为 9500.0N/mm^2、抗弯强度设计值为 13.0N/mm^2、抗剪强度设计值为 1.5N/mm^2，方木抗弯强度设计值13.0N/mm²、弹性模量为 9500.0N/mm^2、抗剪强度设计值为 1.5N/mm^2，钢管弹性模量为 210000.0N/mm^2、抗弯强度设计值为 205.0N/mm^2。

【解】　1. 柱模板荷载标准值计算（设浇筑速度 $v=2.5\text{m/h}$，环境温度 $t_\circ=20℃$）

$$F=0.22\gamma_c t_o\beta_1\beta_2 v^{\frac{1}{2}}=\left[0.22\times24\times200/(20+15)\times1\times1\times2.5^{1/2}\right]\text{kN/m}^2$$
$$=47.7\text{kN/m}^2$$
$$F=\gamma_c H_1=(24\times3)\text{kN/m}^2=72.0\text{kN/m}^2$$

取较小值 47.7kN/m^2 作为本工程新浇混凝土侧压力标准值。

根据规范，当采用溜槽、串筒或导管时，倾倒混凝土产生的荷载标准值为 2.0kN/m^2。

2. 柱模板面板的计算

模板结构构件中的面板计算简图如图5-20所示。本工程中取柱截面宽度 B 方向和 H 方向中竖楞间距最大的

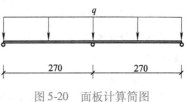

图5-20　面板计算简图

面板作为验算对象，进行强度、刚度计算。面板竖向取450mm（也可取其他值）为计算单元。

（1）面板抗弯强度验算

新浇混凝土侧压力设计值 $q_1 = (1.2 \times 47.7 \times 0.45 \times 0.9) \, kN/m = 23.2 kN/m$

倾倒混凝土侧压力设计值 $q_2 = (1.4 \times 2.00 \times 0.45 \times 0.9) \, kN/m = 1.1 kN/m$

q_1 与 q_2 在有效压头高度内叠加，但不超过 q_1。以 q_1 验算强度。

均布荷载作用下的二跨连续梁最大弯矩（支座）$M = 0.125ql^2 = (0.125 \times 23.2 \times 270^2) \, N \cdot mm = 2.1 \times 10^5 \, N \cdot mm$

$$W = bh^2/6 = (450 \times 18.0^2/6) \, mm^3 = 2.4 \times 10^4 \, mm^3$$

$\sigma = M/W = (2.1 \times 10^5 / 2.4 \times 10^4) \, N/mm^2 = 8.8 N/mm^2 < 13.0 N/mm^2$，满足要求。

（2）面板抗剪验算

面板的最大剪力 $V = (0.625 \times 23.2 \times 270) \, N = 3915N$

面板截面切应力 $\tau = \dfrac{3V}{2bh} = \dfrac{3 \times 3915}{2 \times 450 \times 18} \, N/mm^2 = 0.8 N/mm^2 < 1.5 N/mm^2$，满足要求。

（3）面板挠度验算

作用在模板上的侧压力线荷载 $q = (47.7 \times 0.45) \, kN/m = 21.5 kN/m$

面板截面的惯性矩 $I = bh^3/12 = (450 \times 18^3/12) \, mm^4 = 2.2 \times 10^5 \, mm^4$

面板的最大挠度计算值 $\omega = \dfrac{0.521ql^4}{100EI} = \dfrac{0.521 \times 21.5 \times 270^4}{100 \times 9500 \times 2.2 \times 10^5} \, mm = 0.3 mm$。

3. 竖楞计算

模板结构构件中的竖楞（小楞）计算简图如图5-21所示。

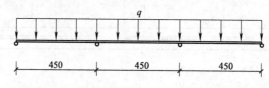

图5-21 竖楞（小楞）计算简图

（1）抗弯强度验算

新浇混凝土侧压力设计值 $q_1 = (1.2 \times 47.7 \times 0.27 \times 0.9) \, kN/m = 13.9 kN/m$

倾倒混凝土侧压力设计值 $q_2 = (1.4 \times 2.00 \times 0.27 \times 0.9) \, kN/m = 0.7 kN/m$

以 q_1 验算强度。

竖楞的最大弯矩 $M = (0.1 \times 13.9 \times 450^2) \, N \cdot mm = 2.9 \times 10^5 \, N \cdot mm$

竖楞的截面抵抗矩 $W = bh^2/6 = (50 \times 100^2/6) \, mm^3 = 83333 mm^3$

竖楞的最大应力计算值 $\sigma = M/W = (2.9 \times 10^5/83333) \, N/mm^2 = 3.5 N/mm^2 < 205.0 N/mm^2$，满足要求。

（2）抗剪验算

竖楞的最大剪力（支座）$N = (0.6 \times 13.9 \times 450) \, N = 3751N$

竖楞截面最大切应力计算值 $\tau = [3 \times 3751/(2 \times 50 \times 100)] \, N/mm^2 = 1.1 N/mm^2 < 1.5 N/mm^2$，满足要求。

（3）挠度验算

作用在竖楞上的线荷载 $q = (47.7 \times 0.27) \, kN/m = 12.9 kN/m$

竖楞的截面惯性矩 $I = bh^3/12 = 4.2 \times 10^6 \mathrm{mm}^4$

竖楞的最大挠度计算值 $\omega = [0.677 \times 12.9 \times 450^4/(100 \times 9500 \times 4.2 \times 10^6)]\mathrm{mm} = 0.09\mathrm{mm}$。

4. 柱箍计算

B 方向柱箍计算简图如图 5-22 所示。

竖楞方木传递到柱箍的集中荷载 $P = (1.2 \times 47.7 \times 0.9 \times 0.27 \times 0.45)\mathrm{kN} = 6.3\mathrm{kN}$，$(1.2 \times 47.7 \times 0.9 \times 0.165 \times 0.45)\mathrm{kN} = 3.8\mathrm{kN}$。

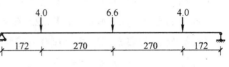

图 5-22　B 方向柱箍计算简图

支座力 $N = 7.0\mathrm{kN}$

跨中最大弯矩 $M = (7.0 \times 0.442 - 3.8 \times 0.27)\mathrm{kN \cdot m} = 2.1\mathrm{kN \cdot m}$

B 边柱箍的最大应力计算值 $\sigma = \dfrac{2.1 \times 10^6}{2 \times 5.08 \times 10^3}\mathrm{N/mm}^2 = 206.7\mathrm{N/mm}^2$，接近 $205.0\mathrm{N/mm}^2$（不超过 5%），可以认为满足要求。

跨中最大变形查表求得 $\omega = \dfrac{F_1 l^3}{48EI} + \dfrac{F_2 a l^2}{24EI}\left(3 - 4\dfrac{a^2}{l^2}\right) = \left[\dfrac{6300 \times 884^3}{48 \times 210000 \times 2 \times 12.19 \times 10^4} + \dfrac{3800 \times 172 \times 884^2}{24 \times 210000 \times 2 \times 12.19 \times 10^4} \times \left(3 - 4 \times \dfrac{172^2}{884^2}\right)\right]\mathrm{mm} = 3\mathrm{mm}$

H 方向柱箍计算略。

【例 5-3】　墙模板验算

某剪力墙模板面板采用 12mm 厚竹胶合板模板，构造如图 5-23 所示。其中，$h = 600\mathrm{mm}$，$b = 250\mathrm{mm}$。

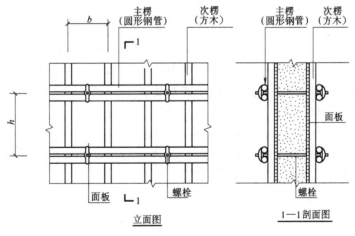

图 5-23　墙模板构造图

【解】　1. 墙模板荷载标准值计算

根据公式计算的新浇筑混凝土对模板的最大侧压力标准值 F 分别为 $36.4\mathrm{kN/m}^2$、$108.0\mathrm{kN/m}^2$，取较小值 $36.4\mathrm{kN/m}^2$ 作为本工程计算荷载。

2. 墙模板面板的计算

面板计算简图如图 5-24 所示。面板竖向取 600mm（也可取其他值）为计算单元。

（1）抗弯强度验算

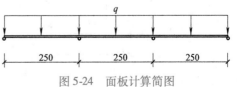

图 5-24　面板计算简图

新浇混凝土侧压力设计值 $q_1 = (1.2 \times 36.4 \times 0.6 \times 0.9)\,\text{kN/m} = 23.6\,\text{kN/m}$

倾倒混凝土侧压力设计值 $q_2 = (1.4 \times 4.0 \times 0.6 \times 0.9)\,\text{kN/m} = 3.0\,\text{kN/m}$

以 q_1 验算强度（底部模板受力较大）。

面板的最大弯矩 $M = (0.1 \times 23.6 \times 250^2)\,\text{N} \cdot \text{mm} = 1.5 \times 10^5\,\text{N} \cdot \text{mm}$

面板的截面抵抗矩 $W = (600 \times 12^2/6)\,\text{mm}^3 = 1.4 \times 10^4\,\text{mm}^3$

面板截面的最大应力计算值 $\sigma = M/W = (1.5 \times 10^5/1.4 \times 10^4)\,\text{N/mm}^2 = 10.7\,\text{N/mm}^2 < 13.0\,\text{N/mm}^2$，满足要求。

（2）抗剪强度验算

面板的最大剪力 $V = (0.6 \times 23.6 \times 250)\,\text{N} = 3540\,\text{N}$

面板截面的最大切应力计算值 $\tau = [3 \times 3540/(2 \times 600 \times 12.0)]\,\text{N/mm}^2 = 0.7\,\text{N/mm}^2 < 1.5\,\text{N/mm}^2$，满足要求。

（3）挠度验算

作用在模板上的侧压力线荷载 $q = (36.4 \times 0.6)\,\text{N/mm} = 21.8\,\text{N/mm}$

面板的最大挠度计算值 $\omega = [0.677 \times 21.8 \times 250.0^4/(100 \times 9500 \times 8.6 \times 10^4)]\,\text{mm} = 0.7\,\text{mm}$（面板截面惯性矩 $I = (600 \times 12^3/12)\,\text{mm}^4 = 8.6 \times 10^4\,\text{mm}^4$）。

3. 墙模板内外楞计算

内楞计算简图如图 5-25 所示。

本工程中，内楞采用木方，宽度为 50mm，高度为 100mm。

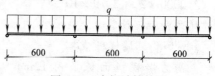

图5-25　内楞计算简图

（1）内楞抗弯强度验算

作用在内楞上的线荷载 $q = (1.2 \times 36.4 \times 0.25 \times 0.9)\,\text{kN/m} = 9.8\,\text{kN/m}$

内楞的最大弯矩 $M = (0.1 \times 9.8 \times 600^2)\,\text{N} \cdot \text{mm} = 3.5 \times 10^5\,\text{N} \cdot \text{mm}$

内楞的最大应力计算值 $\sigma = (3.5 \times 10^5/8.3 \times 10^4)\,\text{N/mm}^2 = 4.2\,\text{N/mm}^2 < 13.0\,\text{N/mm}^2$（$50 \times 100$ 方木的截面抵抗矩为 $8.3 \times 10^4\,\text{mm}^3$），满足要求。

（2）内楞的抗剪强度验算

内楞的最大剪力 $V = (0.6 \times 9.8 \times 600)\,\text{N} = 3528\,\text{N}$

内楞截面的切应力计算值 $\tau = 3V/(2bh) = [3 \times 3528/(2 \times 50 \times 100)]\,\text{N/mm}^2 = 1.1\,\text{N/mm}^2 < 1.5\,\text{N/mm}^2$，满足要求。

（3）内楞的挠度验算

作用在内楞上的线荷载 $q = (36.4 \times 0.25)\,\text{kN/m} = 9.1\,\text{kN/m}$

内楞的最大挠度计算值 $\omega = [0.67 \times 9.1 \times 600^4/(100 \times 9500 \times 4.2 \times 10^6)]\,\text{mm} = 0.2\,\text{mm}$。

4. 外楞计算

外楞采用圆钢管 $2\phi48 \times 3.5$，计算简图如图 5-26 所示。以下 M、V、w 近似查两集中力均分跨度的三跨连续梁内力变形表。

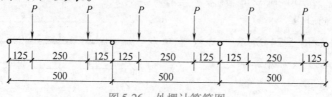

图5-26　外楞计算简图

（1）外楞抗弯强度验算

作用在外楞的荷载 $P = (1.2 \times 36.4 \times 0.25 \times 0.6) \text{kN} = 6.6 \text{kN}$

外楞最大弯矩 $M = 0.267 Pl = (0.267 \times 6600 \times 500) \text{N} \cdot \text{mm} = 8.8 \times 10^5 \text{N} \cdot \text{mm}$

外楞的最大应力计算值 $\sigma = (8.8 \times 10^5 / 2 \times 5.08 \times 10^3) \text{N/mm}^2 = 86.7 \text{N/mm}^2 < 205.0 \text{N/mm}^2$，满足要求。

（2）外楞抗剪强度验算

作用在外楞的荷载 $P = 6.6 \text{kN}$

外楞的最大剪力 $V = 1.267P = (1.267 \times 6600) \text{N} = 8.4 \times 10^3 \text{N}$

外楞截面的切应力计算值 $\tau = \dfrac{V}{2\pi r_o \delta} = (8.4 \times 10^3)/(2 \times 3.14 \times 22.25 \times 3.5) \text{N/mm}^2 = 17.2 \text{N/mm}^2 < 125 \text{N/mm}^2$（厚度$\leqslant 16 \text{mm}$ 的 Q235 钢抗剪强度设计值为 125N/mm^2），满足要求。

（3）外楞挠度验算

内楞作用在支座上的荷载 $P = (36.4 \times 0.25 \times 0.6) \text{kN/m} = 5.4 \text{kN/m}$

外楞的最大挠度计算值 $\omega = 1.883 \dfrac{Pl^3}{100EI} = 1.883 \times \dfrac{5.4 \times 10^3 \times 500^3}{100 \times 210000 \times 2 \times 12.19 \times 10^4} \text{mm} = 0.3 \text{mm} < [\omega] = 2.4 \text{mm}$，满足要求。

5. 穿墙螺栓计算

M14 穿墙螺栓有效直径为 11.6mm、有效面积 $A = 105 \text{mm}^2$

穿墙螺栓最大容许拉力值 $[N] = 17.9 \text{kN}$（查表）

穿墙螺栓所受的最大拉力 $N = (36.4 \times 0.6 \times 0.5) \text{kN} = 10.9 \text{kN} < [N]$，满足要求。

【例5-4】 梁模板验算

某框架梁截面尺寸 $B \times D = 250 \text{mm} \times 750 \text{mm}$，板厚 100mm，支架高度为 4.5m，采用 18mm 厚胶合板面板、钢管脚手架支撑体系，梁底模板支撑方木为 $50 \text{mm} \times 100 \text{mm}$。梁模板构造如图 5-27 所示。

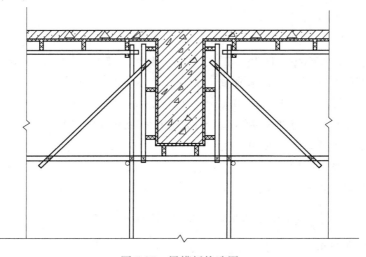

图 5-27 梁模板构造图

梁支撑架钢管为 $\phi 48 \times 3.5$，脚手架步距最大为 1.5m，立杆纵距（沿梁跨度方向间距）$L = 1.0 \text{m}$，立杆横向间距或排距 $L_1 = 1.0 \text{m}$，梁两侧立柱间距 $b = 0.7 \text{m}$，立杆上端伸出至模板

支撑点长度 $a=0$m，单扣件连接，梁底模板方木的支撑钢管间距 1.0m。考虑扣件质量及保养情况，取扣件抗滑承载力折减系数为 0.8。柏木弹性模量为 10000N/mm^2，抗弯强度设计值为 17N/mm^2，抗剪强度设计值为 1.7N/mm^2。

【解】 1. 梁侧模板面板、内外楞、穿梁螺栓计算（略）

2. 梁底模板计算

梁底模板计算简图如图 5-28 所示。面板沿梁长取 1000mm 为计算单元。

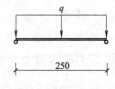

图 5-28 梁底模板计算简图

面板的截面惯性矩 I 和截面抵抗矩 W 分别为：

$$W=(1000\times18^2/6)\text{mm}^3=5.4\times10^4\text{mm}^3$$
$$I=(1000\times18^3/12)\text{mm}^4=4.9\times10^5\text{mm}^4$$

（1）抗弯强度验算

新浇混凝土及钢筋荷载设计值 $q_1=[1.2\times(24.0+1.5)\times1.0\times0.75\times0.9]\text{kN/m}=20.7\text{kN/m}$

模板自重荷载设计值 $q_2=(1.2\times0.35\times1.0\times0.9)\text{kN/m}=0.4\text{kN/m}$

振捣混凝土时产生的荷载设计值 $q_3=(1.4\times2.0\times1.0\times0.9)\text{kN/m}=2.5\text{kN/m}$

$$q=q_1+q_2+q_3=(20.7+0.4+2.5)\text{kN/m}=23.6\text{kN/m}$$

跨中弯矩 $M_{\max}=(1/8\times23.6\times0.25^2)\text{kN}\cdot\text{m}=0.2\text{kN}\cdot\text{m}$

$\sigma=[0.2\times10^6/(5.4\times10^4)]\text{N/mm}^2=3.4\text{N/mm}^2<13.0\text{N/mm}^2$，满足要求。

（2）挠度验算

作用在模板上的线荷载 $q=[((24.0+1.5)\times0.75+0.35)\times1.0]\text{N/m}=19.5\text{N/m}$

面板的最大挠度计算值 $\omega=\dfrac{5ql^4}{384EI}=[5\times19.5\times250^4/(384\times9500\times4.9\times10^5)]\text{mm}=0.2\text{mm}$。

3. 梁底支撑方木计算

（1）方木抗弯强度验算

梁底支撑方木计算简图为跨度 1000mm 的三跨连续梁。图 5-28 支座反力（垂直纸面方向 1m 范围）为：$23.6\text{kN/m}\times0.25\text{m}/2=3.0\text{kN}$。所以，梁底支撑方木三跨连续梁上的均布荷载设计值为 3.0kN/m（忽略方木自重，下同）。

最大弯矩 $M=0.1ql^2=(0.1\times3.0\times1.0^2)\text{kN}\cdot\text{m}=0.3\text{kN}\cdot\text{m}$

支撑方木的截面抵抗矩 $W=bh^2/6=(50\times100^2/6)\text{mm}^3=83333\text{mm}^3$

最大应力 $\sigma=M/W=(0.3\times10^6/83333)\text{N/mm}^2=3.6\text{N/mm}^2<13.0\text{N/mm}^2$，满足要求。

（2）方木抗剪强度验算

最大剪力 $V=0.6ql=(0.6\times3.0\times1.0)\text{kN}=1.8\text{kN}$

$\tau=\dfrac{3V}{2bh}=\dfrac{3\times1800}{2\times50\times100}\text{N/mm}^2=0.5\text{N/mm}^2<1.7\text{N/mm}^2$，满足要求。

（3）方木挠度验算

新浇混凝土及钢筋荷载设计值 $q_1=[(24.0+1.5)\times1.0\times0.75]\text{kN/m}=19.2\text{kN/m}$

模板结构自重荷载 $q_2=(0.35\times1.0)\text{kN/m}=0.4\text{kN/m}$

梁底支撑方木三跨连续梁上的均布荷载标准值为 $[(19.2+0.4)\times0.25/2]\text{kN/m}=$

2.5kN/m。

方木最大挠度 $\omega = \dfrac{0.677ql^4}{100EI} = \dfrac{0.677 \times 2.5 \times 1000^4}{100 \times 10000 \times 4.2 \times 10^6}mm = 0.4mm$。

4. 支撑钢管强度验算

支撑钢管计算简图如图5-29所示。

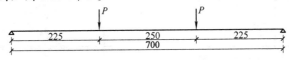

图5-29 支撑钢管计算简图（力单位：kN）

图中集中力即方木连续梁支座反力为3.0kN/0.9 = 3.3kN（$\phi48 \times 3.5$为薄壁型钢，荷载设计值不折减）

最大弯矩 $M_{max} = Pa = 3.3 \times 0.225kN \cdot m = 0.7kN \cdot m$

最大挠度 $\omega_{max} = \dfrac{Pal^2}{24EI}\left(3 - 4\dfrac{a^2}{l^2}\right) = \dfrac{3300 \times 225 \times 700^2}{24 \times 210000 \times 12.19 \times 10^4} \times \left(3 - 4 \times \dfrac{225^2}{700^2}\right)mm = 1.5mm$

支撑钢管的最大应力 $\sigma = (0.7 \times 10^6/5080.0)N/mm^2 = 138N/mm^2 < 205.0N/mm^2$，满足要求。

5. 梁底纵向钢管计算

纵向钢管只起构造作用，通过扣件连接到立杆。

6. 扣件抗滑移的计算

按规范，直角、旋转单扣件承载力取值为8.0kN，扣件抗滑承载力系数取0.80，该工程实际的旋转单扣件承载力取值为6.4kN。

$R = 3.3kN < 6.4kN$，单扣件抗滑承载力满足要求。

7. 立杆稳定性计算

横杆的最大支座反力 $N_1 = 3.3kN$

楼板模板的自重 $N_2 = 1.2 \times [1.0/2 + (0.7 - 0.25)/2] \times 1.0 \times 0.35kN = 0.3kN$

楼板钢筋混凝土自重 $N_3 = 1.2 \times [1.0/2 + (0.7 - 0.25)/2] \times 1.0 \times 0.10 \times 24.0kN = 2.1kN$

施工人员及施工设备荷载 $N_4 = 1.4 \times [1.0/2 + (0.7 - 0.25)/2] \times 1.0 \times 1.0kN = 1.0kN$

梁侧单根立杆负荷 $N = (3.3 + 0.3 + 2.1 + 1.0)kN = 6.7kN$

按照扣件架规范，$l_o = h + a = h = 1.5m$

$$l_o/i = 1500/15.8 = 94.9$$

$$\phi = 0.627$$

钢管立杆受压应力计算值 $\sigma = 6700/(0.627 \times 489.0)N/mm^2 = 21.9N/mm^2 < 205.0N/mm^2$，满足要求。

【例5-5】 板模板验算

现浇楼板厚100mm，支模尺寸为3.3m×4.95m，楼层高4.5m，采用组合钢模及钢管支架支模，要求作支柱承载力验算。

【解】 模板长边沿4.95m方向或3.3m方向，各有多种方案，选如图5-30所示的方案验算支柱承载力。

需要考虑的荷载组合项目及其标准值为：

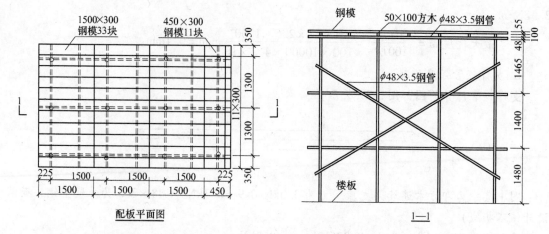

图 5-30　楼板模板的配板及支撑图

1）模板及模板支架自重标准值（近似按 4m 以下层高）：1.1kN/m^2；

2）混凝土自重标准值：$24\text{kN/m}^3 \times 0.1\text{m} = 2.4\text{kN/m}^2$；

3）钢筋自重标准值：$1.1\text{kN/m}^3 \times 0.1\text{m} = 0.11\text{kN/m}^2$；

4）施工人员和设备荷载标准值：1kN/m^2。

按支架立杆负荷面积 $1.3\text{m} \times 1.5\text{m}$ 计算立杆轴向力，支架立杆轴向力设计值（忽略风荷载）：

$N = 1.2\sum N_{Gk} + 1.4\sum N_{Qk} = 1.3\text{m} \times 1.5\text{m} \times [1.2 \times (1.1 + 2.4 + 0.11) + 1.4 \times 1]\text{kN/m}^2 = 11.271\text{kN}$。

支架立杆计算长度：$l_o = 148\text{cm}$。

$\lambda = l_o/i = 148/1.58 = 94$，$\phi = 0.634$。

$\dfrac{N}{\phi A} = \dfrac{11271}{0.634 \times 489}\text{N/mm}^2 = 36.4\text{N/mm}^2 < 205\text{N/mm}^2$（钢材抗压强度设计值），承载力满足要求。

七、模板的拆除

模板拆除应符合以下规定和原则：

（1）拆模顺序　一般应后支的先拆，先支的后拆。先拆除非承重部分，后拆除承重部分。重大、复杂的模板拆除应有拆模方案。

（2）底模及其支架的拆除　如无设计要求时，底模及其支架的拆除应符合表 5-7 的规定。

（3）侧模板的拆除　侧模板应在保证混凝土表面及棱角不因拆模而受损时方可拆模。

表 5-7　底模及其支架拆除时的混凝土强度要求

项次	构件类型	构件跨度/m	达到设计的混凝土立方体抗压强度标准值的百分率（%）
1	板	≤2	≥50
		>2，≤8	≥75
		>8	≥100
2	梁、拱、壳	≤8	≥75
		>8	≥100
3	悬臂构件	—	≥100

（4）多层楼板模板支柱的拆除　多层楼板模板支柱的拆除应遵循以下原则：

1）当上层楼板正在浇筑混凝土时，下层楼板的模板和支柱不得拆除。再下一层楼板的模板和支柱应视待浇混凝土楼层荷载和本楼层混凝土强度而定。如荷载很大，拆除应通过计算确定；一般荷载时，混凝土达到设计强度即可拆除。达到设计强度的75%时，保留部分跨度4m以上大梁底模板及支柱，其支柱间距一般不得大于3m。

2）在拆除模板过程中，如发现混凝土有影响结构安全或质量问题时，应暂停拆除，经过处理后，方可继续拆模。

（5）模板拆除后的事项要求　模板拆除后应及时清理和修整，按种类和尺寸堆放，以重复使用。

八、模板工程的质量要求要点和安全注意事项

（一）质量要求

1. 模板及其支撑系统的设计应符合下列要求

1）应保证结构和构件形状、尺寸的正确性，其误差应在规范的允许范围内。

2）应具有足够的稳定性、强度和刚度，在混凝土浇筑过程中，不变形，不位移。

3）模板及其支撑系统应便于装拆，损耗少，周转快。

4）模板的接缝应严密，不漏浆。

5）基土必须坚实，并有排水措施。对湿陷性黄土必须有防水措施，对冻胀性土必须有防冻融措施。

6）复杂的混凝土结构应做好配板设计，包括模板平面分块图、模板组装图、节点大样图、零件加工图及支撑系统、穿墙螺栓的设置和间距等。

7）模板及支架的设计和配制，应根据工程结构形式、施工设备和材料供应等条件而定，以定型模板为主，并尽量少用散板。

2. 模板支设安装的质量要求

1）必须按配板图及施工方案循序拼装，以保证模板系统的整体稳定。

2）配件必须装插牢固，支柱和斜撑下的支承面应平整垫实，并有足够的受压面积。

3）预埋件及预留孔洞的位置必须正确，安设牢固。

4）基础模板应支设牢固，防止变形，侧模斜撑底部应加设垫木。

5）墙和柱子模板的底面应找平，下端应与事先做好的定位基准靠紧垫平，墙柱模板的对拉螺栓孔应平直相对，穿插螺栓时不得斜拉硬顶。钻孔应采用机具，严禁用电、气焊灼孔。在墙、柱上继续安装模板时，模板应有可靠的支承点，其平直度应进行校正。

6）预组装墙模板吊装就位后，下端应垫平，紧靠定位基准；两侧模板均应利用斜撑调整和固定其垂直度。

7）支柱在高度方向所设的水平撑与剪刀撑，应按构造与整体稳定性要求布置。

8）多层及高层建筑中的支柱，上下层应对应设置在同一竖向中心线上。

9）在同一条拼缝上的U形卡不宜向同一方向卡紧。

10）钢楞宜采用整根杆件，接头应错开设置，其搭接长度不应小于200mm。

11）模板安装的起拱、支模方法应符合模板设计要求。

12）模板与混凝土的接触面应涂隔离剂。

13）模板及支架应妥善维修保管，钢模板及钢支架应防止锈蚀。

14）现浇结构模板安装和预埋件、预留孔洞的允许偏差和检验方法应符合表 5-8 的规定。

表 5-8　现浇结构模板安装和预埋件、预留孔洞的允许偏差和检验方法

项　　次	项　　　　目		允许偏差/mm	检　验　方　法
1	轴线位置		5	尺量检查
2	底模上表面标高		±5	用水准仪或拉线和尺量检查
3	截面内部尺寸	基础	±10	尺量检查
		柱、墙、梁	4，−5	
4	层高垂直度	≤5m	6	经纬仪、吊线、钢直尺检查
		>5m	8	
5	相邻两板面表面高低差		2	钢直尺检查
6	表面平整度		5	用 2m 靠尺和塞尺检查
7	预埋钢板中心线位移		3	拉线和尺量检查
8	预埋管预留孔中心线位移		3	
9	插筋	中心线位置	5	
		外露长度	10	
10	预埋螺栓	中心线位置	2	
		外露长度	10，0	
11	预留洞	中心线位置	10	
		截面内部尺寸	10	

（二）安全注意事项

1）不得使用不合格的模板、杆件、连接件和支撑件。

2）按支模工序进行，立模未连接固定前，应设临时支撑以防模板倾倒；U 形卡等零件，要装入专用箱或背包中，禁止随手乱丢，以免掉落伤人。

3）进入现场时，必须戴安全帽，高空作业应拴好安全带。

4）高大的支模作业应有安全的作业架子，禁止利用拉杆和支撑攀登上下；登高作业时，连接件应放在工具袋中，严禁放在模板或脚手架上，扳手等各类工具必须系挂在身上或置放于工具袋内，以免落下伤人。

5）模板必须架设稳固，连接可靠；搭设脚手架时，严禁与模板及支柱连接在一起。

6）禁止站在柱模上操作或在梁模上行走。

7）在组合钢模板上架设的电线和使用的电动工具，应采用 36V 的低压电源或采取其他有效的安全措施。

8）在高耸建筑物（或构筑物）施工时，应有防雷击措施。

9）不得用重物冲击已安装好的模板及支撑，不准在吊模上搭跳板，应保证模板搭设的牢固和严密。

10）拆除模板的时间应经施工技术人员同意。

11）拆除模板应按顺序分段进行，严禁猛撬、硬砸或大面积撬落和拉倒；拆除梁、楼板模板时，应设临时支撑确保安全施工。

12）拆下的模板应及时运出，集中堆放，防止钉子扎脚。

13）高空拆除模板时，应有专人指挥，并在下面标出工作区，暂停人员过往。

14）刮六级以上大风时，不得安装和拆除模板。

第二节　钢 筋 工 程

钢筋混凝土结构中常用的钢筋有：HPB300、HRB335、HRB400、RRB400，按其轧制外形，可分为光面钢筋（圆钢）和带肋钢筋（螺纹钢、月牙纹钢等）两类。

钢筋一般在钢筋车间或施工现场的钢筋加工厂加工，然后运至施工现场安装或绑扎。钢筋加工过程有冷加工、调直、剪切、焊接、弯曲、绑扎、安装等。

一、钢筋配料计算及代换

（一）钢筋配料计算

钢筋加工前应根据图样进行配料计算，算出各号钢筋的下料长度、总根数及钢筋总重量，然后编制钢筋配料单，作为钢筋备料、加工的依据。

施工图中注明的钢筋尺寸是钢筋的外轮廓尺寸（即从钢筋的外皮到外皮量得的尺寸），称为钢筋的外包尺寸，在钢筋制备安装后，也是按外包尺寸验收。

钢筋在制备前按直线下料，如果下料长度按外包尺寸总和进行计算，则加工后钢筋的尺寸必然大于设计要求的外包尺寸，这是因为钢筋在弯曲时，外皮伸长，内皮缩短而中心轴线长度不变。因此，只有按中心线长度来下料制备，才能使钢筋外包尺寸符合设计要求。

钢筋外包尺寸和中心线长度之间存在一个差值，称作量度差值。若施工图中的钢筋是直线形，钢筋外包尺寸即等于中心线尺寸，二者间没有量度差值。故：

$$钢筋下料长度 = 外包尺寸 - 量度差值 + 端部弯钩增长值$$

1. 量度差值的计算方法

（1）90°弯曲的量度差值　由图5-31可知，量度差值发生在弯曲部分$\overset{\frown}{ACB}$与线段$A'C' + C'B'$的部位，而直线部分没有量度差值。因此，计算钢筋90°弯曲时的量度差只需计算$\overset{\frown}{ACB}$弧长与线段$A'C' + C'B'$之差即可。

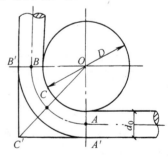

图5-31　钢筋90°弯曲量度差值图
D—弯曲钢筋时弯曲机的弯心直径
d_0—钢筋直径

中心线长$\overset{\frown}{ACB} = \frac{\pi}{2}\left(\frac{D}{2} + \frac{d_0}{2}\right) = \frac{\pi}{4}(D + d_0)$

外包尺寸 $A'C' + C'B' = OA' + OB' = \left(\frac{D}{2} + d_0\right) + \left(\frac{D}{2} + d_0\right) = D + 2d_0$

量度差值：　$(A'C' + C'B') - \overset{\frown}{ACB} = D + 2d_0 - \frac{\pi}{4}(D + d_0)$　　(5-7)

（2）45°弯曲的量度差值　由图5-32可知，中心线长$\overset{\frown}{ACB} = $圆心角（弧度）×半径

因圆心角$= \pi/4$，半径$= \frac{D}{2} + \frac{d_0}{2}$，故：

$$\overset{\frown}{ACB} = \frac{\pi}{4}\left(\frac{D}{2} + \frac{d_0}{2}\right) = \frac{\pi}{8}(D + d_0)$$

外包尺寸：

$$A'C' + C'B' = 2A'C' = 2\tan22.5°\left(\frac{D}{2} + d_0\right)$$

量度差值：

$$(A'C' + C'B') - \overparen{ACB} = 2\tan22.5°\left(\frac{D}{2} + d_0\right) - \frac{\pi}{8}(D + d_0) \qquad (5-8)$$

（3）135°弯曲量度差值（图5-33）　135°弯曲量度差值可取90°弯曲和45°弯曲量度差值之和。

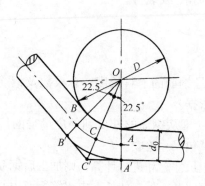

图5-32　钢筋45°弯曲量度差值图

D、d_0—符号意义同图5-31

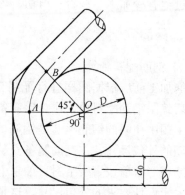

图5-33　钢筋135°弯曲量度差值图

D、d_0—符号意义同图5-31

根据《混凝土结构工程施工质量验收规范》（GB 50204—2015）的规定，弯起钢筋中间部位弯折处的弯心直径 D 不应小于钢筋直径的 2.5～7 倍，箍筋弯折处尚不应小于纵向受力钢筋的直径。当 $D = 2.5d_0$ 时，按上述计算方法算得各种弯曲的量度差值列于表5-9 中。

表5-9　钢筋弯曲量度差值

弯曲角度	30°	45°	60°	90°	135°
量度差值	$0.3d_0$	$0.5d_0$	$0.8d_0$	$1.75d_0$	$2.25d_0$

2. 钢筋端部弯钩增长值计算

HPB235 级钢筋末端必须做180°弯钩（图5-34），其弯心直径 D 不应小于 $2.5d_0$，平直部分不小于 $3d_0$。

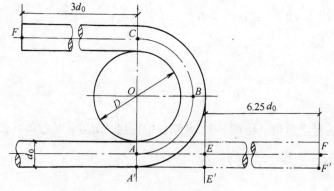

图5-34　钢筋180°弯钩计算

当弯成180°时，每一个弯钩应增加的长度为：

$$A'F' = \overset{\frown}{ACB} + CF = \frac{\pi}{2}(D + d_0) + 3d_0 \tag{5-9}$$

当 $D = 2.5d_0$ 时：

$$A'F' = \frac{\pi}{2}(2.5d + d_0) + 3d_0 = 8.5d_0$$

弯钩时外包尺寸量至 E' 点：

$$A'E' = \frac{D}{2} + d_0 = \frac{2.5d_0}{2} + d_0 = 2.25d_0$$

每个弯钩应增加长度为 $E'F'$，即：

$$E'F' = A'F' - A'E' = 8.5d_0 - 2.25d_0 = 6.25d_0 \text{（包括量度差值在内）}$$

3. 箍筋下料长度的计算

箍筋下料长度可用外包或内包尺寸两种计算方法。为简化计算，一般先按外包或内包尺寸计算出周长，然后查表5-10，加上调整值（此调整值包括4个90°弯曲及2个弯钩在内）即可。

箍筋个数按箍筋布置范围、间距计算，并按最接近设计间距的原则取整。

表5-10　钢箍下料长度调整值　　　　　　　　　　　（单位：mm）

箍筋量度方法	箍筋直径			
	4 ~ 5	6	8	10 ~ 12
量外包尺寸	40	50	60	70
量内包尺寸	80	100	120	150 ~ 170

【例5-6】　某6m长钢筋混凝土简支梁如图5-35所示。试计算各型号钢筋下料长度。

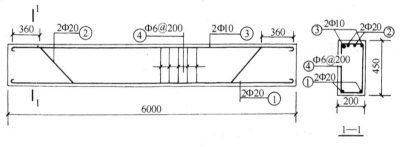

图5-35　某钢筋混凝土简支梁配筋图

【解】　（1）①号钢材下料长度计算

$$6000\text{mm} - 2 \times 25\text{mm} + 2 \times 6.25 \times 20\text{mm} = 6200\text{mm}$$

式中，$2 \times 25\text{mm}$ 为两端钢筋保护层厚度。

（2）②号钢筋下料长度计算

计算时先按直线计算出长度，然后加45°钢筋的斜长增加量（为直角边的0.41倍）。

$$6000\text{mm} - 2 \times 25\text{mm} - 2 \times 6\text{mm} + 2 \times 0.41 \times (450\text{mm} - 2 \times 25\text{mm} - 2 \times 6\text{mm}) +$$
$$2 \times 6.25 \times 20\text{mm} - 4 \times 0.5 \times 20\text{mm} = 6466\text{mm}$$

式中，$2 \times 25\text{mm}$ 为钢筋保护层厚度（按《混凝土结构设计规范》（GB 50010—2010）保护层厚度计至箍筋外皮）。

（3）③号钢筋下料长度计算

$$6000mm - 2 \times 25mm + 2 \times 6.25 \times 10mm = 6075mm$$

（4）④号箍筋下料长度计算

1）按内包尺寸计算：

$2 \times (450mm - 2 \times 25mm - 2 \times 6mm) + 2 \times (200mm - 2 \times 25mm - 2 \times 6mm) +$

$100mm($查表 5-10 的调整值$) = 1152mm$

2）按外包尺寸计算：

$2 \times (450mm - 2 \times 25mm) + 2 \times (200mm - 2 \times 25mm) +$

$50mm($查表 5-10 调整值$) = 1150mm$

两种计算方法所得结果基本接近。

箍筋个数：

$(6000 - 50)mm/200mm + 1 = 30.75 \approx 31$ 个（四舍五入）；反求箍筋实布间距：$[(6000 - 50)/30]mm = 198mm$。

最后，将钢筋编号、应用部位、规格、数量、形状（简图）、加工尺寸（下料长度）等汇总，制成钢筋下料通知单，交付给工人使用。

（二）钢筋代换

当施工中遇到现场到货的钢筋品种或规格与设计要求不符时，征得设计部门同意后，可按下列原则进行代换。

1. 等强代换

当构件按强度控制时，可按代换前与代换后的钢筋强度相等的原则代换，称为等强代换。如设计图中所用的钢筋强度为 f_{y_1}，钢筋总面积为 A_{y_1}，代换后钢筋强度为 f_{y_2}，钢筋总面积为 A_{y_2}，则应使

$$f_{y_2}A_{y_2} \geqslant f_{y_1}A_{y_1} \tag{5-10}$$

即：

$$A_{y_2} \geqslant f_{y_1}A_{y_1}/f_{y_2}$$

将钢筋总面积变换成钢筋直径后，式（5-10）改为

$$n_2d_2^2f_{y_2} \geqslant n_1d_1^2f_{y_1} \tag{5-11}$$

即：

$$n_2 \geqslant \frac{n_1d_1^2f_{y_1}}{d_2^2f_{y_2}}$$

式中　d_1、d_2——代换前及代换后钢筋的直径；

　　　n_1、n_2——代换前及代换后钢筋的根数。

2. 等面积代换

当构件按最小配筋率配筋时，可按钢筋面积相等的原则进行代换，即应使

$$A_{y_2} = A_{y_1} \tag{5-12}$$

3. 代换后的验算

当构件受裂缝宽度或抗裂性要求控制时，代换后应进行裂缝或抗裂性验算。

4. 钢筋代换应注意的事项

1）某些重要构件，如吊车梁、薄腹梁、桁架下弦等，不宜用 HPB300 级钢筋代替螺纹钢筋，以免使用时裂缝宽度开展过大。

2）梁中纵向受力钢筋与弯起钢筋应分别代换，以保证正截面与斜截面的强度。

3）偏心受压、偏心受拉构件的钢筋代换时，不取整截面配筋量计算，应按受拉或受压

钢筋分别代换。

4）同一截面内用不同直径、不同种类钢筋代换时，各钢筋间拉力差不宜过大，同品种钢筋直径差不应大于5mm，以防构件受力不均。

5）钢筋代换后，应满足构造要求（如钢筋间距、最小直径、最少根数、锚固长度、对称性等）及设计中提出的特殊要求（如冲击韧度、抗腐蚀性等）。

二、常用构件的钢筋平法标注简介

建筑结构施工图平面整体表示方法（简称平法）对我国混凝土结构施工图的设计表示方法做出了重大改革。

平法的表达形式，概括来讲，是把结构构件的尺寸和配筋等，按照平面整体表示方法制图规则，整体直接地表达在各类构件的结构平面布置图上，再与标准构造详图相配合，即构成一套新型完整的结构设计，改变了传统的那种将构件从结构平面布置图中索引出来，再逐个绘制配筋详图的繁琐方法。

平法图集的标准构造详图编入了目前国内常用的且较为成熟的构造做法，是施工人员必须与平法施工图配套使用的正式设计文件。构件类型代号的主要作用是指明所选用的标准构造详图。

1. 柱平法施工图

柱的类型代号有框架柱（KZ）、框支柱（KZZ）、芯柱（XZ）、梁上柱（LZ）、剪力墙上柱（QZ）等。柱平法施工图有列表注写方式、截面注写方式。

列表注写方式是在柱平面布置图上，分别在同一编号的柱中选择一个截面标注几何参数代号，在柱表中注写柱号、柱段起止标高、几何尺寸及配筋的具体数值，并配以各种柱截面形状及其箍筋类型图的方式，来表达柱平法施工图。

截面注写方式是在分标准层绘制的柱平面布置图上，分别在同一编号的柱中选择一个截面，以直接注写截面尺寸和配筋具体数值的方式，来表达柱平法施工图，如图 5-36 所示。

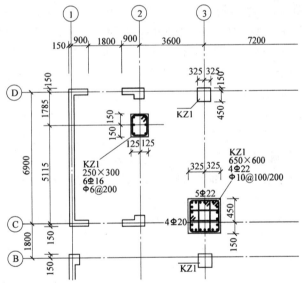

图 5-36 柱平法施工图截面注写方式

柱箍筋加密区标准构造详图如图 5-37 所示。

2. 剪力墙平法施工图

剪力墙分为剪力墙柱、剪力墙身、剪力墙梁三类，简称墙柱、墙身、墙梁。墙柱的类型及代号为：约束边缘暗柱 YAZ、约束边缘端柱 YDZ、约束边缘翼墙（柱）YYZ、约束边缘转角墙（柱）YJZ、构造边缘端柱 GDZ、构造边缘暗柱 GAZ、构造边缘翼墙（柱）GYZ、构造边缘转角墙（柱）GJZ、非边缘暗柱 AZ、扶壁柱 FBZ。墙梁类型及代号为：连梁（无交叉暗撑及无交叉钢筋）LL、连梁（有交叉暗撑）LL（JC）、连梁（有交叉钢筋）LL（JG）、暗梁 AL、

建筑施工技术

边框梁 BKL。剪力墙平法施工图有列表注写方式、截面注写方式（图5-38）。

当墙身水平钢筋不满足连梁、暗梁、边框梁的梁侧面纵向构造钢筋的要求时应注明，如 GΦ10@150，表示墙梁两侧面纵筋对称配置直径为 10mm、间距为150mm的钢筋。

剪力墙墙身第一根钢筋位置、钢筋收头详见标准构造详图，如图5-39所示。

3. 梁平法施工图

钢筋混凝土梁的类型及代号为楼层框架梁 KL、屋面框架梁 WKL、框支梁 KZL、非框架梁 L、悬挑梁 XL、井式梁 JSL 等。梁平法施工图分为平面注写方式、截面注写方式。

平面注写方式包括集中标注、原位标注，集中标注表达梁的通用数值，原位标注表达梁的特殊数值。当集中标注中的某项数值不适用于梁的某部位时，则将该项数值原位标注，如图5-40所示。

图5-40中，"KL2（2A）"表示第2号框架梁，2跨，一端有悬挑；"Φ8@100/200（2）"表示箍筋种类为Φ、直径为8mm、加密区间距为100mm、非加密区间距为200mm、2肢箍；"2Φ25"表示梁上部通长钢筋为2Φ25；"G4Φ10"表示梁的两侧面每侧各配置2Φ10纵向构造钢筋；"（-0.100）"表示梁顶面低于所在结构层的楼面0.100；"6Φ25 4/2"表示上一排纵筋4Φ25、下一排纵筋2Φ25；"2Φ25+2Φ22"表示梁支座上部角部设钢筋2Φ25、中部设钢筋2Φ22。

梁支座上部纵筋的长度规定为：第一排非通长钢筋从柱（梁）边起延伸至 $l_n/3$，第二排非通长钢筋从柱（梁）边起延伸至 $l_n/4$，其中 l_n 对端支座为本跨的净跨值、对中间支座为支座两边较大一跨的净跨值。

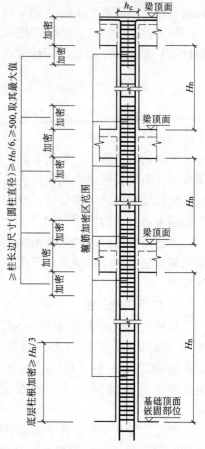
图5-37 柱箍筋加密区标准构造详图

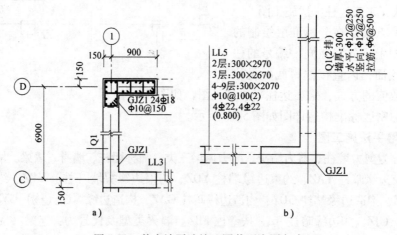
图5-38 剪力墙平法施工图截面注写方式

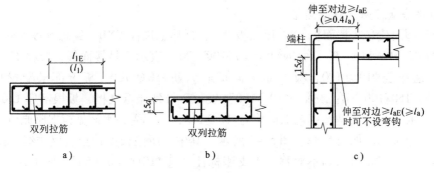

图 5-39　剪力墙水平钢筋锚固构造标准构造详图

a）无暗柱且墙厚度小时　b）无暗柱时　c）有端柱时

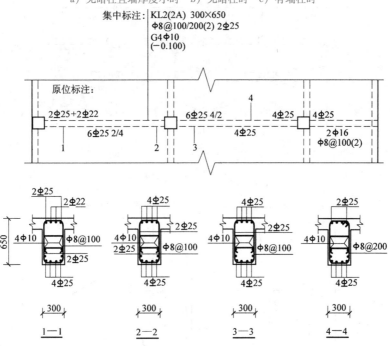

图 5-40　梁平法施工图平面注写方式

梁的第一个箍筋位置规定距离柱边 50mm。

梁钢筋在支座、端部的锚固标准构造详图如图 5-41 所示。

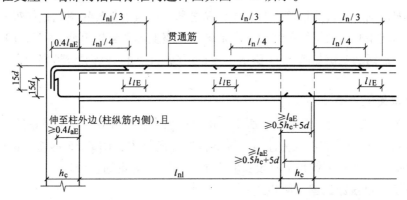

图 5-41　一、二级抗震等级楼层框架梁钢筋锚固标准构造详图

4. 板平法施工图（有梁楼盖）

板的类型及代号为楼面板 LB、屋面板 WB、延伸悬挑板 YXB、纯悬挑板 XB。

如"LB5 $h = 110$ B：XΦ10@100；YΦ10@100"表示 5 号楼面板、板厚 110mm、板下部 X 向贯通纵筋Φ10@100、板下部 Y 向贯通纵筋Φ10@100、板上部未配置贯通纵筋。"YXB2 $h = 150/100$ B：$Xc\&Yc$Φ10@100"表示 2 号延伸悬挑板，板根部厚 150mm、端部厚 100mm，板下部配置构造钢筋双向均为Φ10@100，上部受力钢筋见板支座原位标注。

板支座原位标注如图 5-42、图 5-43 所示。其中，所注长度计至支座中线，图 5-42a 为两侧对称，图 5-42b 为两侧不对称。板支座标注"①Φ10@100（5）"表示 1 号钢筋Φ10@100、连续配置 5 跨。

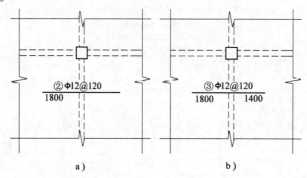

a）　　　　　　　　　　b）

图 5-42　板支座原位标注

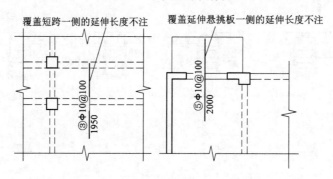

图 5-43　板支座钢筋长度规定

板上部配置钢筋为贯通钢筋、非贯通钢筋之和。如板上部配置贯通钢筋Φ10@200，该跨同向配置上部支座非贯通钢筋Φ10@200，则该板支座上部总配置钢筋为Φ18@100。

板的第一根钢筋规定如图 5-44 所示；分布钢筋另注明。板钢筋端部锚固规定如图 5-44 所示。

5. 楼梯平法施工图（AT 型）

AT 型楼梯平法施工图如图 5-45 所示。楼梯梯板支座上部纵向钢筋及钢筋锚固标准构造详图如图 5-46 所示。分布钢筋另注写。标准构造详图规定：HPB235 钢筋在梯板上部弯 90°钩、其余钢筋末端弯 180°钩且平直段长度不小于 3d（d 为钢筋直径）。

6. 筏形基础平法施工图（梁板式）

梁板式筏形基础的类型及代号为基础主梁 JZL、基础次梁 JCL、梁板筏基础平板 LPB。

基础主梁 JZL、基础次梁 JCL 注写可采用集中标注、原位标注。梁端（支座）区域原位标注钢筋为含集中注写贯通钢筋在内的全部纵筋，如图 5-47 所示。

如 "JZL2(4B) 250×500 11Φ10@100/200(4) B4±18T4±20 G4Φ10（+0.050）"表示：2 号基础主梁，4 跨，两端有外伸，梁宽×梁高 = 250mm×500mm，梁两端各有 11 个 4 肢箍筋、间距为 100mm，跨中部分间距为 200mm，底部贯通纵筋 4±18，顶部贯通纵筋 4±20，梁侧面纵向构造钢筋两面各 2Φ10，梁底面标高比基础平板底面标高高 0.050m。

基础梁底部非贯通纵筋的长度见标准构造详图。

梁板筏基础平板 LPB 平法施工图如图 5-48 所示。

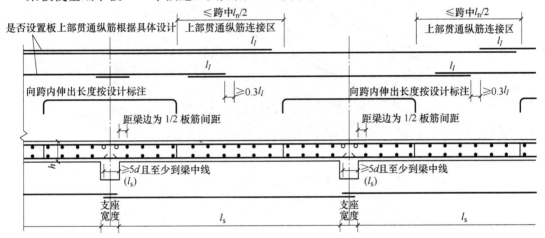

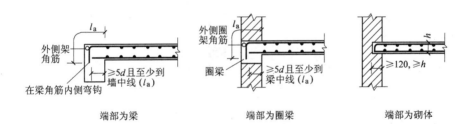

图 5-44　板的第一根钢筋规定及板筋端部锚固规定（括号内 l_a 用于转换层）

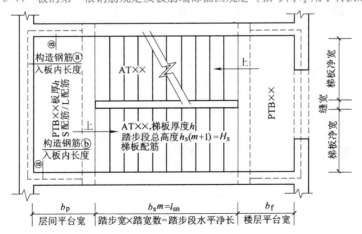

图 5-45　AT 型楼梯平法施工图

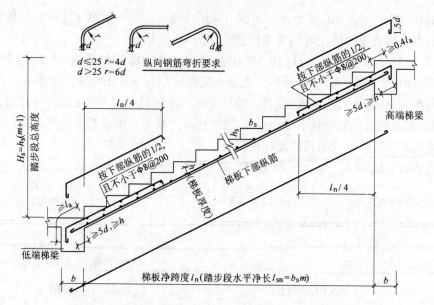

图 5-46 楼梯梯板支座上部纵向钢筋及钢筋锚固标准构造详图

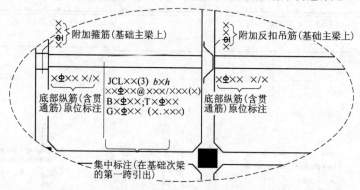

图 5-47 基础梁平法施工图

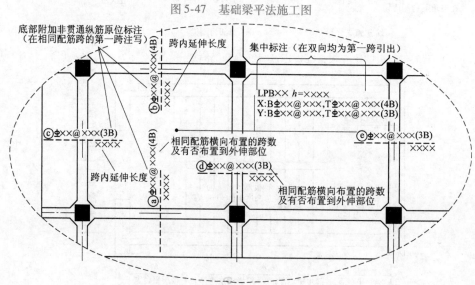

图 5-48 梁板筏基础平板 LPB 平法施工图

如"LPB2 $h=600$ X：B10@100（3A）；T10@100（5B） Y：B10@200（3B）；T10@200（5B）"表示：2 号梁板式基础的基础平板，平板厚度为600mm，X 向（注：X 向即从左到右）底部贯通纵筋 10@100（3 跨、一端有外伸），X 向顶部贯通纵筋 10@100（5 跨、两端有外伸），Y 向（注：Y 向即从下到上）底部贯通纵筋 10@200（3 跨、两端有外伸），Y 向顶部贯通纵筋 10@200（5 跨、两端有外伸）。

板底部非贯通筋原位标注中，延伸长度计自梁中心线；对称时仅注一侧长度。原位标注的板底部非贯通钢筋，与集中标注的钢筋组合配置。

基础平板周边侧面纵向构造钢筋、基础平板边缘封边方式与配筋、大厚度基础平板中部水平构造钢筋网、拉筋、阳角放射筋等，应在图注中说明。

柱、墙钢筋在基础内的插筋锚固标准构造详图如图 5-49、图 5-50 所示。

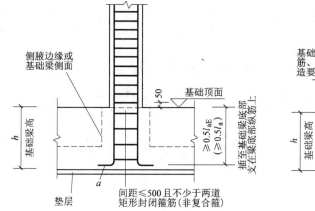

图 5-49 柱插筋锚固标准构造详图　　　　　图 5-50 墙插筋锚固标准构造详图

7. 板筋配料算例

【例 5-7】 计算板筋（11G101-1 之 P41LB2 的①）配料单的关键数据（图 5-51）。

【解】

1）简图尺寸（板筋可一跨一锚固）。

由 11G101-1 之 P92 之 a），认为设计按铰接（由设计院），①入梁支座水平段≥$0.35l_{ab}$ = $0.35 \times 40d = (0.35 \times 40 \times 8)$mm = 180mm。

其中，l_{ab}——由 11G101-1 之 P53，对 HRB400、C25（由设计院）、非抗震知 $l_{ab}=40d$。

①入梁支座在梁角筋内侧弯钩的水平段长 = $[250 - (22 + 10 + 25)]$mm = 193mm > $0.35l_{ab}$（由 11G101-1 之 P92 之 a））。

式中，250——梁宽（由 11G101-1 之 P34 梁图 KL3、KL4）；

22——梁角筋直径；

10——梁箍筋直径（由 11G101-1 之 P34）；

25——保护层厚度。

①入梁支座越过轴线长 = $(125 - 57)$mm = 68mm

式中，125——1/2 梁宽（由 11G101-1 之 P92 之 a））。

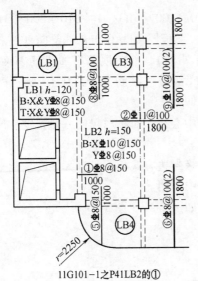

设计按铰接时：$\geqslant 0.35 l_{ab}$
充分利用钢筋的抗拉强度时：$\geqslant 0.6 l_{ab}$

外侧梁角筋

$15d$

$\geqslant 5d$ 且至少到梁中线 (l_a)

在梁角筋内侧弯钩

11G101-1之P92之a)

11G101-1之P34梁图 KL3、KL4

图 5-51　板筋

$57 = 22 + 10 + 25$；

22、10、25——同上。

简图水平段长$(1000 + 68)$mm $= 1068$mm

简图支座内下弯$15d = (15 \times 8)$mm $= 120$mm

简图跨内下弯$(150 - 15)$mm $= 135$mm

其中，150——板厚；

15——板筋保护层厚度。

2）X向①号钢筋下料长度。

$(1000 + 68 + 120 + 135 - 2d)$mm $= (1000 + 68 + 120 + 135 - 2 \times 8)$mm $= 1307$mm

式中，1000——由轴线计的①外伸长度；

68、120、135——同上。

3）X 向①号钢筋下料根数和实布间距。

[（6900－150－150－150）/150＋1] 根＝44 根，取 44 根；实布间距同设计。

式中，6900——板在 Y 向轴线间距；

150（第1个、第2个）——梁边距轴的距离（由 11G101-1 之 P34 梁图 KL1、KL2）；

150（第3个）——板轴附近第一根筋距轴的距离×2；

150（第4个，分母）——板筋设计间距。

三、钢筋现场加工

钢筋现场加工过程取决于成品种类，一般的加工过程包括：除锈、调直、剪切、弯曲等。

1. 钢筋除锈

钢筋的除锈，一般可通过以下两个途径：一是通过钢筋加工的其他工序同时解决除锈，如在钢筋冷拉或钢丝调直过程中除锈，这是一种最合理、最经济的方法；二是通过机械除锈，其中较普通的是使用电动除锈机除锈。常用的电动除锈机圆盘钢丝刷直径为 $20 \sim 30 \mathrm{cm}$，厚度为 $5 \sim 15 \mathrm{mm}$，转速为 $1000 \mathrm{r/min}$ 左右，电动机功率为 $1.0 \sim 1.5 \mathrm{kW}$。为了减少除锈时灰尘飞扬，应装设排尘罩和排尘管道。

此外，还可采用手工除锈（用钢丝刷、砂轮）、酸洗除锈、喷砂除锈等。

2. 钢筋调直

盘圆钢筋在使用前必须经过放圈和调直，而以直条供应的粗钢筋在使用前也要进行一次调直处理，才能满足规范要求的"钢筋应平直，无局部曲折"的规定。

采用钢筋调直机可同时完成除锈、调直和切断三道工序。调直机的调直筒内有五个调直块，它们不在同一中心线上旋转，需根据钢筋性质和调直块的磨损程度调整偏移值大小，以使钢筋能得到最佳调直效果。调直筒出入两端的两个调直块必须调至位于调直筒前后导孔的轴心线上，这是钢筋能否调直的一个关键。如果发现钢筋调得不直就要从以上两方面检查原因，并及时调整调直块的偏移量。

采用冷拉方法（如卷扬机等）调直钢筋时，HPB300 级钢筋的冷拉率不宜大于 4%；HRB335、HRB400 级钢筋的冷拉率不宜大于 1%。如用于一般受拉钢筋，不利用其受拉后的强度，冷拉调直时的冷拉率可适当提高，但 HPB300 级钢筋不宜超过 6%，HRB335、HRB400 级钢筋不宜超过 2%；对不准采用冷拉钢筋的结构，钢筋调直冷拉率不得大于 1%。

3. 钢筋切断

钢筋下料时须按计算的下料长度切断。钢筋切断可采用钢筋切断机或手动切断器。手动切断器只用于切断直径小于 16mm 的钢筋，钢筋切断机可切断直径小于 40mm 的钢筋。当钢筋直径大于 40mm 时，应用氧乙炔焰或砂轮机切割。

在大中型建筑工程施工中，提倡采用钢筋切断机，它不但生产效率高，操作方便，而且能确保钢筋端面垂直钢筋轴线，不出现马蹄形或翘曲现象，便于进行钢筋焊接或机械连接。钢筋的下料长度力求准确，其允许偏差为 ±10mm。

4. 钢筋弯曲成型

钢筋按下料长度切断后，应按弯曲设备特点及钢筋直径、弯曲角度进行划线，以便弯曲成设计的尺寸和形状。当弯曲钢筋两边对称时，划线工作宜从钢筋中线开始向两边进行；当弯曲形状比较复杂的钢筋时，可先放出实样（足尺放样），再进行弯曲。

钢筋弯曲宜采用钢筋弯曲机或钢筋弯箍机；当钢筋直径小于25mm时，少量的钢筋（或箍筋）弯曲，也可以采用人工扳钩弯曲。

钢筋的弯钩或弯折规定如下：

1）钢筋加工应在常温下进行，不允许加热弯曲，也不宜用锤击或在尖角处弯折。

2）HPB300级钢筋末端要弯成180°的弯钩，其弯心直径不应小于钢筋直径的2.5倍，平直部分的长度不宜小于钢筋直径的3倍，用于轻骨料混凝土结构时，其弯心直径不应小于钢筋直径的3.5倍。

3）HRB335、HRB400级钢筋末端需做90°或135°弯折时，HRB335级钢筋的弯心直径不宜小于钢筋直径的4倍，HRB400级钢筋的弯心直径不宜小于钢筋直径的5倍，平直部分长度应按设计要求确定。

4）弯起钢筋中间部位弯折处的弯曲直径，不应小于钢筋直径的5倍。

5）箍筋的末端应做弯钩，用HPB300级钢筋或冷拔低碳钢丝制作的箍筋，其弯钩的弯心直径应大于受力钢筋的直径，且不小于箍筋直径的2.5倍；弯钩平直部分的长度，对一般结构不宜小于箍筋直径的5倍，对有抗震要求的结构不应小于箍筋直径的10倍。

四、钢筋的连接

单根钢筋经过调直、配料、切断、弯曲等加工后，即可成型为钢筋骨架或钢筋网。钢筋成型应优先采用焊接，并最好在钢筋加工厂预制好后运往现场安装，只有当条件不具备时，才在施工现场绑扎成型或现场施焊。

钢筋在绑扎和安装前，应首先熟悉钢筋图，核对钢筋配料单和材料牌号，根据工程特点、工作量大小、施工进度、技术水平等，研究与有关工种的配合，确定施工方法。

（一）钢筋绑扎

1. 钢筋绑扎的一般要求

1）钢筋的交叉点应采用20～22号阀丝绑扣，绑扎不仅要牢固可靠，而且钢丝长度要适宜。

2）板和墙的钢筋网，除靠近外围两行钢筋的交叉点全部扎牢外，中间部分的交叉点可间隔交错绑扎，但必须保证受力钢筋不产生位置偏移；对双向受力钢筋，必须全部绑扎牢固。

3）梁和柱的箍筋，除设计有特殊要求外，应与受力钢筋垂直设置；箍筋弯钩叠合处，应沿受力钢筋方向错开设置。

4）在柱中竖向钢筋搭接时，角部钢筋的弯钩平面与模板面的夹角，对矩形柱应为45°角，对多边形柱应为模板内角的平分角；圆形柱钢筋的弯钩平面应与模板的切线平面垂直；中间钢筋的弯钩平面应与模板面垂直；当采用插入式振捣器浇筑小型截面柱时，钢筋的弯钩平面与模板面的夹角不得小于15°。

5）板、次梁与主梁交接处，板的钢筋在上，次梁钢筋居中，主梁钢筋在下；主梁与圈梁交接处，主梁钢筋在上，圈梁钢筋在下，绑扎时切不可放错位置。

2. 绑扎允许偏差

钢筋绑扎要求位置正确、绑扎牢固，成型的钢筋骨架和钢筋网的允许偏差，应符合表5-11的规定。

表 5-11　钢筋安装位置的允许偏差　　　　　　　　　　（单位：mm）

项　次	项　目			允许偏差
1	绑扎钢筋网	网的长、宽		±10
		网眼尺寸		±20
2	绑扎钢筋骨架	长		±10
3		宽、高		±5
4	绑扎箍筋、横向钢筋间距			±20
5	受力钢筋	间距		±10
		排距		±5
		保护层厚度	基础	±10
			柱、梁	±5
			板、墙、壳	±3
6	预埋件	中心线位置		5
		水平高差		±3

3. 钢筋的绑扎接头

1）钢筋的接头宜设置在受力较小处，同一受力筋不宜设置两个或两个以上接头。接头末端距钢筋弯起点的距离不应小于钢筋直径的 10 倍。

2）同一构件中相邻纵向受力钢筋之间的绑扎接头位置宜相互错开。绑扎接头中的钢筋的横向净距，不应小于钢筋直径，且不小于 25mm。

钢筋绑扎搭接接头连续区段的长度为 $1.3l_1$（l_1 为搭接长度），凡搭接接头中点位于该连接区段长度内的搭接接头均属于同一连接区段。同一连接区段内，纵向钢筋搭接接头面积百分率为有搭接接头的纵向受力钢筋截面面积与全部纵向受力钢筋截面面积的比值（图 5-52）。

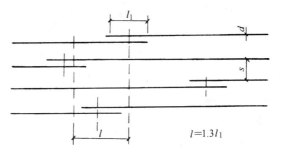

图 5-52　受力钢筋绑扎接头
注：图中所示 l 区段内有接头的钢筋面积按两根计。

同一连接区段内，纵向钢筋搭接接头面积百分率应符合设计要求；当设计无具体要求时，应符合下列规定：

①对梁类、板类及墙类构件，不宜大于 25%。

②对柱类构件，不宜大于 50%。

③当工程中确有必要增大接头面积百分率时，对梁类构件，不宜大于 50%，对其他构件，可根据实际情况放宽。

3）在梁、柱类构件的纵向受力钢筋搭接长度范围内，应按设计要求配置箍筋。当设计无具体要求时，应符合下列规定：

①箍筋的直径不应小于搭接钢筋较大直径的 0.25 倍。

②受拉区段的箍筋的间距不应大于搭接钢筋较小直径的 5 倍，且不应大于 100mm。

③受压区段的箍筋的间距不应大于搭接钢筋较小直径的 10 倍，且不应大于 200mm。

④当柱中纵向受力钢筋直径大于 25mm 时，应在搭接接头两个端外面 100mm 范围内各设置两个箍筋，其间距宜为 50mm。

（二）钢筋焊接

采用钢筋焊接，可达到节约钢材、改善结构受力性能、提高工效、降低成本的目的。常用的钢筋焊接方法有电弧焊、闪光对焊、电渣压焊、气压焊等。

1. 钢筋的电弧焊

钢筋的电弧焊是钢筋接长、接头、骨架焊接、钢筋与钢板焊接等的常用方法。其工作原理是：以焊条作为一极，钢筋为另一极，利用送出的低压强电流，使焊条与焊件之间产生高温电弧，将焊条与焊件金属熔化，凝固后形成一条焊缝。

（1）电弧焊工艺参数及接头形式　电弧焊工艺参数包括焊接电流、焊条直径和焊接层次等。焊接时，应根据钢筋级别和直径、焊接位置、接头形式等选用合适的工艺参数，以保证根部熔透，两侧熔合良好、不烧穿、不结瘤。

钢筋电弧焊可分为搭接焊、帮条焊、坡口焊、窄间隙焊和熔槽帮条焊五种接头形式。

1）搭接焊。钢筋搭接焊可用于 HPB300～HRB400 级钢筋。焊接时，宜采用双面焊，如图 5-53a 所示。不能进行双面焊时，也可采用单面焊，如图 5-53b 所示。

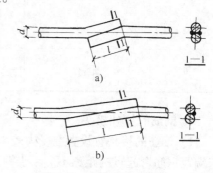

图 5-53　钢筋搭接焊接头
a）双面焊　b）单面焊
d—钢筋直径　l—搭接长度

2）帮条焊。帮条焊适用于直径为 10～40mm 的 HPB300～HRB400 级钢筋。帮条焊宜采用双面焊，如图 5-54a 所示。不能进行双面焊时，也可采用单面焊，如图 5-54b 所示。

帮条宜采用与主筋同级别、同直径的钢筋制作，其帮条长度 l 与搭接焊相同，如帮条直径与主筋相同时，帮条钢筋的级别可比主筋低一个级别；当帮条级别与主筋相同时，帮条直径可比主筋小一个规格。

钢筋帮条接头的焊缝厚度及宽度要求同搭接焊。

3）坡口焊。坡口焊适用于装配式框架结构安装时的柱间节点或梁与柱的节点焊接。

4）窄间隙焊。窄间隙焊采用厚板对接接头，焊前不开坡口或只开小角度坡口，并留有窄而深的间隙，气体保护焊或埋弧焊的多层焊完成整条焊缝的高效率焊接方法，已经成为现代工业生产中厚板结构焊接的首选技术。

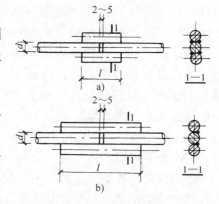

图 5-54　钢筋帮条焊接头
a）双面焊　b）单面焊
d—钢筋直径　l—搭接长度

5）熔槽帮条焊。钢筋熔槽帮条焊适用于直径 20mm 及以上钢筋的现场安装焊接。

（2）电弧焊的质量检查　电弧焊的质量检查主要包括外观检查和拉伸试验两项。

1）外观检查。电弧焊接头外观检查时，应在清渣后逐个进行目测或量测，其检查结果应符合下列要求：

①焊缝表面应平整，不得有凹陷或焊瘤现象。

②焊接接头区域内不得有裂纹。

③坡口焊、熔槽帮条焊和窄间隙焊接头的焊缝余高不得大于 3mm。

④咬边深度、气孔、夹渣等缺陷允许值及接头尺寸的允许偏差，应符合规范的规定。

外观检查不合格的接头，经修整或补强后可提交二次验收。

2）拉伸试验。电弧焊接头进行拉伸试验时，应按下列规定抽取试件：在一般构筑物中，从成品中每批随机切取 3 个接头进行拉伸试验；在装配式结构中，可按生产条件制作模拟试件；在工厂焊接条件下，以 300 个同接头形式、同钢筋级别的接头为一批；在现场安装条件下，每 1~2 层中以 300 个同接头形式、同钢筋级别的接头为一批，不足 300 个时，仍作为一批。

其拉伸试验的结果应符合下列要求：

①3 个热轧钢筋接头试件的抗拉强度均不得低于该级别钢筋规定的抗拉强度；余热处理 HRB400 级钢筋接头试件的抗拉强度均不得低于热轧 HRB400 级钢筋规定的抗拉强度 570MPa。

②3 个接头试件均应断于焊缝之外，并应至少有 2 个试件呈延性断裂。

当试验试件中有 1 个试件的抗拉强度值小于规定值，或有 1 个试件断于焊缝处，或有 2 个试件发生脆性断裂时，应再取 6 个试件进行复检。复检结果当有 1 个试件抗拉强度低于规定值，或有 1 个试件断于焊缝处，或有 3 个试件呈脆性断裂时，应确认该批接头为不合格品。

2. 钢筋的闪光对焊

钢筋的闪光对焊是利用钢筋对焊机，将两根钢筋安放成对接形式，压紧于两电极之间，通过低电压强电流，把电能转化为热能，使钢筋加热到一定温度后，即施以轴向压力顶锻，产生强烈飞溅，形成闪光，使两根钢筋焊合在一起，如图 5-55 所示。

（1）对焊设备　钢筋闪光对焊的设备是对焊机。对焊机按其形式可分为：弹簧顶锻式、杠杆挤压弹簧顶锻式、电动凸轮顶锻式、气压顶锻式等。

（2）钢筋闪光对焊工艺　钢筋对焊常用的是闪光焊。根据钢筋品种、直径和所用对焊机的功率不同，闪光焊的工艺又可分为：连续闪光焊、预热闪光焊、闪光—预热—闪光焊和焊后通电热处理等。

1）连续闪光焊。当钢筋直径小于 25mm、钢筋级别较低、对焊机容量在 80~160kVA 的情况下，可采用连续闪光焊。连续闪光焊的工艺过程包括连续闪光和轴向顶锻。即先将钢筋夹在对焊机电极钳口上，然后闭合电源，使两端钢筋轻微接触，由于钢筋端部凸凹不平，开始仅有较小面积接触，故电流密度和接触电阻很大，这些接触点很快熔化，形成"金属过梁"。"金属过梁"进一步加热，产生金属蒸气飞溅，形成闪光现象，然后再徐徐移动钢筋保持

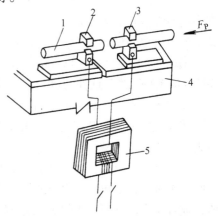

图 5-55　钢筋对焊原理图

1—钢筋　2—固定电极　3—可动电极

4—机座　5—焊接变压器

接头轻微接触，形成连续闪光过程，整个接头同时被加热，直至接头端面烧平、杂质闪掉。接头熔化后，随即施加适当的轴向压力迅速顶锻，使两根钢筋对焊成为一体。

2）预热闪光焊。预热闪光焊是在连续闪光焊之前，增加一个预热过程，以扩大焊接端部热影响区。即在闭合电源后使钢筋两端面交替接触和分开，在钢筋端面的间隙中发出断续的闪光而形成预热过程。当钢筋端部达到预热温度后，随即进行连续闪光和顶锻。预热闪光焊适用于焊接大直径钢筋。

3）闪光—预热—闪光焊。对于 HRB500 级钢筋，因碳、锰、硅的含量较高，加上合金元素钛、钒的存在，故对氧化淬火和过热比较敏感，其焊接性能较差，关键在于掌握适当的焊接温度，温度过高或过低都会影响接头的质量。此时应采用闪光—预热—闪光焊，此种办法是在预热闪光焊前，再增加一次闪光过程，使钢筋端部预热均匀，保证大直径、高强度钢筋焊接质量。

4）焊后通电热处理。HRB500 级钢筋对焊时，应采用预热闪光焊或闪光—预热—闪光焊工艺。当接头拉伸试验结果发生脆性断裂或弯取试验不能达到规范要求时，应在对焊机上进行焊后通电热处理，以改善接头金属组织和塑性。

（3）闪光对焊的质量检查　钢筋对焊完毕，应对接头质量进行外观检查和力学性能试验。

1）外观检查。对闪光对焊的接头，要进行抽查性（每批中抽查 10%，且不少于 10 个）的外观检查，其质量应符合下列要求：

①接头处不得有横向裂纹。

②与电极接触的钢筋表面，HPB300 ~ HRB400 级钢筋焊接时不得有明显烧伤；HRB500 级钢筋焊接时不得有烧伤；负温闪光对焊时，HRB335 ~ HRB400 级钢筋，均不得有烧伤。

③接头处的弯折角不得大于 4°。

④接头处的轴线偏移，不得大于钢筋直径的 0.1 倍，且不得大于 2mm。

外观检查结果，当有一接头不符合要求时，应对全部接头进行检查，剔出不合格接头，切除热影响区后重新焊接。

2）拉伸试验。对闪光对焊的接头，在同一台班内、同一焊工完成的 300 个同级别、同直径钢筋焊接接头为一批（不足 300 个接头，仍作为一批）。从每批中随机切取 6 个试件，其中 3 个做拉伸试验，3 个做弯曲试验，其拉伸试验的结果应符合下列要求：

①3 个热轧钢筋接头试件的抗拉强度均不得低于该级别钢筋规定的抗拉强度；余热处理 HRB400 级钢筋接头试件的抗拉强度均不得低于热轧 HRB400 级钢筋抗拉强度 570MPa。

②应至少有 2 个试件断于焊缝之外，并呈延性断裂。

③预应力钢筋与螺钉端杆闪光对焊拉伸试验结果，3 个试件全部断于焊缝之外，呈延性断裂。

当试验结果有 1 个试件的抗拉强度低于上述规定值，或有 2 个试件在焊缝或热影响区发生脆性断裂时，应再取 6 个试件进行复验。复检结果，若仍有 1 个试件的抗拉强度低于规定值，或有 3 个试件断于焊缝或热影响区，呈脆性断裂，应确认该批接头为不合格品。

3）弯曲试验。闪光对焊弯曲试验时，应将受压面的金属毛刺和镦粗变形部分消除，且与母材的外表平齐。焊缝应处于中心点，弯心直径和弯心角应符合规范要求，当弯至 90°时，应至少有 2 个试件不得发生破断。

3. 钢筋的电渣压焊

钢筋的电渣压焊是将钢筋安放成竖向对接形式，利用电流通过渣池产生的电阻，在焊剂层下形成电弧过程和电渣过程，产生电弧热和电阻热，将钢筋端部熔化，然后加压使两根钢筋焊合在一起。电渣压焊适用于焊接直径为 14～40mm 的热轧 HPB300、HRB335 级钢筋。此种方法操作简单、工作条件好、工效高、成本低，比电弧焊节省成本 80% 以上，比绑扎连接和帮条搭接焊节约钢筋 30%，可提高工效 6～10 倍。

（1）焊接设备与焊剂　钢筋电渣压焊设备为钢筋电渣压焊机，主要包括焊接电源、焊接机头、焊接夹具、控制箱和焊剂盒等。焊接电源宜采用 BX2—1000 型焊接变压器；焊接夹具应具有一定刚度，使用灵巧，坚固耐用，上下钳口同心；控制箱内安有电压表、电流表和信号电铃，能准确控制各项焊接参数，焊剂盒由铁皮制成内径为 90～100mm 的圆形，与所焊接的钢筋直径大小相适应，如图 5-56 所示。

电渣压焊所用焊剂，一般采用 431 型焊药。焊剂在使用前必须在 250℃ 温度烘烤 2h，以保证焊剂容易熔化，形成渣池。焊接机头有杠杆单柱式和螺杆传动式两种。杠杆式单柱焊接机头由单导柱、夹具、手柄、监控仪表、操作把等组成。下夹具固定在钢筋上，上夹具利用手动杠杆可沿单柱上、下滑动，以控制上钢筋的运动和位置。螺杆传动式双柱焊接机头由伞形齿轮箱、手柄、升降螺杆、夹紧装置、夹具、双导柱等组成。上夹具在双导柱上滑动，利用螺杆螺母的自锁特性，使上钢筋易定位，夹具定位精度高，卡住钢筋后无需调整对中度，电流通过特制焊把钳直接加在钢筋上。

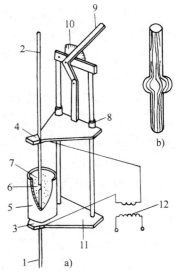

图 5-56　钢筋电渣压焊示意图
a）焊接夹具外形　b）已焊好的钢筋接头
1、2—钢筋　3—固定电极　4—活动电极　5—焊剂盒　6—导电剂　7—焊剂　8—滑动架　9—操纵杆　10—标尺　11—固定架　12—变压器

（2）电渣压焊的焊接参数　钢筋电渣压焊的焊接参数，主要包括焊接电流、焊接电压和焊接通电时间，这三个焊接参数应符合表 5-12 的规定。

表 5-12　常用钢筋电渣压焊主要焊接参数

钢筋直径 /mm	焊接电流 /A	焊接电压/V		焊接时间 /s
		造渣过程	电渣过程	
20	300～350	40	20	20
22	300～350	40	20	22
25	400～450	40	20	25
28	450～550	40	20	28
32	500～600	40	20	35

（3）电渣压焊的施工工艺　钢筋电渣压焊的施工工艺，主要包括端部除锈、固定钢筋、通电引弧、快速顶压、焊后清理等工序，具体工艺过程如下：

1）钢筋调直后，对两根钢筋端部 120mm 范围内进行认真地除锈和清除杂质工作，以便于很好地焊接。

2）用焊接机头上的上、下夹头分别夹紧上、下钢筋，钢筋应保持在同一轴线上，一经夹紧不得晃动。

①电弧引燃过程：焊接夹具夹紧上、下钢筋，钢筋端面处安放引弧铁丝球，焊剂灌入焊剂盒，接通电源，引燃电弧。

②造渣过程：电弧的高温作用，将钢筋端面周围的焊剂充分熔化，形成渣池。

③电渣过程：钢筋端面处形成一定深度的渣池后，将上钢筋缓慢插入渣池中，此时电弧熄灭，渣池电流加大，渣池因电阻较大，温度迅速升至2000℃以上，将钢筋端头熔化。

④挤压过程：钢筋端头熔化达一定量后，加力挤压，将熔化金属和熔渣从结合部挤出，同时切断电源。

3）接头焊完后，应停歇片刻后，方可回收焊剂和卸下焊接夹具，并敲掉渣壳；四周焊缝应均匀，凸出钢筋表面的高度应大于或等于4mm。

（4）电渣压焊质量检查　电渣压焊的质量检查包括外观检查和拉伸试验。

1）外观检查。电渣压焊接头，应逐个进行外观检查。其接头外观应符合下列要求：

①四周焊包凸出钢筋表面的高度不得小于4mm。

②钢筋与电极接触处，应无烧伤缺陷。

③接头处的弯折角不得大于4°。

④接头处的轴线偏移不得大于钢筋直径的0.1倍，且不得大于2mm。

2）拉伸试验。电渣压焊接头进行力学性能试验时，在一般构筑物中，应以300个同级别钢筋接头作为一批；在现浇钢筋混凝土多层结构中，应以每一楼层或施工区段中的300个同级别钢筋接头作为一批；不足300个接头的仍应作为一批。

从每批接头中随机切取3个试件做拉伸试验，3个试件的抗拉强度均不得低于该级别钢筋规定的抗拉强度。

当试验结果有1个试件的抗拉强度低于规定值时，应再取6个试件进行复验。复验结果，若仍有1个试件的抗拉强度小于规定值，应确认该批接头为不合格品。

4. 钢筋气压焊

钢筋气压焊是利用氧气和乙炔气按一定比例混合燃烧的火焰对钢筋接头处加热，将被焊钢筋端部加热到塑性状态或熔化状态，并施一定压力使两根钢筋焊合。这种焊接工艺具有设备简单、操作方便、质量优良、成本较低等优点，适用于焊接直径为14～40mm的热轧HPB300～HRB400级钢筋。

（1）钢筋气压焊的设备　钢筋气压焊的设备主要包括氧、乙炔供气装置，加热器，加压器及焊接夹具等（图5-57）。

供气装置包括氧气瓶、乙炔气瓶（或中压乙炔发生器）、干式回火防止器、减压器及输气胶管等。加热器为一种多嘴环形装置，由混合气管和多火口烤枪组成。加压器有顶压液压缸、液压泵、液压管、液压表等组成。焊接夹具应能牢固夹紧钢筋，当钢筋承受最大轴向压力时，钢筋与夹具之间不得产生相对滑移；应便于钢筋的安装定位，并在施焊过程中能保持其刚度。

（2）钢筋气压焊工艺　钢筋气压焊的工艺主要包括端部处理、安装钢筋、喷焰加热、施加压力等过程。

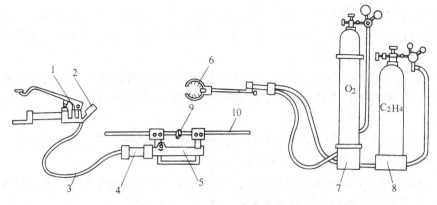

图 5-57　气压焊设备

1—脚踏液压泵　2—压力计　3—液压胶管　4—活动液压泵　5—夹具

6—焊枪　7—氧气瓶　8—乙炔瓶　9—接头　10—钢筋

1) 气压焊施焊之前，钢筋端面应切平，并与钢筋轴线垂直；在钢筋端部 2 倍直径长度范围内，清除其表面上的附着物；钢筋边角毛刺及断面上的铁锈、油污和氧化膜等，应彻底清除干净，使其露出金属光泽，不得有氧化现象。

2) 安装焊接夹具和钢筋时，应将两根钢筋分别夹紧，并使两根钢筋的轴线在同一直线上。钢筋安装后应加压顶紧，两根钢筋之间的局部缝隙不得大于 3mm。

3) 气压焊的开始阶段采用碳化焰，对准两根钢筋接缝处集中加热，并使其内焰包住缝隙，防止端面产生氧化。当加热至两根钢筋缝隙完全密合后，应收用中性焰，以结合面为中心，在两侧各 1 倍钢筋直径长度范围内往复加热。钢筋端面的加热温度，控制在 1150 ~ 1250℃；钢筋端部表面的加热温度应稍高于该温度，由钢筋直径大小而产生的温度梯差确定。

4) 待钢筋端部达到预定温度后，对钢筋轴向加压到 30 ~ 40MPa，直到焊缝处对称均匀变粗，其直径为钢筋直径的 1.4 ~ 1.6 倍，变形长度为钢筋直径的 1.3 ~ 1.5 倍。

5) 拆卸压接器。通过加压，待接头的镦粗区形成规定的形状时，停止加热，略微延时，卸除压力，拆下焊接夹具。

(3) 气压焊接头质量检验　钢筋气压焊接头的质量检验分为外观检查和力学性能试验。

1) 外观检查。钢筋气压焊接头应逐个进行外观检查，其检查结果应符合下列要求：

①偏心量 e 不得大于钢筋直径的 0.15 倍，且不得大于 4mm；当不同直径钢筋焊接时，应按较小钢筋直径计算。当偏心量大于规定值时，应切除重焊。

②两钢筋轴线弯折角不得大于 4°，当大于此规定值时，应重新加热矫正。

③镦粗直径 d_c 不得小于钢筋直径的 1.4 倍；当小于此规定值时，应重新加热镦粗。

④镦粗长度 L_c 不得小于钢筋直径的 1.2 倍；且凸起部分平缓圆滑；当小于此规定值时，应重新加热镦长。

⑤压焊面偏移量 d_b 不得大于钢筋直径的 0.2 倍。

2) 拉伸试验。对一般构筑物，以 300 个钢筋接头作为一批；对现浇钢筋混凝土房屋结构，同一楼层中应以 300 个钢筋接头作为一批；不足 300 个钢筋接头仍作为一批。

从每批接头中随机切取 3 个试件做拉伸试验，3 个试件的抗拉强度均不得小于该级别钢筋规定的抗拉强度，并应断于压焊面之外，呈延性断裂。当有 1 个试件不符合要求时，应再切取 6 个试件进行复验；复验结果，若仍有 1 个试件不符合要求，应确认该批接头为不合格品。

3）弯曲试验。对梁、板的水平钢筋连接中，每批中应另切取 3 个接头做弯曲试验。进行弯曲试验时，应将试件受压面的凸起部分消除，并应与钢筋外表面齐平，弯心直径应符合规范规定。

弯曲试验可在万能试验机、手动或电动液压弯曲试验器上进行。压焊面应处在弯曲中心点，弯至 90°，3 个试件均不得在压焊面发生破断。

当试验结果有 1 个试件不符合要求时，应再切取 6 个试件进行复验。复验结果，若仍有 1 个试件不符合要求，则确认该批接头为不合格品。

（三）钢筋机械连接

钢筋机械连接是通过连接件的机械咬合作用或钢筋端面的承压作用，将一根钢筋中的力传递至另一根钢筋的连接方法。它具有施工简便、工艺性能好、接头质量可靠、不受钢筋焊接性制约、可全天候施工、节约钢材、节省能源等优点。

常用机械连接接头类型有：挤压套筒接头、锥螺纹套筒接头、直螺纹套筒接头等。

1. 一般技术规定

钢筋接头根据静力承载能力分成下列三个性能等级：

A 级：接头抗拉强度达到或超过母材抗拉强度标准值，并具有高延性及反复拉压性能，用于混凝土结构中要求充分发挥钢筋强度或对接头延性要求较高的部位。

B 级：接头抗拉强度达到或超过母材屈服强度标准值的 1.35 倍，具有一定的延性及反复拉压性能，用于混凝土结构中钢筋受力小或对钢筋延性要求不高的部位。

C 级：接头仅能承受压力，用于非抗震设防和不承受动力荷载的混凝土结构中钢筋只承受压力的部位。

钢筋机械连接件的屈服承载力和抗拉承载力的标准值不应小于被连接钢筋的屈服承载力和抗拉承载力标准值的 1.10 倍。

钢筋采用机械连接时，受力钢筋机械连接接头的位置应相互错开。在任一接头中心至长度为钢筋直径 35 倍区段范围内，受拉区的受力钢筋接头百分率不宜超过 50%（受拉区受力小的部位，A 级接头百分率不受限制），钢筋连接件处的混凝土保护层最小厚度宜满足《混凝土结构设计规范》（GB 50010—2010）的要求，且不得小于 15mm。连接件之间的横向净距不宜小于 25mm。

2. 钢筋锥螺纹连接

钢筋锥螺纹连接是把钢筋的连接端加工成锥形螺纹，通过锥螺纹连接套把两根带螺纹的钢筋按规定的力矩连接成一体。这种连接方法具有使用范围广、施工工艺简单、连接质量好、生产效率高、节省钢材、适应性强、有利于环境保护等优点。此种接头方式适用于直径为 16~40mm 的 HPB300、HRB335 级同级钢筋的同径或异径连接。

为了在钢筋混凝土结构中正确使用钢筋锥螺纹接头，确保钢筋的连接质量，在施工中应注意以下事项：

1）钢筋应当先调直再下料，切口端面应与钢筋轴线垂直，不得出现马蹄形或挠曲现象，不得用气割下料。

2）加工的钢筋锥螺纹的锥度、牙形、螺距、线数等，必须与连接套的锥度、牙形、螺距、线数相一致。

3）加工的钢筋锥螺纹应逐个进行外观质量评定。达到牙形饱满、无断牙、秃牙缺陷，且与牙形规相吻合（图5-58），表面光洁；锥螺纹锥度与卡规或环规相吻合，最小圆锥直径在卡规或环规的允许误差之内。

4）连接钢筋时，应对准正轴线将钢筋端部拧入连接套，然后用力矩扳手拧紧并检查安装质量。接头拧紧力矩应符合规范要求，不得欠拧和超拧，合格的接头应作上标记，合格率必须达到100%。

5）对安装检验不合格的接头，可采用电弧焊补强，焊缝高度不得小于5mm。当连接钢筋为HRB400级钢筋时，必须先做焊接性试验，以便接头不合格时可采用焊接补强方法。

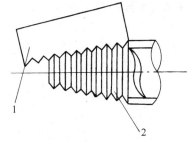

图5-58　牙形规检验钢筋锥螺纹
1—牙形规　2—钢筋锥螺纹

3. 带肋钢筋套筒挤压连接

带肋钢筋套筒挤压连接是将两根待接钢筋插入钢套筒，用挤压设备沿径向或轴向挤压钢套筒，使钢套筒产生塑性变形，依靠变形的钢套筒与被连接钢筋的纵、横肋产生机械咬合而成为一个整体的钢筋连接方法。由于是在常温下挤压连接，所以也称为钢筋冷挤压连接。此种连接方法具有操作简单、容易掌握、对中度高、连接速度快、安全可靠、不污染环境、施工文明等优点，适用于钢筋混凝土结构中钢筋直径为16～40mm的钢筋连接。

（1）对套筒的质量要求　对HPB300、HRB335级带肋钢筋挤压接头套筒所用的材料，应选用适于压延加工的钢材，其实测的力学性能应符合要求。套筒出厂时应严格检查，必须附有出厂合格证；在正式挤压连接之前，对套筒的规格和尺寸进行复检，合格后方可使用。

（2）施工注意事项　带肋钢筋套筒挤压连接设备，由压接钳、超高压泵站及超高压胶管等组成。

1）在正式挤压之前，为保证连接质量和施工顺利，应做好如下准备工作：

①钢筋端头的锈皮、泥砂、油污、杂物等一定要清理干净，并置于适当位置。

②进一步对钢套筒作外观尺寸检查，并应与被连接的钢筋规格尺寸一致。

③对钢筋与套筒进行试套，如钢筋有马蹄形、弯折或纵肋尺寸过大者，应预先矫正或用砂轮打磨。

④认真检查挤压设备的情况，并进行试压，待一切符合要求后，方可正式作业。

2）挤压操作注意事项：

①挤压操作时，先在地面上插上钢筋挤压一端套筒，在施工作业区插入待接的另一根钢筋，再挤压另一端套筒。

②在挤压另一端套筒之前，应按标记检查钢筋插入套筒内的深度，并保证钢筋端头距套筒长度中点不超过10mm。

③为保证钢套筒和钢筋咬合紧密，挤压时压接钳与钢筋轴线应保持垂直。

④径向挤压的正确挤压顺序为从套筒中央开始，依次向两端挤压。

⑤挤压操作时采用的挤压力、压模宽度、压痕直径和挤压后套筒长度及挤压道数等，均应符合检验标准确定的技术参数要求。

建筑施工技术

4. 钢筋直螺纹连接

直螺纹连接是将两根待连接钢筋端部加工成直螺纹，旋入带有直螺纹的套筒中，从而将两端的钢筋连接起来（图5-59）。与锥螺纹接头相比，其接头强度更高，安装更方便。

直螺纹连接制作工艺：钢筋端镦粗→在镦粗段上切削直螺纹→利用连接套筒对接钢筋。

施工中应注意以下事项：

1）钢筋直螺纹加工必须在专用的锻头机床和套螺纹机床上进行。套螺纹机的刀具冷却应采用水溶性切削液，不得使用油性切削液或无切削液套螺纹。

2）机床操作人员必须经专业培训后，持证上岗。

图5-59　钢筋直螺纹连接接头剖面图
1—待接钢筋　2—套筒

3）安装时首先把连接套筒的一端安装在待接钢筋端头上，用专用扳手拧紧到位，然后用导向夹钳对中，将夹钳夹紧连接套筒，把接长钢筋通过导向夹钳中孔对中，拧入连接套筒内，拧紧到位即完成连接。

4）卸下工具，随时检验。不合格的立即纠正，合格者在连接套筒上涂已检验的标记。

五、钢筋的安装

钢筋加工后运至现场进行安装，安装时应位置准确，连接牢固。钢筋安装应与模板安装相互配合。柱钢筋现场绑扎安装时，一般在模板安装前进行。柱钢筋采用预制安装时，可先安装钢筋骨架，后安装模板，或先安装三面模板，待钢筋骨架安装后，再安装第四面模板。梁钢筋一般在梁底模板或一面侧模安装好后再安装或绑扎。当梁钢筋采用整体入模时，可在梁模板全部安装好后，再安装或绑扎。楼板钢筋安装绑扎应在楼板模板安装后进行，并应按设计图样规定先划线，然后摆料、绑扎。

现场安装钢筋时，梁板钢筋大多采用绑扎方法，其工艺应符合钢筋绑扎的有关规定。

柱钢筋和连续梁主筋的连接多采用对接方式（焊接或机械连接），其连接工艺及质量要求应符合相应规定。

钢筋在混凝土中应有一定厚度的保护层，保护层厚度应符合设计要求，当设计无具体要求时，不应小于受力钢筋直径，并应符合表5-13的规定。工地上常用预制水泥砂浆垫块垫在钢筋与模板之间，以控制保护层厚度。垫块应布置成梅花形，其相互间距不大于1m。上下双层钢筋之间的尺寸可通过绑扎短钢筋来控制。

表5-13　钢筋的混凝土保护层厚度　（单位：mm）

环境与条件	构件名称	混凝土强度等级		
		低于C25	C25及C30	高于C30
室内正常环境	板、墙、壳	15		
	梁和柱	25		
露天或室内高湿度环境	板、墙、壳	35	25	15
	梁和柱	45	35	25
有垫层	基础	35		
无垫层		70		

注：1. 轻骨料混凝土的钢筋保护层厚度应符合国家现行标准《轻骨料混凝土结构设计规程》（JGJ 51—2002）的规定。
2. 钢筋混凝土受弯构件，钢筋端头的保护层厚度一般为10mm。
3. 板、墙、壳中分布钢筋的保护层厚度不应小于10mm；梁柱中箍筋和构造钢筋的保护层厚度不应小于15mm。
4. 预制构件钢筋保护层厚度另有规定。

钢筋安装完毕后，应根据设计图样检查钢筋的级别、直径、数量、位置、间距是否正确（特别注意检查负弯矩钢筋的位置），接头位置及搭接长度是否符合规定，钢筋绑扎是否牢固，保护层是否符合要求。

钢筋工程属于隐蔽工程，在浇筑混凝土前应对钢筋及预埋件进行检查验收，并作好隐蔽工程记录，以便考查。

六、钢筋工程的质量要求要点和安全注意事项

（一）钢筋的质量验收

1. 钢筋原材料验收

钢筋运至施工现场，应附有出厂合格证书及试验报告单。在现场应按规格、品种分别堆放，并按规定进行钢筋的力学性能复检和外观检验。

（1）钢筋检验抽样　钢筋力学性能试验的抽样方法如下：

1）热轧钢筋。以同规格、同炉罐（批）号的不超过60t钢筋为一批，选两根试样钢筋，一根做拉伸试验，一根做冷弯试验。

2）冷拔钢筋。以不超过20t的同级别、同直径的冷拉钢筋为一批，从每批冷拉钢筋中抽取两根钢筋，每根取两个试样分别进行拉伸和冷弯试验。

3）冷拔钢丝。分甲级钢丝和乙级钢丝两种。甲级钢丝逐盘检验，从每盘钢丝上任一端截去不少于500mm后再取两个试样，分别做拉伸和180°反复弯曲试验。乙级钢丝可分批抽样检验，以同一直径的钢丝5t为一批，从中任取3盘，每盘各截取两个试样，分别做拉伸和反复弯曲试验。

4）热处理钢筋。以同规格、同热处理方法和同炉罐（批）号的不超过60t钢筋为一批，从每批中抽取10%的钢筋（不少于25盘）各截取一个试样做拉伸试验。

5）碳素钢丝。以同钢号、同规格、同交货条件的钢丝为一批，每批抽取10%（不少于15盘）的钢丝，从每盘钢丝的两端各截取一个试样，分别做拉伸试验和反复弯曲试验。屈服强度检验按总盘数的2%选用，但不得少于3盘。

6）刻痕钢丝。同碳素钢丝。

7）钢绞线。以同钢号、同规格的不超过10t的钢绞线为一批，各截取一个试样做拉伸试验。从每批中选取15%的钢绞线（不少于10盘），各截取一个试样做拉伸试验。

以上各类钢筋的力学性能试验中，如有某一项试验结果不符合标准，则应从同一批中再取双倍数量的试样，重做试验。如仍不合格，则该批钢筋为不合格品。

（2）钢筋力学性能检验　混凝土结构工程用的钢筋，对其力学性能的试验主要是拉伸试验，包括屈服点、抗拉强度、伸长率三项指标，同时还要做冷弯试验。试验结果应符合现行国家标准《钢筋混凝土用钢　第2部分：热轧带肋钢筋》（GB 1499.2—2007）的规定。有下列使用情况时，还应增加相应的检验项目：

1）有附加保证条件的混凝土结构中的配筋，如对化学成分有严格要求的配筋。

2）对高质量的热轧带肋钢筋，应有反向弯曲检查项目和屈服强度数据；用于抗震要求较高的主筋，应有屈服点的数据。

3）预应力混凝土所用的钢丝，应有反复曲弯次数和松弛技术指标；钢绞线应有屈服负荷和整根破坏荷载的技术指标。

另外，还应逐捆（盘）对钢筋的外观进行检查。钢筋表面不得有裂纹、结疤和折叠，并不得有超出螺纹高度的凸块。钢筋的外形尺寸应符合有关规定。

2. 钢筋焊接的质量验收

详见本节"四（二）"的内容。

3. 钢筋安装检查

钢筋安装完毕后，应根据施工规范进行认真地检查，主要检查以下内容：

1）根据设计图样，检查钢筋的钢号、直径、根数、间距是否正确，特别要检查负筋的位置是否正确。

2）检查钢筋接头的位置、搭接长度、同一截面接头百分率及混凝土保护层是否符合要求。水泥垫块是否分布均匀、绑扎牢固。

3）钢筋的焊接和绑扎是否牢固，钢筋有无松动、位移和变形现象。

4）钢筋表面是否有不均匀的油渍、漆污和颗粒（片）状铁锈等，钢筋骨架里边有无妨碍混凝土浇筑的杂物。

5）钢筋安装位置的允许偏差是否在规范规定（表5-11）范围内。

（二）钢筋工程的安全注意事项

1）展开盘圆钢筋时要一头卡牢，防止回弹。

2）拉直钢筋时的卡头要卡牢、地锚要稳固，拉筋沿线的2m宽区域内禁止人员通过。

3）钢筋堆放应分散，规整摆放，避免乱堆和叠压。

4）绑扎墙、柱钢筋时应搭设适合的作业架，不得站在钢筋骨架上或攀钢筋骨架上下。

5）高大钢筋骨架应设临时支撑固定，以防倾倒。

6）使用切断机断料时不能超过机械的负载能力，在活动刀片前进时禁止送料，手与刀口的距离不得少于15cm。

7）使用除锈机除锈时应戴口罩和手套，带钩的钢筋禁止上机除锈。

8）上机弯曲长钢筋时，应有专人扶住并站于弯曲方向的外侧，调头弯曲时，防止碰撞人、物。

9）调直钢筋时，在机器运转中不得调整滚筒，严禁戴手套操作，调直到末端时，人员必须躲开，以防钢筋甩动伤人。

10）焊接设备应有完整的保护外壳，一、二次接线柱外应有防护罩。

11）在现场使用的电焊机应设有可防雨、防潮、防晒的机棚，并备有消防用品。

12）施焊现场的10m范围内，不得堆放氧气瓶、乙炔瓶、木材等易燃物。

13）作业后应清理场地、灭绝火种、切断电源和锁好闸箱。

第三节　混凝土工程

混凝土工程包括配料、拌制、运输、浇筑、养护、拆模等施工过程。其中各个施工过程均相互联系和相互影响，在施工中任一过程处理不当都会影响到混凝土工程的最终质量。近年来，由于科技的发展，混凝土工程施工技术有了很大进步，混凝土的拌制已机械化，大型混凝土搅拌站已实现了自动化，混凝土的运输和捣实也实现了机械化。很多城市实现了混凝土集中搅拌、运输，使混凝土供应商品化。外加剂和强化搅拌工艺的研究与应用，特殊条件下的施工（如寒冷、炎热、真空、水下、耐腐蚀及喷射等条件下混凝土的施工），特种混凝土（如轻骨料、膨胀、高强度、防射线、纤维、沥青及彩色等混凝土）的推广应用，使混凝土工程得到了更进一步的发展，在工程建设中占据了举足轻重的地位。

一、混凝土制备

（一）混凝土的配制

混凝土除满足强度要求外，还应具有较好的和易性，便于操作。

1. 混凝土施工配合比的含水量调整

水灰比对混凝土强度起决定作用，因此，配制混凝土的含水量必须准确。由于试验室在试配混凝土时的砂、石是干燥的，而施工现场的砂、石均有一定的含水量，其含水量的大小随气候、季节而异。为保证现场混凝土准确的含水量，应按现场砂、石的实际含水量加以调整。

试验室的配合比为水泥∶砂∶石子 $= 1∶x∶y$，水灰比为 W/C，现场测得的砂、石含水量分别为 ω_1、ω_2，则施工配合比应为水泥∶砂∶石子 $= 1∶x(1+\omega_1)∶y(1+\omega_2)$；水用量不变，但必须减去砂、石中的含水量，即实际用水量 $= w$（原用水量）$- x\omega_1 - y\omega_2$。

2. 配料精度

工地上配制的混凝土配合比应严格按试验室的规定执行，以确保混凝土的强度达到设计的级别。如前所述，混凝土的强度值对水灰比的变化十分敏感，试验资料表明，如配料时偏差值水泥量为 -2%，水为 $+2\%$，混凝土的强度要降低 8.9%。因此，C60 以下混凝土在现场的配料精度应控制在下列数值范围内：水泥、外掺混合材料 $\pm 2\%$；粗细骨料 $\pm 3\%$；水、外加剂溶液 $\pm 2\%$。

施工现场一般用磅秤等称量仪器，应定期对其维修校验，保持准确。骨料含水量应经常测定，调整用水量，雨天施工应增加测定含水量次数，以便及时调整。

（二）混凝土搅拌机的选择

1. 自落式搅拌机

自落式搅拌机的工作原理是利用旋转着的搅拌筒上的叶片，使物料在重力作用下，相互穿插、翻拌、混合，以达到均匀拌和的目的。此类搅拌机多用于塑性混凝土和低流动性混凝土搅拌。其主要筒体和叶片磨损较小，易于清理；但动力消耗大、效率低，搅拌时间一般为每盘 $90 \sim 120\text{s}$。如图 5-60 所示为自落式锥形反转出料搅拌机。

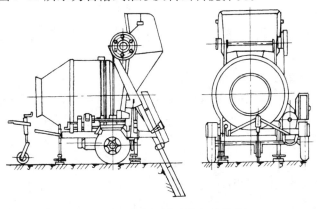

图 5-60 自落式锥形反转出料搅拌机

2. 强制式搅拌机

强制式搅拌机的工作原理是依靠旋转的叶片对物料产生剪切、挤压、翻转和抛出等的组合作用进行拌和。这种搅拌机的搅拌作用强烈、搅拌均匀、生产率高、操作简便、安全等，适用于干硬性混凝土和轻骨料混凝土的拌制，也可以拌制低流动性混凝土，但搅拌部件磨损严重，功率消耗大，多用于搅拌站或预制厂。如图 5-61 所示为涡浆式强制搅拌机。

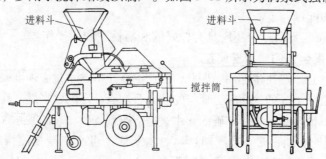

图 5-61　涡浆式强制搅拌机

选择混凝土搅拌机时，要根据工程量大小、混凝土浇筑强度、坍落度、骨料粒径等条件而定。选择搅拌机时应考虑其容量，如超过额定容量的 10% 时，就会影响混凝土的均匀性；反之，则影响生产效率。

3. 搅拌机使用注意事项

（1）安装　搅拌机应设置在平坦位置，用方木垫起前后轮轴，使轮胎搁高架空，以免搅拌机开动时发生走动。固定式搅拌机要装在固定的机座或底架上。

（2）检查　电源接通后，必须仔细检查并经 2～3min 空车试转，合格后方可使用。试运转时，应校验拌筒转速是否合适。一般情况下，空车转速比重车稍快 2～3r，如相差较多时，应调整动轮与传动轮的比例。拌筒的旋转方向应符合箭头指示方向，如不符合应更正电动机接线。

检查传动离合器和制动器是否灵活可靠、钢丝绳有无损坏、轨道滑轮是否良好、周围有无障碍以及各部位的润滑情况等。

（3）保护　电动机应装设外壳或采用其他保护措施，防止水分和潮气浸入而损坏，电动机必须安装启动开关。

开机后应经常查看搅拌机各部件的运转是否正常，停机时经常检查搅拌机叶片是否打弯、螺钉有否打落或松动。

当混凝土搅拌完毕或预计停歇 1h 以上时，除将余料出净外，应用石子和清水倒入拌筒内，开机转动 3～5min，把粘在料筒上的砂浆清洗干净后全部卸出，料筒内不得有积水，以免料筒和叶片生锈。同时还应清理搅拌筒外积灰，使机械保持完好。

（三）搅拌制度

1. 搅拌时间

搅拌时间过短，混凝土不均匀，强度及和易性均降低；如适当延长搅拌时间，混凝土强度会有所增长。例如自落式搅拌机如延长搅拌时间 2～3min，混凝土强度有较显著的增长，但再增加时间则强度增加较少，而塑性有所改善；如搅拌时间过长，会使不坚硬的骨料发生破碎或掉角，反而降低了强度。因此，搅拌时间不宜超过规定时间的 3 倍。表 5-14 为普通混凝土的最短搅拌时间。

表 5-14　普通混凝土的最短搅拌时间 　　　　　　　　（单位：s）

混凝土的塌落度 /cm	搅拌机类型	搅拌机容积/L		
		< 250	250 ~ 500	> 500
≤3	自落式	90	120	150
	强制式	60	90	120
>3	自落式	90	90	120
	强制式	60	60	90

搅拌时间是指从原材料全部投入搅拌筒开始搅拌时起，至开始卸料为止所经历的时间。轻骨料及掺有外加剂的混凝土均应适当延长搅拌时间。

2. 加料顺序

常用投料方法有一次投料法和二次投料法两种。

一次投料法应用最普遍。对自落式搅拌机采用一次投料法应先在筒内加部分水，然后在搅拌机料斗中依次装石子、水泥、砂，一次投料，同时陆续加水。这种投料方法可使砂子压住水泥，使水泥粉尘不致飞扬，并且水泥和砂先进入搅拌筒形成水泥砂浆，缩短包裹石子的时间。对于强制式搅拌机，因出料口在下面，不能先加水，应在投入干料的同时，缓慢均匀分散地加水。

二次投料法有水泥裹砂法（SEC 法）、预拌水泥砂浆法和预拌水泥浆法。

水泥裹砂法是先加一定量的水，将砂表面的含水量调节到某一定值，再将石子加入与湿砂一起搅拌均匀，然后投入全部水泥，与湿润后的砂、石拌和，使水泥在砂、石表面形成一层低水灰比的水泥浆壳，最后将剩余的水和外加剂加入，搅拌成混凝土。这种工艺与一次投料法相比可提高混凝土强度20% ~ 30%，而且混凝土不易产生离析现象，泌水性也大为降低，施工性好。

预拌水泥砂浆法是将水泥、砂和水加入强制式搅拌机中搅拌均匀，再加石子搅拌成混凝土。此法与一次投料法相比可减水4% ~ 5%，提高混凝土强度3% ~ 8%。

预拌水泥浆法是先将水泥加水充分搅拌成均匀的水泥净浆，再加入砂、石搅拌成混凝土，可改善混凝土内部结构、减少离析、节约水泥20%或提高混凝土强度15%。

3. 进料容量

进料容量指可装入搅拌机的材料的体积之和。装料过多（超过进料容量的10%），会使搅拌筒中无充分的拌和空间；装料过少，则不能发挥搅拌机的效率。进料容量载于搅拌机性能表中。搅拌机规格用出料容量表示，出料容量与进料容量有一定关系。

（四）混凝土搅拌站

根据竖向工艺布置不同，混凝土搅拌站分单阶式和双阶式两种。单阶式混凝土搅拌站是将原材料一次提升到贮料斗内，然后靠自重下落进入称量和搅拌工序。这种流程的特点是原材料从一道工序到下一道工序的时间短、效率高、自动化程度高、搅拌站占地面积小，适用于固定式大型混凝土搅拌站（厂）。双阶式混凝土搅拌站则是原材料提升进入贮料斗，由自重下落称量配料后，需经第二次提升进入搅拌机。这种搅拌站建筑物高度小、运输设备简单、投资少、建设快，但效率较单阶式低，适合施工现场用。

二、混凝土运输

混凝土运输设备应根据结构特点（例如框架结构、设备基础等）、混凝土工程量大小、每天或每小时混凝土浇筑量、水平及垂直运输距离、道路条件、气候条件等各种因素综合考虑后确定。

混凝土在运输过程中的一般要求：

1）应保持混凝土的均匀性，不产生严重离析现象，否则浇筑后容易形成蜂窝或麻面。

2）运输时间应保证混凝土在初凝前浇入模板内并捣实完毕。

为保证上述要求，在混凝土运输过程中应注意：

1）道路尽可能平坦且运距尽可能短。为此，搅拌站位置应适中。

2）尽量减少混凝土转运次数，或不转运。

3）混凝土从搅拌机卸出后到浇筑进模板后的时间间隔不得超过表5-15中所列的数值。若使用快硬水泥或掺有促凝剂的混凝土，其运输时间应由试验确定；轻骨料混凝土的运输、浇筑延续时间应适当缩短。

表 5-15　混凝土从搅拌机中卸出后到浇筑完毕的延续时间　　（单位：min）

混凝土强度等级	气温低于 25℃	气温高于 25℃
C30 及 C30 以下	120	90
高于 C30	90	60

4）运输混凝土的工具（容器）应不吸水、不漏浆。天气炎热时，容器应遮盖，以防阳光直射而水分蒸发。容器在使用前应先用水湿润。

混凝土运输分为水平运输和垂直运输两种。

（一）水平运输

常用的水平运输设备有手推车、机动翻斗车、混凝土搅拌运输车、自卸汽车等。

1. 手推车及机动翻斗车运输

双轮手推车容积约为 $0.07 \sim 0.1 \text{m}^3$，载重约为 200kg，主要用于工地内的水平运输。当用于楼面水平运输时，由于楼面上已扎好钢筋、支好模板，需要铺设手推车用的行车道（称马道）。机动翻斗车容量约为 0.45m^3，载重约为 1t，用于地面运距较远或工程量较大时的混凝土运输。

2. 混凝土搅拌运输车运输

目前各地正在推广使用集中预拌，以商品混凝土形式供应各工地的方式。商品混凝土就是一个城市或一个区域建立一个或几个集中商品混凝土搅拌站（厂），工地每天所需的混凝土均向这些混凝土搅拌站（厂）订货购买，该站（厂）负责供应有关工地所需的各种规格的混凝土，并准时送到现场。这种混凝土集中搅拌、集中运输供应的办法，可以免去各工地分散设立小型混凝土搅拌站，减少材料浪费，少占工地，减少对环境的污染，提高了混凝土质量。

由于工地采用商品混凝土，混凝土运距就较远，因此一般多用混凝土搅拌运输车。这种运输车是在汽车底盘上安装倾斜的搅拌筒，它兼有运输和搅拌混凝土的双重功能，可以在运送混凝土的同时对其进行搅拌或扰动，从而保证所运送的混凝土质量。

（二）垂直运输

常用的混凝土垂直运输设备有塔式起重机、井架、龙门架等。

1. 塔式起重机运输

塔式起重机（类型及性能见本书第十章）既能完成混凝土的垂直运输，又能完成一定的水平运输。在其工作幅度范围内能直接将混凝土从装料点吊升到浇筑地点送入模板内，中间不需要转运，因此是一种较有效的混凝土运输方式。

用塔式起重机运输混凝土时，应配备混凝土料斗配合使用。在装料时料斗放置地面，由搅拌机（或机动翻斗车）将混凝土卸于料斗内，再由塔式起重机吊送至混凝土浇筑地点。料斗容量大小，应据所用塔式起重机的起吊能力、工作幅度、混凝土运输车的运输能力及浇筑速度等因素确定。常用的料斗容量为 $0.4m^3$、$0.8m^3$ 和 $1.2m^3$。

2. 井架、龙门架运输

井架、龙门架具有构造简单、成本低、装拆方便、提升与下降速度快等优点，因此运输效率较高，常用于多层建筑施工。

用井架、龙门架垂直运输混凝土时，应配以双轮手推车作水平运输。井架、龙门架将装有混凝土的手推车提升到楼面上后，施工人员用手推车沿临时铺设的马道将混凝土送至浇筑地点，马道需布置成环行道，一面浇筑混凝土，一面向后拆迁，直至整个楼面混凝土浇筑完毕。

（三）混凝土泵运输

采用混凝土泵输送混凝土，称为泵送混凝土，适用于大型设备基础、坝体、现浇高层建筑、水下与隧道等工程的混凝土水平或垂直输送。泵送混凝土具有输送能力大、速度快、效率高、节省人力、连续输送等特点。

1. 泵送混凝土设备

泵送混凝土设备由混凝土泵、输送管和布料装置等组成。

（1）混凝土泵　混凝土泵有气压泵、柱塞泵（图5-62）及挤压泵等几种类型。不同型号的混凝土泵每小时可输送混凝土为 $8\sim60m^3$（最大可达 $160m^3/h$），水平距离为 $200\sim400m$（最大可达 $700m$），垂直距离 $30\sim65m$（最大可达 $200m$）。表5-16为国产液压混凝土柱塞泵工作性能表。如建筑物过高，可以在适当高度楼层处设立中继泵站，将混凝土继续向上运送。

表5-16　国产液压混凝土泵工作性能表

项　目		单位	HB—8	HB—15	HB—30	HB—60
泵送能力		m^3/h	8	15	30	60
最大输送距离	水平	m	200	250	350	400
	垂直	m	30	35	60	65
可泵送混凝土规格	坍落度	mm	60~150	60~150	50~230	50~230
	骨料最大粒径	mm	40	40	40	40

（2）输送管 常用钢管有直管、弯管、锥形管三种。管径有 100mm、125mm、150mm、175mm、200mm 等数种。长度有 4m、3m、2m、1m 等数种。一般标准长度为 4m，其余长度则为调整布管长度用。弯管的角度有 15°、30°、45°、60°、90°五种。当两种不同管径的输送管连接时，用锥形管过渡，其长度一般为 1m。在管道的出口处大都接有软管（用橡胶管或塑料管等），以便在不移动钢管的情况下，扩大布料范围。为便于管道装拆，输送管的连接均用快换接头。

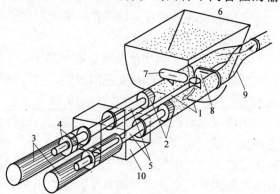

图 5-62　柱塞泵工作原理示意图
1—混凝土缸　2—混凝土活塞　3—油缸　4—油
缸活塞　5—活塞杆　6—料斗　7—吸入阀
8—排出阀　9—Y 形管　10—水箱

混凝土在输送管中流动时，弯管、锥形管和软管的阻力比直管大，同时，垂直直管比水平管的阻力也大。因此在验算混凝土泵输送混凝土距离的能力时，都应将弯管、锥形管、软管和垂直直管换算成统一的水平管长，再用直管压力损失公式验算。例如直径为 100mm 的垂直管每米折算为水平长度为 4m；曲率半径为 1m 的 90°弯管折算为 9m；锥形管（100～125mm）每个折算为 20m；软管（5m）每段折算为 30m 等。

（3）布料装置 由于混凝土泵是连续供料，输送量大，因此，在浇筑地点应设置布料装置，将混凝土直接浇入模板内或铺摊均匀。一般的布料装置具有输送混凝土和摊铺混凝土的双重作用，称布料杆。布料杆分汽车式（图 5-63a）、移置式（图 5-63b、c）、固定式三种。固定式又分附着式和内爬式（图 5-63d）两种。

在混凝土泵车上装有可伸缩式或折叠式的布料杆，其末端有一软管，可将混凝土直接输送到浇筑地点，使用十分方便。

2. 混凝土的可泵性与配合比

用于泵送的混凝土必须具有良好的输送性能。混凝土在输送管道中的流动能力称为可泵性。可泵性好的混凝土与输送管壁的摩阻力小，泵送过程中不会产生离析现象。为此，对泵送混凝土原材料和配合比应尽量满足以下要求：

（1）水泥用量 因水泥浆起润滑作用，故水泥用量是影响混凝土在管内输送阻力的主要因素。为了保证混凝土泵送的质量，每立方米混凝土中水泥用量不少于 300kg。

（2）坍落度 坍落度低，即单位体积混凝土中水泥含量少，泵送阻力就增加，泵送能力下降。但坍落度过大则易漏浆，并增加混凝土的收缩。泵送混凝土坍落度不是定值，它与高度有关，如泵送高度 30m 以下时，坍落度为 100～140mm；泵送高度在 30～60m 时，坍落度为 140～160mm；泵送高度 60～100m 时，坍落度为 160～180mm；超过 100m 时，坍落度为 180mm。

（3）骨料种类 泵送混凝土骨料以卵石和河砂最合适。一般规定，泵送混凝土中碎石最大粒径不超过输送管径的 1/4，卵石不超过管径的 1/3。

泵送轻骨料混凝土时，受到泵的压力作用，水分被轻骨料吸收，故应适当增加坍落度。

（4）骨料级配和含砂率 骨料粒度和级配对泵送能力有关键性影响，偏离标准粒度曲线过多，会大大降低泵送性能，甚至引起堵管事故。

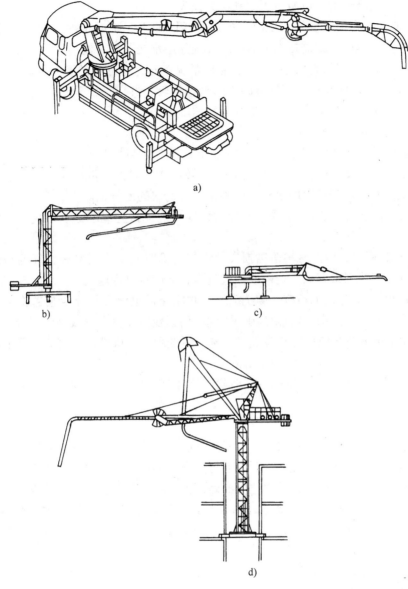

图 5-63 混凝土布料杆示意图
a) 汽车式 b)、c) 移置式 d) 内爬式

混凝土含砂率低不利于泵送，应控制在 40% ~50%（质量分数）。砂宜用中砂，粗砂率在 2.75%（质量分数）左右，粒径在 0.3mm 以下的细砂含量至少在 15%（质量分数）以上。

3. 泵送混凝土工艺要点

1）必须保证混凝土连续工作，混凝土搅拌站供应能力至少比混凝土泵的工作能力高出约 20%。

2）混凝土泵的输送能力应满足浇筑速度的要求。

3）输送管布置应尽量短，尽可能直，转弯要少、缓（即选用曲率半径大的弯管）。管段接头要严，少用锥形管，以减少阻力和压力损失。

4）泵送前，应先用适量的与混凝土内成分相同的水泥浆或水泥砂浆润滑输送管内壁。而在混凝土泵送过程中，如需接长输送管，亦须先用水泥浆或水泥砂浆湿润接长管段，每次接长管段宜为 3m，如接长管段小于 3m 且管段情况良好，亦可不必事先湿润。

5）开始泵送时，操作人员应使混凝土泵低速运转，并应注意观察泵的压力和各部分工作情况，待混凝土泵工作正常后，再提高运转速度、加大行程，转入正常的泵送。正常泵送时，活塞应尽量采用大行程运转。

6）泵送开始后，如因特殊原因中途需停止泵送时，停顿时间不宜超过 15 ~ 20min，且每隔 4 ~ 5min 要使泵交替进行 4 ~ 5 个逆转和顺转动作，以保持混凝土运动状态，防止混凝土在管内产生离析。若停顿时间过长，必须排空管道内的混凝土。

7）在泵送过程中，混凝土泵受料斗内的混凝土应保持充满状态，以免吸入空气，形成堵管。

8）在泵送过程中，应注意坍落度损失。它与运输时间、水泥品种、气温高低、泵送高度、泵送延续时间等因素有关。坍落度损失过多，会影响泵送施工。

9）在泵送混凝土时，水箱应充满洗涤水，并应经常更换和补充。泵送将结束时，由于混凝土经水或压缩空气推出后尚能使用，因此要估算残留在输送管线中的混凝土量。

10）混凝土泵或泵车使用完毕应及时清洗。清洗用水不得排入浇筑的混凝土内。清洗之前一定要反泵吸料，降低管线内的剩余压力。

11）用泵送混凝土浇筑的结构，要加强养护，防止因水泥用量较大而引起裂缝。

三、混凝土浇筑

混凝土的浇筑工作包括布料摊平、捣实和抹面修整等工序。混凝土浇筑质量的好坏，直接影响结构的承载能力和耐久性。因此，混凝土浇筑必须均匀密实，强度符合要求；保证结构构件几何尺寸准确；钢筋和预埋件位置准确；拆模后混凝土表面平整光洁。

混凝土浇筑前应检查模板的尺寸、轴线及其支架强度和稳定性是否合格，检查钢筋位置、数量等，并将检查结果做成施工记录。在混凝土浇筑过程中，还应随时填写"混凝土工程施工日志"。

（一）混凝土浇筑的一般要求

1. 浇筑前的准备工作

在地基或基土上浇筑混凝土时应清除淤泥和杂物，并应有排水或防水措施。对干燥的非黏性土，应用水湿润；对未风化的岩石，应用水清洗，但其表面不得留有积水。

对模板上的杂物和钢筋上的油污等应清理干净；对模板的缝隙和孔洞应予堵严；对模板应浇水润湿，但不得有积水。

2. 浇筑的基本要求

1）防止混凝土离析。混凝土离析会影响混凝土的均质性。因此除应在运输中防止剧烈颠簸外，混凝土在浇筑时自由下落高度不宜超过 2m，否则应用串筒、斜槽等下料。

2）在浇筑竖向结构混凝土前，应先在浇筑处底部填入 50 ~ 100mm 厚与混凝土内砂浆成分相同的水泥浆或水泥砂浆。

3）在降雨、雪时不宜露天浇筑混凝土。当需浇筑时应采取有效措施，确保混凝土质量。

4）混凝土应分层浇筑。为了使混凝土能振捣密实，应分层浇筑、分层捣实。但两层混凝土浇筑时间间歇不得超过规范规定。

5）混凝土应连续浇筑，当必须有间歇时，其间歇时间宜缩短，并在下层混凝土初凝前将土层混凝土浇筑振捣完毕。

6）在混凝土浇筑过程中应经常观察模板及其支架、钢筋、埋设件和预留孔洞的情况。

当发现有移位时，应立即停止浇筑，并应在已浇筑的混凝土初凝前修整完毕。

（二）混凝土的振动捣实

混凝土拌合物浇入模板后，呈疏松状态，其中含有占混凝土体积5%～20%（体积分数）的空隙和气泡。必须经过振实，才能使浇筑的混凝土达到设计要求。捣实混凝土有人工捣实和机械振捣两种方式。

人工捣实是用人工冲击（夯或插）来使混凝土密实、成型。人工捣实只能将坍落度较大的塑性混凝土捣实，但密实度不如机械振捣，故只有在特殊情况下才用人工捣实。

用于振动捣实混凝土拌合物的机械，按其工作方式可分为：内部振动器（也称插入式振动器）、表面振动器（也称平板振动器）、外部振动器（也称附着式振动器）和振动台四种（图5-64）。

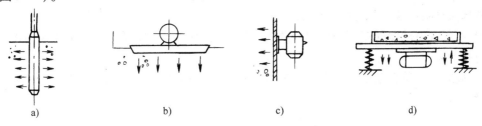

图 5-64　振动机械示意图
a）内部振动器　b）表面振动器　c）外部振动器　d）振动台

1. 内部振动器捣实混凝土

内部振动器的工作部分是一棒状空心圆柱体，内部装有偏心振子，在电动机带动下高速旋转而产生高频谐振。

内部振动器捣实混凝土的操作要点：

1）要"快插慢拔"。"快插"是为了防止先将混凝土表面振实，与下面混凝土产生分层离析现象，"慢拔"是为了使混凝土填满振动棒抽出时形成的空洞。

2）振动器插点要均匀排列，可采取"行列式"或"交错式"，防止漏振。捣实普通混凝土每次移动位置的距离（即两插点间距）不宜大于振动器作用半径的1.5倍（振动器的作用半径一般为300～400mm），最边沿的插点距离模板不应大于有效作用半径的0.5倍；振实轻骨料混凝土的移动间距，不宜大于其作用半径。

3）每一插点的振捣延续时间，应使混凝土表面呈现浮浆和不再沉落。一般每点振捣时间为20～30s，使用高频振动器时，亦应大于10s。

4）混凝土分层浇筑时，每层混凝土厚度应不超过振动棒长的1.25倍；在振捣上一层时，振动棒插入下层混凝土的深度不应小于5cm，以消除两层间的接缝，同时要在下层混凝土初凝前进行。在振捣过程中，宜将振动棒上下略为抽动，使上下振捣均匀。

5）振捣器应避免碰撞钢筋、模板、芯管、吊环、预埋件等。

2. 表面振动器捣实混凝土

表面振动器适用于表面积大且平整、厚度小的结构或预制构件的混凝土捣实。

表面振动器捣实混凝土的操作要点：

1）平板振动器在每一位置上应连续振动一定时间，一般为 25~40s，以混凝土表面均匀出现浮浆为准。

2）振捣时的移动距离应保证振动器的平板能覆盖已振实部分的边缘，前后位置相互搭接 3~5cm，以防漏振。

3）有效作用深度在无筋及单筋平板中约为 20cm，在双筋平板中约为 12cm。

4）大面积混凝土地面可采用两台振动器，以同一方向安装在两条木杠上，通过木杠的振动使混凝土振实。

5）振动倾斜混凝土表面时，应由低处逐渐向高处移动。

3. 外部振动器捣实混凝土

外部振动器直接安装在模板外侧，利用偏心块旋转时产生的振动力，通过模板传递给混凝土，适用于钢筋较密、厚度较小、不宜使用插入式振动器的结构构件的混凝土捣实。

外部振动器捣实混凝土的操作要点：

1）附着式振动器的振动作用深度约为 25cm，如构件尺寸较厚，需在构件两侧安设振动器同时振动。

2）混凝土浇筑高度要高于振动器安装部位。当钢筋较密、构件断面较深较窄时，亦可采用边浇筑边振动的方法。

3）设置间距应通过试验确定，并应与模板紧密连接。

4. 振动台捣实混凝土

振动台是混凝土构件成型工艺中生产效率较高的一种设备，适用于预制构件的混凝土振捣。

振动台捣实混凝土的操作要点：

1）当混凝土厚度小于 20cm 时，混凝土可一次装满振捣；当厚度大于 20cm 时，应分层浇筑，每层厚度不大于 20cm 应随浇随振。

2）当采用振动台振实干硬性和轻骨料混凝土时，宜采用加压振动的方法，压力为 1~3kN/m²

（三）施工缝的设置

（1）设置施工缝位置的一般要求　施工缝的位置应在混凝土浇筑之前确定，并宜留在结构抗剪承载力较小且便于施工的部位。施工缝的留置位置应符合下列规定：

1）柱施工缝宜留在基础的顶面、梁或吊车梁牛腿的下面、吊车梁的上面、无梁楼板柱帽的下面。

2）与板连成整体的大截面梁，施工缝宜留置在板底面以下 20~30mm 处。当板下有梁托时，宜留置在梁托下部。

3）单向板施工缝宜留置在平行于板的短边的任何位置。

4）有主次梁的楼板，宜顺着次梁方向浇筑，施工缝宜留置在次梁跨度中间的 1/3 范围内（图 5-65）。

5）墙施工缝应留置在门洞口过梁跨中的 1/3 范围内，也可留在纵横墙的交接处。

6）楼梯：梁板式、板式楼梯施工缝应留置在楼梯跨度的 1/3 范围内，一般取 3 步台阶处。

7）双向受力板、大体积混凝土结构、拱、穹拱、薄壳、蓄水池、斗仓、多层钢架及其他结构复杂的工程，施工缝的位置应按设计要求留置。

8）承受冲击荷载作用的设备基础、有抗渗要求的基础混凝土，不应留施工缝；当必须留置时，应征得设计单位的同意。

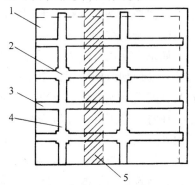

图 5-65 肋形楼板施工缝位置
1—楼板 2—柱 3—次梁
4—主梁 5—1/3 梁跨
（施工缝位置）

（2）施工缝位置确定后的事项要求 在施工缝处继续浇筑混凝土时，应符合下列规定：

1）在已浇筑的混凝土抗压强度不小于 $1.2N/mm^2$ 时才可进行。混凝土达到 $1.2N/mm^2$ 强度所需的时间，根据水泥品种、外加剂种类、混凝土配合比及外界的温度，通过试块试验确定。

2）在已凝结硬化的混凝土表面上，应清除水泥浆膜和松散石子以及软弱混凝土层并凿毛，然后充分湿润、冲洗干净，且不得积水。

3）在浇筑混凝土前，宜先在施工缝处铺一层水泥浆或与混凝土成分相同的水泥砂浆。

4）施工缝处的混凝土表面应加强振捣，使新旧混凝土紧密结合。

（四）混凝土的浇筑

1. 分层浇筑

混凝土浇筑应分层，浇筑层厚度应符合表 5-17 中的规定。

表 5-17　混凝土浇筑层的厚度　　　　　　　　　（单位：mm）

捣实混凝土的方法		浇筑层厚度
插入式振捣		振动器棒长 1.25 倍
表面振动器振捣		200
人工捣实	基础、无筋混凝土或配筋稀疏的结构	250
	梁柱，墙板	200
	配筋密的结构	150
轻骨料混凝土	插入式振捣	300
	表面振动器振捣（振捣时要加荷）	200

2. 连续浇筑

浇筑混凝土应连续进行。混凝土的运输、浇筑及间歇的全部时间不得超过表 5-18 中的规定。

表 5-18　混凝土的凝结时间　　　　　　　　　（单位：min）

混凝土强度	气温/℃	
	低于 25	高于 25
C30 及 C30 以下	210	180
C30 以上	180	150

注：此时间包括混凝土拌合物的运输时间和浇筑时间。

3. 现浇多层钢筋混凝土框架结构浇筑

现浇多层钢筋混凝土框架结构一般各层梁、板、柱等构件截面尺寸、形状基本相同，故可以按结构层次划分施工层，按层施工。

如果平面尺寸较大，还应分段进行，以便模板、钢筋、混凝土等工作能相互配合，流水施工。如何划分施工段，要考虑到工序多少、技术要求、结构特点等条件。施工段的界限最好与框架的伸缩缝、沉降缝、单元界限等相吻合，这样可减少施工缝的数量。

在每一施工层中，应先浇筑柱或墙。且每一施工段中的柱或墙应该连续浇到顶，每排柱子由外向内对称地顺序进行，防止由一端向另一端推进，致使柱子模板逐渐受侧推而倾斜。

如果墙柱与梁板一起浇筑，待墙柱浇筑完毕后，应停息 1～1.5h，使混凝土初步沉实后，再浇筑梁板混凝土。梁和板应同时浇筑，只有当梁高 1m 以上时，为了施工方便才可单独先浇筑梁。

4. 大体积混凝土的浇筑

大体积混凝土，即指其结构尺寸很大，必须采取相应技术措施来处理温度差值、合理解决由于温度差而产生温度应力并控制温度裂缝开展的混凝土。这种混凝土具有结构厚、体积大、钢筋密、混凝土量大、工程条件复杂和施工技术要求高等特点。因此，除了必须满足强度、刚度、整体性和耐久性要求外，还存在如何控制温度变形裂缝开展的问题。因此，控制温度变形裂缝就不只是单纯的结构理论问题，还涉及结构计算、构造设计、材料组成和其力学性能以及施工工艺等多学科的综合性问题。

1）大体积混凝土的浇筑应合理地分段分层进行，使混凝土沿高度均匀上升；浇筑宜在室外气温较低时进行，混凝土浇筑温度不宜超过 28℃。

2）大体积混凝土整体性要求高，通常不允许留施工缝。根据结构大小、钢筋疏密等具体情况，可选用图 5-66 中的几种浇筑方法。

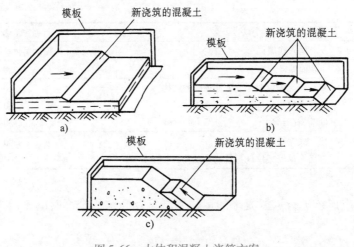

图 5-66　大体积混凝土浇筑方案
a）全面分层　b）分段分层　c）斜面分层

①全面分层浇筑方案，如图 5-66a 所示。它是将整个结构沿厚度方向分成几个浇筑层，每层皆从一边向另一边浇筑，当第一层全部浇筑完毕后，在初凝前回来浇筑第二层，如此逐层进行，直至全部浇筑完毕。这种方案适宜于结构平面尺寸不大的情况。施工时从短边开始

沿长边进行，亦可以从中间向两端或从两端向中间同时进行。

②分段分层浇筑方案，如图 5-63b 所示。它是将结构适当地分段，当底层混凝土浇筑一段长度后，回头浇筑第二层混凝土；同样，当第二层浇筑一段后，又回头浇筑第三层；如此依次浇筑以上各层。每段的长度可计算确定。这种方案适宜于厚度不大而面积或长度较大的结构。

③斜面分层浇筑方案，如图 5-63c 所示。当结构的长度大大超过厚度而混凝土流动性又较大时，若采用分段分层方案，混凝土往往不能形成稳定的分层台阶，这时可采用斜面分层浇筑方案。施工时将混凝土一次浇筑到顶，让混凝土自然地流淌，形成坡度为 1:3 的斜面。这种方案适宜于泵送混凝土施工。

3）浇筑大体积混凝土时，由于水泥水化热大，会形成较大的温度应力，使混凝土产生温度裂缝。为防止温度裂缝的产生，可采取下列措施：

①选用水化热较低的水泥（如矿渣水泥、火山灰水泥、粉煤灰水泥等）来配制混凝土。

②掺加缓凝剂或缓凝型减水剂。

③选用级配良好的骨料，严格控制砂石含泥量；减少水泥用量，降低水灰比；注意振捣，以保证混凝土的密实性，减少混凝土的收缩和提高混凝土的抗拉强度。

④降低混凝土的入模温度。在气温较高时，在砂石堆场、运输设备上搭设遮阳装置或采用低温水或冰水拌制混凝土。

⑤加强混凝土的保湿、保温养护，严格控制大体积混凝土内外温差。当设计无具体要求时，温差不宜超过 25℃。采用保温材料或蓄水养护，减少混凝土表面的热扩散及延缓混凝土内部水化热的降温速度，以避免或减少温度裂缝。

⑥扩大浇筑面积、散热面，采用分层分段浇筑。

5. 水下混凝土浇筑

水下混凝土用于泥浆护壁成孔灌注桩、地下连续墙以及水工结构工程等结构施工。其浇筑一般采用导管法，即以直径为 200～300m、壁厚 3～6mm、分段接长封闭的钢管浇筑水下混凝土。钢管是输送混凝土拌合物的通道和混凝土隔离水的屏障。

（1）水下混凝土的组分构成　保证水下混凝土的浇筑质量，要从水下混凝土的性质考虑其组分构成。水下混凝土拌合物必须具有一定抵抗水浸润的能力，为此混凝土配合比中水泥的用量应适当增加，不小于 360kg/m³；水灰比宜为 0.55～0.66（质量比）；坍落度宜为180～200mm；含砂率宜为 40%～45%，并且宜选用中砂；粗集料的最大粒径不得大于导管内径的 1/5 及钢筋间距的 1/4，并且不应大于 40mm；为了改善和易性，并考虑缓凝要求，宜掺用外加剂。

（2）水下混凝土浇筑的工艺流程

1）用提升机具将导管垂直插入水中，至导管底端距水底面300～500mm，导管顶部露于地表以上。

2）自导管顶部将预制的混凝土隔水栓用钢丝吊入导管内的水位以上。

3）自导管顶部不断地灌注混凝土拌合物，逐渐放松悬吊隔水栓的钢丝，隔水栓在其上部混凝土拌合物重力作用下沿导管内向下移动，同时导管中的水自导管底部排出。

4）当预计隔水栓以上导管中以及导管顶部料斗中的混凝土拌合物数量能足够达到导管埋入混凝土的最小深度的要求时，剪断悬吊隔水栓的钢丝，于是隔水栓连同其上部的混凝土拌合物沿导管内下落，同时导管中的水自导管迅速排出；隔水栓上部的混凝土拌合物冲出导管底部堆积，将导管底端埋入。

5）持续不断地自导管顶部灌注混凝土拌合物，导管底端的混凝土拌合物被挤压出导管。随着继续灌注，缓慢地提升导管，但要始终保证导管底部埋入混凝土拌合物的高度不小于规定值；根据水下混凝土的深度，其最小值一般取 0.8～1.5m。

6）混凝土浇筑至底部结构的设计标高以上 50～100mm 即完毕；上部结构施工时，先凿除表面软弱层。

（3）水下混凝土浇筑的施工工艺要点

1）要保证隔水栓的作用，既要有良好、可靠的隔水性能，又要能够顺利地自导管排出；否则，混凝土拌合物中的水泥浆被稀释，混凝土的质量得不到保证，导管也可能因此堵塞。生产实践中还有以木材、橡胶等做成球塞，其直径较导管内径小 15～20mm，并且可以重复使用。

2）浇筑过程中只允许垂直提升导管，不能左右晃动导管；提升导管必须保证导管底端埋入混凝土拌合物的最小深度规定值。导管埋入混凝土拌合物的深度宜为 2～3m，埋入深度过小则混凝土浇筑质量不好；埋入深度过大则影响浇筑进度。应设专人测量导管埋深及导管内外混凝土的高差，认真填写水下浇筑施工记录。

3）每根导管的作用半径不大于 3m，当结构面积过大时可以多根导管同时浇筑，从最深处开始，相邻导管的标高差不应超过导管间距的 1/20～1/15，并且浇筑的混凝土拌合物表面应均匀上升。

4）水下混凝土必须连续浇筑施工，浇筑持续时间宜按初盘混凝土的初凝时间控制。

四、混凝土养护

混凝土拌合物经浇筑振捣密实后，即进入静置养护期。其中水泥与水逐渐起水化作用而强度增加。在这期间应设法为水泥的顺利水化创造条件，即进行混凝土的养护。水泥的水化要有一定的温度和湿度条件。温度的高低主要影响水泥水化的速度，而湿度条件则严重影响水泥水化能力。混凝土如在炎热气候下浇筑，又不及时洒水养护，会使混凝土中的水分蒸发过快，出现脱水现象。使已形成凝胶状态的水泥颗粒不能充分水化，不能转化为稳定的结晶而失去粘结力，混凝土表面就会出现片状或粉状剥落，降低了混凝土的强度。另外，混凝土过早失水，还会因收缩变形而出现干缩裂缝，影响混凝土的整体性和耐久性。所以在一定温度条件下，混凝土养护的关键是防止混凝土脱水。

混凝土养护分自然养护和蒸汽养护。蒸汽养护主要用于混凝土构件加工厂以及现浇构件冬期施工。以下主要介绍自然养护。

自然养护是指在日平均气温高于 5℃ 的自然条件下，对混凝土采取的覆盖、浇水、挡风、保温等的养护措施。

1. 覆盖浇水

对已浇筑完毕的混凝土应加以覆盖和浇水，其养护要点如下：

1）应在混凝土浇筑后的 12h 内对混凝土加以覆盖和浇水。一般情况下，混凝土的裸露表面应覆盖吸水能力强的材料，如麻袋、草席、锯末、砂、炉渣等。

2）混凝土浇水养护时间，对采用硅酸盐水泥、普通水泥或矿渣水泥拌制的混凝土，不得少于 7d；对掺有缓凝型外加剂或有抗渗要求的混凝土，不得少于 14d；采用其他品种水泥时，混凝土的养护应根据所用水泥的性能确定。

3）浇水次数应能保持混凝土处于润湿状态。

4）混凝土养护用水应与拌制用水相同。

5）当日平均气温低于 5℃ 时不得浇水。

2. 塑料薄膜养护

塑料薄膜养护是将混凝土裸露的全部表面用塑料薄膜覆盖严密，并应保持塑料薄膜内有凝结水。

高耸结构，如烟囱、立面较大的池罐等，若混凝土表面不便浇水或覆盖时，宜涂刷或喷洒薄膜养生液等，形成不透水的塑料薄膜，使混凝土表面密封养护，能防止混凝土内部水分蒸发，保证水泥充分水化。

五、混凝土工程的质量要求要点与安全注意事项

（一）质量检查

1. 混凝土在施工前的检查

1）混凝土原材料的质量是否合格（包括水泥、砂、石、水和各种外加剂）。

2）配合比是否正确。首次使用的混凝土配合比应进行开盘鉴定，其工作性能应满足设计配合比的要求。混凝土拌制前，应测定砂、石含水率并根据测试结果调整材料用量，提出施工配合比。

2. 混凝土在拌制和浇筑过程中的质量检查

1）混凝土拌制计量准确，其原材料每盘称量的偏差应符合表 5-19 的规定。

2）混凝土运输、浇筑及间歇的全部时间不应超过混凝土的初凝时间。同一施工段的混凝土应连续浇筑，并应在底层混凝土初凝之前将上一层混凝土浇筑完毕。

表 5-19 原材料每盘称量的允许偏差

材料名称	允许偏差
水泥、掺合料	±2%
粗、细骨料	±3%
水、外加剂	±2%

3）后浇带的留置位置应按设计要求和施工技术方案确定。后浇带混凝土浇筑应按施工技术方案进行。

4）混凝土浇筑完毕后，应按施工技术方案及时采取有效的养护措施。

3. 混凝土在养护后的检查

养护后主要检查结构构件混凝土强度和轴线、标高、几何尺寸等。如有特殊要求，还应检查混凝土的抗冻性、抗渗性等指标。

1）混凝土的强度等级必须符合设计要求。用于检查结构构件混凝土强度的试件，应在混凝土的浇筑地点随机抽取。取样与试件留置应符合下列规定：

①每拌制 100 盘且不超过 100m³ 的同配合比混凝土，取样不得少于一次。

②每工作班拌制的同配合比混凝土不足 100 盘时，取样不得少于一次。

③每一楼层、同一配合比的混凝土，取样不得少于一次。

④当一次连续浇筑超过 1000m³ 时，同一配合比的混凝土每 200m³ 取样不得少于一次。

⑤每次取样应至少留置一组标准试件，同条件养护试件的留置组数，可根据实际需要确定。

2）对有抗渗要求的混凝土结构，抗渗性能应符合要求。其混凝土试件应在浇筑地点随机取样。同一工程、同一配合比的混凝土，取样不应少于一次；留置组数可根据实际需要确定。

3）现浇结构的外观质量不应有严重缺陷，不宜有一般缺陷。

4）现浇结构不应有影响结构性能和使用功能的尺寸偏差。混凝土设备基础不应有影响结构性能和设备安装的尺寸偏差。

5）现浇结构的形状、截面尺寸、轴线位置及标高等应符合设计的要求，其偏差不得超过《混凝土结构工程施工质量验收规范》（GB 50204—2015）规定的允许偏差值（表 5-20）。

表 5-20　现浇混凝土结构允许偏差和检验方法

项　　目			允许偏差/mm	检 验 方 法
轴线位置	整体基础		15	经纬仪及尺量
	独立基础		10	经纬仪及尺量
	柱、墙、梁		8	尺量
垂直度	柱、墙层高	≤6m	10	经纬仪或吊线、尺量
		>6m	12	经纬仪或吊线、尺量
	全高（H）≤300m		$H/30000+20$	经纬仪、尺量
	全高（H）>300m		$H/10000$ 且 ≤80	经纬仪、尺量
标高	层高		±10	水准仪或拉线、尺量
	全高		±30	水准仪或拉线、尺量
截面尺寸	基础		+15，-10	尺量
	柱、梁、板、墙		+10，-5	尺量
	楼梯相邻踏步高差		±6	尺量
电梯井洞	中心位置		10	尺量
	长、宽尺寸		+25，0	尺量
表面平整度			8	2m靠尺和塞尺量测
预埋件中心位置	预埋板		10	尺量
	预埋螺栓		5	尺量
	预埋管		5	尺量
	其他		10	尺量
预留洞、孔中心线位置			15	尺量

注：1. 检查轴线、中心线位置时，沿纵、横两个方向测量，并取其中偏差的较大值。

　　2. H 为全高，单位为 mm。

4. 商品混凝土的采用

当采用商品混凝土时，商品混凝土厂应提供下列资料：

1）水泥品种、标号及每立方米混凝土中的水泥用量。

2）骨料的种类和最大粒径。

3）外加剂、掺合料的品种及掺量。

4）混凝土强度等级和坍落度。

5）混凝土配合比和标准试件强度。

6）对轻骨料混凝土尚应提供其密度等级。

当采用商品混凝土时，应在商定交货地点进行坍落度检查。实测的混凝土坍落度与要求坍落度之间的允许偏差应符合表 5-21 中的要求。

表 5-21　混凝土实测坍落度与要求坍落度之间的允许偏差　　　（单位：mm）

要求坍落度	允许偏差
< 50	± 10
50 ~ 90	± 20
> 90	± 30

5. 结构构件混凝土强度的评定

1）评定结构构件的混凝土强度应采用标准试件的混凝土强度。即按标准方法制作的边长为 150mm 标准尺寸的立方体试件，在温度为 20℃ ±3℃、相对湿度为 90% 以上环境或水中的标准条件下，养护至 28d 龄期时按标准试验方法测得的混凝土立方体抗压强度。

2）结构构件拆模、出池、出厂、吊装、张拉、放张及施工期间临时负荷的混凝土强度，应根据同条件养护的标准尺寸试件的混凝土强度确定。

6. 混凝土强度代表值的确定

每组三个试件应在同盘混凝土中取样制作，并按下列规定确定该组试件的混凝土强度代表值：

1）取三个试件的强度平均值。

2）当三个试件强度中的最大值或最小值之一与中间值之差超过中间值的 15% 时，取中间值。

3）当三个试件强度中最大值和最小值与中间值之差均超过中间值的 15% 时，该组试件不应作为强度评定的依据。

7. 混凝土强度评定

1）混凝土强度应分批进行验收。同一验收批的混凝土应由强度等级相同、生产工艺和配合比基本相同的混凝土组成。对现浇混凝土结构构件，尚应按单位工程的验收项目划分验收批，每个验收项目应按现行国家标准《建筑工程施工质量验收统一标准》（GB 50300—2013）确定。对同一验收批的混凝土强度，应以同批内标准试件的全部强度代表值来评定。

2）当混凝土的生产条件在较长时间内能保持一致，且同一品种混凝土的强度保持稳定时，应由连续的三组试件代表一个验收批，其强度应符合下列要求：

$$m_{f_{cu}} \geq f_{cu,k} + 0.7\sigma_0 \tag{5-13}$$

$$f_{cu,min} \geq f_{cu,k} - 0.7\sigma_0 \tag{5-14}$$

当混凝土强度等级不高于 C20 时，强度最小值还应符合下列要求：

$$f_{cu,min} \geq 0.85 f_{cu,k} \tag{5-15}$$

当混凝土强度等级高于 C20 时，强度最小值还应符合下列要求：

$$f_{cu,min} \geq 0.90 f_{cu,k} \tag{5-16}$$

式中　$m_{f_{cu}}$——同一验收批混凝土立方体抗压强度平均值（N/mm²）；

$f_{cu,k}$——设计的混凝土立方体抗压强度标准值（N/mm²）；

σ_0——验收批混凝土立方体抗压强度标准值（N/mm²）；

$f_{cu,min}$——同一验收批混凝土立方体抗压强度最小值（N/mm²）。

σ_0 应根据前一检验期内同一品种混凝土试件的抗压强度数据，按下式确定：

$$\sigma_0 = \frac{0.59}{m} \sum_{i=1}^{m} \Delta f_{cu,i} \tag{5-17}$$

式中　$\Delta f_{cu,i}$——第 i 批试件立方体抗压强度中最大值和最小值之差；

m——前一检验期内验收批总批数。

每个检验期不应超过三个月，且在该期间内验收批总批数不得少于 15 组。

3）当混凝土生产条件不满足 2）条的规定，或在前一检验期内的同一品种混凝土没有足够强度数据用以确定验收批混凝土强度标准差值时，应由不少于 10 组的试件代表一个验收批，其强度应同时符合下列要求：

$$m_{f_{cu}} - \lambda_1 S_{f_{cu}} \geq 0.9 f_{cu,k} \tag{5-18}$$

$$f_{cu,min} \geq \lambda_2 f_{cu,i} \tag{5-19}$$

式中　$S_{f_{cu}}$——同一验收批混凝土立方体抗压强度的标准差，按式（5-20）计算；

$f_{cu,i}$——第 i 组混凝土立方体强度值（N/mm²）；

λ_1，λ_2——合格判定系数，按表 5-22 取用。

$$S_{f_{cu}} = \sqrt{\frac{\sum_{i=1}^{n} f_{cu,i}^2 - n m_{f_{cu}}^2}{n-1}} \tag{5-20}$$

式中　n——一个验收批混凝土试件组数。

当 $S_{f_{cu}}$ 的计算值小于 $0.06 f_{cu,k}$ 时，则取 $S_{f_{cu}} = 0.06 f_{cu,k}$。

表 5-22　混凝土强度合格判定系数

试件组数	10 ~ 14	15 ~ 24	>25
λ_1	1.70	1.65	1.60
λ_2	0.9	0.85	

4）对零星生产的预制构件的混凝土或现场搅拌批量不大的混凝土，可采用非统计法评定。验收批混凝土的强度必须同时符合下列要求：

$$m_{f_{cu}} \geq 1.15 f_{cu,k} \tag{5-21}$$

$$f_{cu,min} \geq 0.95 f_{cu,k} \tag{5-22}$$

（二）安全注意事项

1）用井架运输混凝土时，小车把不得伸出料笼（盘）外，车轮前后要挡牢。

2）溜槽和串筒节间必须连接牢固，不准站在溜槽帮上焊接。

3）混凝土料斗的斗门在装料吊运前一定要关好卡牢，以防止吊运过程中斗门被挤开。

4）混凝土输送泵的管道应连接和支撑牢固，试送合格后才能正式输送，检修时必须卸压。

5）浇筑梁、柱和框架混凝土时应设操作台，不得站在模板或支撑上操作。

6）在进行有倾倒掉落危险的浇筑作业时应采取相应防护措施。

7）使用振动器时应穿胶鞋，湿手不得接触开关，电源线不得有破皮漏电。

8）振动中发现模板撑胀、变形时，应立即停止作业并进行处理。

思　考　题

1. 钢筋闪光对焊工艺有几种？如何选用？

2. 钢筋闪光对焊接头质量检查包括哪些内容？

3. 钢筋电弧焊接头有哪几种形式？如何选用？质量检查内容有哪些？

4. 怎样计算钢筋下料长度及编制钢筋配料单？

5. 简述钢筋加工工序和绑扎、安装要求。

6. 钢筋工程检查验收包括哪几方面？应注意哪些问题？

7. 试述模板的作用。对模板及其支架的基本要求有哪些？模板有哪些类型？各有何特点？适用范围怎样？

8. 基础、柱、梁、楼板的模板构造及安装特点有哪些？

9. 试述定型组合钢模板特点、组成及组合钢模板配板原则。

10. 试分析柱、梁、楼板模板计算荷载及计算简图。模板支架、顶撑承载能力怎样计算？

11. 混凝土工程施工包括哪几个施工过程？

12. 怎样根据混凝土试验室配合比求得施工配合比？施工配料怎样计算？

13. 混凝土搅拌制度指什么？各对混凝土有何影响？什么是一次投料、二次投料？各有何特点？二次投料时混凝土强度为什么会提高？

14. 混凝土运输有哪些要求？有哪些运输机械？各适用于何种情况？

15. 混凝土泵有几类？如何计算输送管换算长度？采用泵送时，对混凝土有哪些要求？

16. 混凝土浇筑前对模板、钢筋应做哪些检查？

17. 混凝土浇筑的基本要求是什么？怎样防止混凝土离析？

18. 什么是施工缝？留设位置怎样？继续浇筑混凝土时，对施工缝有何要求？如何处理？

19. 多层钢筋混凝土框架结构施工顺序如何？怎样组织流水施工？

20. 什么是混凝土的自然养护？自然养护有哪些方法？

21. 混凝土质量检查包括哪些内容？对试块制作有哪些规定？

习　题

5-1　计算图示钢筋的下料长度。

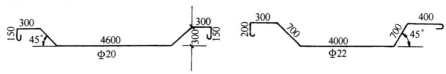

习题 5-1 图

5-2　某混凝土试验室配合比为 1:2.12:4.37，$W/C = 0.62$，每立方米混凝土水泥用量为 290kg，实测现场砂含水量为 3%（质量分数），石含水量为 1%（质量分数）。试求：①施工配合比；②当用 250L（出料

建筑施工技术

容量）搅拌机搅拌时，每拌投料水泥、砂、石、水各多少？

5-3 某高层建筑钢筋混凝土基础底板长×宽×高 = 25m × 14m × 1.2m，要求连续浇筑混凝土，不留施工缝。搅拌站设三台 250L 搅拌机，每台实际生产率为 5m³/h，混凝土运输时间为 25min，气温为 25℃。混凝土强度等级 C20，浇筑分层厚 300mm。试求：①混凝土浇筑方案（设斜面分层对水平面倾角为 45°）；②完成浇筑工作所需时间。

5-4 例 5-1 变更支架立杆间距为 0.9m × 0.9m，$w_0 = 0.25 \text{kN/m}^2$，通风面高 642mm、作用于通风面高度中线，重新验算该模板支架整稳承载力。

5-5 计算 11G101-1 之 P41 LB2 的底部 X 向钢筋一跨配料单的关键数据。

第六章 预应力混凝土工程

学习目标： 掌握先张法张拉设备及夹具选用方法、先张法预应力筋的放张顺序确定方法、后张法的常用锚具及张拉机械选用方法、预应力筋制作技术、后张法的施工工艺技术要求。熟悉先张法施工工艺、台座构造、先张法预应力筋的张拉技术要求、无粘结预应力混凝土施工工艺技术要求，熟悉预应力工程的质量要求要点及安全注意事项。了解预应力混凝土施工的分类。

预应力混凝土是近几十年发展起来的一门新技术，目前在世界各地都得到了广泛的应用。近年来，随着预应力混凝土设计理论和施工工艺与设备的不断发展和完善，高强材料性能的不断改进，预应力混凝土得到了进一步的推广应用。预应力混凝土与普通混凝土相比，具有抗裂性好、刚度大、材料省、自重轻、结构寿命长等优点，为建造大跨度结构创造了条件。预应力混凝土已由单个预应力混凝土构件发展到整体预应力混凝土结构，广泛用于土建、桥梁、管道、水塔、电杆和轨枕等领域。

预应力混凝土施工，按施加预应力的方式分为机械张拉和电热张拉；按施加预应力的时间分为先张法、后张法。在后张法中，预应力筋又分为有粘结和无粘结。

第一节 先 张 法

先张法施工工艺（图6-1）是先将预应力筋张拉到设计控制应力，用夹具临时固定在台座或钢模上，然后浇筑混凝土；待混凝土达到一定强度后，放松预应力筋，靠预应力筋与混凝土之间的黏结力使混凝土构件获得预应力。

一、台座

台座按构造型式的不同分为墩式台座和槽式台座两类，选用时应根据构件的种类、张拉吨位和施工条件而定。

1. 墩式台座

墩式台座由台墩、台面和横梁等组成（图6-2）。

墩式台座一般用于平卧生产的中小型构件，如屋架、空心板、平板等。台座尺寸由场地大小、构件类型和产量等因素确定。一般长度为100~150m，这样可利用预应力钢丝长的特点，张拉一次可生产多根构件，减少张拉及临时固定工作，又可减少因钢丝滑动或台座横梁变形引起的应力损失，故又称为长线台座。台座宽度约为2m，主要取决于构件的布筋宽度及张拉和浇筑是否方便。

在台座的端部应留出张拉操作用地和通道，两侧要有构件运输和堆放的场地。

建筑施工技术

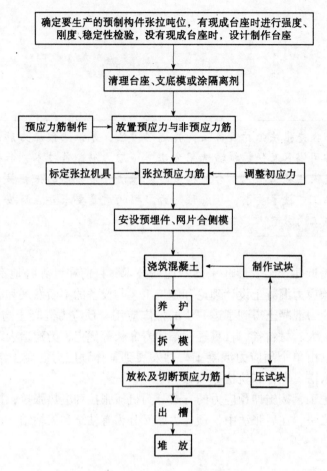

图 6-1 先张法施工工艺流程图

2. 槽式台座

槽式台座由端柱、传力柱、横梁和台面等组成（图6-3），既可承受张拉力，又可作蒸汽养护槽，适用于张拉吨位较大的大型构件，如吊车梁、屋架等。台座的长度一般为45～76m，宽度随构件外形及制作方式而定，一般不小于1m。槽式台座一般与地面相平，以便运送混凝土和蒸汽养护，砖墙挡水和防水。端柱、传力柱的端面必须平整，对接接头必须紧密。

二、张拉夹具及设备

1. 夹具

（1）单根镦头夹具　单根镦头夹具适用于具有镦粗头（热镦）的HRB335、HRB400、HRB500级带肋钢筋，也可用于冷镦的钢丝。需要一个可转动的抓钩式连接头（图6-4）。

（2）圆套筒三片式夹具　圆套筒三片式夹具由夹片与套筒组成（图6-5），用以夹持直径为12mm与14mm的单根冷拉HRB335、HRB400和HRB500级钢筋。

（3）方套筒二片式夹具　方套筒二片式夹具由方套筒、夹片、方弹簧、插片及插片座等组成（图6-6），用以夹持热处理钢筋。

204

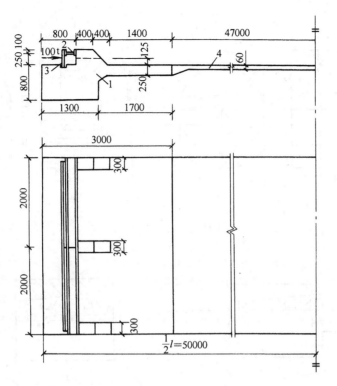

图 6-2　墩式台座构造示意图

1—台座　2—钢横梁　3—承力钢板　4—台面

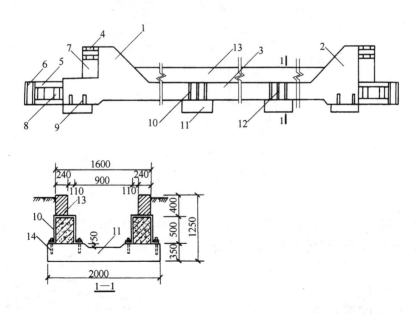

图 6-3　槽式台座构造示意图

1—张拉端柱　2—锚固端柱　3—中间传力柱　4—上横梁　5—下横梁　6—横梁

7、8—垫块　9—连接板　10—卡环　11—基础板　12—砂浆嵌缝

13—砖墙　14—螺栓

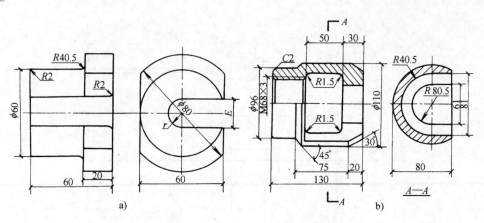

图 6-4　单根钢筋镦头夹具及张拉连接头

a）单根钢筋镦头夹具　b）张拉连接头

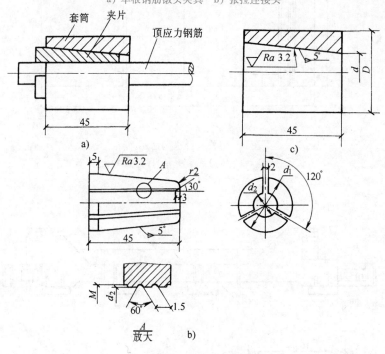

图 6-5　圆套筒三片式夹具

a）装配图　b）夹片　c）套筒

（4）圆锥齿板式夹具　圆锥齿板式夹具由套筒和圆锥形带齿销子组成（图 6-7），适用于夹持直径 3～5mm 的冷拔低碳钢丝和碳素钢丝。

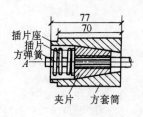

图 6-6　方套筒二片式夹具

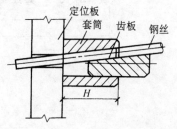

图 6-7　圆锥齿板式夹具

2. 张拉设备

预应力用液压千斤顶按机型不同可分为：拉杆式千斤顶、穿心式千斤顶、锥锚式千斤顶、前置内卡式千斤顶（图6-8）和开口式双缸千斤顶（后两者供单根钢绞线张拉用）；在先张法施工中，单根冷拔钢丝的张拉还可采用电动螺杆张拉机（图6-9）与电动卷扬张拉机（图6-10）等。

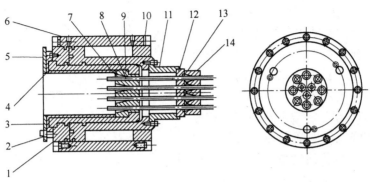

图 6-8　前置内卡式千斤顶

1—后盖　2—压盖　3—穿心套　4—定位套　5—活塞　6—缸体　7—工具夹片　8—钢绞线（外件）

9—工具锚环　10—前盖　11—加长套（选配）　12—限位板　13—工作夹片（外件）

14—工作锚环（外件）以及密封圈

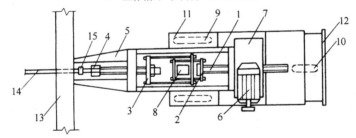

图 6-9　电动螺杆张拉机

1—螺杆　2、3—拉力架　4—张拉夹具　5—顶杆　6—电动机　7—减速器　8—测力计

9、10—胶轮　11—底盘　12—手柄　13—横梁　14—钢丝　15—锚固夹具

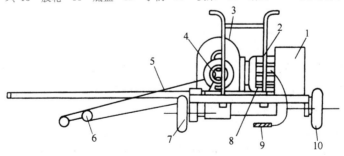

图 6-10　LYZ—1A 型电动卷扬张拉机

1—电气箱　2—电动机　3—减速器　4—卷筒　5—撑杆　6—夹钳

7—前轮　8—测力计　9—开关　10—后轮

张拉设备应装有测力仪表，以准确建立张拉力。张拉设备应由专人使用和保管，并定期维护与标定。

三、预应力筋的张拉

1. 预应力钢丝张拉

（1）单根钢丝张拉　冷拔钢丝可采用 10kN 电动螺杆张拉机或电动卷扬张拉机单根张拉，弹簧测力计测力，锥销式夹具锚固。

刻痕钢丝可采用 20～30kN 电动卷扬张拉机单根张拉，优质锥销式夹具锚固。

（2）成组钢丝张拉　在预制厂以机组流水法或传送带法生产预应力多孔板时，还可以在钢模上用镦头梳筋板夹具成批张拉（图 6-11）。钢丝两端镦粗，一端卡在固定梳筋板上，另一端卡在张拉端的活动梳筋板上。用张拉钩（图 6-12）钩住活动梳筋板，再通过连接套筒将张拉钩和拉杆式千斤顶连接，即可张拉。

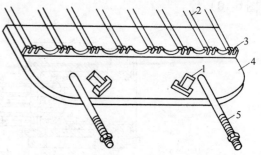

图 6-11　镦头梳筋板夹具
1—张拉钩槽口　2—钢丝　3—钢丝镦头
4—活动梳筋板　5—锚固螺杆

在长线台座上生产刻痕钢丝配筋的预应力薄板时，成组钢丝张拉用镦头梳筋板夹具（图 6-13）。

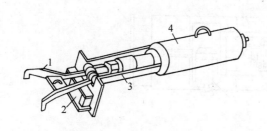

图 6-12　张拉钩
1—张拉钩　2—承力架　3—连接套筒
4—拉杆式千斤顶

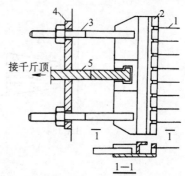

图 6-13　刻痕钢丝用的镦头梳筋板夹具
1—带镦头的钢丝　2—梳子板　3—固定
螺杆　4—U 形垫板　5—张拉连接杆

（3）钢丝张拉程序　预应力钢丝由于张拉工作量大，宜采用一次张拉程序：$0 \rightarrow \sigma_{con}$ 或 $0 \rightarrow (1.03 \sim 1.05)\sigma_{con}$。其中，1.03～1.05 是考虑弹簧测力计的误差、温度影响、台座横梁或定位板刚度不足、台座长度不符合设计取值、工人操作影响等因素。

2. 预应力钢筋张拉

（1）单根钢筋张拉　直径大于 12mm 的冷拉 HRB335～HRB500 级钢筋，可采用 YC20D、YC60 或 YL60 型千斤顶在双横梁式台座或钢模上单根张拉，螺杆夹具或夹片夹具锚固。

热处理钢筋或钢绞线宜采用 YC20D 型千斤顶或 YCN23 型前卡千斤顶张拉，优质夹片锚具锚固。

（2）成组钢筋张拉　大型预制构件生产时，可采用三横梁式成组张拉装置（图 6-14）。台座千斤顶与活动横梁组装在一起。张拉前应调整初应力，使每根预应力筋的初应力均匀一致。张拉时，台座式千斤顶推动活动横梁带动预应力筋成组张拉，然后用螺母或 U 形垫块逐步锚固。

（3）钢筋张拉程序 为了减少应力松弛损失，预应力钢筋宜采用超张拉程序：$0 \rightarrow 1.05\sigma_{con} \xrightarrow{\text{持荷 2min}} \sigma_{con}$。

3. 预应力值校核

预应力钢筋的张拉力，一般用伸长值校核。张拉时预应力筋的理论伸长值与实际伸长值的误差应在规范允许范围内。

预应力钢丝张拉时，伸长值不作校核。钢丝张拉锚固后，应采用钢丝内力测定仪检查钢丝的预应力值。其偏差不得大于或小于设计规定相应阶段预应力值的 5%。

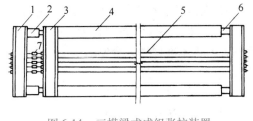

图 6-14 三横梁式成组张拉装置
1—活动横梁 2—千斤顶 3—固定横梁 4—槽式台座
5—预应力筋 6—放张装置 7—连接器

使用 2CN—1 型双控钢丝内力测定仪（图 6-15）时，将测钩勾住钢丝，扭转旋钮，待测头与钢丝接触，指示灯亮，此时即为挠度的起点（记下挠度表上的读数）；继续扭转旋钮，在钢丝跨中施加横向力，将钢丝压弯，当挠度表上的读数表明钢丝的挠度为 2mm 时，内力表上的读数即为钢丝的内力值（内力表上每 0.01mm 为 10N）。一根钢丝要反复测定 4 次，取后 3 次的平均值为钢丝内力。

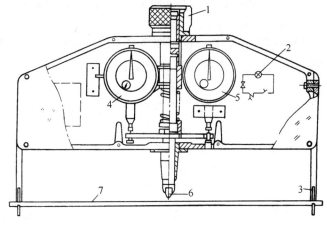

图 6-15 2CN—1 型双控钢丝内力测定仪
1—旋钮 2—指示灯 3—测钩 4—内力表 5—挠度表
6—测头 7—钢丝

预应力钢丝内力的检测，一般在张拉锚固后 1h 进行。此时，锚固损失已完成，钢筋松弛损失也部分产生。检测时预应力设计规定值应在设计图样上注明，当设计无规定时，可按表 6-1 取用。

表 6-1 钢丝预应力值检测时的设计规定值

张拉方法	检测值
长线张拉	$0.94\sigma_{con}$
短线张拉	$(0.91 \sim 0.93)\sigma_{con}$

4. 张拉注意事项

1）张拉时，张拉机具与预应力筋应在一条直线上，同时在台面上每隔一定距离放一根圆钢筋头或相当于保护层厚度的其他垫块，以防止预应力筋因自重而下垂，破坏隔离剂玷污预应力筋。

2）顶紧锚塞时，用力不要过猛，以防钢丝折断；在拧紧螺母时，应注意压力表读数始终保持所需的张拉力。

3）预应力筋张拉完毕后，对设计位置的偏差不得大于 5mm，也不得大于构件截面积最短边长的 4%。

4）在张拉过程中发生断丝或滑脱钢丝时，应予以更换。

5）台座两端应有防护设施。张拉时沿台座长度方向每隔 4～5m 放一个防护架，两端严禁站人，也不准许进入台座。

四、预应力筋放张

预应力筋放张时，混凝土的强度应符合设计要求；如设计无规定，则不应低于强度等级的 75%。

1. 放张顺序

预应力筋的放张顺序，当设计无规定时，可按下列要求进行：

1）轴心受预压的构件（如拉杆、桩等），所有预应力筋应同时放张。

2）偏心受预压的构件（如梁等），应先同时放张预压力较小区域的预应力筋，再同时放张预压力较大区域的预应力筋。

3）如不能满足以上两项要求时，应分阶段、对称、交错地放张，以防止在放张过程中构件产生弯曲、裂纹和预应力筋断裂。

2. 放张

放张前，应拆除侧模，使放张时构件能自由压缩，否则将损坏模板或使构件开裂。预应力筋的放张工作应缓慢进行，防止冲击。

对预应力筋为钢丝或细钢筋的板类构件，放张时可直接用钢丝钳或氧乙炔焰切割，并宜从生产线中间处切断，以减少回弹量，且有利于脱模；对每一块板，应从外向内对称放张，以免构件扭转两端开裂；对预应力筋为数量较少的粗钢筋的构件，可采用氧乙炔焰在烘烤区轮换加热每根粗钢筋，使其同步升温，此时钢筋内力徐徐下降，外形慢慢伸长，待钢筋出现缩颈，即可切断。此法应采取隔热措施，防止烧伤构件端部混凝土。

对预应力筋配置较多的构件，不允许采用剪断或割断等方式突然放张，以避免最后放张的几根预应力筋产生过大的冲击而断裂，致使构件开裂。为此应采用千斤顶或在台座与横梁之间设置楔块（图 6-16）和砂箱（图 6-17），或在准备切割的一端预先浇筑一块混凝土块（作为切割时冲击力的缓冲体，使构件不受或少受冲击）进行缓慢放张。

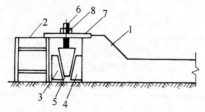

图 6-16　楔块放张
1—台座　2—横梁　3、4—钢块　5—钢楔块　6—螺杆　7—承力板　8—螺母

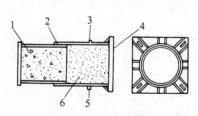

图 6-17　砂箱装置构造图
1—活塞　2—钢套箱　3—进砂口　4—钢套箱底板　5—出砂口　6—砂子

用千斤顶逐根放张，应拟定合理的放张顺序并控制每一循环的放张力，以免构件在放张过程中受力不均。防止先放张的预应力筋引起后放张的预应力筋内力增大，而造成最后几根

拉不动或拉断。在四横梁长线台座上，也可用台座式千斤顶推动拉力架逐步放大螺杆上的螺母，达到整体放张预应力筋的目的。

采用砂箱放张方法，在预应力筋张拉时，箱内砂被压实，承受横梁的反力，预应力筋放张时，将出砂口打开，砂慢慢流出，从而使整批预应力筋徐徐放张。此放张方法能控制放张速度，工作可靠、施工方便。可用于张拉力大于 1000kN 的情况。

采用楔块放张时，旋转螺母使螺杆向上运动，带动楔块向上移动；钢块间距变小，横梁向台座方向移动，从而同时放张预应力筋。楔块放张一般用于张拉力不大于 300kN 的情况。

为了检查构件放张时钢丝与混凝土的粘结是否可靠，切断钢丝时应测定钢丝往混凝土内的回缩情况。钢丝回缩值的简易测试方法是在板端贴玻璃片和在靠近板端的钢丝上贴胶带纸，用游标卡尺读数，其精度可达 0.1mm。钢丝回缩值：对冷拔低碳钢丝不应大于 0.6mm，对碳素钢不应大于 1.2mm。如果最多只有 20% 的测试数据超过上述规定值的 20%，则检查结果是合格的。否则应加强构件端部区域的分布钢筋、提高放张时的混凝土强度等。

第二节 后 张 法

后张法是先制作构件（或块体），并在预应力筋的位置预留出相应的孔道，待混凝土强度达到设计规定的数值后，穿入预应力筋并施加预应力，最后进行孔道灌浆，张拉力由锚具传给混凝土构件而使之产生预压力。

后张法工艺流程如图 6-18 所示。

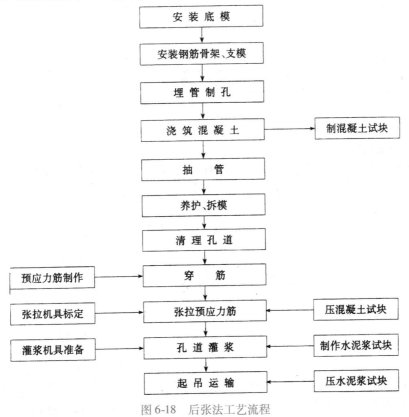

图 6-18 后张法工艺流程

后张法不需要台座设备，大型构件可分块制作，运到现场拼装，利用预应力筋连成整体。因此，后张法灵活性大，但工序较多，锚具耗钢量较大，主要用于屋架、吊车梁。

对于块体拼装构件，还应增加块体验收、拼装、立缝灌浆和连接板焊接等工序。

一、锚具

锚具是后张法结构或构件中为保持预应力筋拉力并将其传递到混凝土上用的永久性锚固装置。通常由若干个机械部件组成。

锚具的类型很多，各有其一定的适用范围，表6-2即为目前常用锚具，供选用时参考。

表6-2　常用锚具配套选用参考表

体系	名　称	适　用　范　围	
		预应力筋	张拉机具
螺杆式	螺纹端杆锚具 锥形螺杆锚具 精轧螺纹钢筋锚具	直径≤36mm的冷拉HRB335、HRB400级钢筋 钢筋ϕ^s5钢丝束 精轧螺纹钢筋	YL600型千斤顶 YC600型千斤顶 YC200型千斤顶
镦头式	钢丝束镦头锚具	ϕ^s5钢丝束	
锥销式	钢质锥形锚具 KT-Z型锚具	ϕ^s5钢丝束 钢筋束、钢绞线束	YZ380、600和850型千斤顶，YC600型千斤顶
夹片式	JM型锚具 XM型锚具 QM型锚具 单根钢绞线锚具	HRB500级钢筋束、钢绞线束 ϕ^J15钢绞线束 ϕ^J12、ϕ^J15钢绞线束 ϕ^J12、ϕ^J15钢绞线	YC600与1200型千斤顶 YCD1000与2000型千斤顶 YCQ1000、2000与3500型千斤顶 YC180与200型千斤顶
其他	帮条锚具	冷拉HRB335、HRB400级钢筋	固定端用

锚具常分为锚固单根钢筋的锚具、锚固成束钢筋的锚具和锚固钢丝束的锚具等。

1. 单根钢筋锚具

（1）螺纹端杆锚具　由螺纹端杆、螺母及垫板组成（图6-19），是单根预应力粗钢筋张拉端常用的锚具。此锚具也可作先张法夹具使用，电热张拉时也可采用。

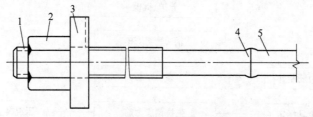

图6-19　螺纹端杆锚具
1—螺纹端杆　2—螺母　3—垫板　4—对焊接头　5—预应力钢筋

螺纹端杆锚具的特点是将螺纹端杆与预应力筋对焊成一个整体，用张拉设备张拉螺纹杆，用螺母锚固预应力钢筋。螺纹端杆锚具的强度不得低于预应力钢筋的抗拉强度实测值。

螺纹端杆可采用与预应力钢筋同级别的冷拉钢筋制作，也可采用冷拉或热处理 45 钢制作。端杆的长度一般用 320mm，当构件长度超过 30m 时，一般采用 370mm；其净截面积应大于或等于所对焊的预应力钢筋截面面积。对焊应在预应力钢筋冷拉前进行，以检验焊接质量。冷拉时螺母的位置应在螺纹端杆的端部，经冷拉后螺纹端杆不得发生塑性变形。

（2）帮条锚具 由衬板和三根帮条焊接而成（图 6-20），是单根预应力粗钢筋非张拉端用锚具。帮条采用与预应力钢筋同级别的钢筋，衬板采用 30 钢。

帮条安装时，三根帮条应互成 120°，其与衬板相接触的截面应在一个垂直平面内，以免受力时产生扭曲。帮条的焊接可在预应力钢筋冷拉前或冷拉后进行，施焊方向应由里向外，引弧及熄弧均应在帮条上，严禁在预应力钢筋上引弧，并严禁将地线搭在预应力钢筋上。

（3）精轧螺纹钢筋锚具 由螺母和垫板组成，适用于锚固直径为 25mm 和 32mm 的高强精轧螺纹钢筋。

（4）单根钢绞线锚具 由锚环与夹片组成（图 6-21）。夹片形状为三片式，斜角为 4°。夹片的齿形为"短牙三角螺纹"，这是一种齿顶较宽、齿高较矮的特殊螺纹，强度高、耐腐性强。适用于锚固 ϕ^J12 和 ϕ^J15 钢绞线，也可用作先张法夹具。锚具尺寸按钢绞线直径而定。

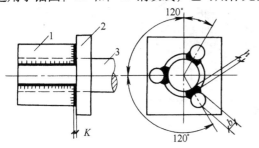

图 6-20 帮条锚具

1—帮条 2—衬板 3—预应力钢筋

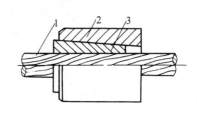

图 6-21 单根钢绞线锚具

1—钢绞线 2—锚环 3—夹片

2. 预应力钢筋束和钢绞线束锚具

（1）KT—Z 型锚具（可锻铸铁锥型锚具） 由锚环与锚塞组成（图 6-22），适用于锚固 3～6 根直径为 12mm 的冷拉螺纹钢筋与钢绞线束。锚环和锚塞均用 KTH370—12 或 KTH350—10 可锻铸铁铸造成型。

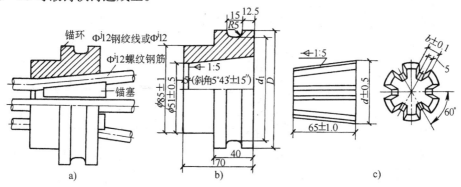

图 6-22 KT—Z 型锚具

a）装配图 b）锚环 c）锚塞

（2）JM 型锚具　由锚环与夹片组成（图6-23）。JM 型锚具的夹片属于分体组合型，组合起来的夹片形成一个整体截锥形楔块，可以锚固多根预应力筋，因此锚环是单孔的。锚固时，用穿心式千斤顶张拉钢筋后随即顶进夹片。JM 型锚具的特点是尺寸小、端部不需扩孔，锚下构造简单，但对吨位较大的锚固单元不能胜任，故 JM 型锚具主要用于锚固3～6 根 Φ 12 钢筋束与4～6 根 φ 12～15 钢绞线束，也可兼做工具锚用，但以使用专用工具锚为好。

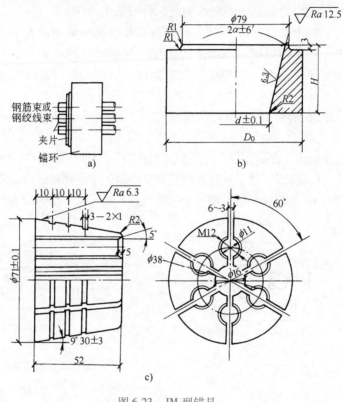

图 6-23　JM 型锚具

a）装配图　b）锚环　c）夹片

JM 型锚具根据所锚固的预应力筋的种类、强度及外形的不同，其尺寸、材料、齿形及硬度等有所差异，使用时应注意。

（3）XM 型锚具　由锚板和夹片组成（图6-24）。

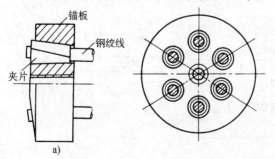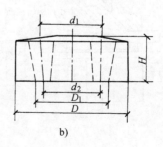

图 6-24　XM 型锚具

a）装配图　b）锚板

锚板尺寸由锚孔数确定，锚孔沿锚板圆周排列，中心线倾角 1:20，与锚板顶面垂直。夹片为 120°，均分斜开缝三片式。开缝沿轴向的偏转角与钢绞线的扭角相反。

XM 型锚具适用于锚固 1~12 根φ^J15 钢绞线，也可用于锚固钢丝束。其特点是每根钢绞线都是分开锚固的，任何一根钢绞线的锚固失效（如钢绞线拉断、夹片碎裂等），不会引起整束锚固失效。

XM 型锚具可作工具锚与工作锚使用。当用于工具锚时，可在夹片和锚板之间涂抹一层固体润滑剂（如石墨、石蜡等），以利夹片松脱。用于工作锚时，具有连续反复张拉的功能，可用行程不大的千斤顶张拉任意长度的钢绞线。

（4）QM 型锚具　也是由锚板与夹片组成（图 6-25）。但与 XM 型锚具有不同之处：锚孔是直的，锚板顶面是平的，夹片垂直开缝，备有配套喇叭形铸铁垫板与弹簧圈等。由于灌浆孔设在垫板上，锚板尺寸可稍小。

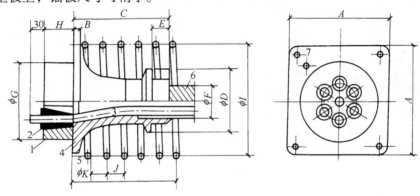

图 6-25　QM 型锚具及配件

1—锚板　2—夹片　3—钢绞线　4—喇叭形铸铁垫板　5—弹簧圈　6—预留孔道用的波纹管　7—灌浆孔

QM 型锚具适用于锚固 4~31 根φ^J12 和 3~19 根φ^J15 钢绞线束。QM 型锚具备有配套自动工具锚，张拉和退出十分方便。张拉时要使用 QM 型锚具的配套限位器。

（5）固定端用镦头锚具　由锚固板和带镦头的预应力筋组成（图 6-26）。当预应力钢筋束一端张拉时，在固定端可用这种锚具代替 KT—Z 型锚具或 JM 型锚具，以降低成本。

3. 预应力钢丝束锚具

（1）锥形螺杆锚具　由锥形螺杆、套筒、螺母、垫板组成（图 6-27），适用于锚固 14~28 根φ^S5 钢丝束。使用时，先将钢丝束均匀整齐地紧贴在螺杆锥体部分，然后套上套筒，用拉杆式千斤顶使端杆锥通过

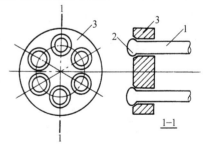

图 6-26　固定端用镦头锚具

1—预应力筋　2—镦粗头　3—锚固板

钢丝挤压套筒，从而锚紧钢丝。由于锥形螺杆锚具不能自锚，必须事先加力顶压套筒才能锚固钢丝。锚具的预紧力取张拉力的 120%~130%。

（2）钢丝束镦头锚具　适用于锚固任意根数φ^S5 钢丝束。镦头锚具的形式与规格，可根据需要自行设计。常用的镦头锚具为 A 型和 B 型（图 6-28）。A 型由锚环与螺母组成，用于张拉端；B 型为锚板，用于固定端；利用钢丝两端的镦头进行锚固。

锚环与锚板采用45钢制作，螺母采用30钢或45钢制作。锚环与锚板上的孔数由钢丝根数而定，孔洞间距应力求准确，尤其要保证锚环内螺纹一面的孔距准确。

　　钢丝镦头要在穿入锚环或锚板后进行，镦头采用钢丝镦头机冷镦成型。镦头的头型分为鼓形和蘑菇形两种（图6-29）。鼓形受锚环或板的硬度影响较大，如硬度较软，镦头易陷入锚孔而断于镦头处。蘑菇形因有平台，受力性能较好。对镦头的技术要求为：镦粗头的直径为0.7~7.5mm，高度为4.8

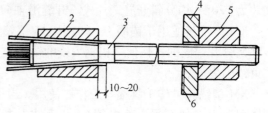

图6-27　锥形螺杆锚具

1—钢丝　2—套筒　3—锥形螺杆　4—垫板

5—螺母　6—排气槽

~5.3mm，头型应圆整，不偏歪，颈部母材不受损伤，钢丝的镦头强度不得低于钢丝标准抗拉强度的98%。

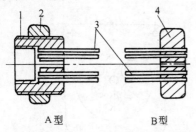

图6-28　钢丝束镦头锚具

1—锚环　2—螺母　3—钢丝束　4—锚板

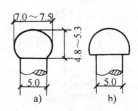

图6-29　镦头头型

a) 鼓形　b) 蘑菇形

　　预应力钢丝束张拉时，在锚环内口拧上工具式拉杆，通过拉杆式千斤顶进行张拉，然后拧紧螺母将锚环锚固。钢丝束镦头锚具构造简单、加工容易、锚夹可靠、施工方便，但对下料长度要求较严，尤其当锚固的钢丝较多时，长度的准确性和一致性更须重视，这将直接影响预应力筋的受力状况。

　　（3）钢质锥形锚具（又称弗氏锚具）　由锚环和锚塞组成（图6-30），适用锚固6根、12根、18根与24根ϕ^s5钢丝束。

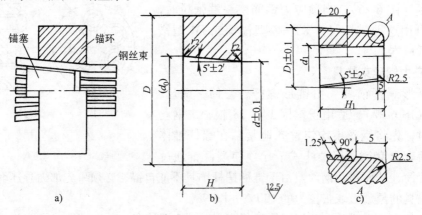

图6-30　钢质锥形锚具

a) 装配图　b) 锚塞　c) 锚环

锚环采用 45 钢制作，锚塞采用 45 钢或 T_7、T_8 碳素工具钢制作。锚环与锚塞的锥度应严格保证一致。锚环与锚塞配套时，锚环锚形孔与锚塞的大小头只允许同时出现正偏差或负偏差。钢质锥形锚具尺寸按钢丝数量确定。

4. 锚具质量检验

预应力筋锚具、夹具和连接器，应有出厂合格证，进场时应按下列规定进行验收。

（1）验收批　在同种材料和同一生产条件下，锚具、夹具应以不超过 1000 套组为一个验收批；连接器应以不超过 500 套组为一个验收批。

（2）外观检查　从每批中抽取 10% 但不少于 10 套的锚具，检查其外观和尺寸。当有一套表面有裂纹或超过产品标准及设计图样规定尺寸的允许偏差时，应另取双倍数量的锚具重做检查，如仍有一套不符合要求，则不得使用或逐套检查，合格者方可使用。

（3）硬度检查　从每批中抽取 5% 但不少于 5 套的锚具，对其中有硬度要求的零件做试验（多孔夹片式锚具的夹片，每套至少抽 5 片。）每个零件测试 3 点，其硬度应在设计要求范围内。当有一个零件不合格时，应另取双倍数量的零件重做试验，如仍有一个零件不合格，则不得使用或逐个检查，合格者方可使用。

（4）静载锚固性能试验　在外观与硬度检查合格后，应从同批中抽 6 套锚具（夹具或连接器）与预应力筋组成三个预应力筋锚具（夹具、连接器）组装件，进行静载锚固性能试验。组装件应符合设计要求，当设计无具体要求时，不得在锚固零件上添加影响锚固性能的物质，如金刚砂、石墨等。预应力筋应等长平行，使之受力均匀，其受力长度不得小于 3m（单根预应力筋的锚具组装件，预应力筋的受力长度不得小于 0.6m）。试验时，先用张拉设备分四级张拉至预应力筋标准抗压强度的 80% 并进行锚固（对支承式锚具，也可直接用试验设备加荷），然后持荷 1h 再用试验设备逐步加荷至破坏。当有一套试件不符合要求时，应另取双倍数量的锚具（夹具或连接器）重做试验，如仍有一套不合格，则该批锚具（夹具或连接器）为不合格品。

对常用的定型锚具（夹具或连接器）进场验收时，如由质量可靠信誉好的专业锚具厂生产，其静载锚固性能可由锚具生产厂提供试验报告。

对单位自制锚具，应加倍抽样。

二、张拉机械

（1）拉杆式千斤顶　拉杆式千斤顶（图 6-31）适用于张拉以螺纹端杆锚具为张拉锚具的粗钢筋，张拉以锥形螺杆锚具为张拉锚具的钢丝束。

拉杆式千斤顶张拉预应力筋时，首先使连接器与预应力筋的螺纹端杆相连接，顶杆支撑在构件端部的预埋钢板上。高压油进入主缸时，则推动主缸活塞向左移动，并带动拉杆和连接器以及螺纹端杆同时向左移动，对预应力筋进行张拉。达到张拉力时，拧紧预应力筋的螺母，将预应力筋锚固在构件的端部。高压油再进入副缸，推动副缸使主缸活塞和拉杆向右移动，使其恢复初始位置。此时主缸的高压油流回高压泵中去，完成一次张拉过程。

（2）YC—60 型穿心式千斤顶　YC—60 型穿心式千斤顶（图 6-32）适用于张拉各种形式的预应力筋，是目前我国预应力混凝土构件施工中应用最为广泛的张拉机械。YC—60 型穿心式千斤顶加装撑脚、张拉杆和连接器后，就可以张拉以螺纹端杆锚具为张拉锚具的单根粗钢筋，张拉以锥形螺杆锚具和 DM5A 型镦头锚具为张拉锚具的钢丝束。YC—60 型穿心式千斤顶增设顶压分束器，就可以张拉以 KT—Z 型锚具为张拉锚具的钢筋束和钢绞线束。

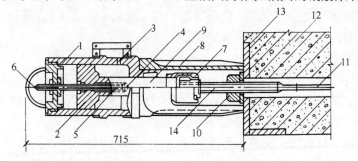

图 6-31　拉杆式千斤顶构造示意图

1—主缸　2—主缸活塞　3—副缸　4—副缸活塞　5—副缸活塞　6—副缸油嘴　7—连接器
8—顶杆　9—拉杆　10—螺母　11—预应力筋　12—混凝土构件　13—预埋钢板　14—螺纹端杆

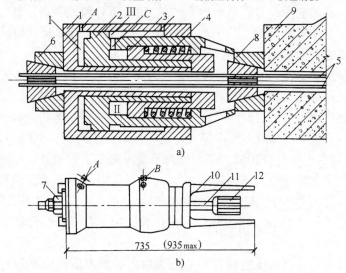

a)

b)

图 6-32　YC—60 型穿心式千斤顶构造示意图

1—张拉液压缸　2—顶压液压缸（即张拉活塞）　3—顶压活塞　4—弹簧　5—预应力筋
6—工具式锚具　7—螺母　8—工作锚具　9—混凝土构件　10—顶杆　11—拉杆　12—连接器
Ⅰ—张拉工作油室　Ⅱ—顶压工作油室　Ⅲ—张拉回程油室
A—张拉缸油嘴　B—顶压缸油嘴　C—油孔

（3）锥锚式双作用千斤顶　锥锚式双作用千斤顶（图 6-33）适用于张拉以 KT—Z 型锚具为张拉锚具的钢筋束和钢绞线束，张拉以钢质锥形锚具为张拉锚具的钢丝束。

三、预应力筋的制作

预应力筋的制作主要根据所用的预应力钢材品种、锚（夹）具形式及生产工艺等确定。

1. 预应力钢丝束下料长度

1）采用钢质锥形锚具、以锥锚式千斤顶张拉（图 6-34）时，钢丝的下料长度 L 为：

$$两端张拉 \quad L = l + 2(l_4 + l_5 + 80) \tag{6-1}$$

$$一端张拉 \quad L = l + 2(l_4 + 80) + l_5 \tag{6-2}$$

式中　l_4——锚环厚度；

　　　l_5——千斤顶分丝头至卡盘外端的距离，对 YZ850 型千斤顶为 470mm。

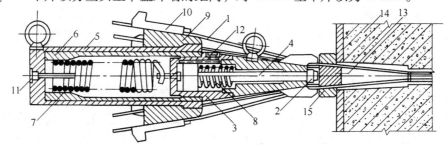

图 6-33　锥锚式双作用千斤顶构造示意图

1—预应力筋　2—顶压头　3—副缸　4—副缸活塞　5—主缸　6—主缸活塞
7—主缸拉力弹簧　8—副缸压力弹簧　9—锥形卡环　10—楔块　11—主缸油嘴
12—副缸油嘴　13—锚塞　14—构件　15—锚环

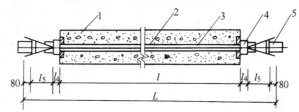

图 6-34　采用钢质锥形锚具时钢丝下料长度计算简图

1—混凝土构件　2—孔道　3—钢丝束　4—钢质锥形锚具　5—锥锚式千斤顶

2）采用镦头锚具、以拉杆式或穿心式千斤顶在构件上张拉（图 6-35）时，钢丝的下料长度 L 为：

两端张拉　$L = l + 2a + 2b - (H - H_1) - \Delta L - c$　　　　　　　(6-3)

一端张拉　$L = l + 2a + 2b - 0.5(H - H_1) - \Delta L - c$　　　　(6-4)

式中　a——锚杯底部厚度或锚板厚度；

　　　b——钢丝镦头留量，对 $\phi^s 5$ 取 10mm；

　　　H_1——螺母高度；

　　　ΔL——钢丝束张拉伸长值，$\Delta L = \dfrac{FL}{E_s A_p}$；

　　　c——张拉时构件混凝土的弹性压缩值$\left(c = \dfrac{Fl}{E_c A_n}\right.$，曲线筋时可实测$\Big)$；

　　　H——锚杯高度；

　　　l——孔道长；

　　　F——平均张拉力；

E_s、E_c——预应力筋、混凝土弹模；

A_p、A_n——预应力筋截面积、构件净截面积（含非预筋换算面积 $\alpha_E A_s$）。

3）采用锥形螺杆锚具、以拉杆式千斤顶在构件上张拉（图 6-36）时，钢丝的下料长度 L 为：

$$L = l + 2l_2 - 2l_1 + 2(l_6 + a) \qquad (6\text{-}5)$$

式中　l_1——螺杆端部到套筒内端距离；

　　　l_2——螺杆端部到构件端部距离；

　　　l_6——锥形螺杆锚具的套筒长度；

　　　a——钢丝伸出套筒的长度，取 $a = 20\text{mm}$。

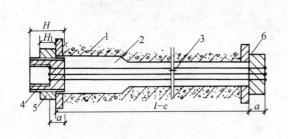

图 6-35　采用镦头锚具时钢丝下料
长度计算简图

1—混凝土构件　2—孔道　3—钢丝束

4—锚杯　5—螺母　6—锚板

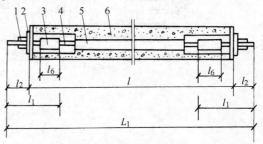

图 6-36　采用锥形螺杆锚具时钢丝下料
长度计算简图

1—螺母　2—垫板　3—锥形螺杆锚具　4—钢丝束

5—孔道　6—混凝土构件

2. 钢筋束或钢绞线束的下料长度

当采用夹片式锚具、以穿心式千斤顶在构件上张拉（图 6-37）时，钢筋束或钢绞线束的下料长度 L 为：

$$\text{两端张拉} \quad L = l + 2(l_7 + l_8 + l_9 + 100) \qquad (6\text{-}6)$$

$$\text{一端张拉} \quad L = l + 2(l_7 + 100) + l_8 + l_9 \qquad (6\text{-}7)$$

式中　l_7——夹片式工作锚厚度；

　　　l_8——穿心式千斤顶长度；

　　　l_9——夹片式工具锚厚度。

3. 下料

预应力钢筋下料在冷拉后进行。

矫直回火钢丝放开后是直的，可直接下料。采用镦头锚具时，同一束中各根钢丝下料长度的相对差值，应

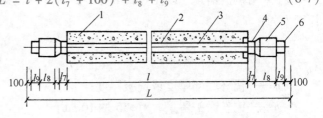

图 6-37　钢筋束或钢绞线束下料长度计算简图

1—混凝土构件　2—孔道　3—钢筋束　4—夹片式工作锚

5—穿心式千斤顶　6—夹片式工具锚

不大于钢丝束长度的 1/5000，且不得大于 5mm。为了达到这一要求，钢丝下料可用钢管限位法或牵引索在拉紧状态下进行。

钢绞线在出厂前经过低温回火处理，因此在进场后无须预拉。钢绞线下料前应在切割口两侧各 50mm 处用 20 号钢丝绑扎牢固，以免切割后松散。

预应力筋切割常用砂轮锯、切断机，也用氧乙炔焰，禁用电弧焊，以免伤筋。用砂轮切割机下料具有操作方便、效率高、切口规则、无毛头等优点，尤其适合现场使用。

四、后张法的施工工艺

（一）预留孔道

1. 预应力筋孔道布置

预应力筋的孔道形状有直线、曲线和折线三种。孔道的直径与布置，主要根据预应力混凝土构件或结构的受力性能，并参考预应力筋张拉锚固体系的特点与尺寸确定。

（1）孔道直径　对粗钢筋，孔道的直径应比预应力筋直径、钢筋对焊接头处外径或需穿过孔道的锚具或连接器外径大 10～15mm。

对钢丝或钢绞线，孔道的直径应比预应力束外径或锚具外径大 5～10mm，且孔道面积应大于预应力筋面积的 2 倍。

（2）孔道布置　预应力筋孔道之间的净距不应小于 50mm，孔道至构件边缘的净距不应小于 40mm，凡需起拱的构件，预留孔道宜随构件同时起拱。

2. 孔道成型方法

预应力筋的孔道可采用钢管抽芯、胶管抽芯和预埋管等方法成型。对孔道成型的基本要求是：孔道的尺寸与位置应正确，孔道应平顺，接头不漏浆，端部预埋钢板应垂直于孔道中心线等。孔道成型的质量，对孔道摩阻损失的影响较大，应严格把关。

（1）钢管抽芯法　钢管抽芯用于直线孔道。钢管表面必须圆滑，预埋前应除锈、刷油，如用弯曲的钢管，转动时会沿孔道方向产生裂缝，甚至塌陷。钢管在构件中用钢筋井字架（图6-38）固定位置，井字架每隔 1.0～1.5m 一个，与钢筋骨架扎牢。两根钢管接头处可用 0.5mm 厚铁皮做成的套管连接（图6-39），套管内表面要与钢管外表面紧密贴合，以防漏浆堵塞孔道。钢管一端钻 16mm 的小孔，以备插入钢筋棒，转动钢管。抽管前每隔 10～15min 应转管一次。如发现表面混凝土产生裂纹，应用铁抹子压实抹平。

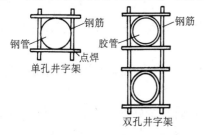

图6-38　固定钢管或胶管位置用的井字架

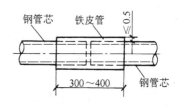

图6-39　铁皮套管

抽管时间与水泥的品种、气温和养护条件有关。抽管宜在混凝土初凝之后、终凝以前进行，以用手指按压混凝土表面不显指纹时为宜。抽管过早，会造成坍孔事故。太晚，混凝土与钢管粘结牢固，抽管困难，甚至抽不出来。常温下抽管时间约在混凝土灌筑后 3～5h。抽管顺序宜先上后下进行。抽管方法可用人工或卷扬机。抽管时必须速度均匀、边抽边转，并与孔道保持在同一直线上。抽管后，应及时检查孔道情况，并做好孔道清理工作，防止以后穿筋困难。

采用钢丝束镦头锚具时，张拉端的扩大孔也可用钢管抽芯成型（图6-40）。留孔时应注意，端部扩大孔应与中间孔道同心。抽管时先抽中间钢管，后抽扩孔钢管，以免碰坏扩孔部分并保持孔道清洁和尺寸准确。

（2）胶管抽芯法　留孔用胶管采用 5～7 层帆布夹层胶管、壁厚 6～7mm 的普通橡胶管、钢丝网橡胶管，可用于直线、曲线或折线孔道。使用前，把胶管一头密封，防止漏水漏气。密封的方法是将胶管一端外表面削去 1～3 层胶皮及帆布，然后将外表面带有螺纹的钢管

（钢管一端用铁板密封焊牢）插入胶管端头孔内，再用 20 号钢丝在胶管外表面密缠牢固，钢丝头用锡焊牢（图 6-41），胶管另一端接上阀门，其接法与密封基本相同（图 6-42）。

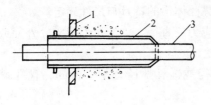

图 6-40　张拉端扩大孔用钢管抽芯成型
1—预埋钢板　2—端部扩大孔的钢管
3—中间孔的成型

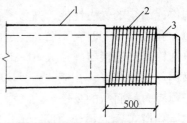

图 6-41　胶管封端
1—胶管　2—20 号钢丝密扎　3—钢管堵头

短构件留孔，可用一根胶管对弯后穿入两个平行孔道。长构件留孔，必要时可将两根胶管用铁皮套管接长使用，套管长度以 400～500mm 为宜，内径应比胶管外径大 2～3mm。固定胶管位置用的钢筋井字架，一般每隔600mm 放置一个，并与钢筋骨架扎牢。然后充水（或充气）加压到 0.5～0.8N/mm^2，此时胶皮管直径可增大约 3mm。浇捣混凝土时，振动棒不要碰胶管，并应经常检查水压表的压力是否正常，如有减小必须补压。

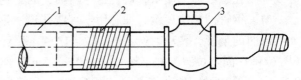

图 6-42　胶管与阀门连接
1—胶管　2—20 号钢丝密扎　3—阀门

抽管前，先放水降压，待胶管断面缩小与混凝土自行脱离即可抽管。抽管时间比抽钢管的时间略迟。抽管顺序一般为先上后下，先曲后直。

在没有充气或充水设备的单位或地区，也可在胶皮管内塞满细钢筋，能收到同样的效果。

（3）预埋管法　预埋管法可采用薄钢管、镀锌铁皮管与金属螺旋管（波纹管）等。

金属螺旋管具有重量轻、刚度好、弯折方便、连接容易、与混凝土粘结良好等优点，可做成各种形状的预应力筋孔道，是后张预应力筋孔道成型用的理想材料。镀锌铁皮管仅用于施工周期长的超高竖向孔道或有特殊要求的部位。

（二）预应力筋张拉方式

根据预应力混凝土的结构特点、预应力筋的形状与长度，以及施工方法的不同，预应力筋张拉方式有以下几种：

（1）一端张拉方式　张拉设备放置在预应力筋一端的张拉方式，适用于长度小于 30m 的直线预应力筋与锚固损失影响长度 $L_f \leqslant L/2$（L——预应力筋长度）的曲线预应力筋。

（2）两端张拉方式　张拉设备放置在预应力筋两端的张拉方式，适用于长度大于 30m 的直线预应力筋与锚固损失影响长度 $L_f < L/2$ 的曲线预应力筋。当张拉设备不足或由于张拉顺序安排关系，也可先在一端张拉完成后，再移至另一端张拉，补足张拉力后锚固。

（3）分批张拉方式　对配有多束预应力筋的构件或结构分批进行张拉的方式。由于后批预应力筋张拉所产生的混凝土弹性变形对先批张拉的预应力筋造成预应力的影响，所以先批张拉的预应力筋张拉力应调整该影响值或将影响值统一考虑到每根预应力筋的张拉力内。

混凝土结构规范第 6.2.6 条指出，后张法构件的预应力钢筋采用分批张拉时，应考虑后批张拉钢筋所产生的混凝土弹性压缩（或伸长）对先批张拉钢筋的影响，将先批张拉钢筋的张拉应力值 σ_{con} 增加（或减少）$\alpha_E \sigma_{pci}$，此处 σ_{pci} 为后批张拉钢筋在先批张拉钢筋重心处产生的混凝土法向应力，α_E 为预应力钢筋弹性模量与混凝土弹性模量之比。所以先批张拉的预应力筋张拉力应调整或补张（对使应力减小情况，但小于张拉应力限值）。

（4）分段张拉方式　在多跨连续梁板分段施工时，统长的预应力筋需要逐段进行张拉的方式。对大跨度多跨连续梁，在第一段混凝土浇筑与预应力筋张拉锚固后，第二段预应力筋利用锚头连接器接长，以形成统长的预应力筋。

（5）分阶段张拉方式　在后张传力梁等结构中，为了平衡各阶段的荷载，采取分阶段逐步施加预应力的方式。所加荷载不仅是外载（如楼层重量），也包括由内部体积变化（如弹性压缩、收缩与徐变）产生的荷载。梁在跨中处下部与上部应力应控制在容许范围内。这种张拉方式具有应力、挠度与反拱容易控制、材料省等优点。

（6）补偿张拉方式　在早期预应力损失基本完成后，再进行张拉的方式。采用这种补偿张拉，可克服弹性压缩损失、减少钢材应力松弛损失、混凝土收缩徐变损失等，以达到预期的预应力效果。此法在水利工程与岩土锚杆中应用较多。

（三）预应力筋张拉顺序

预应力筋的张拉顺序，应以使混凝土不产生超应力、构件不扭转与侧弯、结构不变位等为目的。因此，对称张拉是一项重要原则。同时，还应考虑到尽量减少张拉设备的移动次数。图 6-43 示出了预应力混凝土屋架下弦杆钢丝束的张拉顺序。钢丝束的长度不大于 30m，采用一端张拉方式。图 6-43a 的预应力筋为两束，用两台千斤顶分别设置在构件两端对称张拉，一次完成。图 6-43b 的预应力筋为四束，需要分两批张拉，用两台千斤顶分别张拉对角线上的两束，然后张拉另两束。由于分批张拉引起的预应力损失，统一增加到张拉力内。

图 6-44 示出了双跨预应力混凝土框架梁钢绞线束的张拉顺序。钢绞线束为双跨曲线筋，长度达 40m，采用两端张拉方式。图中四束钢绞线分为两批张拉，两台千斤顶分别设置在梁的两端，按左右对称各张拉一束，待两批四束均进行一端张拉后，再分批在另端补张拉。这种张拉顺序，还可减少先批张拉预应力筋的弹性压缩损失。

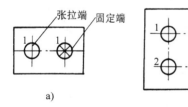

图 6-43　屋架下弦杆预应力筋张拉顺序
a）两束　b）四束
1、2—预应力筋分批张拉顺序

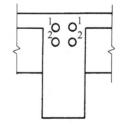

图 6-44　框架梁预应力
筋的张拉顺序

（四）平卧重叠构件张拉

后张法预应力混凝土屋架等构件一般在施工现场平卧重叠制作，重叠层数为 3～4 层。其张拉顺序宜先上后下逐层进行。为了减少上下层之间因摩擦引起的预应力损失，可逐层加大张拉力。根据有关单位试验研究与大量工程实践，得出不同预应力筋与不同隔离层的平卧重叠浇筑构件逐层增加的张拉力百分数，列于表6-3。

表6-3　平卧重叠浇筑构件逐层增加的张拉力百分数

预应力筋类别	隔离剂类别	逐层增加的张拉力百分数（%）			
		顶层	第二层	第三层	底层
高强钢丝束	Ⅰ	0	1.0	2.0	3.0
	Ⅱ	0	1.5	3.0	4.0
	Ⅲ	0	2.0	3.5	5.0
HRB335 级冷拉钢筋	Ⅰ	0	2.0	4.0	6.0
	Ⅱ	1.0	3.0	6.0	9.0
	Ⅲ	2.0	4.0	7.0	10.0

注：第Ⅰ类隔离剂：塑料薄膜、油纸。

第Ⅱ类隔离剂：废机油滑石粉、纸筋灰、石灰水废机油、柴油石蜡。

第Ⅲ类隔离剂：废机油、石灰水、石灰水滑石粉。

高强钢丝束与 HRB335 级冷拉钢筋由于张拉控制应力不同，在相同隔离层的条件下，所需的超张拉力不同。HRB335 级冷拉钢筋的张拉控制应力较低，其所需的超张拉力百分数比高强钢丝束大。

（五）张拉操作程序

预应力筋的张拉操作程序，主要根据构件类型、张拉锚固体系、松弛损失取值等因素确定。

分为以下三种情况：

1）设计时松弛损失按一次张拉程序取值：

$$0 \rightarrow \sigma_{con} \text{锚固}$$

2）设计时松弛损失按超张拉程序取值：

$$0 \rightarrow 1.05\sigma_{con} \xrightarrow{\text{持荷} 2min} \sigma_{con} \text{锚固}$$

3）设计时松弛损失按超张拉程序，但采用锥销锚具或夹片锚具：

$$0 \rightarrow 1.03\sigma_{con} \text{锚固}$$

以上各种张拉操作程序，均可分级加载。对曲线束，一般以 $0.2\sigma_{con}$ 为起点，分二级加载（$0.6\sigma_{con}$、$1.0\sigma_{con}$）或四级加载（$0.4\sigma_{con}$、$0.6\sigma_{con}$、$0.8\sigma_{con}$ 和 $1.0\sigma_{con}$），每级加载均应量测伸长值。

（六）张拉伸长值校核

预应力筋张拉时，通过伸长值的校核，可以综合反映张拉力是否足够，孔道摩阻损失是否偏大，以及预应力筋是否有异常现象等。因此，对张拉伸长值的校核，要引起重视。

预应力筋张拉伸长值的量测，应在建立初应力之后进行。其实际伸长值 ΔL 为：

$$\Delta L = \Delta L_1 + \Delta L_2 - A - B - C \qquad (6-8)$$

式中　ΔL_1——从初应力至最大张拉力之间的实测伸长值；

ΔL_2——初应力以下的推算伸长值；

A——张拉过程中锚具楔紧引起的预应力筋内缩值；

B——千斤顶体内预应力筋的张拉伸长值；

C——施加应力时，后张法混凝土构件的弹性压缩值（其值微小时可略去不计）。

关于初应力以下的推算伸长值 ΔL_2，可根据弹性范围内张拉力与伸长值成正比的关系，用计算法或图解法确定。

采用图解法时（图6-45），以伸长值为横坐标，张拉力为纵坐标，将各级张拉力的实测伸长值标在图上，绘成张拉力与伸长值关系线 CAB，然后延长此线与横坐标交于 O' 点，则 OO' 段即为推算伸长值。此法以实测值为依据，比计算法准确。

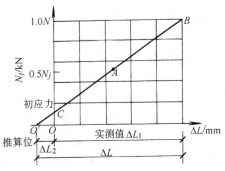

图6-45　预应力筋实际伸长值图解

根据规范的规定，如实际伸长值比计算伸长值超出限值，应暂停张拉，在采取措施予以调整后，方可继续张拉。

此外，在锚固时应检查张拉端预应力筋的内缩值，以免由于锚固引起的预应力损失超过设计值。如实测的预应力筋内缩量大于规定值，则应改善操作工艺，更换锚具或采取超张拉办法弥补。

（七）张拉注意事项

1）张拉时应认真做到孔道、锚杯与千斤顶三对中，以便张拉工作顺利进行，并不致增加孔道摩擦损失。

2）采用锥锚式千斤顶张拉钢丝束时，应先使千斤顶张拉缸进油，至压力计略有起动时暂停，检查每根钢丝的松紧并进行调整，然后再打紧楔块。

3）工具锚的夹片应注意保持清洁和良好的润滑状态。新的工具锚夹片第一次使用前，应在夹片背面涂上润滑剂，以后每使用 5~10 次，应将工具锚上的挡板连同夹片一同卸下，向锚板的锥形孔中重新涂上一层润滑剂，以防夹片在退楔时卡住。润滑剂可采用石墨、二硫化钼、石蜡或专用退锚灵等。

4）多根钢绞线束夹片锚固体系如遇到个别钢绞线滑移，可更换夹片，用小型千斤顶单根张拉。

5）每根构件张拉完毕后，应检查端部和其他部位是否有裂缝，并填写张拉记录表。

6）预应力筋锚固后的外露长度，不宜小于30mm。长期外露的锚具，可涂装，或用混凝土封裹，以防腐蚀。

（八）孔道灌浆

预应力筋张拉后，孔道应及时灌浆。其目的是防止预应力筋锈蚀，增加结构的耐久性；同时亦使预应力筋与混凝土构件粘结成整体，提高结构的抗裂性和承载能力。此外，试验研究证明，在预应力筋张拉后立即灌浆，可减少预应力松弛损失 20%~30%。因此，对孔道灌浆的质量，必须重视。

（1）灌浆材料　灌浆所用的水泥浆既应有足够的强度和粘结力，还应有较大的流动性和较小的干缩性及泌水性。故配制灌浆用水泥浆应采用强度等级不低于 42.5 的普通硅酸盐水泥；水灰比宜为 0.4 左右；流动度为 120~170mm；搅拌后 3h 泌水率宜控制在 2%，最大不得超过 3%；当需要增加孔道灌浆的密实性时，水泥浆中可掺入对预应力筋无腐蚀作用的外加剂（如掺入占水泥重量 0.25% 的木质素磺酸钙、0.25% 的 FDN、0.5% 的 NNO，一般可减水10%~15%，泌水小、收缩微、早期强度高；而掺入0.05‰的铝粉，可使水泥浆获得2%~3%膨胀率，提高孔道灌浆饱度，同时也能满足强度要求）；对空隙大的孔道，可采用砂浆灌浆。水泥及砂浆强度均不应小于20N/mm²。当采用矿渣硅酸盐水泥时，应按上述要求试验合格后方可使用。

（2）灌浆施工　灌浆顺序应先下后上，以免上层孔道漏浆把下层孔道堵塞；直线孔道灌浆，应从构件的一端到另一端；在曲线孔道中灌浆，应从孔道最低处开始向两端进行。用连续器连接的多跨连续预应力筋的孔道灌浆，应张拉完一跨随即灌注一跨，不得在各跨全部张拉完毕后，一次连续灌浆。

搅拌好的水泥浆必须通过过渡器，置于贮浆桶内，并不断搅拌，以防泌水沉淀。

灌浆工作应缓慢均匀地进行，不得中断，并应排气通顺；在孔道两端冒出浓浆并封闭排气孔后，宜再继续加压至0.5~0.6N/mm²，稍后再封闭灌浆孔。

不掺外加剂的水泥浆，可采用二次灌浆法。二次灌浆时间要掌握恰当，一般在水泥浆泌水基本完成、初凝尚未开始时进行（夏季约30~45min，冬季约1~2h）。

预应力混凝土的孔道灌浆，应在常温下进行。在低温灌浆前，宜通入50℃的温水，洗净孔道并提高孔道周边的温度（应在5℃以上）；灌浆时水泥的温度宜为10~25℃；水泥浆的温度在灌浆后至少有5d保持在5℃以上；且应养护到强度不小于15N/mm²。此外，在水泥浆中加适量的加气剂、减水剂、甲基酒精以及采取二次灌浆工艺，都有助于免除冻害。

第三节　无粘结预应力混凝土施工

无粘结预应力混凝土楼面结构是在楼板中配置无粘结筋的一种现浇预应力混凝土结构体系。这种结构体系具有柱网大、使用灵活、施工方便等优点，但预应力筋的强度不能充分发挥，开裂后的裂缝较集中。采用无粘结部分预应力混凝土，可改善开裂后的性能与破坏特征。该体系广泛用于大开间多层建筑、高层建筑，具有较大的发展前景。

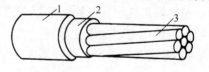

图6-46　无粘结预应力筋
1—塑料护套　2—油脂　3—钢绞线或钢丝束

无粘结预应力筋是指施加预应力后沿全长与周围混凝土不粘结的预应力筋。它由预应力钢材、涂料层和护套层组成（图6-46）。

一、预应力筋的布置与构造

1. 楼面结构形式

无粘结预应力混凝土现浇楼板有以下形式：单向平板、无柱帽双向平板、带柱帽双向平板、梁支承双向平板、密肋板、扁梁等。

2. 预应力筋布置

（1）多跨单向平板　无粘结预应力筋采取纵向多波连续曲线配筋方式。曲线筋的形式与板承受的荷载形式及活荷载与恒荷载的比值等因素有关。

（2）多跨双向平板　无粘结预应力筋在纵横两方向均采用多波连续曲线配筋方式，在均布荷载作用下，其配筋形式有以下几种：

1）按柱上板带与跨中板带布筋（图6-47a）。在垂直荷载作用下，通过柱内或靠近柱边的无粘结预应力筋远比远离柱边的无粘结预应力筋分担的抗弯承载能力多。对长宽比不超过1.33的板，在柱上板带内配置60%～75%的无粘结筋，其余分布在跨中板带。这种布筋方式的缺点是穿筋、编网和定位给施工带来不便。

2）一向带状集中布筋，另向均匀分散布筋（图6-47b）。预应力混凝土双向平板的抗弯承载能力主要取决于板在每一方向上的预应力筋总量，与预应力筋的配筋形式关系较小。因此可将无粘结预应力筋在一个方向上沿柱轴线呈带状集中布置在宽度1.0～1.25m的范围内，而在另一方向上采取均匀分散布置的方式。这种布筋方式可产生具有双向预应力的单向板效果。平板中的带状预应力筋起到了支承梁的作用。这种布筋方

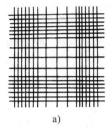
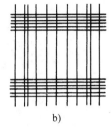

图6-47　多跨双向平板预应力筋的布置方式
a）按柱上板带与跨中板带布筋　b）一向带状
集中布筋，另向均匀分散布筋

式避免了无粘结预应力筋的编网工作，易于保证无粘结预应力筋的施工质量，便于施工。

3）多跨双向密肋板。在多跨双向密肋板中，每根肋内部布置无粘结预应力筋，柱间采用双向无粘结预应力扁梁。在这类板中，也有仅在一个方向的肋内布置预应力筋的做法。

3. 细部构造

（1）一般规定

1）无粘结预应力筋保护层的最小厚度，考虑耐火要求，应符合有关规定。

2）无粘结预应力筋的间距，对均布荷载作用下的板，一般为250～500mm。其最大间距不得超过板厚的6倍，且不宜大于1.0m。各种布筋方式每一方向穿过柱的无粘结预应力筋的数量不得少于2根。

3）对无粘结预应力混凝土平板，混凝土平均预压应力不宜小于$1.0N/mm^2$，也不宜大于$3.5N/mm^2$。在裂缝控制较严的情况下，平均预压应力值应小于$1.4N/mm^2$。

对抵抗收缩与温度变形的预应力筋，混凝土平均预压应力值不宜小于$0.7N/mm^2$。

在双向平板中，平均预压应力不大于$0.86N/mm^2$时，一般不会因弹性压缩或混凝土徐变而产生过大的尺寸变化。

4）在单向板体系中，非预应力钢筋的配筋率不应小于0.2%，且其直径不应小于8mm，间距不应大于20mm。

在等厚的双向板体系中，正弯矩区每一方向的非预应力筋配筋率不应小于0.15%，且其直径不应小于6mm，间距不应大于200mm。在柱边的负弯矩区每一方向的非预应力筋配筋率不应小于0.075%，且每一方向至少应设置4根直径不小于φ16钢筋，间距不应大于300mm，伸出柱边长度至少为支座每边净跨的1/6。

5）在双向平板边缘和拐角处，应设置暗圈梁或设置钢筋混凝土边梁。暗圈梁的纵向钢筋直径不应小于12mm，且不应少于4根；箍筋直径不应小于6mm，间距不应大于250mm。

6）在双向平板中，增强板柱节点抗冲切力可采取以下办法解决：①节点处局部加厚或加柱帽；②节点处板内设置双向暗梁；③节点处板内设置双向型钢剪力架。

（2）锚固区构造

1）在平板中单根无粘结预应力筋的张拉端可设在边梁或墙体外侧，有凸出式或凹入式

做法（图6-48）。前者利用外包钢筋混凝土圈梁封裹，后者利用掺膨胀剂的砂浆封口。承压钢板的参考尺寸为80mm×80mm×12mm或90mm×90mm×12mm，根据预应力筋规格与锚固区混凝土强度确定。螺旋筋为φ6钢筋，螺旋直径为70mm，可直接点焊在承压钢板上。

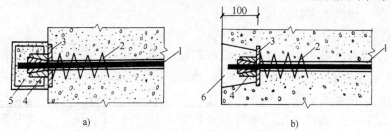

图6-48 平板中单根无粘结预应力筋的张拉端做法

a）张拉端凸出式构造 b）张拉端凹入式构造

1—无粘结预应力筋 2—螺旋筋 3—承压钢板 4—夹片锚具 5—混凝土圈梁 6—砂浆

2）在梁中成束布置的无粘结预应力筋，宜在张拉端分散为单根布置，承压钢板上预应力筋的间距为60~70mm。当一块钢板上预应力筋根数较多时，宜采用钢筋网片。网片采用φ6~φ8钢筋4~6片。

3）无粘结预应力筋的固定端可利用镦头锚板或挤压锚具采取内埋式做法（图6-49）。对多根无粘结预应力筋，为避免内埋式固定端拉力集中使混凝土开裂，可采取错开位置锚固。

4）当无粘结预应力筋搭接铺设，分段张拉时，预应力筋的张拉端设在板面的凹槽处，其固定端埋设在板内。在预应力筋搭接处，由于无粘结筋的有效高度减少而影响截面的抗弯能力，可增加非预应力钢筋补足（图6-50）。

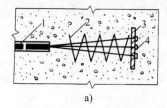 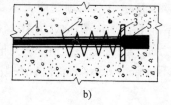

图6-49 无粘结预应力筋固定端内埋式构造

a）钢丝束镦头锚板 b）钢绞线挤压锚具

1—无粘结筋 2—螺旋筋 3—承压钢板 4—冷镦头 5—挤压锚具

图6-50 无粘结预应力筋搭接铺设分段张拉构造

（3）减少约束影响的措施 在后张楼板中，如平均预压应力约为$1N/mm^2$，则一般不会因楼板弹性缩短和混凝土收缩、徐变而产生大的变形，无须采取特别的构造措施来减少约束力。然而，当建筑物的尺寸或施工缝间的尺寸变得很大，或板支承于刚性构件上时，如不采取有效的构造措施，将会产生很大的约束力，仍要当心。

1）合理布置和设计支承构件：如将抗侧力构件布置在结构位移中心不动点附近，使产生的约束作用减为最小；采用相对细长的柔性柱可以使约束力减小；需要时应在柱中配置附加钢筋承担约束作用产生的附加弯矩。

2）板在施工缝之间的长度超过50m时，可采用后浇带或临时施工缝将结构分段。在后浇带中应有预应力筋与非预应力筋通过使结构达到连续。

3）对平面外形不规则的板，宜划分为平面规则单元，使各部分能独立变形，减少约束。

（4）板上开洞

1）当板上需要设置不大的孔洞时，可将板内无粘结预应力筋在两侧绕过开洞处铺设（图6-51）。无粘预应力筋距洞边不宜小于150mm，洞边应配置构造钢筋。

2）当板上需要设置较大的孔洞时，若需要在洞口处中断一些预应力筋，宜采用图6-52a所示的"限制裂缝"的中断方式，而不应采用图6-52b所示的"助生裂缝"的中断方式。

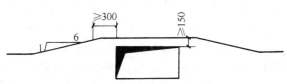

图6-51　洞口处无粘结预应力筋构造要求

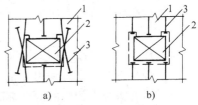

图6-52　洞口预应力筋布置
a）限制裂缝方式　b）助生裂缝方式
1—板　2—洞口　3—预应力筋

3）对大孔洞为控制孔角裂缝，应配适量的斜钢筋，靠近板的上、下保护层配置。在有些情况下，为将孔边的荷载传到板中去，需沿开孔周边配置附加的构造钢筋成暗梁，利用孔边的无粘结预应力筋和附加普通钢筋承担孔边荷载。另外，在单向板和双向板中，孔洞宜设置在跨中区域，以减少开孔对墙或柱附近抗剪能力的不利影响。

二、施工顺序

1. 超高层建筑预应力楼板

这类建筑多数采用筒体结构，其平面形状接近方形，每层面积小（1000m² 以下），层数特别多（30 层以上），多数为标准层。根据这些特点，确定预应力混凝土楼板的施工顺序方案如下：

（1）逐层浇筑、逐层张拉　标准层施工周期：内筒提前施工，不计工期；外筒柱施工 1~2d、楼板支模 2~2.5d，钢筋与预应力筋铺设 1.5~2d，混凝土浇筑 1d 等共计 6~7d；预应力筋张拉安排在混凝土浇筑后第 5d 进行，即上层楼板混凝土浇筑前 1d 进行，不占工期。

这种方案的优点是可减少外筒柱的约束力，并减少支模层数，但受到预应力筋张拉制约，对加快施工速度有些影响。

（2）数层浇筑、顺向张拉　这种方案的优点是无需等待预应力张拉，如普通混凝土结构一样，可加快施工速度。但缺点是支模层数增多，模板耗用量大。采用早拆模板体系，即先拆模板而保留支柱，拆模强度仅为混凝土立方强度的 50%，只要一层模板、三层支柱就可满足快速施工需要。

这种方案虽然在大多数中间层由于上下层张拉的相互影响而最终达到同样的效果，但该层板刚张拉时达不到预期的压力，对施工阶段的抗裂有些影响。

2. 多层大面积预应力楼板

在多层轻工业厂房及大型公共建筑中，无粘结预应力楼板的面积有时会很大（达10000m²），并不设伸缩缝。根据这一特点，从施工顺序来看，应采用"逐层浇筑、逐层张拉"方案，还要采取分段流水的施工方法。

沿预应力筋方向布置的剪力墙，会阻碍板中预应力的建立。施工中为消除这一影响，可对剪力墙采取三面留施工缝，与柱和楼板脱开；待楼板预应力筋张拉完毕后，再补浇施工缝处的混凝土。

三、无粘结预应力混凝土楼板施工

1. 无粘结预应力筋的铺设与固定

（1）铺设顺序　在单向板中，无粘结预应力筋的铺设比较简单，与非预应力筋的铺设基本相同。

在双向板中，无粘结预应力筋需要配置成两个方向的悬垂曲线。无粘结筋相互穿插，施工操作较为困难，必须事先编出无粘结筋的铺设顺序。其方法是将各向无粘结筋各搭接点的标高标出，对各搭接点相应的两个标高分别进行比较，若一个方向某一无粘结筋的各点标高均分别低于与其相交的各筋相应点标高时，则此筋可先放置。按此规律编出全部无粘结筋的铺设顺序。

无粘结预应力筋的铺设，通常在底部钢筋铺设后进行。水电管线一般宜在无粘结筋铺设后进行，且不得将无粘结筋的竖向位置抬高或压低。支座处负弯矩钢筋通常在最后铺设。

（2）就位固定　无粘结预应力筋应严格按设计要求的曲线形状就位并固定牢靠。

无粘结筋的垂直位置，宜用支撑钢筋或钢筋马凳控制，其间距为 $1 \sim 2m$。无粘结筋的水平位置应保持顺直。

在双向连续平板中，各无粘结筋曲线高度的控制点用铁马凳垫好并扎牢。在支座部位，无粘结筋可直接绑扎在梁或墙的顶部钢筋上。在跨中部位，无粘结筋可直接绑扎在板的底部钢筋上。

（3）张拉端固定　张拉端模板应按施工图中规定的无粘结预应力筋的位置钻孔。张拉端的承压板应采用钉子固定在端模板上或用点焊固定在钢筋上。

无粘结预应力曲线筋或折线筋末端的切线应与承压板相垂直，曲线段的起始点至张拉锚固点应有不小于 300mm 的直线段。

当张拉端采用凹入式做法时，可采用塑料或泡沫穴模（图6-53）等形成凹口。

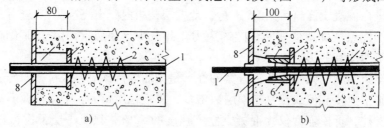

图 6-53　无粘结筋张拉端凹口做法
a）泡沫穴模　b）塑料穴模
1—无粘结筋　2—螺旋筋　3—承压钢板　4—泡沫穴模　5—锚环　6—带杯口的塑料套管　7—塑料穴模　8—模板

无粘结预应力铺设固定完毕后，应进行隐蔽工程验收，当确认合格后，方可浇筑混凝土。

混凝土浇筑时，严禁踏压撞碰无粘结预应力筋、支撑钢筋及端部预埋件；张拉端与固定端混凝土必须振捣密实。

2. 无粘结预应力筋的张拉与锚固

无粘结预应力筋在张拉前，应清理承压板面，并检查承压板后面的混凝土质量。如有空鼓现象，应在无粘结预应力筋张拉前修补。

无粘结预应力混凝土楼盖结构的张拉顺序，宜先张拉楼板，后张拉楼面梁。板中的无粘结筋，可依次张拉。梁中的无粘结筋宜对称张拉。

板中的无粘结筋一般采用前卡式千斤顶单根张拉，并用单孔夹片锚具锚固。

无粘结曲线预应力筋的长度超过25m时，宜采取两端张拉。当筋长超过60m时，宜采取分段张拉。如遇到摩擦损失较大，则宜先松动一次再张拉。

在梁板顶面或墙壁侧面的斜槽内张拉无粘结预应力筋时，宜采用变角张拉装置。

变角张拉装置由顶压器、变角块、千斤顶等组成（图6-54）。其关键部位是变角块。变角块可以是整体的或分块的。前者仅为某一特定工程用，后者通用性强。分块式变角块的搭接，采用阶梯形定位方式（图6-55）。每一变角块的变角量为5°，通过叠加不同数量的变角块，可以满足5°~60°的变角要求。变角块与顶压器和千斤顶的连接，都要一个过渡块。如顶压器重新设计，则可省去过渡块。安装变角块时要注意块与块之间的槽口搭接，一定要保证变角轴线向结构外侧弯曲。

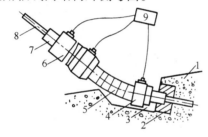

图6-54　变角张拉装置

1—凹口　2—锚垫板　3—锚具　4—液压顶压器
5—变角块　6—千斤顶　7—工具锚　8—预应力筋
9—液压泵

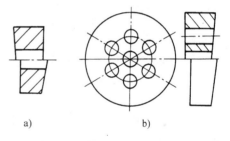

图6-55　变角块

a）单孔变角块　b）多孔变角块

无粘结预应力筋张拉伸长值的校核与有粘结预应力筋相同；对超长无粘结筋由于张拉初期的阻力大，初拉力以下的伸长值比常规推算伸长值小，应通过试验进行修正。

3. 锚固区防腐蚀处理

无粘结预应力筋张拉完毕后，应及时对锚固区进行保护。

无粘结预应力筋的锚固区，必须有严格的密封防护措施，严防水汽进入锈蚀预应力筋。

无粘结预应力筋锚固后的外露长度不小于30mm，多余部分宜用手提砂轮锯切割，但不得采用电弧切割。

在锚具与承压板表面涂以防水涂料。为了使无粘结筋端头全封闭，在锚具端头涂防腐润滑油脂后，应罩上封端塑料盖帽。

对凹入式锚固区，锚具表面经上述处理后，再用微胀混凝土或低收缩防水砂浆密封。

第四节　预应力混凝土工程施工质量
要求要点及安全注意事项

一、一般规定

1）后张法预应力工程的施工应由具有相应资质等级的预应力专业施工单位承担。

2）预应力筋张拉机具设备及仪表应定期维护和校验。张拉设备应配套标定，并配套使用。张拉设备的标定期限不应超过半年。当在使用过程中出现反常现象时或在千斤顶检修后，应重新标定。张拉设备标定时，千斤顶活塞的运行方向应与实际张拉工作状态一致；压力计的精度不应低于1.5级，标定张拉设备用的试验机或测力精度不应低于±2%。

3）在浇筑混凝土之前，应进行预应力隐蔽工程验收，其内容包括：

① 预应力筋的品种、规格、数量、位置等。

② 预应力筋锚具和连接器的品种、规格、数量、位置等。

③ 预留孔道的规格、数量、位置、形状及灌浆孔、排气兼泌水管等。

④ 锚固区局部加强构造等。

二、原材料

（一）主控项目

1）预应力筋进场时，应按现行国家标准《预应力混凝土用钢绞线》GB/T 5224等的规定抽取试件做力学性能检验，其质量必须符合有关标准的规定。检查数量：按进场的批次和产品的抽样检验方案确定。检验方法：检查产品合格证、出厂检验报告和进场复验报告。

2）无粘结预应力筋的涂包质量应符合无粘结预应力钢绞线标准的规定。检查数量：每60t为一批，每批抽取一组试件。检验方法：观察，检查产品合格证、出厂检验报告和进场复验报告。当有工程经验，并经观察认为质量有保证时，可不做油脂用量和护套厚度的进场复验。

3）预应力筋用锚具、夹具和连接器应按设计要求采用，其性能应符合现行国家标准《预应力筋用锚具、夹具和连接器》GB/T 14370等的规定。检查数量：按进场批次和产品的抽样检验方案确定。检验方法：检查产品合格证、出厂检验报告和进场复验报告。对锚具用量较少的一般工程，如供货方提供有效的试验报告，可不做静载锚固性能试验。

4）孔道灌浆用水泥应采用普通硅酸盐水泥，其质量应符合现行国家标准《混凝土结构工程施工质量验收规范》（GB 50204）的规定。孔道灌浆用外加剂的质量也应符合现行国家标准《混凝土结构工程施工质量验收规范》的规定。检查数量：按进场批次和产品的抽样检验方案确定。检验方法：检查产品合格证、出厂检验报告和进场复验报告。对孔道灌浆用水泥和外加剂用量较少的一般工程，当有可靠依据时，可不做材料性能的进场复验。

（二）一般项目

1）预应力筋使用前应进行外观检查，其质量应符合下列要求：①有粘结预应力筋展开后应平顺，不得有弯折，表面不应有裂缝、小刺、机械损伤、氧化铁皮和油污等。②无粘结预应力筋护套应光滑、无裂缝、无明显褶皱。检查数量：全数检查。检验方法：观察。无粘结预应力筋护套轻微破损者应外包防水塑料胶带修复，严重破损者不得使用。

2）预应力筋用锚具、夹具和连接器使用前应进行外观检查，其表面应无污物、锈蚀、机械损伤和裂纹。检查数量：全数检查。检验方法：观察。

3）预应力混凝土用金属波纹管的尺寸和性能应符合现行国家标准《预应力混凝土用金属波纹管》（JG 225—2007）的规定。检查数量：按进场批次和产品的抽样检验方案确定。检验方法：检查产品合格证、出厂检验报告和进场复验报告。对金属波纹管用量较少的一般工程，当有可靠依据时，可不做径向刚度、抗渗漏性能的进场复验。

4）预应力混凝土用金属波纹管在使用前应进行外观检查，其内外表面应清洁，无锈蚀，不应有油污、孔洞和不规则的褶皱，咬口不应有开裂或脱扣。检查数量：全数检查。检验方法：观察。

三、制作与安装

（一）主控项目

1）预应力筋安装时，其品种、级别、规格、数量必须符合设计要求。检查数量：全数检查。检验方法：观察，钢直尺检查。

2）先张法预应力施工时应选用非油质类模板隔离剂，并应避免玷污预应力筋。检查数量：全数检查。检验方法：观察。

3）施工过程中应避免电火花损伤预应力筋；受损伤的预应力筋应予以更换。检查数量：全数检查。检验方法：观察。

（二）一般项目

1）预应力筋下料应符合下列要求：①预应力筋应采用砂轮锯或切断机切断，不得采用电弧切割。②当钢丝束两端采用镦头锚具时，同一束中各根钢丝长度的极差不应大于钢丝长度的1/5000，且不应大于5mm。当成组张拉长度不大于10m的钢丝时，同组钢丝长度的极差不得大于2mm。检查数量：每工作班抽查预应力筋总数的3%，且不少于3束。检验方法：观察，钢直尺检查。

2）预应力筋端部锚具的制作质量应符合下列要求：①挤压锚具制作时压力计液压应符合操作说明书的规定，挤压后预应力筋外端应露出挤压套筒1~5mm。②钢绞线压花锚成形时，表面应清洁、无油污，梨形头尺寸和直线段长度应符合设计要求。③钢丝镦头的强度不得低于钢丝强度标准值的98%。

检查数量：对挤压锚，每工件班抽查5%，且不应少于5件；对压花锚，每工件班抽查3件；对钢丝镦头强度，每批钢丝检查6个镦头试件。检验方法：观察，钢直尺检查，检查镦头强度试验报告。

3）后张法有粘结预应力筋预留孔道的规格、数量、位置和形状除应符合设计要求外，尚应符合下列规定：①预留孔道的定位应牢固，浇筑混凝土时不应出现移位和变形。②孔道应平顺，端部的预埋锚垫板应垂直于孔道中心线。③成孔用管道应密封良好，接头应严密且不得漏浆。④灌浆孔的间距：对预埋金属螺旋管不宜大于30m；对抽芯成形孔道不宜大于12m。⑤在曲线孔道的曲线波峰部位应设置排气兼泌水管，必要时可在最低点设置排水孔。⑥灌浆孔及泌水管的孔径应能保证浆液畅通。

检查数量：全数检查。检验方法：观察、钢直尺检查。

4）预应力筋束形控制点的竖向位置偏差应符合表6-4的规定。

表6-4　束形控制点的竖向位置允许偏差

截面高（厚）度/mm	$h \leqslant 300$	$300 < h \leqslant 1500$	$h > 1500$
允许偏差/mm	±5	±10	±15

检查数量：在同一检验批内，抽查各类型构件中预应力筋总数的5%，且对各类型构件均不少于5束，每束不应少于5处。检验方法：钢直尺检查。束形控制点的竖向位置偏差合格点率应达到90%及以上，且不得有超过表6-4中数值1.5倍的尺寸偏差。

5）无粘结预应力筋的铺设除应符合上一条的规定外，尚应符合下列要求：①无粘结预应力筋的定位应牢固，浇筑混凝土时不应出现移位和变形。②端部的预埋锚垫板应垂直于预应力筋。③内埋式固定端垫板不应重叠，锚具与垫板应贴紧。④无粘结预应力筋成束布置时应能保证混凝土密实并能裹住预应力筋。⑤无粘结预应力筋的护套应完整，局部破损处应采用防水胶带缠绕紧密。

检查数量：全数检查。检验方法：观察。

6）浇筑混凝土前穿入孔道的后张法有粘结预应力筋，宜采取防止锈蚀的措施。检查数量：全数检查。检验方法：观察。

四、张拉和放张

（一）主控项目

1）预应力筋张拉或放张时，混凝土强度应符合设计要求；当设计无具体要求时，不应低于设计的混凝土立方体抗压强度标准值的75%。检查数量：全数检查。检验方法：检查同条件养护试件试验报告。

2）预应力筋的张拉力、张拉或放张顺序及张拉工艺应符合设计及施工技术方案的要求，并应符合下列规定：①当施工需要超张拉时，最大张拉应力不应大于现行国家标准《混凝土结构设计规范》GB50010的规定。②张拉工艺应能保证同一束中各根预应力筋的应力均匀一致。③后张法施工中，当预应力筋是逐根或逐束张拉时，应保证各阶段不出现对结构不利的应力状态；同时宜考虑后批张拉预应力筋所产生的结构构件的弹性压缩对先批张拉预应力筋的影响，确定张拉力。④先张法预应力筋放张时，宜缓慢放松锚固装置，使各根预应力筋同时缓慢放松。⑤当采用应力控制方法张拉时，应校核预应力筋的伸长值。实际伸长值与设计计算理论伸长值的相对允许偏差为±6%。检查数量：全数检查。检验方法：检查张拉记录。

3）预应力筋张拉锚固后实际建立的预应力值与工程设计规定检验值的相对允许偏差为±5%。检查数量：对先张法施工，每工作班抽查预应力筋总数的1%，且不少于3根；对后张法施工，在同一检验批内，抽查预应力筋总数的3%，且不少于5束。检验方法：对先张法施工，检查预应力筋应力检测记录；对后张法施工，检查见证张拉记录。

4）张拉过程中应避免预应力筋断裂或滑脱；当发生断裂或滑脱时，必须符合下列规定：①对后张法预应力结构构件，断裂或滑脱的数量严禁超过同一截面预应力筋总根数的3%，且每束钢丝不得超过一根；对多跨双向连续板，其同一截面应按每跨计算。②对先张法预应力构件，在浇筑混凝土前发生断裂或滑脱的预应力筋必须予以更换。检查数量：全数检查。

检验方法：观察、检查张拉记录。

（二）一般项目

1）锚固阶段张拉端预应力筋的内缩量应符合设计要求；当设计无具体要求时，应符合表6-5的规定。检查数量：每工件班抽查预应力筋总数的3%，且不少于3束。检验方法：钢直尺检查。

表6-5 张拉端预应力筋的内缩量限值

锚 具 类 别		内缩量限值/mm
支承式锚具（镦头锚具等）	螺母缝隙	1
	每块后加垫板的缝隙	1
锥塞式锚具		5
夹片式锚具	有顶压	5
	无顶压	6~8

2）先张法预应力筋张拉后与设计位置的偏差不得大于5mm，且不得大于构件截面短边边长的4%。检查数量：每工件班抽查预应力筋总数的3%，且不少于3束。检验方法：钢直尺检查。

五、灌浆及封锚

（一）主控项目

1）后张法有粘结预应力筋张拉后应尽早进行孔道灌浆，孔道内水泥浆应饱满、密实。检查数量：全数检查。检验方法：观察、检查灌浆记录。

2）锚具的封闭保护应符合设计要求；当设计无具体要求时，应符合下列规定：①应采取防止锚具腐蚀和遭受机械损伤的有效措施。②凸出式锚固端锚具的保护层厚度不应小于50mm。③外露预应力筋的保护层厚度：处于正常环境时，不应小于20mm；处于易受腐蚀的环境时，不应小于50mm。

检查数量：在同一检验批内，抽查预应力筋总数的5%，且不少于5处。检验方法：观察，钢直尺检查。

（二）一般项目

1）后张法预应力筋锚固后的外露部分宜采用机械方法切割，其外露长度不宜小于预应力筋直径的1.5倍，且不宜小于30mm。检查数量：在同一检验批内，抽查预应力筋总数的3%，且不少于5束。检验方法：观察，钢直尺检查。

2）灌浆用水泥浆的水灰比不应大于0.45，搅拌后3h泌水率不宜大于2%，且不应大于3%。泌水应能在24h内全部重新被水泥浆吸收。检查数量：同一配合比检查一次。检验方法：检查水泥浆性能试验报告。

3）灌浆用水泥浆的抗压强度不应小于30N/mm^2。检查数量：每工件班留置一组边长为70.7mm的立方体试件。检验方法：检查水泥浆试件强度试验报告。一组试件由6个试件组成，试件应标准养护28d；抗压强度为一组试件的平均值，当一组试件中抗压强度最大值或最小值与平均值相差超过20%时，应取中间4个试件强度的平均值。

六、预应力混凝土工程施工安全注意事项

预应力混凝土施工有一系列安全问题，如张拉钢筋时断裂伤人、电张时触电伤人等。因此，应注意以下技术环节：

1）高压液压泵和千斤顶，应符合产品说明书的要求。机具设备及仪表，应由专人使用和管理，并定期维护与检验。

2）张拉设备测定期限，不宜超过半年。当遇下列情况之一时应重新测定：千斤顶经拆卸与修理；千斤顶久置后使用；压力计受过碰撞或出现过失灵，更换压力计。张拉中发生多根筋破断事故或张拉伸长值误差较大。弹簧测力计应在压力实验机上测定。

3）预应力筋的一次伸长值不应超过设备的最大张拉行程。

4）操作千斤顶和测量伸长值的人员，应站在千斤顶侧面操作，严格遵守操作规程。液压泵开动过程中，不得擅自离开岗位。如需离开，必须把液压阀门全部松开或切断电路。

5）钢丝束镦头锚固体系在张拉过程中应随时拧上螺母，以策安全；锚固时如遇钢丝束偏长或偏短，应增加螺母或用连接器解决。

6）负荷时严禁拆换液压管或压力计。

7）机壳必须接地，经检查线路绝缘确属可靠后方可试运转。

8）锚、夹具应有出厂合格证，并经进场检查合格。

9）螺纹端杆与预应力筋的焊接应在冷拉前进行，冷拉时螺母应位于螺纹端杆的端部，经冷拉后螺纹端杆不得发生塑性变形。

10）帮条锚具的帮条应与预应力筋同级别，帮条按120°等分，帮条与衬板接触的截面在一个垂直面上。

11）施焊时严禁将地线搭在预应力筋上，且严禁在预应力筋上引弧。

12）锚具的预紧力应取张拉力的120%～130%。顶紧锚塞时用力不要过猛以免钢丝断裂。

13）切断钢丝时应在生产线中间，然后再在剩余段的中点切断。

14）台座两端、千斤顶后面应设防护设施，并在台座长度方向每隔4～5m设一个防护架。台座、预应力筋两端严禁站人，更不准进入台座。操作千斤顶的人应站在千斤顶的侧面，不操作时应松开全部液压阀门或切断电路。

15）预应力筋放张应缓慢，防止冲击。用乙炔或电弧切割时应采取隔热措施以防烧伤构件端部混凝土。

16）锥锚式千斤顶张拉钢丝束时，应使千斤顶张拉缸进油至压力计略起动后，检查并调整使每根钢丝的松紧一致，然后再打紧楔块。

17）电张时做好钢筋的绝缘处理。先试张拉，检查电压、电流、电压降是否符合要求。停电冷却12h后，将预应力筋、螺母、垫板、预埋铁板相互焊牢。电张构件两端应设防护设施。操作人员必须穿绝缘鞋，戴绝缘手套，操作时站在构件侧面。电张时发生碰火现象应立即停电处理后方可继续。电张中经常检查电压、电流、电压降、温度、通电时间等，如通电时间较长，混凝土发热、钢筋伸长缓慢或不伸长，应立即停电，待钢筋冷却后再加大电流进行。冷拉钢筋电热张拉的重复张拉次数不应超过3次。采用预埋金属管孔道的不得电张。孔道灌浆须在钢筋冷却后进行。

思 考 题

1. 预应力混凝土预加应力有哪些方法？先张法、后张法的施工特点怎样？各适用于什么情况？

2. 预应力台座有哪些类型？各有何特点？需做哪些验算？

3. 先张法张拉设备有几种？常用夹具有哪些？

4. 先张法主要工艺过程有哪些？各应注意哪些问题？

5. 台座先张法采用加热养护时，为什么要采用二次升温？采用钢模生产预应力混凝土构件时，是否需要采用二次升温？为什么？在槽式台座和墩式台座中加热养护时，由温度引起的预应力损失有无不同？何者温度应力损失大？

6. 先张法中预应力放松顺序如何？

7. 后张法主要工艺过程有哪些？

8. 无粘结预应力混凝土工艺特点怎样？

9. 后张法预应力锚具有哪些类型？如何选用？

10. 预应力混凝土用千斤顶有哪些类型？如何选用？它与锚具类型如何配套？千斤顶校验有哪些方法？

11. 先张法、后张法施工时，预应力筋张拉控制应力如何规定？怎样控制？简述其张拉程序。

12. 后张法预应力筋分批张拉时，如何调整对预应力的影响？采用加大拉力的方法时，应注意什么问题？

13. 预应力筋张拉用千斤顶液压泵压力计控制张拉应力时，为何还需复核预应力筋的伸长值？如何复核？

14. 后张法为什么要进行孔道灌浆？孔道灌浆有哪些要求？

习 题

某预应力屋架下弦配 $4\phi^s 9.5$ 预应力筋，$f_{ptk} = 1860 \text{N/mm}^2$，$\sigma_{con} = 0.75 f_{ptk}$，采用 $0 \rightarrow 1.03\sigma_{con}$ 张拉程序。今现场仅一台张拉设备，采用分批对称张拉，后批张拉时，在先批张拉的钢筋重心处混凝土中产生法向应力 3.6N/mm^2，问这时先批张拉的钢筋应力降低多少？宜采用什么方法使先批张拉的钢筋达到规定的应力（是补张拉，还是加大拉力，为什么）？设混凝土的弹性模量 $E_c = 2.8 \times 10^4 \text{N/mm}^2$，钢筋的弹性模量 $E_s = 1.8 \times 10^5 \text{N/mm}^2$，张拉应力限值 $0.8 f_{ptk}$。（习题求解提示：分批张拉的后批筋在先批筋钢筋重心处混凝土上产生的法向应力为 σ_{pci}，则先批筋张拉应力增加或减小 $\alpha_E \sigma_{pci}$，其中 α_E 为预应力筋与混凝土的弹性模量比。先批筋因弥补后批筋影响的超张，不应大于张拉限值。）

第七章　结构安装工程

学习目标: 掌握起重机械的选择方法、装配式钢混单厂构件的吊装工艺、构件布置、吊装顺序的确定方法,熟悉结构安装工程的质量要求要点及安全注意事项。

在工业与民用建筑中,构件可以由预制构件厂或现场预制成型,然后在施工现场由起重机械把它们吊装到设计的位置上去。

吊装工程的施工特点有:

1)受预制构件类型和质量的影响较大。如预制构件的外形尺寸、预埋件位置是否准确、构件强度是否达到设计要求、预制构件类型的变化多少等,都直接影响吊装进度和工程质量。

2)正确选用起重机械是完成吊装工程施工的主导因素。选择起重机械的依据是:构件的尺寸、重量、安装高度以及位置,而吊装的方法及吊装进度又取决于起重机械的选择。

3)构件在施工现场的布置(摆放)随起重机械的变化而不同。

4)构件在吊装过程中,受力情况复杂。必要时还要对构件进行吊装强度、稳定性的验算。

5)高空作业多,应注意采取安全技术措施。

第一节　结构安装的起重机械

建筑结构安装施工常用的起重机械有:桅杆式起重机、自行杆式起重机、塔式起重机等几大类。

一、桅杆式起重机

桅杆式起重机是用木材或金属材料制作的起重设备,它具有制作简单、装拆方便、起重量大(可达200t以上)、受地形限制小等特点,宜在大型起重设备不能进入时使用。但是它的起重半径小、移动较困难,需要设置较多的缆风绳。它一般适用于安装工程量集中、结构重量大、安装高度大以及施工现场狭窄的多层装配式或单层工业厂房构件的安装。

桅杆式起重机可分为独脚拔杆、人字拔杆、悬臂拔杆和牵缆式桅杆起重机等。

1. 独脚拔杆

独脚拔杆有木独脚拔杆和钢管独脚拔杆以及格构式独脚拔杆三种(图7-1)。

独脚拔杆由把杆、起重滑轮组、卷扬机、缆风绳和锚锭等组成。

木独脚拔杆由圆木做成,圆木直径为200~300mm,最好用整根木料。起重高度在15m以内,起重量在10t以下。如拔杆需要接长可采用对接和搭接;钢管独脚拔杆的起重高度在20m以内,起重量在30t以下;格构式独脚拔杆一般制作成若干节,以便于运输,吊装中根据安装高度及构件重量组成需要长度。其起重高度可达 70m，起重量可达 100t。

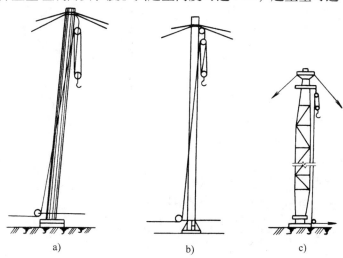

图 7-1　独脚拔杆

a）木制　b）钢管式　c）格构式

　　独脚拔杆在使用时，保持不大于 10° 的倾角，以便吊装构件时不至碰撞把杆，底部要设拖子以便移动，拔杆主要依靠缆风绳来保持稳定，其根数应根据起重量、起重高度，以及绳索强度而定，一般为 6～12 根，但不少于 4 根。缆风绳与地面的夹角 α 一般取 30°～45°，角度过大则对把杆产生较大的压力。

2. 人字拔杆

　　人字拔杆是由两根圆木或钢管、缆风绳、滑轮组、导向轮等组成。在人字拔杆的顶部交叉处，悬挂滑轮组。拔杆下端两脚的距离约为高度的 1/2～1/3。缆风绳一般不少于 5 根（图 7-2）。人字拔杆顶部相交成 20°～30° 夹角，以钢丝绳绑扎成铁件绞接。人字拔杆的特点是侧向稳定性好、缆风绳用量少。但起吊构件活动范围小，一般仅用于安装重型柱，也可作辅助起重设备用于安装厂房屋盖上的轻型构件。

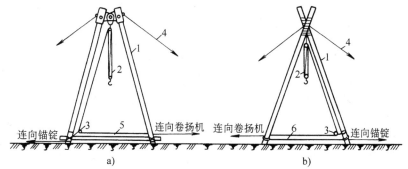

图 7-2　人字拔杆

a）顶端用铁铰接　b）顶端用绳索捆扎

1—拔杆　2—起重滑轮组　3—导向滑轮　4—缆风绳　5—拉杆　6—拉绳

3. 悬臂拔杆

在独脚拔杆中部或 2/3 高度处装上一根起重臂成悬臂拔杆（图 7-3）。

建筑施工技术

悬臂拔杆的特点是有较大的起重高度和起重半径，起重臂还能左右摆动120°~270°，这为吊装工作带来较大的方便。但其起重量较小，多用于起重高度较高的轻型构件的吊装。

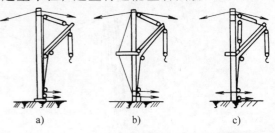

图 7-3 悬臂拔杆
a）一般形式　b）带加劲杆　c）起重臂可沿拔杆升降

4. 牵缆式桅杆起重机

牵缆式桅杆起重机是在独脚拔杆的下端装上一根可以回转和起伏的吊杆而成（图 7-4）。这种起重机不仅起重臂可以起伏，而且整个机身可作360°回转，因此，能把构件吊送到有效起重半径内的任何空间位置，具有较大的起重量和起重半径，灵活性好。

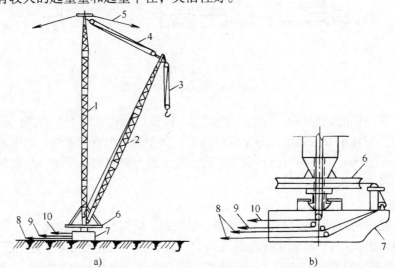

图 7-4 牵缆式桅杆起重机
a）全貌图　b）底座构造示意图
1—拔杆　2—起重臂　3—起重滑轮组　4—变幅滑轮组　5—缆风绳
6—回转盘　7—底座　8—回转索　9—起重索　10—变幅索

起重量在 5t 以下的桅杆式起重机，大多用圆木做成，用于吊装小构件；起重量在 10t 左右的桅杆式起重机，起重高度可达 25m，多用于一般工业厂房的结构安装；用格构式截面的拔杆和起重臂，起重量可达 60t，起重高度可达 80m，常用于重型厂房的吊装，缺点是使用缆风绳较多。

二、自行杆式起重机

自行杆式起重机可分为：履带式起重机、轮胎式起重机、汽车起重机三种，这三种起重机在建筑安装中使用广泛。

自行杆式起重机的优点是灵活性大，移动方便，能为整个建筑工地服务。起重机是一个独立的整体，一到现场即可投入使用无需进行拼接等工作，施工起来更方便，只是稳定性稍差。

1. 履带式起重机

履带式起重机（图 7-5）是一种自行式、360°回转的起重机。它是一种通用式工程机械，只要改变工作装置，它既能起重，又能挖土，可在一般道路上行走，对地耐力要求不高，臂杆可以接长或更换，有较大的起重能力及工作速度，在平整坚实的道路上还可负载行驶，但履带对路面破坏性较大。在一般单层工业厂房安装中常用履带式起重机。

履带式起重机主要由动力装置、传动机构、行走机构（履带）、工作机构（起重杆、起重滑轮组、变幅滑轮组、卷扬机等）、机身及平衡重等组成。

履带式起重机的主要技术性能包括三个主要参数：起重量 Q、起重半径 R 和起重高度 H。起重量一般不包括吊钩、滑轮组的重量，起重半径 R 是指起重机回转中心至吊钩的水平距离，起重高度 H 是指起重吊钩中心至停机面的距离。

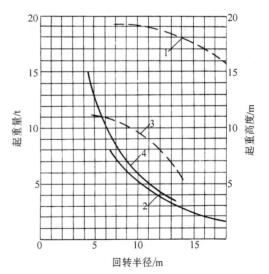

图 7-5　履带式起重机
1—履带　2—起重臂　3—起落起重
臂钢丝绳　4—起落吊钩钢丝绳
5—吊钩　6—机身

履带式起重机的起重性能、外形尺寸及技术参数可查表，还可用性能曲线来表示起重机的性能（图 7-6）。

从性能曲线可以看出，起重量、回转半径、起重高度三个工作参数之间存在着互相制约的关系，即起重量、回转半径和起重高度的数值取决于起重臂长度及其仰角。当起重臂长度一定时，随着起重臂仰角的增大，则起重量和起重高度增大，而回转半径则减小。当起重臂仰角不变时，随着起重臂的长度的增加，则回转半径和起重高度都增加，而起重量变小。

为了安全，履带式起重机在进行安装工作时，起重机吊钩中心与臂架顶部定滑轮中心之间应有一定的最小安全距离，其值视起重机大小而定，一般为 2.5~3.5m。起重机进行工作时对现场的道路应采用枕木或钢板焊成路基箱，以保证起重机工作的安全。起重机工作时的地面允许最大坡角不应超过 3°。起重臂最大仰角不得超过 78°。起吊最大额定重物时，起重机必须置于坚硬而水平的地面上，如地面松软不平时，应采取措施整平。起吊时的一切动作要以缓慢速度进行。履带式起重机一般不宜同时做起重和旋转的操作，也不宜边起重边改变臂架的幅度。如起重机必须负载行驶，则载荷不应超过允许重量的 70%。起重机吊起满载荷重物时，应先吊离地面 20~50cm，检查起重机的稳定性、制动器的可靠性和绑扎的牢固性等，确认可靠后才能继续起吊。两台起重机双机抬吊时，构件重量不得超过两台起重机所

图 7-6　W₁—100 型起重机性能曲线
1—起重臂长 23m 时的 R-H 曲线
2—起重臂长 23m 时的 Q-R 曲线
3—起重臂长 13m 时的 R-H 曲线
4—起重臂长 13m 时的 Q-R 曲线

允许起重量总和的 75%。

2. 汽车式起重机

汽车式起重机是装在普通汽车底盘上或特制汽车底盘上的一种起重机，也是一种自行式全回转起重机。其行驶的驾驶室与起重操作室是分开的，它具有行驶速度高、机动性能好的特点。但吊重时需要打支腿，因此不能负载行驶，也不适合在泥泞或松软的地面上工作。

常用的汽车式起重机（图 7-7）有 Q_1 型（机械传动和操纵）、Q_2 型（全液压式传动和伸缩式起重臂）、Q_3 型（多电动机驱动各工作机构）以及 YD 型随车起重机和 QY 系列等。

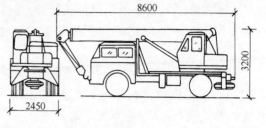

图 7-7　汽车式起重机

重型汽车式起重机 Q_2—32 型起重臂长 30m，最大起重量为 32t，可用于一般厂房的构件安装和混合结构的预制板安装工作。目前引进的大型汽车式起重机最大起重量达 120t，最大起重高度可达 75.6m，能满足吊装重型构件的需要。

在使用汽车式起重机时不准负载行驶或不放下支腿就起重，在起重工作之前要平整场地，以保证机身基本水平（一般不超过 3°），支腿下要垫硬木块。支腿伸出应在吊臂起升之前完成，支腿的收入应在吊臂放下搁稳之后进行。

3. 轮胎式起重机

轮胎式起重机（图 7-8）是把起重机构安装在加重型轮胎和轮轴组成的特制底盘上的一种自行式全回转起重机。随着起重量的大小不同，底盘下装有若干根轮轴，配备有 4 ~ 10 个或更多个轮胎。吊装时一般用四个支腿支撑以保证机身的稳定性；构件重力在不用支腿允许荷载范围内也可不放支腿起吊。

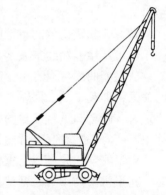

图 7-8　轮胎式起重机

轮胎式起重机与汽车式起重机的优缺点基本相似，其行驶均采用轮胎，故可以在城市的路面上行走不会损伤路面。轮胎式起重机可用于装卸和一般工业厂房的安装及低层混合结构预制板的安装工作。

第二节　装配式钢筋混凝土单层工业厂房安装

单层工业厂房由于构件类型少、数量多，除基础在施工现场就地浇筑外，其他构件均为预制构件。其主要构件有柱、吊车梁、屋架、薄腹梁、天窗架、屋面板、连系梁、地基梁、各种支撑等。尺寸大、重量重的大型构件（柱、屋架等）一般在施工现场就地制作；中小型构件则集中在构件厂制作，运到施工现场安装。

一、构件吊装前的准备工作

由于工业厂房吊装的构件种类、数量较多，为了进行合理而有序的安装工程，构件吊装前要做好各项准备工作。其内容有：基础的准备；清理及平整场地；修建临时道路；各种构件运输、就位和堆放；构件的强度、型号、数量和外观等质量检查；构件的拼装与加固；构件的弹线、编号以及吊具准备等。

1. 基础的准备

柱基施工时，杯底标高一般比设计标高低 50mm。基础准备是指在柱构件吊装前，对基础底的标高抄平记录；在基础杯口顶面弹线划出定位线；通过对各柱基础的测量检查，计算出杯底标高调整值，并标注在杯口内，其目的是为了确保柱牛腿顶面的设计标高准确，因此这是一项细致认真、不得失误的构件校核工作。

凡基础杯底标高出现一定的偏差时，可用 1:2 水泥砂浆或细石混凝土将杯底偏差找平弥补。

2. 构件的弹线、编号

柱子应在柱身的三个面上弹出安装中心线，并与基础杯口顶面弹的定位线相适应。对矩形截面的柱子，可按几何中线弹出；对工字形截面的柱子，为便于观测和避免视差，则应靠柱边弹出控制准线。此外，在柱顶和牛腿面还要弹出屋架及吊车梁的安装中心线（图7-9）。

屋架在上弦顶面弹出几何中心线，并从跨中向两端分别标出天窗架、屋面板的吊装定位线，端头标出吊装中心线。

吊车梁在两端及顶面标出中心线。在对构件弹线的同时，还应根据设计图样对构件进行编号。

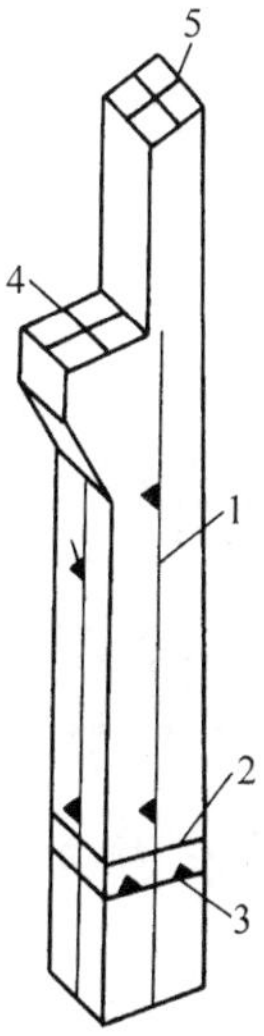

图 7-9　柱子弹线图
1—柱中心线　2—地墙标
高线　3—基础顶面线
4—吊车梁对位线
5—柱顶中心线

二、柱的吊装

1. 柱的绑扎

柱子的绑扎位置和绑扎点数，应根据柱的形状、断面、长度、配筋部位和起重机性能等情况确定。因柱的吊升过程中所承受的荷载与使用阶段荷载不同，因此绑扎点应高于柱的重心，这样柱吊起后才不致摇晃倾翻。吊装时应对柱的受力进行验算，其最合理的绑扎点应在柱产生的正负弯绝对值相等的位置。自重 13t 以下的中、小型柱，大多绑扎一点；重型或配筋小而细长的柱则需要绑扎两点、甚至三点。有牛腿的柱，一点绑扎的位置，常选在牛腿以下，如上部柱较长，也可绑扎在牛腿以上。工字形断面柱的绑扎点应选在矩形断面处，否则应在绑扎位置用方木加固翼缘。双肢柱的绑扎点应选在平腹杆处。在吊索与构件之间还应垫上麻袋、木板等，以免吊索与构件之间摩擦造成损伤。

柱的绑扎按柱起吊后柱身是否垂直分为斜吊绑扎法（图7-10、图7-12a）和直吊绑扎法（图7-11、图7-12b）。

当柱平卧起吊抗弯能力满足要求时，可采用斜吊法。当柱平卧起吊抗弯能力不足时，吊装前需对柱先翻身后再绑扎起吊。吊索从柱的两侧引出，上端通过卡环或滑轮组挂在横吊梁上，这种方法称为直吊法。

2. 柱的吊升方法

工业厂房中的预制柱子安装就位时，常用旋转法和滑行法两种形式吊升到位。

（1）旋转法　采用此方法时，要求柱脚靠近柱基础。起吊操作时，应使柱的绑扎点、柱脚和基础中心点均位于起重半径的圆弧上。这样布置后，当起重机的伸臂边升钩边回转时，可命柱子在提升中旋转直立，并较快地插入基础杯口内。这种方法的优点是：柱在吊装过程中振动较小，生产率较高（图7-13）。

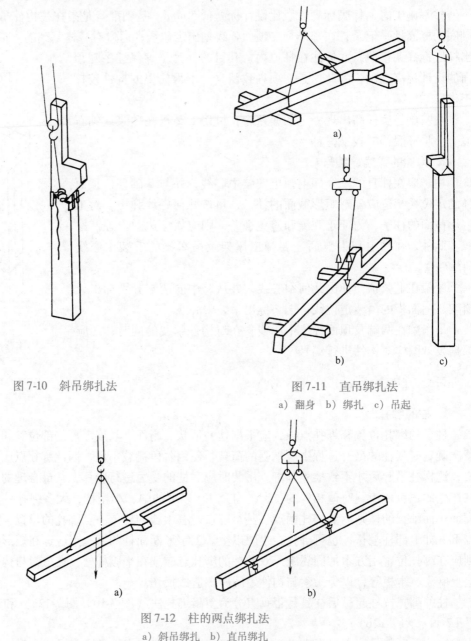

图7-10　斜吊绑扎法

图7-11　直吊绑扎法

a）翻身　b）绑扎　c）吊起

图7-12　柱的两点绑扎法

a）斜吊绑扎　b）直吊绑扎

（2）滑行法　采用此方法时，要求柱子的吊点靠近基础杯口（与旋转法的柱子布置相反），起重吊钩在柱子吊点上方。起吊时，起重机只升吊钩，不旋转，这样就使柱的下端随着被提升沿地面缓缓滑向基础杯口处，直至柱子完全垂直并离地后，由起重机转臂使柱子对准基础杯口就位（图7-14）。这种方法的优点是：起重机可在最小作用半径下工作，且起重臂不转动，操作比旋转法简单。因此可起吊较重或较长的柱构件。

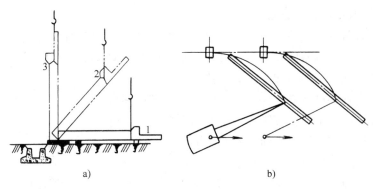

图 7-13 旋转法吊柱
a）旋转过程 b）平面布置
1—柱平放时 2—起吊中途 3—直立

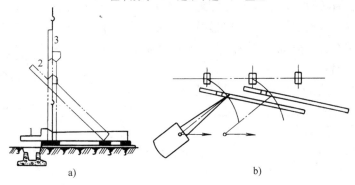

图 7-14 滑行法吊柱
a）滑行过程 b）平面布置
1—柱平放时 2—起吊中途 3—直立

另外要说明的是：旋转法和滑行法是柱吊装的基本方法。但在实际施工现场中，可能存在复杂情况，那么吊升方法就应灵活应用，并研究切实可行的方法去解决存在的问题。如柱的重量较大，使用一台起重机无法吊装时，可以采用两台或多台起重机进行"抬吊"，也可将柱分节吊装。

3. 柱的对位与临时固定

柱脚插入杯口后，应悬离杯底适当距离进行对位，对位时从柱子四周放入 8 只楔块，并用撬棍拨动柱脚，使柱的吊装准线对准杯口上的吊装准线，并使柱基本保持垂直。

柱子对位后，应先将楔块略微打紧，经检查符合要求后，方可将楔块打紧，这就是临时固定。

4. 柱的校正与最后固定

柱的校正包括平面位置和垂直度的校正。

平面位置在临时固定时多已校正好，而垂直度的校正要用两台经纬仪从柱的相邻两面，来测定柱的安装中心线是否垂直。

垂直度的校正直接影响吊车梁、屋架等吊装的准确性，必须认真对待。要求垂直度偏差的允许值为：柱高小于等于 5m 时为 5mm；柱高大于 5m 时为 10mm；柱高大于等于 10m 时为 1/1000 柱高，但不得大于 20mm。

校正方法：有敲打楔块法、千斤顶校正法（图 7-15）、钢管撑杆斜顶法及缆风绳校正法等。对于中、小型柱或偏差值较小时，可用打紧或稍放松楔块进行校正；若为重型柱或偏差值较大时，则用撑杆、千斤顶或缆风绳等校正。

柱子校正后应立即进行最后固定。方法是在柱脚与杯口的空隙中浇筑比柱混凝土强度等级高一级的细石混凝土，浇筑分两次进行：第一次浇筑至原固定柱的楔块底面，待混凝土强度达到 25% 时拔去楔块，再将混凝土灌满杯口。待第二次浇筑的混凝土强度达到 70% 后，方可安装其上部构件。

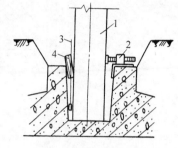

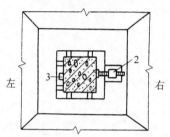

三、吊车梁的吊装

吊车梁的类型通常有 T 形、鱼腹形和组合型等。

吊车梁吊装时，应两点绑扎，对称起吊。起吊后应基本保持水平，对位时不宜用撬棍在纵轴方向撬动吊车梁，以防使柱身受挤动产生偏差。

吊车梁吊装后需校正其标高、平面位置和垂直度。吊车梁的标高主要取决于柱牛腿标高，一般只要牛腿标高准确时，其误差就不大，如仍有微差，可待安装轨道时再调整。在检查及校正吊车梁中心线的同时，可用垂球检查吊车梁的垂直度，如有偏差时，可在支座处加斜垫铁纠正。

图 7-15　千斤顶校正法
1—柱　2—丝杠千斤顶
3—大锤　4—木楔

一般较轻的吊车梁或跨度较小些的吊车梁，可在屋盖吊装前或吊装后进行校正；而对于较重的吊车梁或跨度较大些的吊车梁，宜在屋盖吊装前进行校正，且不应有正偏差。

吊车梁平面位置的校正常用通线法（图 7-16）与平移轴线法（图 7-17）。通线法是根据柱子轴线用经纬仪和钢直尺，准确地校核一厂房两端的四根吊车梁位置，对吊车梁的纵轴线和轨距校正好之后，再依据校正好的端部吊车梁，沿其轴线拉上钢丝通线，逐根校正。平移轴线法是根据柱子和吊车梁的定位轴线间的距离（一般为 750mm），逐根校正吊车梁的安装中心线。

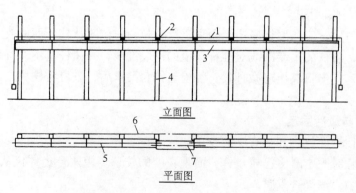

立面图

平面图

图 7-16　通线法校正吊车梁的平面位置
1—钢丝　2—圆钢　3—吊车梁　4—柱　5—吊车梁设计中线　6—柱设计轴线　7—偏离中心线的吊车梁

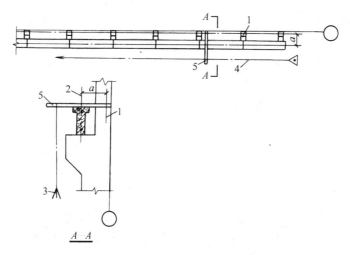

图 7-17 平移轴线法校正吊车梁的平面位置

1—校正基准线 2—吊车梁中线 3—经纬仪 4—经纬仪视线 5—木尺

吊车梁校正后,应立即焊接固定,并在吊车梁的接头处浇筑细石混凝土嵌实。

四、屋架的吊装

屋盖系统包括:屋架、屋面板、天窗架、支撑、天窗侧板及天沟板等构件。屋盖系统一般采用按节间进行综合安装,即每安装好一榀屋架,就随即将这一节间的全部构件安装上去。这样做可以提高起重机的利用率,加快安装进度,有利于提高质量和保证安全。在安装起始的两个节间时,要及时安好支撑,以保证屋盖安装中的稳定。

1. 绑扎

屋架的绑扎点应选在上弦节点处,左右对称,并高于屋架重心,以免屋架起吊后晃动和倾翻。翻身或起吊直立屋架时,吊索与水平线的夹角不宜小于 60°,吊装时不宜小于 45°,以免屋架承受过大的横向压力。必要时,为了减小绑扎高度及所受横向压力,可采用横吊梁。吊点的数目及位置与屋架的形式和跨度有关,一般应经吊装验算确定。

当跨度小于等于 18m 时,用两根吊索 A、C、E 三点绑扎(图 7-18a)。这种屋架翻身时,如也在 A、C、E 点绑扎,则因 C 点处受力太大,可能会在 C 点上产生裂纹,则应绑于 A、B、D、E 四点(图 7-18b)。

当跨度为 18~24m 时,用两根吊索 A、B、C、D 四点绑扎(图 7-18b)。

当跨度为 30~36m 时,采用 9m 长的横吊梁,以降低吊装高度和减小吊索对屋架上弦的轴向压力(图 7-18c)。

组合屋架吊装采用四点绑扎,下弦绑木杆加固(图 7-18d)。

屋架双机抬吊绑扎、半榀屋架翻身绑扎如图 7-18e、f 所示。

图 7-18g 中 1 为对折吊索(共两根),把屋架夹在中间,以防起吊时屋架倾倒。这种绑扎方法的起吊高度低,可在起重机吊杆长度不足的情况下使用。

2. 屋架的扶直与就位

钢筋混凝土屋架一般在施工现场平卧浇筑,吊装前应将屋架扶直就位。屋架是平面受力构件，侧向刚度差。扶直时由于自重会改变杆件的受力性质，容易造成屋架损伤，所以必须采取有效措施或合理的扶直方法。

按照起重机与屋架的相对位置的不同，屋架扶直分为正向扶直和反向扶直两种方法。

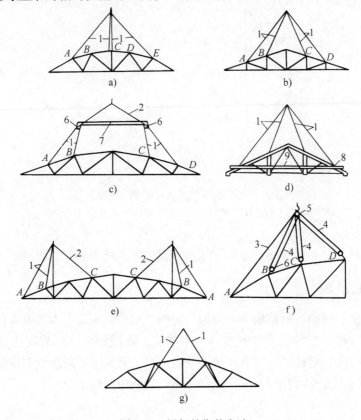

图 7-18　屋架的绑扎方法

a) 18m 屋架吊装绑扎　b) 24m 屋架翻身和吊装绑扎　c) 30m 屋架吊装绑扎　d) 组合屋架吊装绑扎

e) 36m 屋架双机抬吊绑扎　f) 半榀屋架翻身绑扎　g) 吊索绑扎在屋架下弦的情况

1—长吊索对折使用　2—单根吊索　3—平衡吊索　4—长吊索穿滑轮组

5—双门滑车　6—单门滑车　7—横吊梁　8—铁丝　9—加固木杆

（1）正向扶直　起重机位于屋架下弦一侧，吊钩对准屋架中心。屋架绑扎起吊过程中，应使屋架以下弦为轴心，缓慢旋转为直立状态。

（2）反向扶直　起重机位于屋架上弦一侧，吊钩对准屋架中心。屋架绑扎起吊过程中，使屋架以下弦为轴心，缓慢旋转为直立状态。

正向扶直和反向扶直的最大不同点是：起重机在起吊过程中，对于正向扶直时要升钩并升臂；而在反向扶直时要升钩并降臂。一般将构件在操作中升臂比降臂较安全，故应尽量采用正向扶直。

屋架扶直后，应立即进行就位。就位指移放在吊装前最近的便于操作的位置。屋架就位位置应在事先加以考虑，它与屋架的安装方法、起重机械的性能有关，还应考虑到屋架的安装顺序、两端朝向，尽量少占场地，便利吊装。就位位置一般靠柱边斜放或以 3 ~ 5 榀为一组平行于柱边。屋架就位后，应用 8 号钢丝、支撑等与已安装的柱或其他固定体相互拉结，以保持稳定。

3. 屋架的吊升、对位与临时固定

在屋架吊离地面约 300mm 时，将屋架引至吊装位置下方，然后再将屋架吊升超过柱顶一些，进行屋架与柱顶的对位。

屋架对位应以建筑物的定位轴线为准，对位成功后，立即进行临时固定。临时固定的方法可利用屋架与抗风柱连接，也可用多根工具式支撑在屋架开间内连接。

4. 屋架的校正与最后固定

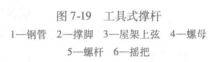

图 7-19　工具式撑杆
1—钢管　2—撑脚　3—屋架上弦　4—螺母
5—螺杆　6—摇把

屋架的垂直度应用垂球或经纬仪检查校正，有偏差时采用工具式撑杆（图 7-19）纠正，并在柱顶加垫铁片稳定。屋架校正完毕后，应立即按设计规定用螺母或电焊固定，屋架固定后，起重机方可松卸吊钩。

中、小型屋架，一般均用单机吊装，当屋架跨度大于 24m 或重量较大时，应采用双机抬吊。

五、天窗架的吊装

一般情况下，天窗架是单独进行吊装的。吊装时应等天窗架两侧的屋面板吊装后再进行，并用工具式夹具或绑扎木杆临时加固。待对天窗架的垂直度和位置校正后，即可进行焊接固定。也可在地面上先将天窗架与屋架拼装成整体后同时吊装。这种吊装对起重机的起重量和起重高度要求较高，须慎重对待。

六、屋面板的吊装

单层工业厂房的屋面板，一般为大型的槽形板，板四角吊环就是为起吊时用的。为了避免屋架承受半边荷载，屋面板吊装的顺序应自两边檐口开始，对称地向屋架中点铺放；在每块板对位后应立即电焊固定，必须保证至少有三个角点焊接。

七、起重机的选择

起重机是结构安装工程的主导设备，它的选择直接影响结构安装的方法、起重机的开行路线以及构件的平面布置。

起重机的选择应根据厂房外形尺寸、构件尺寸和重量，以及安装位置和施工现场条件等因素综合考虑。对于一般中小型工业厂房，由于外形平面尺寸较大，构件的重量与安装高度却不大，因此选用履带式起重机最为适宜。对于大跨度的重型工业厂房，则宜选用大型的履带式起重机，牵缆式拔杆或重型塔式起重机等进行吊装。

起重机类型确定后，还要进一步选择起重机的型号，了解起重臂的长度以及起重量、起重高度、起重半径等，使这些参数值均能满足结构吊装的要求。

1. 起重量

起重机的起重量必须大于等于所安装最重构件的重量与索具重量之和，即：

$$Q \geqslant Q_1 + Q_2 \tag{7-1}$$

式中　Q——起重机的起重量；

Q_1——所吊最重构件的重量；

Q_2——索具的重量。

2. 起重高度

起重机的起重高度必须满足所吊装构件的高度要求（图7-20）。

$$H \geqslant H_1 + H_2 + H_3 + H_4 \qquad (7-2)$$

式中　H——起重机的起重高度；

　　　H_1——安装点的支座表面高度，从停机地面算起；

　　　H_2——安装对位时的空隙高度，不小于0.3m；

　　　H_3——绑扎点至构件吊起时底面的距离；

　　　H_4——绑扎点至吊钩中心的索具高度。

3. 起重半径

起重半径的确定，可以按三种情况考虑：

（1）当起重机可以开到构件附近去吊装时　对起重半径没有什么要求，只要计算出起重量和起重高度后，便可

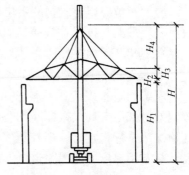

图7-20　起重高度计算图

以查阅起重机资料来选择起重机的型号及起重臂长度，并可查得在一定起重量 Q 及起重高度 H 下的起重半径 R；还可为确定起重机的开行路线以及停机位置作为参考。

（2）当起重机不能够开到构件附近去吊装时　应根据实际所要求的起重半径 R、起重量 Q 和起重高度 H 这三个参数，查阅起重机起重性能表或曲线来选择起重机的型号及起重臂的长度。

（3）当起重臂需跨过已安装好的构件（屋架或天窗架）进行吊装时　应验算起重臂与已安装好的构件不相碰的最小伸臂长度。满足吊装要求的最小起重臂长（图7-21），可按下式计算：

$$L \geqslant L_1 + L_2 = h/\sin\alpha + (f+g)/\cos\alpha \qquad (7-3)$$

式中　L——起重臂最小长度（m）；

　　　h——起重臂下铰点至屋面板吊装支座的垂直高度（m），$h = h_1 - E$；

　　　h_1——停机地面至屋面板吊装支座的高度（m）；

　　　f——起重吊钩需跨过已安装好结构的水平距离（m）；

　　　g——起重臂轴线与已安装好结构之间的水平距离，至少取1m。

为了使起重臂长度最小，可把上式进行一次微分，并令 $dL/d\alpha = 0$，在 α 的可能区间（0，$\pi/2$）仅有：

$$\alpha = \arctan\sqrt[3]{\frac{h}{f+g}} \qquad (7-4)$$

又由 $d^2 L/d\alpha^2 > 0$ 知，L 有最小值。

把 α 值代入式（7-3），即可求出最小起重臂的长度。起重半径按下式计算：

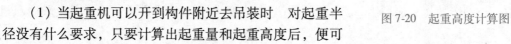

图7-21　安装屋面板时，起重臂最小长度计算简图

$$R = F + L\cos\alpha$$

式中　F——起重臂下铰点至回转轴中心的水平距离。

根据 R 和 L 可查用起重机性能表或性能曲线，复核起重量 Q 及起重高度 H，如能满足构件吊装要求，即可根据 R 值确定起重机吊装屋面板的停机位置。

八、结构安装方法

单层工业厂房的结构吊装，通常有两种方法：分件吊装法和综合吊装法。

（1）分件吊装法　分件吊装法就是起重机每开行一次只安装一类或一、二种构件。通常分三次开行即可吊完全部构件。

这种吊装法的一般顺序是：起重机第一次开行，吊装柱子；第二次开行，吊装吊车梁、连系梁及柱向支撑；第三次开行，吊装屋架、天窗架、屋面板及屋面支撑等。

分件吊装法的主要优点是：

1）构件便于校正。

2）构件可以分批进场，供应亦较单一，吊装现场不会过分拥挤。

3）对起重机来说，一次开行只吊装一种或两种构件，使吊具变换次数少，而且操作容易熟练，有利于提高安装效率。

4）可以根据不同构件类型，选用不同性能的起重机（大机械可吊大件，小机械可吊小件），有利于发挥机械效率，减少施工费用。

分件吊装法的缺点是不能为后续工程及早地提供工作面，起重机开行路线长。

（2）综合吊装法（又称节间吊装法）　这种方法是：一台起重机每移动一次，就是吊装完一个节间内的全部构件。其顺序是：先吊装完这一节间柱子，柱子固定后立即吊装这个节间的吊车梁、屋架和屋面板等构件；完成这一节间吊装后，起重机移至下一个节间进行吊装，直至厂房结构构件吊装完毕。

综合吊装法的主要优点是：

1）由于是以节间为单位进行吊装，因此其他后续工种可以进入已吊装完的节间内进行工作，有利于加速整个工程的进度。

2）起重机开行路线短。

综合吊装法由于同时吊装多种类型构件，机械不能发挥最大效率，构件供应现场拥挤，校正困难，故目前很少采用此法。

九、起重机的开行路线及停机位置

起重机的开行路线及停机位置与起重机的性能、构件的尺寸、重量、构件的平面位置、构件的供应方式以及吊装方法等问题有关。

当吊装屋架、屋面板等屋面构件时，起重机大多是沿着跨中开行。

当吊装柱子时，根据厂房跨度大小、柱子尺寸和重量，以及起重机性能，可以沿着跨中开行，也可以沿着跨边开行。

如果用 L 表示厂房跨度，用 b 表示柱的开间距离，用 a 表示起重机开行路线到跨边的距离，那么，起重机除了满足起重量、起重高度要求以外，起重半径 R 还应满足一定条件。

当 $R \geqslant L/2$ 时，起重机可沿着跨中开行，每个停机位置可吊装两根柱子；

当 $R < L/2$ 时，起重机则需沿着跨边开行，每个停机位置只能吊装一根柱子。

当柱子的就位布置在跨外时，起重机沿着跨外开行，停机位置与跨边开行相似。

十、构件的平面布置与运输堆放

单层工业厂房构件的平面布置是吊装工程中一件很重要的工作。如果构件布置的合理，可以免除构件在场内的二次搬运，充分发挥机械效益，提高劳动生产率。

构件的平面布置与吊装的方法、起重机性能、构件制作方法等有关。所以应该在确定了吊装方法和起重机后，根据施工现场实际情况，进行制定平面布置堆放构件。

构件的平面布置分为预制阶段的平面布置和吊装阶段的平面布置两种。

（一）预制阶段的平面布置

需要在施工现场预制的构件，通常有柱子、屋架、吊车梁等，其他构件一般由构件工厂或现场以外制作，运来进行吊装。

1. 柱子的布置

柱子的布置有斜向布置和纵向布置两种，是配合柱子起吊方法而排列的。柱子的起吊方法有旋转法和滑行法两种。

（1）三点共弧旋转法　吊装步骤为（图7-22）：

1）确定起重机开行路线到柱基中心的距离 a，其值与基坑大小、起重机的性能、构件的尺寸和重量有关。a 的最大值不能超过起重机吊装该柱时的最大起重半径 R；a 值也不宜取得太小，以免起重机与基坑距离太近而失稳。另外应注意当起重机回转时，其尾部不得与其他物体相碰。综合这些因素后，可决定 a 的大小，即可画出起重机的开行路线。

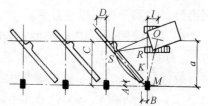

图7-22　三点共弧旋转法布置

2）确定起重机停机位置，按旋转法要求：吊点、柱脚与柱基中心三者均在以起重半径 R 为圆弧的线上，柱脚靠近基础。

所以，先以杯形基础中心 M 为圆心，以 R 为半径画弧与开行路线相交于 O 点，O 点即为停机点；再以 O 点为圆心，以 R 为半径画弧，在弧线上靠近柱基的弧上选一点 K 为柱脚位置；又以 K 为圆心，以柱脚到吊点距离为半径画弧，"两弧"相交于 S 点，以 KS 为中心线画出柱的模板图，即为柱子预制时的场地位置。最后标出柱顶、柱脚与柱到纵轴线的距离（A、B、C、D），即为支模时的依据。

布置柱子时，还应注意牛腿的朝向问题，要使吊装以后，其牛腿朝向符合设计要求。因此，当柱子在跨内预制或就位时，牛腿应朝向起重机；若柱子在跨外布置，牛腿应背向起重机。

柱子布置时，有时由于场地限制或柱子太长，很难做到三点共弧，那么可以安排两点共弧。

（2）两点共弧旋转法　此法可分为两种。一种是将柱脚与杯口安排在起重半径 R 的圆弧上，而把吊点放在起重半径 R 之外，吊装时先用较大的起重半径 R' 吊起柱子，然后升吊臂，使 R' 变为 R，停止升起的重

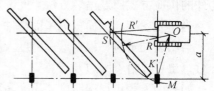

图7-23　两点共弧旋转法布置
（柱脚、杯口两点共弧）

行。'在跨中标出开行路线（在图上画出开行路线）。

停机位置的确定是以要吊装屋架的设计位置中心为圆心，以所选择的起重半径 R 为半径画弧线交开行路线于 O 点，该点即为吊装该屋架时的停机点。

2）确定屋架的就位范围。屋架宜靠柱边就位，即可利用柱子作为屋架就位后的临时支撑。所以要求屋架离开柱边不小于 0.2m。

外边线：场地受限制时，屋架端头可以伸出跨外一些。这样，首先可以定出屋架就位的外边线 P—P。

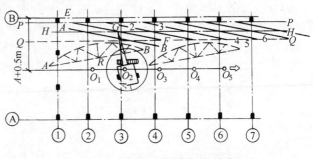

图 7-27 屋架靠柱边斜向就位

内边线：起重机在吊装时要回转，若起重机尾部至回转中心的距离为 A，那么在距离起重机开行路线 $A+0.5$m 范围内不宜有构件堆放。所以，由此可定出内边线 Q—Q；在 P—P 和 Q—Q 两线间即为屋架的就位范围。

3）确定屋架的就位位置。屋架就位范围确定之后，画出 P—P 与 Q—Q 的中心线 H—H，那么就位后屋架的中心点均应在 H—H 线上。

屋架就位位置的确定方法是：以停机点 O_2 为圆心，起重半径 R 为半径，画弧线交 H—H 线上于 G 点，G 点即为②轴线就位后屋架的中点。再以 G 点为圆心，以屋架跨度的 1/2 为半径，画线交 P—P、Q—Q 两线于 E 和 F 点，连接 EF，即为②轴线屋架就位的位置。其他屋架就位位置均应平行于此屋架。

只有①轴线的屋架，当已安装好抗风柱时，需要退到②轴线屋架附近就位。

（2）纵向就位（图 7-28） 屋架纵向就位，一般以 4~5 榀为一组靠近边柱顺轴线纵向排列。屋架与柱之间，屋架与屋架之间的净距不小于 0.2m，相互之间用铅丝绑扎牢靠。每组之间应留出 3m 左右的间距，作为横向通道。

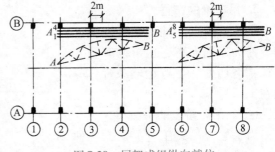

图 7-28 屋架成组纵向就位

每组屋架就位中心线，应安排在该组屋架倒数第二榀安装轴线之后 2m 外。这样可以避免在已安装好的屋架下绑扎和起吊屋架；起吊以后也不会和已安装好的屋架相碰。

2. 吊车梁、连系梁、天窗架和屋面板的运输堆放

单层工业厂房的吊车梁、连系梁、天窗架和屋面板等，一般在预制厂集中生产，然后运至工地安装。

构件运至现场后，应按施工组织设计规定位置，按编号及吊装顺序进行堆放。

吊车梁、连系梁、天窗架的就位位置，一般在吊装位置的柱列附近，跨内跨外均可，条件允许时也可随运输随吊装。

屋面板则由起重机吊装时的起重半径确定。当在跨内布置时，约后退 3~4 个节间沿柱边堆放；在跨外布置时，应后退 1~2 个节间靠柱边堆放。每 6~8 块为一叠堆放。

第三节　结构安装工程施工质量要求要点及安全注意事项

一、结构安装工程施工质量验收一般规定

（1）预制构件的结构性能检验　预制构件应进行结构性能检验，检验不合格的预制构件不得用于混凝土结构。

（2）叠合结构中预制构件的要求　有叠合面的预制构件要按设计要求检验，不符合要求的不得使用。

（3）外观质量一般规定

1）装配式结构外观质量应由监理（建设）单位、施工单位等各方面根据其结构性能和使用功能影响的严重程度，按表 7-1 的规定评定。

表 7-1　装配式结构外观质量缺陷

名称	现象	严重缺陷	一般缺陷
露筋	构件内钢筋未被混凝土包裹而外露	纵向受力钢筋有露筋	其他钢筋有少量露筋
蜂窝	混凝土表面缺少水泥砂浆而形成石子外露	构件主要受力部位有蜂窝	其他部位有少量蜂窝
孔洞	混凝土中孔穴深度和长度均超过保护层厚度	构件主要受力部位有孔洞	其他部位有少量孔洞
夹渣	混凝土中夹有杂物且深度超过保护层厚度	构件主要受力部位有夹渣	其他部位有少量夹渣
疏松	混凝土中局部不密实	构件主要受力部位有疏松	其他部位有少量疏松
裂缝	缝隙从混凝土表面延伸至混凝土内部	构件主要受力部位有影响结构性能或使用功能的裂缝	其他部位有少量不影响结构性能或使用功能的裂缝
连接部位缺陷	构件连接处混凝土缺陷及连接钢筋、连接件松动	连接部位有影响结构传力性能的缺陷	连接部位有基本不影响结构传力性能的缺陷
外形缺陷	缺棱掉角、棱角不直、翘曲不平、飞边凸肋等	清水混凝土的构件有影响使用功能或装饰效果的外形缺陷	其他混凝土构件有不影响使用功能的外形缺陷
外表缺陷	构件表面麻面、掉皮、起砂、玷污等	具有重要装饰效果的清水混凝土构件有外表缺陷	其他混凝土构件有不影响使用功能的外表缺陷

2）装配式结构应由监理（建设）单位、施工单位对外观质量和尺寸偏差进行检查，做出记录，并应及时按施工技术方案对缺陷进行处理。

外观质量主控项目：

装配式结构外观质量不应有严重缺陷。对已经出现的严重缺陷，应由施工单位提出技术处理方案，并经监理（建设）单位认可后进行处理。对经处理的部位，应重新检查验收。检查数量：全数检查。检验方法：观察，检查技术处理方案。

外观质量一般项目：

现浇结构的外观质量不宜有一般缺陷。对已经出现的一般缺陷，应由施工单位按技术处理方案进行处理，并重新检查验收。检查数量：全数检查。检验方法：观察、检查技术处理方案。

尺寸偏差主控项目：

装配式结构不应有影响结构性能和使用功能的尺寸偏差。混凝土设备基础不应有影响结构性能和设备安装的尺寸偏差。对超过尺寸允许偏差且影响结构性能和安装、使用功能的部位，应由施工单位提出技术处理方案，并经监理（建设）单位认可后进行处理。对经过处理的部位，应重新检查验收。检查数量：全数检查。检验方法：量测，检查技术处理方案。

尺寸偏差一般项目：

装配式结构的尺寸允许偏差和检验方法应符合表 7-2 的规定。检查数量：按楼层、结构缝或施工段划分检验批。在同检验批内，对梁、柱和独立基础，应抽查构件数量的 10%，且不少于 3 件；对墙和板，应按有代表性的自然间抽查 10%，且不少于 3 间；对大空间结构，墙可按相邻轴线间高度 5m 左右划分检查面，板可按纵、横轴线划分检查面，抽查 10%，且均不少于 3 面；对电梯井，应全数检查。对设备基础，应全数检查。

表 7-2　装配式结构的尺寸允许偏差和检验方法

项　　目		允许偏差/mm	检　验　方　法
轴线位置	基础	15	钢直尺检查
	独立基础	10	
	墙、柱、梁	8	
	剪力墙	5	
垂直度	层高 ≤5m	8	经纬仪或吊线、钢直尺检查
	层高 >5m	10	经纬仪或吊线、钢直尺检查
	全高（H）	$H/1000$ 且 ≤30	经纬仪、钢直尺检查
标高	层高	±10	水准仪或拉线、钢直尺检查
	全高	±30	
截面尺寸		+8，−5	钢直尺检查
电梯井	井筒长、宽对定位中心线	+25，0	钢直尺检查
	井筒全高（H）垂直度	$H/1000$ 且 ≤30	经纬仪、钢直尺检查
表面平整度		8	2m 靠尺和塞尺检查
预埋设施中心线位置	预埋件	10	钢直尺检查
	预埋螺栓	5	
	预埋管	5	
预留洞中心线位置		15	钢直尺检查

注：检查轴线、中心线位置时，应沿纵、横两个方向量测，并取其中的较大值。

二、预制构件施工质量验收

1. 主控项目

1）预制构件应在明显部位标明生产单位、构件型号、生产日期和质量验收标志。构件上的预埋件、插筋和预留孔洞的规格、位置和数量应符合标准图样或设计的要求。检查数量：全数检查。检验方法：观察。

2）预制构件的外观质量不应有严重缺陷。对已经出现的严重缺陷，应按技术处理方案处理，并重新检查验收。检查数量：全数检查。检验方法：观察，检查技术处理方案。

3）预制构件不应有影响结构性能和安装、使用功能的尺寸偏差。对超过尺寸允许偏差且影响结构性能和安装、使用功能的部位，应按技术处理方案进行处理，并重新检查验收。检查数量：全数检查。检验方法：测量，检查技术处理方案。

2. 一般项目

1）预制构件的外观质量不宜有一般缺陷。对已经出现的一般缺陷，应按技术处理方案进行处理，并重新检查验收。检查数量：全数检查。检验方法：观察，检查技术处理方案。

2）预制构件的尺寸允许偏差及检验方法应符合表 7-3 的规定。检查数量：同一工作班生产的同类型构件，抽查 5% 且不少于 3 件。

表 7-3　预制构件的尺寸允许偏差及检验方法

项　目		允许偏差/mm	检 验 方 法
长度	板、梁	+10，-5	钢尺检查
	柱	+5，-10	
	墙板	±5	
	薄腹梁、桁架	+15，-10	
宽度、高(厚)度	板、梁、柱、墙板、薄腹梁、桁架	±5	钢尺量一端及中部，取其中较大值
侧向弯曲	梁、柱、板	$l/750$ 且 ≤20	拉线、钢尺量最大侧向弯曲处
	墙板、薄腹梁、桁架	$l/1000$ 且 ≤20	
预埋件	中心线位置	10	钢尺检查
	螺栓位置	5	
	螺栓外露长度	+10，-5	钢尺检查
预留孔	中心线位置	5	钢尺检查
预留洞	中心线位置	15	钢尺检查
主筋保护层厚度	板	+5，-3	钢尺或保护层厚度测定仪量测
	梁、柱、墙板、薄腹梁、桁架	+10，-5	
对角线差	板、墙板	10	钢尺量两个对角线
表面平整度	板、墙板、柱、梁	5	2m 靠尺和塞尺检查
预应力构件预留孔道位置	梁、墙板、薄腹梁、桁架	3	钢尺检查
翘曲	板	$l/750$	调平尺在两端量测
	墙板	$l/1000$	

注：1. l 为构件长度（单位：mm）。

2. 检查中心线、螺栓和孔道位置时，应沿纵、横两个方向量测，并取其中的较大值。

3. 对形状复杂或有特殊要求的构件，其尺寸偏差应符合标准图样或设计的要求。

三、装配式结构施工的质量验收

1. 主控项目

1）进入现场的预制构件，其外观质量、尺寸偏差及结构性能应符合标准图样或设计的要求。检查数量：按批检查。检验方法：检查构件合格证。

2）预制构件与结构之间的连接应符合设计要求。连接处钢筋或预埋件采用焊接或机械连接时，接头质量应符合现行国家标准《钢筋焊接及验收规程》JGJ 18、《钢筋机械连接通用技术规程》JGJ 107 的要求。检查数量：全数检查。检验方法：观察，检查施工记录。

3）承受内力的接头和拼缝，当其混凝土强度未达到设计要求时，不得吊装上一层结构构件；当设计无具体要求时，应在混凝土强度不小于 $10N/mm^2$ 或具有足够的支承时方可吊装上一层结构构件。已安装完毕的装配式结构，应在混凝土强度达到设计要求后，方可承受全部设计荷载。检查数量：全数检查。检验方法：检查施工记录及试件强度试验报告。

2. 一般项目

1）预制构件码放和运输时的支承位置和方法应符合标准图样或设计的要求。检查数量：全数检查。检验方法：观察检查。

2）预制构件吊装前，应按设计要求在构件和相应的支承结构上标志中心线、标高等控制尺寸，按标准图样或设计文件校核预埋件及连接钢筋等，并做出标志。检查数量：全数检查。检验方法：观察，钢直尺检查。

3）预制构件应按标准图样或设计的要求吊装。起吊时绳索与构件水平面的夹角不宜小于 45°，否则应采用吊架或经验核算确定。检查数量：全数检查。检验方法：观察检查。

4）预制构件安装就位后，应采取保证构件稳定的临时固定措施，并应根据水准点和轴线校正位置。检查数量：全数检查。检验方法：观察，钢直尺检查。

5）装配式结构中的接头和拼缝应采用混凝土浇筑，当设计无具体要求时，应符合下列规定：

① 对承受内力的接头和拼缝应采用混凝土浇筑，其强度等级应比构件混凝土强度等级提高一级。

② 对不承受内力的接头和拼缝应采用混凝土或砂浆浇筑，其强度等级不应低于 C15 或 M15。

③ 用于接头和拼缝的混凝土或砂浆，宜采取微膨胀措施和快硬措施，在浇筑过程中应振捣密实，并应采取必要的养护措施。

检查数量：全数检查。检验方法：检查施工记录及试件强度试验报告。

四、结构安装工程施工安全注意事项

1）患心脏病或高血压的人，不宜做高空作业，以免发生头昏眼花而造成人身安全事故。

2）不准酒后作业。

3）进入施工现场的人员，必须戴好安全帽和手套；高空作业还要系好安全带；所带的工具要用绳子扎牢或放入工具包内。

4）在高空进行电焊焊接，要系安全带、着防护面罩；潮湿地点作业要穿绝缘胶鞋。

5）进行结构安装时，要统一用哨声、红绿旗、手势等指挥。有条件的工地，可用对讲

机、手机进行指挥。

6）使用的钢丝绳应符合要求。

7）起重机负重开行时，应缓慢行驶，且构件离地不得超过500mm。严禁碰触高压电线，为安全起见，起重机的起重臂、钢丝绳起吊的构件，与架空高压线要保持一定的距离。

8）发现吊钩与卡环出现变形或裂纹，不得再使用。

9）起吊构件时，吊钩的升降要平稳，以避免紧急制动和冲击。

10）对于新购置的，或改装、修复的起重机，在使用前，必须进行动荷、静荷的试运行。试验时，所吊重物为最大起重量的125%，且离地面1m，悬空10min。

11）停机后，要关闭上锁，以防止别人启动而造成事故；为防止吊钩摆动伤人，应空钩上升一定高度。

12）吊装现场，禁止非工作人员入内。

13）高空作业时，尽可能搭设临时操作平台，并设爬梯，供操作人员上下。

思 考 题

1. 拟定钢筋混凝土单层工业厂房结构吊装方案应考虑哪些问题？

2. 单层工业厂房结构吊装常用的起重机械有几种类型？试说明其优缺点及适用范围。

3. 试述履带式起重机起重高度、起重半径与起重量之间的关系。

4. 在什么情况下需要进行起重机稳定性验算？

5. 试说明旋转法和滑行法吊装柱的特点及适用范围。如何确定柱的预制位置？

6. 设计柱和屋架预制位置时应考虑哪些问题？

7. 什么是屋架同侧就位、异侧就位？

8. 如何选择起重机的型号？

习 题

7-1 某厂房柱的牛腿标高为8m，吊车梁长6m，高0.8m，起重机停机面标高为0.3m，锁具高2.0m（自梁底计）。试计算吊装吊车梁的起重高度。

7-2 某车间跨度为24m，柱距为6m，天窗架顶面标高为18m，屋面板厚度为240mm，试选择履带式起重机的最小臂长（停机面标高为-0.2m，起重臂枢轴中心距地面高度为2.1m，起重臂轴线与已安装好结构之间的水平距离为1m）。

7-3 某车间跨度为21m，柱距为6m，吊柱时，起重机沿跨内一侧开行。当起重半径为7m，开行路线距柱纵轴线为5.5m时，试对第1、2轴线两柱做"三点共弧"布置，并确定停机点。

7-4 单层工业厂房跨度为18m，柱距为6m，9个节间，选用W1—100型履带式起重机进行结构吊装，吊装屋架时的起重半径为9m，试绘制第1、2轴线两屋架斜向就位图。

第八章 防水工程

学习目标：掌握卷材防水层施工的一般工艺流程、地下工程防水卷材的施工顺序。熟悉屋面防水的常用材料、找平层施工技术要求、卷材与基层的粘结方法、防水涂料施工技术要求、刚性防水屋面施工及防水混凝土施工技术要求，熟悉防水工程的质量要求要点及安全注意事项。

第一节　卷材防水屋面施工

一、卷材防水屋面常用辅料

（1）基层处理剂　基层处理剂是为了增强防水材料与基层之间的粘结力，在防水层施工之前，预先涂刷在基层上的涂料。常用的基层处理剂有冷底子油及与各种高聚物改性沥青卷材和合成高分子卷材配套的底胶（基层处理剂），主要包括：冷底子油、氯丁胶 BX—12 胶粘剂、3 号胶、稀释剂、氯丁胶沥青乳液等。

（2）胶粘剂　用于粘贴卷材的胶粘剂可分为基层与卷材粘贴的胶粘剂及卷材与卷材搭接的胶粘剂两种。按其组成材料又可分为改性沥青胶粘剂和合成高分子胶粘剂。

胶粘剂的性能指标包括粘结剥离强度、浸水后粘结剥离强度保持率。

二、找平层施工方法要点

找平层是铺贴卷材防水层的基层，可采用水泥砂浆、细石混凝土或沥青砂浆。沥青砂浆找平层适合于冬季、雨季、采用水泥砂浆有困难和抢工期时采用。水泥砂浆找平层中宜掺膨胀剂，以提高找平层密实性，避免或减小因其裂缝而拉裂防水层。细石混凝土找平层尤其适用于松散保温层上，以增强找平层的刚度和强度。

为了避免或减少找平层开裂，找平层宜留设分格缝，缝宽为 20mm，并嵌填密封材料或空铺卷材条。分格缝兼作排汽屋面的排汽道时，可适当加宽，并应与保温层连通。

找平层坡度应符合设计要求。

三、卷材防水层施工方法要点

1. 基层处理剂的喷涂

喷涂基层处理剂前要首先检查找平层的质量和干燥程度并加以清扫，符合要求后才可进行，在大面积喷涂前，应用毛刷对屋面节点、周边、拐角等部位先行处理。

2. 卷材铺贴一般方法及要求

卷材防水层施工的一般工艺流程如图 8-1 所示。

（1）铺设方向　卷材的铺设方向应根据屋面坡度和屋面是否有振动、按规范确定。

（2）搭接　铺贴油毡应采用搭接方法，上下两层及相邻两幅油毡的搭接缝均应错开。各层油毡的搭接宽度按规范确定。平行于屋脊的搭接缝，应顺流水方向搭接；垂直于屋脊的搭接缝，应顺主导风向搭接。

铺贴油毡时，应将油毡展平压实，各层油毡的搭接缝必须用沥青胶结材料仔细封严。

（3）卷材与基层的粘结方法　卷材与基层的粘结方法可分为满粘法、点粘法、条粘法和空铺法等形式。通常都采用满粘法，而条粘、点粘和空铺法更适用于防水层上有重物覆盖或基层变形较大的场合，是一种克服基层变形拉裂卷材防水层的有效措施。设计中应明确规定、选择适用的工艺方法。

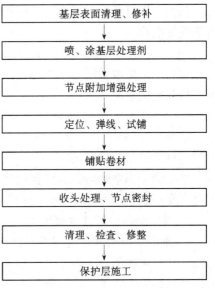

图 8-1　卷材防水施工工艺流程图

1）空铺法：铺贴卷材防水层时，卷材与基层仅在四周一定宽度内粘结，其余部分不粘结。

2）条粘法：铺贴卷材时，卷材与基层粘结面不少于两条，每条宽度不小于 150mm。

3）点粘法：铺贴防水卷材时，卷材或打孔卷材与基层采用点状粘结，每平方米粘结不少于 5 点，每点面积为 100mm × 100mm。

无论采用空铺、条粘还是点粘法，施工时都必须注意：距屋面周边 800mm 内的防水层应满粘，保证防水层四周与基层粘结牢固；卷材与卷材之间应满粘，保证搭接严密。

3. 高聚物改性沥青卷材热熔法施工方法要点

热熔法施工是指高聚物改性沥青热熔卷材的铺贴方法。热熔卷材是一种在工厂生产过程中底面即涂有一层软化点较高的改性沥青熔胶的卷材，铺贴时不需涂刷胶粘剂，而用火焰烘烤后直接与基层粘贴。

4. 高聚物改性沥青卷材及合成高分子卷材冷粘贴施工方法要点

（1）胶粘剂的调配与搅拌　胶粘剂一般由厂家配套供应，对单组分胶粘剂只需开桶搅拌均匀后即可使用；而双组分胶粘剂则必须严格按厂家提供的配合比和配制方法进行计量、掺合、搅拌均匀后才能使用。同时有些卷材在与基层粘贴时采用的基层胶粘剂和卷材粘贴时采用的接缝胶粘剂为不同品种，使用时不得混用，以免影响粘贴效果。

（2）涂刷胶粘剂

1）卷材表面的涂刷：某些卷材要求底面和基层表面均涂胶粘剂。卷材表面涂刷基层胶粘剂时，先将卷材展开摊铺在旁边平整干净的基层上，用长柄滚刷蘸胶粘剂，均匀涂刷在卷材的背面，不得涂刷得太薄而露底，也不得涂刷过多而产生聚胶。还应注意在搭接缝部位不得涂刷胶粘剂，此部位留作涂刷接缝胶粘剂，留置宽度即卷材搭接宽度。

2）基层表面的涂刷：涂刷基层胶粘剂的重点和难点与基层处理剂相同，即阴阳角、平立面转角处、卷材收头处、排水口、伸出屋面管道根部等节点部位。这些部位有增强层时应用接缝胶粘剂，涂刷工具宜用油漆刷，涂刷时，切忌在一处来回涂滚，以免将底胶"咬起"，形成凝胶而影响质量。条粘法、点粘法应按规定的位置和面积涂刷胶粘剂。

（3）卷材的铺贴　各种胶粘剂的性能和施工环境不同，有的可以在涂刷后立即粘贴卷材，有的需待溶剂挥发一部分后才能粘贴卷材，尤以后者居多，因此要控制好胶粘剂涂刷与卷材铺贴的间隔时间。一般要求基层及卷材上涂刷的胶粘剂达到表干程度，其间隔时间与胶粘剂性能及气温、湿度、风力等因素有关，通常为 10～30min，施工时可凭经验确定，用指触不粘手时即可开始粘贴卷材。间隔时间的控制是冷粘贴施工的难点，这对粘结力和粘结的可靠性影响很大。

（4）搭接缝的粘贴　卷材铺好压粘后，应将搭接部位的结合面清除干净，可用棉纱沾少量汽油擦洗。然后采用油漆刷均匀涂刷，不得出现露底、堆积现象。涂胶量可按产品说明控制，待胶粘剂表面干燥后（指触不粘）即可进行粘合。粘合时应从一端开始，边压合边驱除空气，不许有气泡和皱折现象，然后用手持压辊顺边认真仔细辊压一遍，使其粘结牢固。三层重叠处最不易压严，要用密封材料预先加以填封，否则将会成为渗水通道。高聚物改性沥青卷材也可用热熔法接缝。

搭接缝全部粘贴后，缝口要用密封材料封严，密封时用刮刀沿缝刮涂，不能留有缺口，密封宽度不应小于 10mm。

5. 卷材屋面施工注意事项

1）雨天、雪天严禁进行卷材施工。五级风及其以上时不得施工，气温低于 0℃ 时不宜施工，如必须在负温下施工时，应采取相应措施，以保证工程质量。热熔法施工时的气温不宜低于 -10℃。施工中途下雨、雪，应做好已铺卷材四周的防护工作。

2）夏季施工时，屋面如有露水潮湿，应待其干燥后方可铺贴卷材，并避免在高温烈日下施工。

3）应采取措施保证沥青胶结材料的使用温度和各种胶粘剂配料称量的准确性。

4）卷材防水层的找平层应符合质量要求，达到规定的干燥程度。

5）在屋面拐角、天沟、水落口、屋脊、卷材搭接、收头等节点部位，必须仔细铺平、贴紧、压实、收头牢靠，符合设计要求和屋面工程质量验收规范等有关规定。在屋面拐角、天沟、水落口、屋脊等部位应加铺卷材附加层。水落口加雨水罩后，必须是天沟的最低部位，避免水落口周围存水。

6）卷材铺贴时应避免过分拉紧和皱折，基层与卷材间排气要充分，向横向两侧排气后方可用辊子压平粘实。不允许有翘边、脱层现象。

7）由于卷材和粘结剂种类多，使用范围不同，盛装粘结剂的桶应有明显标志，以免错用。

8）为保证卷材搭接宽度和铺贴顺直，应严格按照基层所弹标线进行。

四、卷材保护层施工方法要点

卷材铺设完毕、经检查合格后，应立即进行保护层的施工，及时保护防水层免受损伤。保护层的施工质量对延长防水层使用年限有很大影响，必须认真施工。常用的方式有：

（1）浅色、反射涂料保护层　浅色、反射涂料目前常用的有铝基沥青悬浊液、丙烯酸浅色涂料或在涂料中掺入铝料的反射涂料，反射涂料可在现场就地配制。

（2）绿豆砂保护层　绿豆砂保护层主要是在沥青卷材防水屋面中采用。绿豆砂材料价格低廉，对沥青卷材有一定的保护和降低辐射热的作用，因此在非上人沥青卷材屋面中应用广泛。

用绿豆砂做保护层时，应在卷材表面涂刷最后一道沥青玛瑞脂时，趁热撒铺一层粒径为 3～5mm 的绿豆砂（或人工砂），绿豆砂应铺撒均匀，全部嵌入沥青玛瑞脂中。绿豆砂应事先经过筛选，颗粒均匀，并用水冲洗干净。使用时应在铁板上预先加热干燥（温度 130～150℃），以便与沥青玛瑞脂牢固地结合在一起。

铺绿豆砂时，一人涂刷玛瑞脂，另一人趁热撒砂子，第三人用扫帚扫平或用刮板刮平。撒时要均匀，扫时要铺平，不能有重叠现象，扫过后马上用软辊轻轻滚一遍，使砂粒一半嵌入玛瑞脂内。滚压时不得用力过猛，以免刺破油毡。绿豆砂应沿屋脊方向，顺卷材的接缝全面向前推进。

由于绿豆砂颗粒较小，在大雨时容易被水冲刷掉，同时还易堵塞水落口，因此，在降雨量较大的地区宜采用粒径为 6～10mm 的小豆石，效果较好。

（3）细砂、云母及蛭石保护层　细砂、云母或蛭石主要用于非上人屋面的涂膜防水层的保护层，使用前应先筛去粉料。

（4）预制板保护层　预制板块保护层的结合层可以采用砂或水泥砂浆。板块铺砌前应根据排水坡度要求挂线，以满足排水要求，保护层铺砌的块体应横平竖直。

（5）水泥砂浆保护层　水泥砂浆保护层与防水层之间也应设置隔离层。保护层用的水泥砂浆配合比一般为水泥：砂 = 1：2.5～3（体积比）。

保护层施工前，应根据结构情况每隔 4～6m 用木模设置纵横分格缝。铺设水泥砂浆时，应随铺随拍实，并用刮尺找平，随即用直径为 8～10mm 的钢筋或麻绳压出表面分格缝，间距不大于 1m。终凝前用铁抹子压光保护层。

保护层表面应平整，不能出现抹子抹压的痕迹和凹凸不平的现象，排水坡度应符合设计要求。

（6）细石混凝土保护层　细石混凝土整浇保护层施工前，也应在防水层上铺设一层隔离层，并按设计要求支设好分格缝木模，设计无要求时，每格面积不大于 36m^2，分格缝宽度为 20mm。一个分格内的混凝土应尽可能连续浇筑，不留施工缝。

第二节　涂膜防水屋面施工

涂膜防水屋面是在屋面基层上涂刷防水涂料，经固化后形成一层有一定厚度和弹性的整体涂膜，从而达到防水目的的一种防水屋面形式。涂料按其稠度有厚质涂料和薄质涂料之分，施工时有加胎体增强材料和不加胎体增强材料之别，具体做法视屋面构造和涂料本身性能要求而定。具体施工有哪些层次，根据设计要求确定。

一、涂膜防水施工的一般方法

涂膜防水的施工工艺流程如图 8-2 所示。涂膜防水的施工顺序应按"先高后低，先远后近"的原则进行。遇高低跨屋面时，一般先涂布高跨屋面，后涂布低跨屋面；相同高度屋面上，要合理安排施工

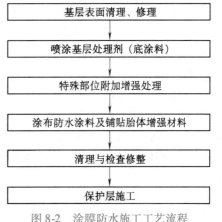

图 8-2　涂膜防水施工工艺流程

段，先涂布距上料点远的部位，后涂布近处；同一屋面上先涂布排水较集中的水落口、天沟、檐口等节点部位，再进行大面积涂布。

二、沥青基涂料施工方法要点

（1）涂刷基层处理剂　基层处理剂一般采用冷底子油，涂刷时应做到均匀一致，覆盖完全。石灰乳化沥青防水涂料，夏季可采用石灰乳化沥青稀释后作为冷底子油涂刷一道；春秋季宜采用汽油沥青冷底子油涂刷一道。膨润土、石棉乳化沥青防水涂料涂布前可不涂刷基层处理剂。

（2）涂布防水涂料　涂布时，一般先将涂料直接分散倒在屋面基层上，用胶皮刮板来回刮涂，使它厚薄均匀一致，不露底、不存在气泡、表面平整，然后待其干燥。

（3）胎体增强材料的铺设　需铺设胎体增强材料时，由屋面最低处向上施工。在天沟、檐口、泛水或其他基层采用卷材防水时，卷材与涂膜的接缝应顺流水方向搭接，搭接宽度不应小于100mm。

一般采用湿铺法，即在头遍涂层表面刮平后，立即铺贴胎体增强材料，铺贴应平整，不起波，但也不能拉伸过紧。铺贴后用刮板或抹子轻轻刮压或抹压，使布网眼中充满涂料，待干燥后继续进行二遍涂料施工。

三、改性沥青涂料及合成高分子涂料的施工方法要点

高聚物改性沥青防水涂料和合成高分子防水涂料，在用于涂膜防水屋面时，其设计涂膜总厚度在3mm以下，一般称之为薄质涂料，其施工方法基本相同。

（1）涂刷基层处理剂　基层处理剂的种类有以下三种：

1）若使用水乳型防水涂料，可用掺0.2% ~0.5%乳化剂的水溶液或软化水将涂料稀释，即防水涂料∶乳化剂水溶液（或软化水）=1∶（0.5~1）。

2）若使用溶剂型防水涂料，由于其渗透能力比水乳型防水涂料强，可直接用涂料薄涂做基层处理。若涂料较稠，可用相应的溶剂稀释后使用。

3）高聚物改性沥青防水涂料也可用沥青溶液（即冷底子油）作为基层处理剂，或在现场以煤油∶30号石油沥青=60∶40的比例配制而成的溶液作为基层处理剂。

基层处理剂涂刷时，应用刷子用力涂薄，使涂料尽量刷进基层表面的毛细孔中，并将基层可能留下来的少量灰尘等无机杂质，像填充料一样混入基屋处理剂中，使之与基层牢固结合。

（2）涂刷防水涂料　涂料涂刷可采用棕刷、长柄刷、橡胶板、圆滚刷等进行人工涂布，也可采用机械喷涂。

涂料涂布时，涂刷致密是保证质量的关键。刷基层处理剂时要用力薄涂，涂刷后续涂料时则应按规定的涂层厚度（控制材料用量）均匀、仔细地涂刷，各道涂层之间的涂刷方向相互垂直，以提高防水层的整体性和均匀性。涂层间的接槎，在每遍涂刷时应退槎50~100mm，接槎时也应超过50~100mm，避免在搭接处发生渗漏。

（3）铺设胎体增强材料　在涂料第二遍涂刷时，或第三遍涂刷前，即可加铺胎体增强材料。

由于涂料与基层粘结力较强，涂层又较薄，胎体增强材料不容易滑移，因此，胎体增强材料应尽量顺屋脊方向铺贴，以方便施工、提高劳动效率。

264

四、涂膜保护层施工方法要点

1）采用细砂等粒料做保护层时，应在刮涂最后一遍涂料时，边涂边撒布粒料，使细砂等粒料与防水层粘结牢固，并要求撒布均匀、不露底、不堆积。但是尽管精心施工，还会有与防水层粘结不牢或多余的细砂等粒料，因此要待涂膜干燥后，将多余的细砂等粒料及时清除掉，避免因雨水冲刷将多余的细砂等粒料堆积到排水口处，堵塞排水口而影响排水通畅或使屋面产生局部积水而影响防水效果。

2）在水乳型防水涂料防水层上用细砂等粒料做保护层时，撒布后应进行辊压，因为在水乳型涂膜上撒布不同于在溶剂型涂膜上撒布，粘结不易牢固，所以要通过辊压使其与涂膜牢固粘结。多余粒料也应在涂膜固化后扫净。

3）采用浅色涂料做保护层时，也应在涂膜固化后才能进行保护层涂刷，使得保护层与防水层粘结牢固，又不损伤防水层，充分发挥保护层对防水层的保护作用。

4）保护层材料的选择应根据设计要求及所用防水涂料的特性而确定（通常涂料说明书中对保护层材料有规定要求）。一般薄质涂料可用浅色涂料或粒料做保护层，厚质涂料可用粉料或粒料做保护层。水泥砂浆、细石混凝土或板块保护层对这两类涂料均适用。

五、涂膜施工注意事项

1）防水涂膜严禁在雨天、雪天施工；五级风及其以上时不得施工；预计涂膜固化前下雨时不得施工，施工中遇雨应采取遮盖保护。

沥青基防水涂膜在气温低于5℃或高于35℃时不宜施工；高聚物改性沥青防水涂膜和合成高分子防水涂膜，当为溶剂型时，施工环境温度宜为 −5～35℃；当为水乳型时，施工环境温度宜为 5～35℃。

2）涂膜防水层的基层应符合规定要求，对由于强度不足引起的裂缝应进行认真修补，凹凸处也应修理平整。基层干燥程度应符合所用防水涂料的要求。

3）防水涂料配料时计量要准确，搅拌要充分、均匀。尤其是双组分防水涂料操作时更要精心，而且不同组分的容器、搅拌棒、料勺等不得混用，以免产生凝胶。

4）节点的密封处理、附加增强层的施工要满足要求。

5）胎体增强材料铺设的时机、位置要加以控制；铺设时要做到平整、无皱折、无翘边，搭接准确；胎体增强材料上面涂刷涂料时，应使涂料浸透胎体，覆盖完全，不得有胎体外露现象。

6）严格控制防水涂膜层的厚度和分遍涂刷厚度及间隔时间。涂刷应厚薄均匀、表面平整。

7）防水涂膜施工完成后，应有自然养护时间，一般不少于7d，在养护期间不得上人行走或在其上操作。

第三节　刚性防水屋面施工

一、细石混凝土防水层

刚性屋面防水层，一般是在屋面板上灌注一层厚度不小于40mm、等级为 C20 的细石混凝土。为了使其受力均匀，具有良好的抗裂和抗渗能力，在混凝土中尚应配置 φ4、间距为 200mm 双向温度钢筋（在分格缝处剪断）；当屋面面积较大时，还应留设分格缝，在分格缝中用油膏填嵌（图 8-3）。

施工时先用 C20 细石混凝土进行灌缝处理，经洒水养护 2~3d 后，即可灌注面层混凝土。为了能使面层混凝土与基层结合良好，应先将屋面清扫干净，适当润湿，并在其上刷一遍薄水泥浆。面层混凝土灌注，要滚压密实，在混凝土初凝以前，还需进行二次压浆抹光；灌注后加强养护，以免发生干缩裂纹现象。最后再在上面抹一遍防水砂浆。

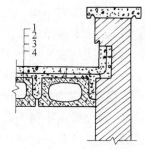

图 8-3　刚性屋面防水构造
1—防水砂浆　2—细石混凝土配双向钢筋网　3—水泥浆　4—空心板

二、密封材料嵌缝

密封材料嵌缝是指刚性防水屋面分格缝以及天沟、檐沟、泛水、变形缝等细部构造的密封处理。密封材料嵌缝不构成一道独立的防水层次，但它是各种形式的防水屋面的重要组成部分。

密封防水施工工艺流程：基层的检查与修补→填塞背衬材料→涂刷基层处理剂→嵌填密封材料→抹平压光、修整→固化、养护→检查→保护层施工。

第四节　地下工程防水施工

一、防水混凝土施工方法要点

防水混凝土使结构承重和防水合为一体。防水混凝土包括普通防水混凝土、外加剂防水混凝土和膨胀水泥防水混凝土。普通防水混凝土的配合比应通过试验确定，并符合规范规定。

（1）防水混凝土的振捣　防水混凝土必须采用机械振捣密实，振捣时间宜为 10~30s，以混凝土开始泛浆和不冒气泡为准，并应避免漏振、欠振和超振。

掺引气剂或引气型减水剂时，应采用高频插入式振捣器振捣。

（2）防水混凝土的浇筑和施工缝留置　防水混凝土应连续浇筑，宜少留施工缝。当留置施工缝时，应采用以下方法：

1）顶板、底板不宜留施工缝，顶拱、底拱不宜留纵向施工缝，墙体水平施工缝不应留在剪力与弯矩最大处或底板与侧墙的交接处，应留在高出底板表面不小于 200mm 的墙体上。墙体有孔洞时，施工缝距孔洞边缘不宜小于 300mm。拱墙结合的水平施工缝，宜留在起拱线以下 150~300mm 处，先拱后墙的施工缝可留在起拱线处，但必须加强防水措施。施工缝的形式如图 8-4 所示。

2）垂直施工缝应避开地下水和裂隙水较多的地段，并宜与变形缝相结合。

（3）施工缝的处理　在施工缝上浇筑混凝土前，应将施工缝处的混凝土表面凿毛，清除浮粒和杂物，用水冲洗干净，保持湿润，再铺一层 20~25mm 厚的1：1水泥砂浆。

防水混凝土的养护时间不少于 14d。

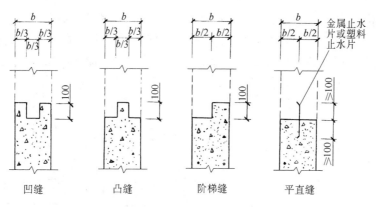

图 8-4 水平施工缝构造图

二、附加防水层施工方法要点

附加防水层有水泥砂浆防水层、卷材防水层、涂料防水层、金属防水层等，它适用于要求有较强防水能力、受浸蚀介质作用或受振动作用的地下工程。

（一）水泥砂浆防水层施工方法要点

水泥砂浆防水层分多层抹面防水层和掺外加剂的水泥砂浆防水层，适用于不因结构沉降、温度湿度变化及振动而产生裂缝的地上和地下防水工程。

（1）多层抹面水泥砂浆防水层施工方法要点 水泥为普通硅酸盐水泥、膨胀水泥、矿渣硅酸盐水泥，强度等级不低于 32.5 级。砂采用粒径为 1 ~ 3mm 的粗砂，应坚硬、粗糙、洁净。

背水面用四层做法，向水面用五层做法。

施工前基层要清理干净，浇水湿润，表面平整、坚实、粗糙。

第一层，素灰，水灰比 1∶0.4 ~ 0.5，厚 2mm；先刮抹 1mm 素灰，铁抹子刮抹 5 ~ 6 遍，然后抹 1mm 素灰。第二层，水泥砂浆，水灰比 1∶0.4 ~ 0.45，厚 4 ~ 5mm，水泥∶砂 = 1∶2.5（体积比）；在素灰初凝时进行，使砂浆压入素灰层约 1/4；水泥砂浆初凝前，用扫帚扫出横条纹。第三层，素灰，水灰比 1∶0.37 ~ 0.4，厚 2mm；在第二层具有一定强度后（约 24h）进行，方法同第一层；如第二层表面析出白膜，则需用水冲刷干净。第四层，水泥砂浆，水灰比 1∶0.4 ~ 0.45，厚 4 ~ 5mm，水泥∶砂 = 1∶2.5；方法同第二层，但不扫条纹，而是在水泥砂浆凝固前用铁抹子抹压 5 ~ 6 遍，最后压光，用时约 11 ~ 16h（因温湿度而异）。第五层，素灰；在第四层抹压 2 遍后，抹压压光。每层应连续施工，素灰层与水泥砂浆层应在同一天完成。

如必须设施工缝时，留槎应符合下列规定：

1）平面槎采用阶梯形槎，接槎要依层次顺序操作，层层搭接紧密（图 8-5）。接槎位置一般宜在地面上，也可在墙面上，但须离开阴阳角处 200mm。

2）基础底面与墙面防水层转角留槎如图 8-6 所示。

（2）掺外加剂的水泥砂浆防水层施工方法要点 掺各种防水剂的水泥砂浆又称防水砂浆。常用防水剂有氯化钙、氯化铝、氯化铁等金属盐类防水剂（又称防水

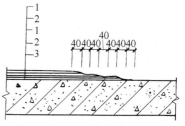

图 8-5 平面留槎示意图
1—砂浆层 2—水泥浆层 3—围护结构

浆）和碱金属化合物、氨水、硬酯酸、水混合皂化的金属皂类防水剂（又称避水浆）两类。

施工应在结构变形趋于稳定时进行。可加金属网片以抗裂。抹压法：基层抹水灰比1：0.4 的素灰，然后分层抹防水砂浆 20mm 以上（下层凝固后再抹上层）；扫浆法：基层薄涂防水净浆，然后分层刷防水砂浆，第一层凝固后刷第二层，每层厚 10mm，相临两层防水砂浆铺刷方向相互垂直，最后将表面扫出条纹。掺外加剂的水泥砂浆防水层施工后 8～12h 即应养护，养护至少 14d。

施工水泥砂浆防水层时，气温不应低于 5℃，且基层表面温度应保持在 0℃以上。掺氯化物金属盐类防水剂及膨胀剂的防水砂浆，不应在 35℃ 以上或烈日照射下施工。

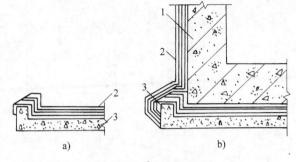

图 8-6　转角留槎示意图
a）第一步　b）第二步
1—围护结构　2—水泥砂浆防水层　3—混凝土垫层

（二）合成高分子卷材防水层施工方法要点

合成高分子卷材防水是以基层胶粘剂、卷材接缝胶粘剂、卷材接缝密封剂，将高分子油毡单层粘结在结构基层上而成的防水层。

1. 合成高分子防水卷材施工用的辅助材料

（1）基层处理剂　主要作用是隔绝底层渗透来的水分和提高卷材与基层之间的粘附能力，相当于传统石油沥青油毡施工用的冷底子油，因此又称底胶；一般用聚氨酯底胶。

（2）基层胶粘剂　如 CX—404 胶，主要用于卷材与基层表面的粘结。

（3）卷材接缝胶粘剂　是卷材与卷材接缝粘结的专用胶粘剂，有双组分和单组分之分。

（4）卷材接缝密封剂　有单组分和双组分之分，作为卷材接缝以及卷材收头的密封剂。

（5）二甲苯　是基层处理剂的稀释剂和施工机具的清洗剂。

（6）表面着色剂　涂刷在油毡表面，以反射阳光、美化屋面；由高分子溶液与铝粉等制成，为银色或绿色。

2. 施工工艺

涂刷聚氨酯底胶前，先将尘土、杂物清扫干净。

（1）配制、涂刷聚氨酯底胶　配制底胶：先将聚氨酯涂膜防水材料按比例配合搅拌均匀，配制成底胶。涂刷底胶：将配好的底胶用长把滚刷均匀涂刷在大面积基层上，厚薄应一致，不得有漏刷和白底现象；阴阳角、管根等部位可用毛刷涂刷；常温情况下，干燥 4h 以上，手感不粘时，即可进行下道工序。

（2）复杂部位增补处理　增补剂配制：将聚氨酯涂膜防水材料按比例配合搅拌均匀，即可进行涂刷。配制量视需要确定，不宜过多，防止其固化。按上述要求配制好以后，用毛刷在地漏、伸缩缝等处，均匀涂刷防水增补剂，作为附加层，厚度以 2mm 为宜；待其固化后，即可进行下道工序。

（3）铺贴卷材防水层　铺贴前在未涂胶的基层表面排好尺寸，弹出标准线、为铺好卷材创造条件。

铺贴卷材时，先将卷材摊开在干净、平整的基层上清扫干净，用长把滚刷蘸 CX—404

胶均匀涂刷在卷材表面，但卷材接头部位应空出 10cm 不涂胶，刷胶厚度要均匀，不得有漏底或凝聚胶块存在，当 CX—404 胶基本干燥后手感不粘时，按原状再卷起来，卷时要求端头平整，不得卷成竹笋状，并要防止带入砂粒、尘土和杂物。

当基层底胶干燥后，在其表面涂刷 CX—404 胶，涂刷时要用力适当，不要在一处反复涂刷，防止粘起底胶，形成凝聚块，影响铺贴质量；复杂部位可用毛刷均匀涂刷，用力要均匀；涂胶后手感不粘时，开始铺贴卷材。

铺贴时将已涂刷好 CX—404 胶（粘结剂）预先卷好的卷材，穿入 ϕ30mm、长 1.5m 的锹把或铁管，由两人抬起，将卷材一端粘结固定，然后沿弹好的标准线向另一端铺贴；操作时卷材不要拉的太紧，每隔 1m 左右向标准线靠近一下，依次顺序边对线边铺贴；或将已涂好的卷材，按上述方法推着向后铺贴。无论采用哪种方法均不得拉伸卷材，防止出现皱折。

铺贴卷材时要减少阴阳角和大面积的接头。

铺贴平面与立面相连接的卷材，应由下向上进行，使卷材紧贴阴角，不得有空鼓或粘贴不牢等现象。

排除空气，每铺完一张卷材，应立即用干净的长把滚刷从卷材的一端开始在卷材的横方向顺序用力滚压一遍，以便将空气排出。

滚压，为使卷材粘贴牢固，在排除空气后，用 30kg 重、30cm 外包橡胶的铁辊滚压一遍。

（4）接头处理 在未刷 CX—404 胶的长、短边 10cm 处，每隔 1m 左右用 CX—404 胶涂一下，在其基本干燥后，将接头翻开临时固定。

卷材接头用丁基粘结剂粘结，先将 A、B 两组分材料按 1：1 的（质量比）配合搅拌均匀，用毛刷均匀涂刷在翻开的接头表面，待其干燥 30min 后（常温 15min 左右），即可进行粘合，从一端开始用手一边压合一边挤出空气，粘贴好的搭接处，不允许有皱折、气泡等缺陷，然后用铁辊滚压一遍；凡遇有卷材重叠三层的部位，必须用聚氨酯嵌缝膏填密封严。

（5）卷材末端收头 为使卷材收头粘结牢固，防止翘边和渗漏，用聚氨酯嵌缝膏等密封材料封闭严密后，再涂刷一层聚氨酯涂膜防水材料。

（6）地下工程防水层做法 地下工程防水层施工一般采用外防水外贴法；只有受施工条件限制而不能用外贴法时才用内贴法，如图 8-7 所示。

外防水外贴法施工时，应先铺贴平面，后铺贴立面，平立面交接处，应交叉搭接；铺贴完成后的外侧应按设计要求，砌筑保护墙，并及时进行回填土。

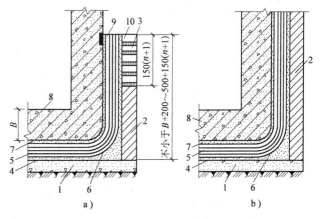

图 8-7 地下结构卷材铺贴
a）外防外贴防水层做法 b）外防内贴防水层做法
1—混凝土垫层 2—永久性保护墙 3—临时性保护墙 4—找平层
5—卷材防水层 6—卷材附加层 7—保护层 8—需防水结构
9—永久木条 10—临时木条 n—防水卷材层数 B—底板厚度

采用外防水内贴法施工时，应先铺贴立面，后铺贴平面。铺贴立面时，应先贴转角，后贴大面，贴完后应按规定做好保护层，做保护层前，应在卷材层上涂刷一层聚氨酯防水涂料，在其未固化前，撒上一些砂粒，以改善水泥砂浆保护层与立面卷材的粘结。

防水层铺贴不得在雨天、大风天施工；冬期施工的环境温度，应不低于5℃。

（三）聚氨酯涂膜防水施工方法要点

聚氨酯防水材料是一种双组分化学反应固化型的高弹性防水涂料。聚氨酯防水涂料固化前为无定形黏稠状液态物质，在任何结构复杂的基层表面均易于施工，涂膜具有橡胶弹性，伸长性好，抗拉强度高，粘结性好，体积收缩小，涂膜防水层无接缝，整体性强，冷施工作业，施工方法简便，适用于厕浴间、地下室防水工程、贮水池、游泳池防漏工程等。

地下室聚氨酯涂膜防水构造如图8-8所示；施工顺序为：

1）基层清扫：拟做防水施工的基层表面，必须彻底清扫干净。

2）涂布底胶：将聚氨酯甲、乙两组分和二甲苯按比例搅拌均匀，涂刷在基层表面上。待干燥4h以上，再进行下一工序。

3）防水层施工：将聚氨酯防水涂料甲、乙组分按比例混合搅拌均匀，涂刷在基层表面上，涂刷厚度要均匀一致。在第一层涂膜固化24h以后，再按上述配比和方法进行第二层涂刷。两次涂刷方向要相互垂直。当涂膜固化完全、检查验收合格后即可进行保护层施工。

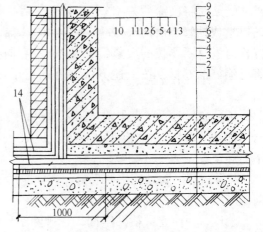

图8-8 地下室聚氨酯涂膜防水构造示意图
1—夯实素土 2—素混凝土垫层 3—无机氯盐防水砂浆找平层 4—聚氨酯底胶 5—第一、二层聚氨酯涂膜 6—第三层聚氨酯涂膜 7—虚铺沥青油毡保护隔离层 8—细石混凝土保护层 9—钢筋混凝土底板 10—聚乙烯泡沫塑料软保护层 11—第五层聚氨酯涂膜 12—第四层聚氨酯涂膜 13—钢筋混凝土立墙 14—涤纶纤维无纺布增强层

4）平面铺设油毡保护隔离层：当平面的最后一层聚氨酯涂膜完全固化，经过检查验收合格后，即可虚铺一层纸胎石油沥青毡作保护隔离层。

5）浇筑细石混凝土保护层：对平面部位可在石油沥青油毡保护隔离层上浇筑40~50mm厚的细石混凝土保护层。施工时切勿损坏油毡和涂膜防水层，如有损坏必须立即涂刷聚氨酯的混合材料修复，再浇筑细石混凝土，以免留下渗漏水的隐患。

6）在完成细石混凝土保护层的施工和养护后，即可结构施工。

7）粘贴聚乙烯泡沫塑料保护层：对立墙部位，可在聚氨酯涂膜防水层的外侧直接粘贴5~6mm厚的聚乙烯泡沫塑料片材保护层。施工方法是在涂完第四层防水涂膜、完全固化和经过认真的检查验收合格后，再均匀涂布第五层涂膜，在该层涂膜未固化前，应立即粘贴聚乙烯泡沫塑料片材作保护层；粘贴时要求片材拼缝严密，防止在回填灰土时损坏防水涂膜。

8）回填：完成聚乙烯泡沫塑料保护层的施工后，即可回填。

第五节 防水工程施工质量要求要点及安全注意事项

一、卷材防水屋面工程施工质量验收

1. 屋面找平层

此验收适用于防水层基层采用水泥砂浆、细石混凝土或沥青砂浆的整体找平层。

1）找平层的厚度和技术要求应符合表8-1的规定。

表8-1 找平层的厚度和技术要求

类 别	基层种类	厚度/mm	技术要求
水泥砂浆找平层	整体混凝土	15~20	1:2.5~1:3（水泥:砂）（体积比），水泥强度等级不低于32.5级
	整体或板状材料保温层	20~25	
	装配式混凝土板，松散材料保温层	20~30	
细石混凝土找平层	松散材料保温层	30~35	混凝土强度等级不低于C20
沥青砂浆找平层	整体混凝土	15~20	1:8（沥青:砂）（质量比）
	装配式混凝土板，整体或板状材料保温层	20~25	

2）找平层的基层采用装配式钢筋混凝土板时，应符合下列规定：板端、侧缝应用细石混凝土灌缝，其强度等级不应低于C20。板缝宽度大于40mm或上窄下宽时，板缝内应设置构造钢筋。板端缝应进行密封处理。

3）找平层的排水坡度应符合设计要求。平屋面采用结构找坡不应小于3%，采用材料找坡宜为2%；天沟、檐沟纵向找坡不应小于1%，沟底水落差不得超过200mm。

4）基层与突出屋面结构（女儿墙、山墙、天窗壁、变形缝、烟囱等）的交接处和基层的转角处，找平层均应做成圆弧形，圆弧半径应符合表8-2的要求。内部排水的水落口周围，找平层应做成略低的凹坑。

表8-2 转角处圆弧半径

卷材种类	圆弧半径/mm
沥青防水卷材	100~150
高聚物改性沥青防水卷材	50
合成高分子防水卷材	20

5）找平层宜设分格缝，并嵌填密封材料。分格缝应留设在板端缝处，其纵横缝的最大间距：水泥砂浆或细石混凝土找平层，不宜大于6m；沥青砂浆找平层，不宜大于4m。

6）主控项目：找平层的材料质量及配合比，必须符合设计要求。检验方法：检查出厂合格证、质量检验报告和计量措施。

屋面（含天沟、檐沟）找平层的排水坡度，必须符合设计要求。检验方法：用水平仪

建筑施工技术

（水平尺）、拉线和尺量检查。

7）一般项目：基层与突出屋面结构的交接处和基层的转角处，均应做成圆弧形，且整齐平顺。检验方法：观察和尺量检查。

水泥砂浆、细石混凝土找平层应平整、压光，不得有酥松、起砂、起皮现象；沥青砂浆找平层不得有拌和不匀、蜂窝现象。检验方法：观察检查。

找平层分格缝的位置和间距应符合设计要求。检验方法：观察和尺量检查。

找平层表面平整度的允许偏差为5mm。检验方法：用2m靠尺和楔形塞尺检查。

2. 屋面保温层

此验收适用于松散、板状材料或整体现浇（喷）保温层。

1）保温层应干燥，封闭式保温层的含水率应相当于该材料在当地自然风干状态下的平衡含水率。

2）屋面保温层干燥有困难时，应采用排汽措施。

3）倒置式屋面应采用吸水率小、长期浸水不腐烂的保温材料。保温层上应用混凝土等块材、水泥砂浆或卵石作保护层；卵石保护层与保温层之间，应干铺一层无纺聚酯纤维布作隔离层。

4）松散材料保温层施工应符合下列规定：铺设松散材料保温层的基层应平整、干燥和干净；保温层含水率应符合设计要求；松散保温材料应分层铺设并压实，压实的程度与厚度应经试验确定；保温层施工完成后，应及时进行找平层和防水层的施工；雨期施工时，保温层应采取遮盖措施。

5）板状材料保温层施工应符合下列规定：板状材料保温层的基层应平整、干燥和干净；板状保温材料应紧靠在需保温的基层表面上，并应铺平垫稳；分层铺设的板块上下层接缝应相互错开；板间缝隙应采用同类材料嵌填密实；粘贴的板状保温材料应贴严、粘牢。

6）整体现浇（喷）保温层施工应符合下列规定：沥青膨胀蛭石、沥青膨胀珍珠岩宜用机械搅拌，并应色泽一致，无沥青团；压实程度根据试验确定，其厚度应符合设计要求，表面应平整；硬质聚氨酯泡沫塑料应按配比准确计量，发泡厚度均匀一致。

7）主控项目：保温材料的堆密度或表观密度、传热系数以及板材的强度、吸水率，必须符合设计要求。检验方法：检查出厂合格证、质量检验报告和现场抽样复验报告。

保温层的含水率必须符合设计要求。检验方法：检查现场抽样检验报告。

8）一般项目：保温层的铺设应符合下列要求：松散保温材料：分层铺设，压实适当，表面平整，找坡正确；板状保温材料：紧贴（靠）基层，铺平垫稳，拼缝严密，找坡正确；整体现浇保温层：拌和均匀，分层铺设，压实适当，表面平整，找坡正确。检验方法：观察检查。

保温层厚度的允许偏差：松散保温材料和整体现浇保温层为+10%、−5%；板状保温材料为±5%，且不得大于4mm。检验方法：用钢针插入和尺量检查。

当倒置式屋面保护层采用卵石铺压时，卵石应分布均匀，卵石的质（重）量应符合设计要求。检验方法：观察检查和按堆密度计算其质（重）量。

3. 卷材防水层

此验收适用于防水等级为Ⅰ～Ⅳ级的屋面防水。

1）卷材防水层应采用高聚物改性沥青防水卷材、合成高分子防水卷材或沥青防水卷材。

272

所选用的基层处理剂、接缝胶粘剂、密封材料等配套材料应与铺贴的卷材材性相容。

2）在坡度大于25%的屋面上采用卷材作防水层时，应采取固定措施。固定点应密封严密。

3）铺设屋面隔汽层和防水层前，基层必须干净、干燥。干燥程度的简易检验方法是将1m²卷材平坦地干铺在找平层上，静置3～4h后掀开检查，找平层覆盖部位与卷材上未见水印即可铺设。

4）卷材铺贴方向应符合下列规定：屋面坡度大于3%时，卷材宜平行屋脊铺贴；屋面坡度在3%～15%时，卷材可平行或垂直屋脊铺贴；屋面坡度大于15%或屋面受振动时，沥青防水卷材应垂直屋脊铺贴，高聚物改性沥青防水卷材和合成高分子防水卷材可平行或垂直屋脊铺贴；上下层卷材不得相互垂直铺贴。

5）卷材厚度选用应符合表8-3的规定。

表8-3　卷材厚度选用表

屋面防水等级	设防道数	合成高分子防水卷材	高聚物改性沥青防水卷材	沥青防水卷材
Ⅰ	三道或三道以上设防	不应小于1.5mm	不应小于3mm	—
Ⅱ	二道设防	不应小于1.2mm	不应小于3mm	—
Ⅲ	一道设防	不应小于1.2mm	不应小于4mm	三毡四油
Ⅳ	一道设防	—	—	二毡三油

6）铺贴卷材采用搭接法时，上下层及相邻两幅卷材的搭缝应错开。各种卷材搭接宽度应符合表8-4的要求。

表8-4　卷材搭接宽度　　　　　　　　　　　　（单位：mm）

卷材种类＼铺贴方法		短边搭接		长边搭接	
		满粘法	空铺、点粘、条粘法	满粘法	空铺、点粘、条粘法
沥青防水卷材		100	150	70	100
高聚物改性沥青防水卷材		80	100	80	100
合成高分子防水卷材	胶粘剂	80	100	80	100
	胶粘带	50	60	50	60
	单缝焊	60，有效焊接宽度不小于25			
	双缝焊	80，有效焊接宽度10×2＋空腔宽			

7）冷粘法铺贴卷材应符合下列规定：胶粘剂涂刷应均匀，不露底，不堆积；根据胶粘剂的性能，应控制胶粘剂涂刷与卷材铺贴的间隔时间；铺贴的卷材下面的空气应排尽，并辊压粘结牢固；铺贴卷材应平整顺直，搭接尺寸准确不得扭曲、皱折；接缝口应用密封材料封严，宽度不应小于10mm。

8）热熔法铺贴卷材应符合下列规定：火焰加热器加热卷材应均匀，不得过分加热或烧穿卷材；厚度小于3mm的高聚物改性沥青防水卷材严禁采用热熔法施工；卷材表面热熔后应立即滚铺卷材，卷材下面的空气应排尽，并辊压粘结牢固，不得空鼓；卷材接缝部位必须溢出热熔的改性沥青胶；铺贴的卷材应平整顺直，搭接尺寸准确，不得扭曲、皱折。

9）自粘法铺贴卷材应符合下列规定：铺贴卷材前基层表面应均匀涂刷基层处理剂，干燥后应及时铺贴卷材；贴卷材时，应将自粘胶底面的隔离纸全部撕净；卷材下面的空气应排尽，并辊压粘结牢固；铺贴的卷材应平整顺直，搭接尺寸准确，不得扭曲、皱折。搭接部位宜采用热风加热，随即粘贴牢固；接缝口应用密封材料封严，宽度不应小于10mm。

10）卷材热风焊接施工应符合下列规定：焊接前卷材的铺设应平整顺直，搭接尺寸准确，不得扭曲、皱折；卷材的焊接面应清扫干净，无水滴、油污及附着物；焊接时应先焊长边搭接缝，后焊短边搭接缝；控制热风加热温度和时间，焊接处不得有漏焊、跳焊、焊焦或焊接不牢现象；焊接时不得损害非焊接部位的卷材。

11）沥青玛瑞脂的配制和使用应符合下列规定：配制沥青玛瑞脂的配合比应视使用条件、坡度和当地历年极端最高气温，并根据所用的材料经试验确定，施工中应按确定的配合比严格配料，每工作班应检查软化点和柔韧性；热沥青玛瑞脂的热温度不应高于240℃，使用温度不应低于190℃；冷沥青玛瑞脂使用时应搅匀，稠度太大时可加少量溶剂稀释搅匀；沥青玛瑞脂应涂刮均匀，不得过厚或堆积。粘结层厚度：热沥青玛瑞脂宜为1~1.5mm，冷沥青玛瑞脂宜为0.5~1mm；面层厚度：热沥青玛瑞脂宜为2~3mm，冷沥青玛瑞脂宜为1~1.5mm。

12）天沟、檐沟、檐口、泛水和立面卷材收头的端部应裁齐，塞入预留凹槽内，用金属压条钉压固定，最大钉距不应大于900mm，并用密封材料嵌填封严。

13）卷材防水层完工并经验收合格后，应做好成品保护。保护层的施工应符合下列规定：绿豆砂应清洁、预热、铺撒均匀，并与沥青玛瑞脂粘结牢固，不得残留未粘结的绿豆砂；云母或蛭石保护层不得有粉料，铺撒应均匀，不得露底，多余的云母或蛭石应清除；水泥砂浆保护层的表面应抹平压光，并设表面分格缝，分格面积宜为1m²；块体材料保护层应留设分格缝，分格面积不宜大于100m²，分格缝宽度不宜小于20mm；细石混凝土保护层，混凝土应密实，表面抹平压光，并留设分格缝，分格面积不大于36m²；浅色涂料保护层应与卷材粘结牢固，厚薄均匀，不得漏涂；水泥砂浆、块材或细石混凝土保护层与防水层之间应设置隔离层；刚性保护层与女儿墙、山墙之间预留宽度为30mm的缝隙，并用密封材料嵌填严密。

14）主控项目：卷材防水层所用的卷材及其配套材料，必须符合设计要求，检验方法：检查出厂合格证、质量检验报告和现场抽样复验报告；卷材防水层不得有渗漏或积水现象，检验方法：雨后或淋水、蓄水检验；卷材防水层在天沟、檐沟、檐口、水落口、泛水、变形缝和伸出屋面管道的防水构造，必须符合设计要求，检验方法：观察检查和检查隐蔽工程验收记录。

15）一般项目：卷材防水层的搭接缝应粘（焊）结牢固，密封严密，不得有皱折、翘边和鼓泡等缺陷，防水层的收头应与基层粘结并固定牢固，缝口封严，不得翘边，检验方法：观察检查；卷材防水层上的撒布材料和浅色涂料保护层应铺撒或涂刷均匀，粘结牢固，水泥砂浆、块材或细石混凝土保护层与卷材防水层间应设置隔离层，刚性保护层的分格缝留置应符合设计要求，检验方法：观察检查；排汽屋面的排汽道应纵横贯通，不得堵塞，排汽管应安装牢固，位置正确，封闭严密，检验方法：观察检查；卷材的铺贴方向应正确，卷材搭接宽度的允许偏差为−10mm，检验方法：观察和尺量检查。

二、地下防水工程施工质量验收

1. 术语

地下防水工程：指对工业与民用建筑地下工程、防护工程、隧道及地下铁道等建（构）筑物，进行防水设计、防水施工和维护管理等各项技术工作的工程实体。

防水等级：根据地下工程的重要性和使用中对防水的要求，所确定结构允许渗漏水量的等级标准。

刚性防水层：采用较高强度和无伸长能力的防水材料，如防水砂浆、防水混凝土所构成的防水层。

柔性防水层：采用具有一定柔韧性和较大伸长率的防水材料，如防水卷材、有机防水涂料构成的防水层。

2. 基本规定

1）地下工程的防水等级分为4级，各级标准应符合表8-5的规定。

2）地下工程的防水设防要求应按表8-6选用。

表8-5　地下工程的防水等级标准

防水等级	标 准
1级	不允许渗水，结构表面无湿渍
2级	不允许漏水，结构表面可有少量湿渍 工业与民用建筑：湿渍总面积不大于总防水面积的1‰，单个湿渍面积不大于$0.1m^2$，任意$100m^2$防水面积不超过1处 其他地下工程：湿渍总面积不大于总防水面积的6‰，单个湿渍面积不大于$0.2m^2$，任意$100m^2$防水面积不超过4处
3级	有少量漏水点，不得有线流和漏泥砂 单个湿渍面积不大于$0.3m^2$，单个漏水点的漏水量不大于2.5L/d，任意$100m^2$防水面积不超过7处
4级	有漏水点，不得有线流和漏泥砂 整个工程平均漏水量不大于2L/（$m^2 \cdot$ d），任意$100m^2$防水面积的平均漏水量不大于4L/（$m^2 \cdot$ d）

表8-6　明挖法地下工程的防水设防要求

工程部位		主体						施工缝					后浇带				变形缝、诱导缝					
防水措施		防水混凝土	防水砂浆	防水卷材	防水涂料	塑料防水板	金属板	遇水膨胀止水条	中埋式止水带	外贴式止水带	外抹防水砂浆	外涂防水涂料	膨胀混凝土	遇水膨胀止水条	外贴式止水带	防水嵌缝材料	中埋式止水带	外贴式止水带	可卸式止水带	防水嵌缝材料	外贴防水卷材	外涂防水涂料	遇水膨胀止水条
防水等级	1级	应选	应选一至二种					应选二种					应选	应选二种			应选	应选二种					
	2级	应选	应选一种					应选一至二种					应选	应选一至二种			应选	应选一至二种					
	3级	应选	宜选一种					宜选一至二种					应选	宜选一至二种			应选	宜选一至二种					
	4级	宜选	—					宜选一种					应选	宜选一种			应选	宜选一种					

3）地下防水工程施工前，施工单位应进行图样会审，掌握工程主体及细部构造的防水技术要求，并编制防水工程的施工方案。

4）地下防水工程的施工，应建立各道工序的自检、交接检和专职人员检查的"三检"制度，并有完整的检查记录。未经建设（监理）单位对上道工序的检查确认，不得进行下道工序的施工。

5）地下防水工程必须由相应资质的专业防水队伍进行施工；主要施工人员应持有建设行政主管部门或其指定单位颁发的执业资格证书。

6）地下防水工程所使用的防水材料，应有产品的合格证书和性能检测报告，材料的品种、规格、性能等应符合现行国家产品标准和设计要求。对进场的防水材料应按规范的规定抽样复验，并提出试验报告；不合格的材料不得在工程中使用。

7）地下防水工程施工期间，明挖法的基坑以及暗挖法的竖井、洞口，必须保持地下水位稳定在基底 0.5m 以下，必要时应采取降水措施。

8）地下防水工程的防水层，严禁在雨天、雪天和五级风及其以上时施工，其施工环境气温条件宜符合表 8-7 的规定。

表 8-7　防水层施工环境气温条件

防水层材料	施工环境气温
高聚物改性沥青防水卷材	冷粘法不低于 5℃，热熔法不低于 –10℃
合成分子防水卷材	冷粘法不低于 5℃，热风焊接法不低于 –10℃
有机防水涂料	溶剂型 –5～35℃，水溶性 5～35℃
无机防水涂料	5～35℃
防水混凝土、水泥砂浆	5～35℃

9）地下防水工程是一个子分部工程，其分项工程的划分应符合表 8-8 的要求。

表 8-8　地下防水工程的分项工程划分

子分部工程	分 项 工 程
地下防水工程	地下建筑防水工程：防水混凝土，水泥砂浆防水层，卷材防水层，涂料防水层，塑料板防水层，金属板防水层，细部构造
	特殊施工法防水工程：喷锚支护，地下连续墙，复合式衬砌，盾构法隧道
	排水工程：渗排水、盲排水、隧道、坑道排水
	注浆工程：预注浆、后注浆，衬砌裂缝注浆

10）地下防水工程应按工程设计的防水等级标准进行验收。地下防水工程渗漏水调查与量测方法按规范执行。

3. 防水混凝土、水泥砂浆防水层、卷材防水层、涂料防水层、细部构造详见《地下防水工程质量验收规范》（GB 50208—2011）。

三、卫生间墙、地面防水质量验收

1）水泥类找平层上铺设防水层时，其表面应坚固、洁净、干燥，其强度等级应符合设计要求。铺设前应涂刷基层处理剂。

2）防水层应铺涂超过卫生间过楼板管道套管的上口，并在墙面高出面层 200～300mm 或设计高度。阴阳角和管道穿过楼板的根部应增加附加防水层。

3）防水层铺涂后蓄水 24h 无渗漏为合格。蓄水深度为 20～30mm。

4）防水层施工质量应符合现行屋面工程质量验收规范。

四、防水工程施工安全注意事项

卷材屋面防水施工，时有被沥青胶烫伤、坠落等事故，必须重视防水工程施工的安全技术问题。

1）有皮肤病、眼病、刺激过敏等的人，不宜操作。施工中如发生恶心、头晕、过敏等情况时，应立即停止操作。

2）沥青操作人员不得赤脚、穿短裤和短袖衣服，裤脚袖口应扎紧，并带手套和护脚。

3）防止下风向人员中毒或烫伤。

4）存放卷材和粘结剂的仓库或现场要严禁烟火；如用明火，必须有防火措施，且设置一定数量的灭火器材和砂袋。

5）高处作业人员不得过分集中，必要时系安全带。

6）屋面周围应设防护栏杆；屋面上的孔洞应盖严或在孔洞周边设防护栏杆，并设水平安全网。

7）刮大风时应停止作业。

8）熬油锅灶应在下风向，上方不得有电线，地下 5m 不得有电缆。锅内沥青不得超过锅容量的 2/3，并防止外溢。熬油人员应随时注意温度变化，沥青脱完水后应慢火升温。锅内白烟变浓的红黄烟是着火的前兆，应立即停火。配冷底子油时要严格掌握沥青温度，严禁用铁棒搅拌；如发现冒出大量蓝烟应立即停止加入稀释剂。配制、贮存、涂刷冷底子油的地点严禁烟火，并不得在附近电焊、气焊。

9）运油的铁桶、油壶要咬口接头，严禁锡焊。桶宜加盖，装油量不得超过桶高的 2/3，油桶应平放，不得两人抬运。屋面吊运油桶的操作平台应设置防护栏杆，提升时要拉牵绳以防油桶摆动；油桶下方 10m 半径范围内禁止站人。

10）坡屋面操作应防滑，油桶下面应加垫来保证油桶放置平稳。

11）浇油与贴卷材者应保持一定距离，并根据风向错位，以防热沥青飞溅伤人。浇油时檐口下方不得有人行走或停留，以防热沥青流下伤人。

12）避免在高温烈日下施工。

思　考　题

1. 沥青油毡屋面防水层施工包括哪些工序？
2. 找平层为什么要留置分格缝？如何留置？
3. 油毡铺贴有哪些方法？
4. 油膏嵌缝涂料防水屋面施工时有哪些要求？
5. 地下防水层的卷材铺贴方案各有什么特点？
6. 防水混凝土工程施工中应注意哪些问题？
7. 新型建筑防水材料的施工工艺如何？

第九章 装饰工程

学习目标：掌握一般抹灰的质量要求、石板饰面施工的干挂技术。熟悉一般抹灰的施工技术，熟悉水磨石、大理石、花岗岩、瓷砖、木材地面施工技术，熟悉石板饰面施工技术的种类、瓷砖面层施工技术要求，熟悉门窗门锁、地弹簧、幕墙吊顶安装节点构造，熟悉装饰工程的质量要求要点及安全注意事项。了解水泥砂浆地面、细石混凝土地面、陶瓷马赛克地面、地毯地面、塑料地面施工技术，涂料涂刷及裱糊技术。

装饰工程一般有门窗安装、吊顶、抹灰、饰面安装或镶贴、涂料涂刷、幕墙安装等。其施工特点是：劳动量大，劳动量约占整个工程劳动总量的 30%~40%；工期长，约占整个工程施工期的一半以上甚至更多；造价高，一般工程装修部分占工程总造价的 30% 左右，高级装修工程则可达到 50% 以上。因此，大力发展新工艺、新技术，改革装饰材料，提高工程质量，缩短装饰工期，具有重要的经济意义。

第一节 门 窗 安 装

目前，国内在建筑上所用的门窗主要有木、塑、铝（合金）等几大类型。一般地，门、窗在生产工厂中预拼成形，在施工现场仅需安装即可。

一、木门窗的安装

木门窗安装前应检查门窗的品种、规格、形状、开启方向，并对其外形及平整度检查校正。如有窜角、翘扭、弯曲、劈裂等，应及时修整。门窗框靠墙或地的一侧应刷防腐涂料；对于上下垂直，左右水平的门窗洞口在门窗框安装前应找好垂线和水平，确定安装位置。

（1）门窗框的安装　传统上，安装门窗框有两种方法，一种是先立樘，另一种是后塞口。现在，一般户内木门不安框，只作门套。

门套的基本做法是：钉细木工板（之前应在钉位划线、打眼、钉木楔）→贴饰面板（另用纤维板做裁口，用强力万能胶粘饰面板）→钉木线条。

（2）门窗扇的安装　安装前检查门窗的型号、规格、数量是否符合要求，如发现问题，应事先修好或更换。安装门窗扇时，先量出门窗框净尺寸，考虑风缝的大小，再在扇上确定所需的高度和宽度，进行修刨。修刨高度方向时，先将梃的余头锯掉，对下冒头边略为修刨，主要是修刨上冒头。宽度方向，两边的梃都要修刨，不要单刨一边的梃。双扇门窗要对口后，再决定修刨两边的框。如发现门窗扇的高、宽有短缺的情况，高度上应将补钉的板条钉在下冒头下面；在宽度上，在装合页一边梃上补钉板条。为了开关方便，平开扇上、下冒头最好刨成斜面，倾角约 3°~5°。另外，安装时还应先将扇试装于樘口中，用木楔垫在下冒头下面的缝内并塞紧，看看四周风缝大小是否合适；双扇门窗还要看两扇的冒头或窗棂是否对齐和呈水平。认为合适后，在扇及樘上划出铰链位置线，取下门窗扇，装配五金，进行装扇。

二、铝合金门窗的安装

安装前应检查铝合金成品及构配件各部位，如发现变形，应予以校正和修理；同时还要检查预留门窗口标高线及几何形状，预埋件位置、间距是否符合规定，埋设是否牢固，不符合要求者，应按规定纠正后才能进行安装。

铝合金门窗一般先安装门窗框，后安装门窗扇。门窗框安装要求位置准确、横平竖直、高低一致、进出一致、牢固严密。安装时将门窗框安放到预留门窗口中的正确位置，先用木楔临时定位后，拉通线进行调整，使上、下、左、右的门窗分别在同一竖直线、水平线上；框边四周间隙与框表面距墙体外表面尺寸一致。再仔细校正其正、侧面垂直度、水平度及位置，合格后，楔紧木楔，再校正一次。然后要按设计规定的门窗框与墙体或预埋件连接固定方式进行焊接固定，或者用钢钉固定、膨胀螺钉固定、木螺钉固定（图9-1）。

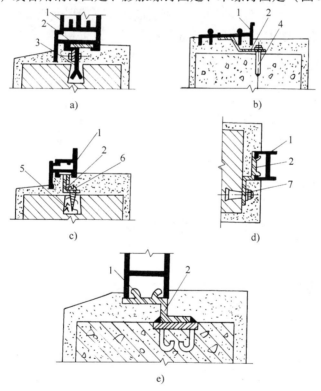

图9-1　铝合金门窗框与墙体连接方式

a）预留洞燕尾铁脚连接　b）射钉连接方式　c）预埋砖连接

d）膨胀螺钉连接　e）预埋件焊接连接

1—门窗框　2—连接铁件　3—燕尾铁脚　4—射（钢）钉　5—木砖　6—木螺钉　7—膨胀螺钉

门窗与墙体连接固定时应遵守以下规定：

1）门窗框与墙体的连接必须牢固，不得有松动现象。

2）铁件应对称排列在门窗框两侧，相邻铁件宜内外错开，连接铁件不得露出装饰。

3）焊接连接铁件时，应用橡胶或石棉布、板遮盖门窗框，不得烧损门窗框，焊接完毕应清除焊渣，焊接应牢固，焊缝不得有裂纹和漏焊现象。

4）固件离墙体边缘应不小于50mm，且不能装在缝隙中。

5）门窗框与墙体连接的预埋件、连接铁件、紧固件规格和要求，必须符合设计图的规定。

门窗框安装质量检查合格后，用水泥砂浆（配合比1:2）或细石混凝土嵌填洞口与门窗框间的缝隙，使门窗框牢固固定在洞内。

嵌填前应先把缝隙中的残留物清除干净，然后浇湿。拉好检查外形平直度的直线。嵌填操作应轻而细致，不破坏原安装位置。应边嵌填边检查门窗框是否变形移位。嵌填时应注意，不可污染门窗框和不嵌填部位，嵌填必须密实饱满，不得有间隙，也不得松动或移动木楔，并应洒水养护。

门窗框的安装要求位置准确、平直，缝隙均匀，严密牢固，启闭灵活，并且五金零配件安装位置准确，能起到各自的作用。对推拉式门窗扇，先装室内侧的门窗扇，后装室外侧的门窗扇；对固定扇应装在室外侧并固定牢固不会脱落，以确保使用安全。平开式门窗扇装于门窗框内，要求门窗扇关闭后四周压合严密，搭接量一致，相邻两门窗扇在同一平面内。

三、塑料门窗的安装

1. 塑料窗的安装

塑料窗安装时，要求窗框与墙壁之间预留10～20mm间隙，若尺寸不符合要求时应进行处理，合格后方可安装窗框。然后按设计要求的连接方式与墙体固定（图9-2）。

塑料窗框与墙体固定时应遵守下列规定：

1）窗框与墙体的连接必须牢固，不得有任何松动现象。

2）连接件的位置与数量应根据力的传递和变形来考虑，在具体布置时，首先应保证在铰链水平的位置上设连接点，并应注意相邻两连接点之间的距离不应大于700mm，而且在转角、直档及有搭钩处的间距应更小一些。另外，为了适应型材的线性膨胀，一般不允许在有横档或竖梃的地方设框墙连接点，相邻的连接点应在距其150mm处。

窗框安装质量检查合格后，框墙间隙内应填入矿棉、玻璃棉或泡沫塑料等隔绝材料为缓冲层。在间隙外侧应用弹性封缝材料加以密封（如硅橡胶条密封），而不能用含沥青的封缝材料，因为沥青材料可能会使塑料软化。最后进行墙面抹灰。工程有要求时，最后还须加装塑料护盖。

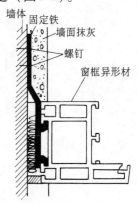

图9-2 塑料窗与墙体的连接方式

2. 塑料门的安装

首先检查洞口规格是否符合图样要求，检查预理连接件是否符合施工要求。然后按设计要求的连接方式与墙体固定。其固定方法可参考塑料窗进行。

塑料门窗的优点虽很突出，但也易老化和变形。为此塑料门窗也有加筋的，并且进场时应根据设计图样和国家标准进行严格检查验收，不得有开焊、断裂、变形、退色、颜色不一致等质量问题，合格者应置于室内无热源处存放。

四、自动门及全玻璃装饰门的安装

1. 自动门

自动门是利用微波、压力或光电感应实现开关的。

自动门的安装程序为：地面导轨安装→安装横梁→将机箱固定在横梁→安装门扇→调试。

2. 全玻璃装饰门

全玻璃装饰门所用的玻璃多为厚度在 12mm 以上的平板玻璃、雕花玻璃、钢化玻璃等，金属装饰多是不锈钢、黄铜等。

全玻璃装饰门固定部分的安装程序为：玻璃裁割→固定底托（图 9-3）→安装玻璃板→注胶封口。底托木方上钉木板条，距玻璃板面一定距离，然后在木板条上涂万能胶，把饰面板粘卡在木方上。

全玻璃装饰门活动门扇的安装程序为：画线（转动销、地弹簧位置）→确定门扇高度→固定上下横档（图 9-4、图 9-5）→门扇固定→安装拉手（图 9-6）。

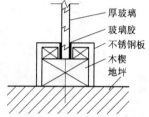

图 9-3　底部木底托构造做法

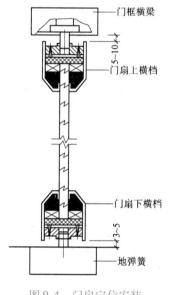

图 9-4　门扇定位安装

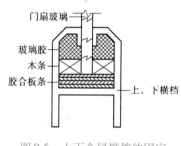

图 9-5　上下金属横档的固定

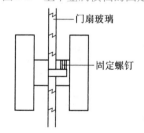

图 9-6　门拉手安装示意图

五、门锁、地弹簧的安装

图 9-7 所示为门锁拆除，它反映了锁的构造以及与门的关系，也表明了门锁的安装方法。

图 9-8 所示为地弹簧安装图，它反映了地弹簧的构造以及与门的关系，也表明了地弹簧的安装方法。

建筑施工技术

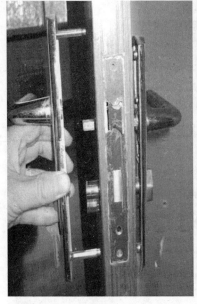

a)　　　　　　　　　　b)　　　　　　　　　　c)

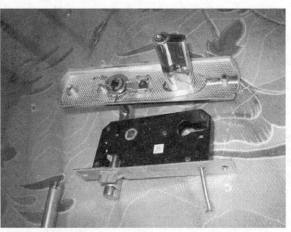

d)　　　　　　　　　　e)

图 9-7　门锁拆除
a）拆除一侧把手　b）一侧把手拆除后正面　c）一侧把手拆除后侧面
d）锁芯　e）锁芯和一侧把手

282

a)

b)

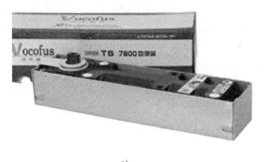

c)

d)

图 9-8 地弹簧安装图

a）安装后 b）地弹簧整体 c）地弹簧拆去盖板 d）地弹簧内部

六、施工质量验收

1. 木门窗

1）木门窗的木材品种、材质等级、规格、尺寸、框扇的线型等应符合设计要求。

2）木门窗表面应洁净，不得有刨痕、锤印。

3）木门窗的品种、类型、规格、开启方向、安装位置及连接方式应符合设计要求。

4）木门窗安装质量验收标准见表 9-1。

表 9-1 木门窗安装质量验收标准

项次	项　　目	留缝限值 /mm		允许偏差 /mm		检验方法
		普通	高级	普通	高级	
1	门窗槽口对角线长度差	—	—	3	2	用钢直尺检查
2	门窗框的正、侧面垂直度	—	—	2	1	用 1m 垂直检测尺检查
3	框与扇、扇与扇接缝高低差	—	—	2	1	用钢直尺和塞尺检查
4	门窗扇对口缝	1~2.5	1.5~2	—	—	用塞尺检查
5	工业厂房双扇大门对口缝	2~5		—	—	用塞尺检查
6	门窗扇与上框间留缝	1~2	1~1.5	—	—	

（续）

项次	项目		留缝限值/mm		允许偏差/mm		检验方法
			普通	高级	普通	高级	
7	门窗扇与侧框间留缝		1~2.5	1~1.5	—	—	用塞尺检查
8	窗扇与下框间留缝		2~3	2~2.5	—	—	
9	门扇与下框间留缝		3~5	3~4	—	—	
10	双层门窗内外框间距		—	—	4	3	用钢直尺检查
11	无下框时门扇与地面间留缝	外门	4~7	5~6	—	—	用塞尺检查
		内门	5~8	6~7	—	—	
		卫生间门	8~12	8~10	—	—	
		厂房大门	10~20	—	—	—	

2. 铝合金门窗

1）铝合金门窗的品种、类型、规格、尺寸、性能、开启方向、安装位置、连接方式及型材壁厚应符合设计规定。

2）铝合金门窗表面应洁净、平整、光滑、色泽一致，无锈蚀。

3）铝合金门窗安装质量验收标准见表9-2。

表9-2　铝合金门窗安装质量验收标准

项次	项目		允许偏差/mm	检验方法
1	门窗槽口宽度、高度	≤1500mm	2	用钢直尺检查
		>1500mm	3	
2	门窗槽口对角线长度差	≤2000mm	4	用钢直尺检查
		>2000mm	5	
3	门窗框的正、侧面垂直度		3	用垂直检测尺检查
4	门窗横框的水平度		3	用1m水平尺和塞尺检查
5	门窗横框标高		5	用钢直尺检查
6	门窗竖向偏离中心		5	用钢直尺检查
7	双层门窗内外框间距		4	用钢直尺检查
8	推拉门窗扇与框搭接量		2	用钢直尺检查

3. 塑料门窗

1）塑料门窗的品种、类型、规格、尺寸、开启方向、安装位置、连接方式及填嵌密封处理应符合设计要求。

2）塑料门窗应开关灵活、关闭严密，无倒翘，密封条不得脱槽。

3）塑料门窗表面应洁净、平整、光滑，大面应无划痕、碰伤。

4）塑料门窗安装质量验收标准见表9-3。

表 9-3 塑料门窗安装质量验收标准

项次	项 目		允许偏差/mm	检验方法
1	门窗槽口宽度、高度	≤1500mm	2	用钢直尺检查
		>1500mm	3	
2	门窗槽口对角线长度差	≤2000mm	3	用钢直尺检查
		>2000mm	5	
3	门窗框的正、侧面垂直度		3	用1m垂直检测尺检查
4	门窗横框的水平度		3	用1m水平尺和塞尺检查
5	门窗横框标高		5	用钢直尺检查
6	门窗竖向偏离中心		5	用钢直尺检查
7	双层门窗内外框间距		4	用钢直尺检查
8	同樘平开门窗相邻扇高度差		2	用钢直尺检查
9	平开门窗铰链部位配合间隙		+2;−1	用塞尺检查
10	推拉门窗扇与框搭接量		+1.5;−2.5	用钢直尺检查
11	推拉门窗扇与竖框平行度		2	用1m水平尺和塞尺检查

七、门窗工程的安全注意事项

为确保安全施工，对安全技术、劳动保护、防火、防毒等方面，均应按国家现行的安全法规和各有关部门制定的安全规定，结合工程实际情况编制有针对性的具体措施。在作业前，向班组及有关人员交待并监督贯彻执行。

1）施工前，必须先认真检查作业环境，条件是否符合安全生产要求。发现不安全因素应及时报告，妥善处理好后方可进行操作。

2）机电设备（如切割机、电动木工开槽机、修边机、钉枪等）应固定专人并培训合格后方能操作。

3）焊接连接件时，严禁在铝合金门窗框上拴接地线或打火（引弧）。

4）在填缝材料（水泥砂浆）固结前，绝对禁止在门窗框上工作，或在其上搁置任何物品。

5）在夜间或黑暗处施工时，应用低压照明设备，并满足照度要求。

6）操作时精神要集中，不准嬉笑打闹，严禁从门窗口向外抛掷东西或倒灰渣。

7）塑料门窗堆放时严禁接近热源。

第二节 抹 灰 工 程

抹灰工程按面层不同分为一般抹灰和装饰抹灰。

（1）一般抹灰 一般抹灰其面层材料有石灰砂浆、水泥砂浆、水泥混合砂浆、麻刀灰、纸筋灰和石膏灰等。为了保证抹灰表面平整，避免裂缝，抹灰施工一般应分层操作。抹灰层由底层、中层和面层组成。底层主要起与基体粘结的作用，中层主要起找平的作用，面层起装饰作用。一般抹灰按其质量要求和主要操作工序的不同，分为高级抹灰、普通抹灰两级。

高级抹灰要求做一层底层、数层中层和一层面层。其主要工序是阴阳角找方，设置标筋，分层赶平，修整和表面压光。

普通抹灰要求做一层底层、一层中层和一层面层。其主要工序是阴阳角找方，设置标筋，分层赶平，修整和表面压光。

（2）装饰抹灰　装饰抹灰是指抹灰层面层为水刷石、水磨石、斩假石、假面砖、喷涂、滚涂、弹涂、彩色抹灰等。其底层、中层应按高级挂灰标准进行施工。

一、基体处理

1）砖石、混凝土和加气混凝土基层表面的灰尘、污垢、油渍应清除干净，并填实各种网眼，抹灰前一天，浇水湿润基体表面。

2）基体为混凝土、加气混凝土、灰砂砖和煤矸石砖时，在湿润的基体表面还需刷掺有 TG 胶的水泥浆一道，从而封闭基体的毛细孔，使底灰不至于早期脱水，以增强基体与底层灰的粘结力。

3）墙面的脚手架孔洞应堵塞严密；水暖、通风管道的墙洞及穿墙管道必须用 1∶3 水泥砂浆堵严。

4）不同基体材料相接处铺设金属网，铺设宽度以缝边起每边不得小于 100mm。

二、材料要求

（1）水泥　应采用硅酸盐水泥、普通硅酸盐水泥、矿渣水泥和白水泥，强度等级应不小于 32.5，白水泥强度等级应不小于 42.5。

（2）石膏　一般用建筑石膏，磨成细粉无杂质，其凝结时间不迟于 30min。

（3）砂　砂最好采用中砂或粗砂，细砂也可使用，但特细砂不得使用。砂使用前应过筛。

（4）炉渣　炉渣应洁净，其中不应含有有机杂质和未燃尽的煤矿块，炉渣使用前应过筛，粒径不宜超过 1.2～3mm，并浇水湿透，一般 15d 左右。

（5）纸筋　使用前应用水浸透、捣烂、洁净，罩面纸筋宜用机碾磨细。

（6）麻刀　要求柔软干燥、敲打松散、不含杂质，长度为 10～30mm，使用前四五天用石灰膏调好。

（7）其他掺合料　主要包括 TG 胶、乳胶、防裂剂、罩面剂等，通过试验确定掺量。

三、一般抹灰

1. 墙面抹灰

（1）弹准线　将房间用方尺规方，小房间可用一面墙做基线；大房间或有柱网时，应在地面上弹十字线，在距墙阴角 100mm 处用线锤吊直，弹出竖线后，再按规方地线及抹面平整度向里反弹出墙角抹灰准线，并在准线上下两端打上铁钉，挂上白线，作为抹灰饼、冲筋的标准。

（2）抹灰饼、冲筋（标筋、灰筋）　首先，距顶棚约 200mm 处先做两个上灰饼；其次，以上灰饼为基准，吊线做下灰饼。下灰饼的位置一般在踢脚板上方 200～250mm 处；再次，根据上下灰饼，再上下左右拉通线做中间灰饼，灰饼间距为 1.2～1.5m，应做在脚手板面，位置不超过脚手板面 200mm。灰饼大小一般为 40mm×40mm，应用与抹灰层相同的砂浆。待灰饼砂浆收水后，在竖向灰饼之间填充灰浆做成冲筋。冲筋时，以垂直方向的上下两个灰饼之间的厚度为准，用与灰饼相同的砂浆冲筋，抹好冲筋砂浆后，用刮尺把冲筋通平。一次通不平，可补灰，直至通平为止。冲筋面宽 50mm，底宽 80mm 左右，墙面不大时，可只做两条竖筋。冲筋后应检查冲筋的垂直平整度，误差在 0.5mm 以上者，必须修整。

（3）抹底层灰 冲筋达到一定强度，刮尺操作不致损坏时，即可抹底层灰。抹底层灰前，基层要进行处理，底层砂浆的厚度为冲筋厚度的 2/3，用铁抹子将砂浆抹上墙面并进行压实，并用木抹子修补、压实、搓平、搓粗。

（4）抹中层灰 待已抹底层灰凝结后（达七至八成干，用手指按压不软，但有指印和潮湿感），抹中层灰，中层砂浆同底层砂浆。抹中层灰时，依冲筋厚以装满砂浆为准，然后用大刮尺贴冲筋，将中层灰刮平，最后用木抹子搓平，搓平后用 2m 长的靠尺检查。检查的点数要充足，凡有超过质量标准者，必须修整，直至符合标准为止。

（5）抹罩面灰 当中层灰干达七至八成后，普通抹灰可用麻刀灰罩面，中、高级抹灰应用纸筋灰罩面，用铁抹子抹平，并分两遍连续适时压实收光。如中层灰已干透发白，应先适度洒水湿润后，再抹罩面灰。不刷浆的高级抹灰面层，宜用漂白细麻石灰膏中纸筋石灰膏涂抹，并压实收光，表面达到光滑、色泽一致、不显接槎为好。

（6）墙面阳角抹灰 墙面阳角抹灰时，先将靠尺在墙角的一面用线锤找直，然后在墙角的另一面顺靠尺抹上砂浆。

室内墙裙、踢脚板一般要比罩面灰墙面凸出 3~5mm。因此，应根据高度尺寸弹线，把八字靠尺靠在线上用铁抹子切齐，修边清理。然后再抹墙裙和踢脚板。

2. 顶棚抹灰

混凝土顶棚抹灰工艺流程：基层处理→弹线→湿润→抹底层灰→抹中层灰→抹罩面灰。

基层处理包括清除板底浮灰、砂石和松动的混凝土，剔平混凝土突出部分，清除板面隔离剂。当隔离剂为滑石粉或其他粉状物时，先用钢丝刷刷除，再用清水冲洗干净。当为油脂类隔离剂时，先用质量分数为 10% 的火碱溶液洗刷干净，再用清水冲洗干净。

抹底层灰前一天，用水湿润基层，抹底层灰的当天，根据顶棚湿润情况，用茅草帚洒水、湿润，接着满刷一遍 TG 胶水泥浆，随刷随抹底层灰。底层灰使用水泥砂浆，抹时用力挤入缝隙中，厚度为 3~5mm，并随手带成粗糙毛面。

抹底层灰后（常温 12h 后），采用水泥混合砂浆抹中层灰，抹完后先用刮尺顺平，然后用木抹子搓平，低洼处当即找平，使整个中层灰表面顺平。

待中层灰凝结后，即可抹罩面灰，用铁抹子抹平压实收光。如中层灰表面已发白（太干燥），应先洒水湿润后再抹罩面灰。面层抹灰经抹平压实后的厚度不得大于 2mm。

对平整的混凝土大板，如设计无特殊要求，可不抹灰，而是用腻子分遍刮平收光后刷浆，要求各遍粘结牢固，总厚度不大于 2mm，腻子配合比（体积比）为：乳胶:滑石粉（或大白粉）:2% 甲基纤维素溶液 = 1:5:3.5。

四、施工质量验收

1. 一般抹灰

1）一般抹灰所用材料的品种和性能应符合设计要求。

2）抹灰层与基层之间及抹灰层之间必须粘贴牢固，抹灰层应无脱层、空鼓，面层应无爆灰和裂缝。

3）普通抹灰表面应光滑、洁净，接槎平整，分格缝应清晰。

4）高级抹灰表面应光滑、洁净、颜色均匀，无抹纹，分格缝和灰线应清晰美观。

5）一般抹灰工程质量验收标准见表9-4。

表9-4 一般抹灰工程质量验收标准

项次	项　　目	允许偏差/mm		检　验　方　法
		普通抹灰	高级抹灰	
1	立面垂直度	4	3	用2m垂直检测尺检查
2	表面平整度	4	3	用2m靠尺和塞尺检查
3	阴阳角方正	4	3	用直角检测尺检查
4	分格条（缝）直线度	4	3	拉5m线，不足5m拉通线，用钢直尺检查
5	墙裙、勒脚上口直线度	4	3	拉5m线，不足5m拉通线，用钢直尺检查

2. 装饰抹灰

1）水刷石表面应石粒清晰、分布均匀、紧密平整、色泽一致，应无掉粒和接槎痕迹。

2）干粘石表面应色泽一致，不露浆，不漏粘，石粒应粘结牢固，分布均匀，阳角处应无明显黑边。

3）斩假石表面剁纹应均匀顺直，深浅一致，应无漏剁处；阳角处应横剁并留出宽窄一致的不剁边条，棱角应无损坏。

4）装饰抹灰工程质量验收标准见表9-5。

表9-5 装饰抹灰工程质量验收标准

项次	项　　目	允许偏差/mm				检验方法
		水刷石	斩假石	干粘石	假面砖	
1	立面垂直度	5	4	5	5	用2m垂直检测尺检查
2	表面平整度	3	3	5	4	用2m靠尺和塞尺检查
3	阴阳角方正	3	3	4	4	用直角检测尺检查
4	分格条（缝）直线度	3	3	3	3	拉5m线，不足5m拉通线，用钢直尺检查
5	墙裙、勒脚上口直线度	3	3	—	—	拉5m线，不足5m拉通线，用钢直尺检查

五、抹灰施工的安全注意事项

1）操作中必须正确使用防护措施，严格遵守各项安全规定，进入高空作业和有坠落危险的施工现场人员必须戴好安全帽。在高空的人员必须系好安全带。上下交叉作业，要有隔离设施，出入口搭防护棚，距地面4m以上作业要有防护栏杆、挡板或安全网。高层建筑工程的安全网，要随墙逐层上升。

2）施工现场坑、井、沟和各种孔洞，易燃易爆场所，变压器四周应指派专人设置围栏或盖板，并设置安全标志，夜间要设置红灯示警。

3）脚手架未经验收不准使用，验收后不得随意拆除及自搭跳板。

4）做水刷石、喷涂时，挪动水管、电缆线时，应注意不要将跳板、水桶、灰盆等物拖动，避免造成瞎跳或物体坠落伤人。

5）层高 3.6m 以下抹灰架子，由抹灰工自己搭设。如采用脚手凳时，其间距不应大于 2m，不准搭设探头板，也不准支搭在暖气片或管道上，必须按照有关规定搭设，使用前应检查，确定牢固可靠，方可上架操作。

6）在搅拌灰浆和操作中，尤其在抹顶棚灰时，要注意防止灰浆入眼造成伤害。

7）冬期施工采用热作业时应防止煤气中毒和火灾，在外架上要经常扫雪，采取防滑措施，春暖开冻时要注意防止外架沉陷。

8）高空作业中如遇恶劣天气或风力 5 级以上影响安全时，应停止施工。大风大雨以后要进行检查，检查架子有无问题，发现问题应及时处理，处理后才能继续使用。

第三节　楼地面工程

楼地面是房屋建筑底层地坪和楼层地坪的总称。由面层、垫层和基层等部分构成。面层材料有：土、灰土、三合土、菱苦土、水泥砂浆、混凝土、水磨石、马赛克、木、砖和塑料地面等。面层结构有：整体地面（如水泥砂浆地面、混凝土地面、现浇水磨石地面等）、块材（如马赛克、石材等）地面、卷材（如地毯、软质塑料等）地面和木地面。

一、基层施工

1）抄平弹线，统一标高。检测各个房间的地坪标高，并将统一水平标高线弹在各房间四壁上，离地面 500mm 处。

2）楼面的基层是楼板，应做好楼板板缝灌浆、堵塞工作和板面清理工作。

地面下的基土经夯实后的表面应平整，用 2m 靠尺检查，要求基土表面凹凸不大于 10mm，标高应符合设计要求，水平偏差不大于 20mm。

二、垫层施工

（1）刚性垫层　刚性垫层指的是水泥混凝土、碎砖混凝土、水泥炉渣混凝土等各种低强度等级混凝土垫层。

（2）半刚性垫层　半刚性垫层一般有灰土垫层和碎砖三合土垫层。

（3）柔性垫层　柔性垫层包括用土、砂、石、炉渣等散状材料经压实的垫层。砂垫层厚度不小于 60mm，用平板振动器振实；砂石垫层的厚度不小于 100mm，要求粗细颗粒混合摊铺均匀，浇水使砂石表面湿润，碾压或夯实不少于三遍至不松动为止。

三、面层施工

（一）整体地面

（1）水泥砂浆地面　水泥砂浆地面面层厚 15～20mm，一般用强度等级不低于 32.5 的硅酸盐水泥与中砂或粗砂配制，配合比 1:2～1:2.5（体积比），砂浆应是干硬性的，以手捏成团稍出浆为准。

操作前先按设计测定地坪面层标高，同时将垫层清扫干净洒水湿润后，刷一道含 4%～

5%（质量分数）的 TG 胶素水泥浆，紧接着铺水泥砂浆，用刮尺赶平，并用木抹子压实，待砂浆初凝后终凝前，用铁抹子反复压光为止，不允许撒干灰砂收水抹压。压光一般分三遍成活，第一道压光应在面层收水后，用铁抹子压光，这一遍要压得轻些，尽量抹得浅一些；第二遍压光应在水泥砂浆初凝后终凝前进行，一般以手指按压不陷为宜，这一遍要求不漏压，把砂眼、孔坑压平；第三遍压光时间以手指按压无明显指痕为宜。当砂浆终凝后（一般为 12h）覆盖草袋或锯末，浇水养护不少于 7d。

（2）细石混凝土地面　细石混凝土地面的厚度一般 4cm，坍落度为 1~3cm，砂要求为中砂或粗砂，石子粒径不大于 15mm，且不大于面层厚度的 2/3。

混凝土铺设时，应预先在地面四周弹面层厚度控制线。楼板应用水冲刷干净，待无明水时，先刷一层水泥砂浆，刷浆要注意适时适量，随刷随铺混凝土，用刮尺赶平，用表面振动器振捣密实或采用滚筒交叉来回滚压 3~5 遍，至表面泛浆为止，然后进行抹平和压光。混凝土面层应在初凝前完成抹平工作，终凝前完成压光工作，最后进行浇水养护。

（3）水磨石地面　水磨石地面面层应在完成顶棚和墙面抹灰后再开始施工。其工艺流程如下：

基层清理→浇水冲洗湿润→设置标筋→做水泥砂浆找平层→养护→镶嵌玻璃条（或金属条)→铺抹水泥石子浆面层→养护，初试磨→第一遍磨平浆面并养护→第二遍磨平磨光浆面并养护→第三遍磨光并养护→酸洗打蜡。

铺抹水泥砂浆找平层并养护 2~3d 后，即可进行嵌条分格工作（图 9-9）。

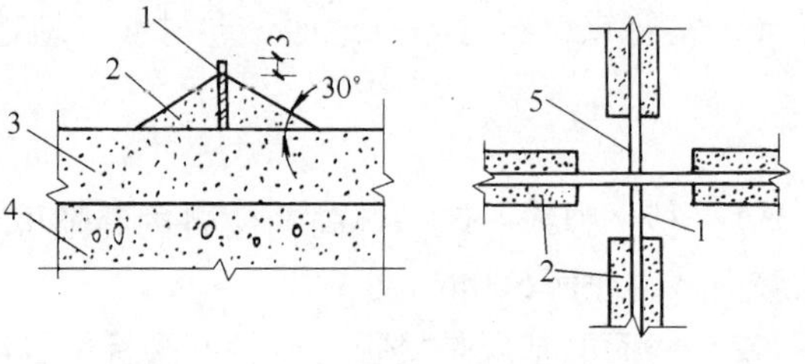

嵌条时，用木条顺线找平，将嵌条紧靠在木条边上，用素水泥浆涂抹嵌条的一边，先稳好一面，然后拿开木条，在嵌条的另一边涂抹水泥浆。在分格条下的水泥浆形成八字角，素水泥浆涂抹高度应比分格条低 3mm，俗称"粘七露三"。嵌条后，应浇水养护，待素水泥浆硬化后，铺面层水泥石子浆。

图 9-9　嵌条分格设置
1—分格条　2—素水泥浆　3—水泥砂浆找平层
4—混凝土垫层　5—40~50mm 内不抹素水泥浆

面层水泥石子浆的配比：水泥：大八厘石粒为 1:2，水泥：中八厘石粒为 1:2.5。计量应准确，宜先用水泥和颜料干拌过筛，再掺入石渣，拌和均匀后，加水搅拌，水泥石子浆稠度宜为 3~5cm。

铺设水泥石子浆前，应刷素水泥一道，并随即浇筑石子浆，铺设厚度要高于分格条 1~2mm，先铺分格条两侧，并用抹子将两侧约 10cm 内的水泥石子浆轻轻拍压平实，然后铺分格块中间石子浆，以防滚压时挤压分格条。铺设水泥石子浆后，用滚筒第一次压实，滚压时要及时扫去粘在滚筒上的石渣，缺石处要补齐。2h 左右，用滚筒第二次压实，直至将水泥砂浆全部压出为止，再用木抹子或铁抹子抹平，次日开始养护。

水磨石开磨前应先试磨，以表面石粒不松动方可开磨，水磨石面层应使用磨石机分次磨光，头遍用 60~90 号粗金刚石磨，边磨边加水，要求磨匀磨平，使全部分格条外露。磨后将泥浆冲洗干净，干燥后，用同色水泥浆涂抹，以填补面层所呈现的细小孔隙和凹痕，洒水养护 2~3d 再磨。二遍用 90~120 号金刚石磨，要求磨到表面光滑为止，其他同头遍。三遍用 180~200 号金刚石磨，磨至表面石子颗粒显露，平整光滑，无砂眼细孔，用水冲洗后，涂抹溶化冷却的草酸溶液（热水：草酸＝1:0.35）一遍。四遍用240～300号油石磨，研磨至砂浆表面光滑为止，用水冲洗晾干。普通水磨石面层，磨光遍数不应少于三遍，高级水磨石面层适当增加磨光遍数。

上蜡时先将蜡洒在地面上，待干后再用钉有细帆布（或麻布）的木块代替油石，装在磨石机的磨盘上进行研磨，直至光滑洁亮为止，上蜡后铺锯末进行养护。

（二）块材地面

1. 陶瓷马赛克地面

（1）操作程序　基层处理→贴灰饼、冲筋→做找平层→抹结合层→粘贴陶瓷马赛克→洒水、揭纸→拨缝→擦缝→清洁→养护。

（2）施工要点　楼面基底应清理干净，不应有砂浆块，更不应有白灰砂浆，混凝土垫层不得疏松起砂。然后弹好地面水平标高线，并沿墙四周做灰饼，以地漏处为最低处，门口处为最高处，冲好标筋（间距为1.5～2m）。接着做1:3干硬性水泥砂浆结合层（20mm厚），其干硬度以手捏成团、落地即散为准，用机械拌和均匀。铺浆前，先将基层浇水湿润，均匀刷水泥浆一道，随即铺砂浆并用刮尺刮平，木抹子接槎抹平。铺贴马赛克一般从房间中间或门口开始铺。铺贴前，先在准备铺贴马赛克的范围内撒素水泥浆（掺10%～20%的TG胶），一定要撒匀，并洒水湿润，同时用排笔蘸水将待铺的马赛克砖面刷湿，随即按控制线顺序铺贴马赛克，铺贴时还应用方尺控制方正，当铺贴快到尽头时，应提前量尺预排。铺贴一定面积后，用橡胶锤和拍板依次拍平压实，拍至素水泥浆挤满缝隙为止。铺贴完毕，用喷壶洒水至纸面完全浸湿后15～30min可以揭纸，揭纸时应手扯纸边与地面平行方向揭。揭纸后应用开刀将不顺直不齐的缝隙拔直，然后用白水泥嵌缝、灌缝、擦缝，并及时将马赛克表面水泥砂浆擦净，铺完24h后应进行养护，养护3～5d后方可上人。

2. 地砖地面

（1）操作程序　基层处理→铺抹结合层→弹线、定位→铺贴。

（2）施工要点　地面砖铺贴前，应先挂线检查并掌握楼地面垫层平整度，做到心中有数。然后清扫基层并用水冲刷干净，如为光滑的混凝土楼面应凿毛，对于楼地面的基层表面应提前一天浇水。在刷干净的地面上，摊铺一层1:3.5的水泥砂浆结合层（10mm）。根据设计要求再确定地面标高线和平面位置线。可以用尼龙线或棉线在墙面标高点上拉出地面标高线，以及垂直交叉的定位线，据此进行铺贴。

1）按定位线的位置铺贴地砖。用1:2的水泥砂浆摊在地砖背面上，再将地砖与地面铺贴，并用橡胶锤敲击砖面，使其与地面压实，并且高度与地面标高线吻合。铺贴数块后应用水平尺检查平整度，对高的部分用橡胶锤敲击调整，低的部分应起出后用水泥浆垫高。对于小房间来说（面积小于40m²），通常做T字形标准高度面。房间面积较大时，通常在房间中心按十字形或X形做出标准高度面，这样便于多人同时施工（图9-10）。

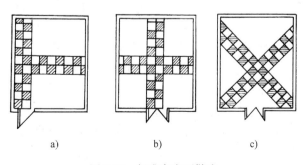

图9-10　标准高度面做法
a）面积较小的房屋做T字形　b）、c）大面积房屋的做法

2）铺贴大面。铺贴大面施工是以铺好的标准高度面为标基，进行铺贴时紧靠已铺好的标准高度开始施工，并用拉出的对缝平直线来控制地砖对缝的平直。铺贴时，砂浆应饱满地抹于地砖背面，并用橡胶锤敲实，以防止空鼓现象，并应四边铺边用水平尺检查校正，还需即刻擦去表面水泥砂浆。

对于卫生间、洗手间地面，应注意铺时做出 0.5% ~1% 的排水坡度。

整幅地面铺贴完毕后，养护 2d 再进行抹缝施工。抹缝时，将白水泥调成干性团，在缝隙上擦抹，使地砖的对缝内填满白水泥，再将地砖表面擦净。

（三）卷材地面

1. 地毯地面

地毯的铺设方法分为固定式与不固定式两种；就铺设范围有满铺与局部铺设之分。

不固定式是将地毯裁边，粘结接缝成一整片，直接摊铺在地上，不与地面粘结，四周沿墙脚修齐即可。

固定式是将地毯裁边，粘结接缝成一整片，四周与房间地面加以固定，一般在木条上钉倒刺钉固定，其施工方法如下：

1）基层表面处理。平整的表面只须打扫干净，若有油污等物，须用丙酮或松节油擦揩干净，高低不平处须用水泥砂浆填嵌平整。

2）先在室内四周装倒刺木条。木条宽 20 ~25mm，厚 7 ~8mm，具体数据根据衬垫材料而定。即木条厚度应比补垫材料的厚度小 1 ~2mm，在木条上预先钉好倒刺钉，钉子长 40 ~50mm，钉尖突出木条 3 ~4mm，在离墙 5 ~7mm 处，将倒刺木条用胶或膨胀螺栓固定在水泥地面上，倒刺钉要略倒向墙一侧，与水平面成 60° ~75°（图9-11）。

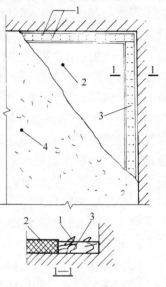

图 9-11　固定式满铺地毯
1—倒刺钉　2—泡沫塑料衬垫
3—木条　4—尼龙地毯

3）将地毯平铺在宽阔平整之处，按房间净面积放线裁剪。应注意地毯的伸长率，在裁剪时要扣除伸长量，裁好的地毯卷起来备用。

4）地毯不够大时可拼装，拼缝用尼龙线缝合，在背面抹接缝胶并贴麻布接缝条。

5）用泡沫塑料或橡胶作衬垫材料。衬垫铺在倒刺木条之内，其尺寸为木条之间的净尺寸，不够长时可以拼接。将木条内的地面清扫干净，用胶结料将衬垫材料平摊、粘牢。

6）从房间一边开始，将裁好的地毯卷向另一边展开，注意不要使衬垫起皱移位。用撑平器双向撑开地毯，在墙边用木锤敲打，使木条上的倒刺钉尖刺入地毯。四周钉好后，将地毯边掖入木条与墙的间隙内，使地毯不致卷曲翘条。

7）门口处地毯的敞边应装上门口压条，拆去暂时固定的螺钉，门口压条是厚度为 2mm 左右的铝合金材料（图9-12），使用时将 18mm 的一面轻轻敲下，紧压住地毯面层，其 21mm 的一面应压在地毯之下，并与地面用螺钉加以固定。

8）清扫地毯。用吸尘器清洁地毯上的灰尘。

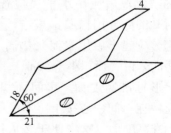

图 9-12　铝合金门口压条

2. 软质塑料卷材地面

（1）操作程序 施工准备→弹线→下料→刮胶→铺贴卷材。

（2）操作要点

1）铺贴前卷材应做预热处理，宜放入75℃左右的热水浸泡10～20min，至板面全部变软并伸平后取出晾干待用，但不得用炉火和电热炉预热。卷材地面基层必须平整、坚硬、干燥、有足够的强度，无油脂及其他杂质（包括砂粒），各阴阳角必须方正，含水率不应大于8%，如有油污应用碱水或溶剂清除干净，小凸块应用凿子凿去或用砂轮磨平。

2）塑料卷材应根据卷材幅宽、每卷长度、花饰、设计要求和房间尺寸决定纵铺或横铺。一般以缝少为好。在地面弹好搭接线，根据实际尺寸下料。下料时将塑料卷材铺在地面上用刀裁割，然后进行预拼。接缝如需焊接，边缘应割成平滑坡口（用V形缝，切口用刀割），两边拼合的坡口角度约为55°。

3）用塑料刮板涂刷一层薄而匀的底子胶（按原胶粘剂的重量加10%的汽油和10%的醋酸乙酯搅拌均匀而成），待干燥后，涂刷胶粘剂。将配好的胶粘剂先均匀涂刷在卷材背面，后将胶粘剂倒在基层上，用梳型刮刀（图9-13）呈"8"字形运动方向涂刷。要求涂刷均匀，齿锋明显，涂刮不宜太薄或太厚，一般以厚度1mm为宜。待胶稍干后，以手摸胶面不粘手为宜，即可铺贴卷材。铺贴时四人分两边同时将卷材提起，按预先弹好的搭接线，先将一端放下，再逐渐顺线铺置。若离线时应立即掀起移动调整，铺正后从中间往两边用手和橡胶滚筒滚压赶平，若有未赶出的气泡，应将前端掀起赶出。

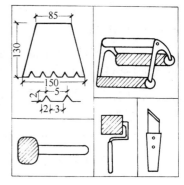

图9-13 塑料地板铺贴工具

（四）木地面

木地面按其施工方法分为两种：一种是钉固地面，另一种是胶粘地面。按木条拼接形式分为正方形地面、芦席纹地面、人字纹地面、直条地面等（图9-14）。

1. 钉固地面

木地面面层有单层和双层两种。单层木板面层是在木搁栅上直接钉直条企口板。木搁栅有空铺和实铺两种形式，空铺式是将搁栅两头搁于墙内的垫木上，木搁栅之间加设剪刀撑；实铺式是将木搁栅铺于钢筋混凝土楼板上或混凝土垫层上（图9-15）。

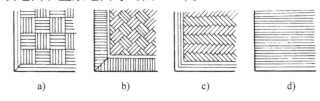

图9-14 木地板拼接形式
a）正方形地面 b）芦席纹地面 c）人字纹地面 d）直条地面

（1）材料要求 木搁栅要求采用含水率在15%以内变形小的木材，常用红松和白松等，呈梯形，上面要刨平，规格和间距按设计图样规定，要涂刷防腐剂（通常采用刷1～2遍水柏油），毛地板常用红松、白松和杉木等，宽100～150mm，厚15～20mm，侧边有企口，底面要涂刷防腐剂。硬地板常用水曲柳、樱桃木、柚木等。木条须经干燥处理，使其含水率不大于12%。木条板厚18～25mm，宽40～50mm，长度除直条地板为长料外，其余均为短料。侧边也有企口，要求板条的厚度、宽度、企口尺寸和颜色相同。

建筑施工技术

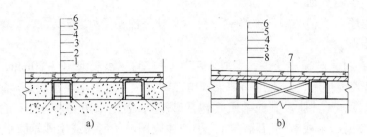

图 9-15　双层企口硬木地板构造

a）实铺法　b）空铺法

1—混凝土基层　2—预埋铁　3—木搁栅　4—防腐剂　5—毛地板

6—企口木地板　7—剪刀撑　8—垫木

（2）施工工艺

1）安装木搁栅。在混凝土基层上弹出木搁栅中心位置线，并弹出标高控制线，将木搁栅逐根就位，接头要顶头接。用预埋的φ4钢筋或8号钢丝将木搁栅固定牢。要严格做到整间木搁栅面标高一致，用2m直尺检查，空隙不大于3mm。木搁栅与墙间应留出不小于30mm的缝隙。

2）固定木搁栅。用炉渣混凝土将木搁栅窝牢，并用炉渣填平木搁栅之间的空隙，要拍平拍实，空铺时钉以剪刀撑固定。

3）钉毛地板。毛地板条与木搁栅成30°或45°斜角方向铺钉，板间缝隙不大于3mm，板长不应小于两档木搁栅，接头要错开，要在毛地板企口凸榫处斜着钉暗钉，钉子钉入木搁栅内的长度为板厚的2.5倍，钉头送入板中2mm左右，每块板不少于2个钉，毛地板与墙之间应留10~20mm的缝隙。

4）铺钉硬木地板。铺钉硬木地板先由中央向两边进行，后铺镶边，直条硬木地板的相邻接头要错开200mm以上，钉子长度为板厚的2.5倍，相邻两块地板边缘的高差不大于1.0mm，木板与墙之间应留10~20mm的缝隙，并用踢脚板封盖。

5）刨平、刨光、磨光硬木地板。硬木地板铺钉完后，即可用刨地板机先斜着木纹、后顺着木纹将表面刨光、刨平，再用木工细刨刨光，达到无刨刀痕迹，然后用磨砂皮机将地板表面磨光。

6）刷涂料、打蜡。一般做清漆罩面，涂刷完毕养护3~5d后打蜡，蜡要涂揩得薄而匀，再用打蜡机擦亮隔1d后就可上人使用。

2. 胶粘地面

将加工好的硬木条以胶粘剂直接粘结于水泥砂浆或混凝土的基层上。

（1）材料要求　条板的规格有：150mm×30mm×9mm，150mm×30mm×10mm，150mm×30mm×12mm等。其含水率应在12%（质量分数）以内，同间地板料的几何尺寸和颜色要相同，接缝的形式有平头接缝、企口接缝。

胶粘剂有沥青胶结料、"PAA"粘结剂、"SN"、"801"、"9311"及其他成品粘结剂。"PAA"：填料=1:0.5，水泥:硅砂:SN—2型粘结剂=1:0.5:0.5。

（2）基层要求　基层地面应平整、光洁、无起砂、起壳、开裂。凡遇凹陷部位应用砂浆找平。

（3）施工要点

1）配制胶粘剂：按配合比拌制好备用，配料的数量应根据需要随拌随用，成品粘结剂按使用说明使用。

2）刮抹胶粘剂：胶粘剂要成浆糊状，"PAA"、"801"、"9311"用锯齿形钢皮或塑料刮板涂刮成3mm厚楞状，SN—2型粘结剂用抹子刮抹。

3）粘贴地板：随刮胶粘剂随铺地板，人员随铺随往后退，要用力推紧、压平，并随即用砂袋等物压6~24h，对于板缝中挤出的胶粘剂要及时揩除，PAA粘结剂可用质量分数为95%的酒精擦去，SN—2型粘结剂可用揩布揩净。操作人员要穿软底鞋。

4）养护：地板粘贴后自然养护3~5d。

四、施工质量验收

1. 整体楼地面

1）整体楼地面面层厚度应符合设计要求。

2）水泥混凝土面层表面不应有裂纹、脱皮、底面、起砂等缺陷。

3）水磨石面层表面应光滑，石粒完美，显露均匀，颜色图案一致、不混色、分格条牢固、顺直和清晰。

4）整体楼地面工程质量验收标准见表9-6。

表9-6 整体楼地面工程质量验收标准

项次	项目	允 许 偏 差/mm						检验方法
		水泥混凝土面层	水泥砂浆面层	普通水磨石面层	高级水磨石面层	水泥钢（铁）屑面层	防油渗混凝土和不发火（防爆的）面层	
1	表面平整度	5	4	3	2	4	5	用2m靠尺和楔形塞尺检查
2	踢脚板上口平直	4	4	3	3	4	4	拉5m线和用钢直尺检查
3	缝格平直	3	3	3	2	3	3	

2. 块材楼地面

1）面层所用块材的品种、质量必须符合设计要求。

2）面层与下一层的结合（粒结）应牢固，无气鼓。

3）块材楼地面工程质量验收标准见表9-7。

3. 卷材楼地面

1）塑料卷材的品种、规格、颜色、等级应符合设计要求及现行国家标准的规定。面层与下一层的粘结应牢固，不翘边、不脱胶、无溢胶。

2）地毯的品种、规格、颜色、花色、胶料和辅料及其材质必须符合设计要求和国家现行地质产品标准的规定。

3）地毯表面不应起鼓、起皱、翘边、卷边、显拼缝、露线，同时应无毛边，绒面毛顺

建筑施工技术

光一致，顺直干净，无污染和损伤。

表9-7　块材楼地面工程质量验收标准　　　　　　　　　　（单位：mm）

项次	项目	允　许　偏　差										检验方法
		陶瓷锦砖面层、陶瓷地砖面层、高级水	红砖面层	水泥花砖面层	水磨石板块面层	大理石面层和花岗石面层	塑料板面层	水泥混凝土板块面层	碎拼大理石、碎拼花岗石面层	活动地板面层	条石面层	块石面层	
1	表面平整度	2.0	4.0	3.0	3.0	1.0	2.0	4.0	3.0	2.0	10.0	10.0	用2m靠尺和楔形塞尺检查
2	缝格平直	3.0	3.0	3.0	3.0	2.0	3.0	3.0	—	2.5	8.0	8.0	拉5m线和用钢直尺检查
3	接缝高低差	0.5	1.5	0.5	1.0	0.5	0.5	1.5	—	0.4	2.0	—	用钢直尺和楔形塞尺检查
4	踢脚板上口平直	3.0	4.0	—	4.0	1.0	2.0	4.0	1.0	—	—	—	拉5m线和用钢直尺检查
5	板块间隙宽度	2.0	2.0	2.0	2.0	1.0	—	6.0	—	0.3	5.0	—	用钢直尺检查

4. 木质楼地面

1）木质楼地面用材质合格率必须符合设计要求。木搁栅、垫木等必须做防腐、防蛀处理。

2）面层铺设应牢固，粘结无空鼓。

3）木质楼地面工程质量验收标准见表9-8。

表9-8　木质楼地面工程质量验收标准　　　　　　　　　　（单位：mm）

项次	项　目	允　许　偏　差				检验方法
		实木地板面层			实木复合地板、中密度（强化）复合地板面层、竹地板面层	
		松木地板	硬木地板	拼花地板		
1	板面缝隙宽度	1.0	0.5	0.2	0.5	用钢直尺检查
2	表面平整度	3.0	2.0	2.0	2.0	用2m靠尺和楔形塞尺检查
3	踢脚板上口平齐	3.0	3.0	3.0	3.0	拉5m通线，不足5m拉通线和用钢直尺检查
4	板面拼缝平直	3.0	3.0	3.0	3.0	
5	相邻板材高差	0.5	0.5	0.5	0.5	用钢直尺和楔形塞尺检查
6	踢脚板与面层的接缝	1.0				楔形塞尺检查

五、楼地面工程安全注意事项

1）木地面板材备料时，操作人员必须熟练掌握切割机具的操作运用方法，成品料、原材料以及废弃木料都应合理分别堆放，严禁接近火源、电源。

2）塑料地面材料应储存在干燥洁净的仓库内，防止变形，距热源3m以外，温度一般不超过32℃，在使用过程中不应使烟火、开水壶、炉子等与地面直接接触，以防出现火灾。

3）采用倒刺固定法固定地毯时，要注意防止倒刺伤人。

4）在进行木地板粘贴以及水磨石地面酸洗打蜡等施工中，由于会产生一定的有毒气体，所以操作人员施工时应注意通风。必要时要穿工作服、戴口罩以及配备防酸护具，如防酸手套、防酸靴等。

第四节　饰　面　工　程

饰面工程施工是将块料面层镶贴（或安装）在墙体上。其中，小块料采用镶贴的方法，大块料（边长大于40cm）采用安装的方法。

一、大理石（花岗岩、预制水磨石板）饰面

1. 施工方法

（1）粘贴法　适用于规格较小（边长40cm以下），且安装高度在1000mm左右的饰面板。

（2）传统湿作业法　即挂式固定和湿料填缝（图9-16）。

（3）改进湿作业法　它省去了钢筋网片作连接件，采用镀锌或不锈钢锚固件与基体锚固，然后向缝中灌入1:2水泥砂浆（图9-17）。

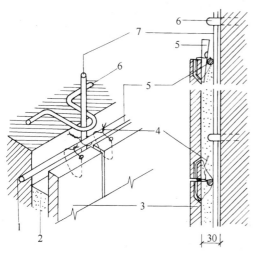

图 9-16　饰面板钢筋网片固定

1—墙体　2—水泥砂浆　3—大理石板　4—钢丝或
铜丝　5—横筋　6—铁环　7—立筋

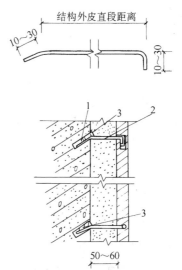

图 9-17　锚固形状及安装构造示意图

1—主体结构　2—"U"形不锈钢钉
3—硬小木楞

（4）干挂法 此法具有抗震性能好，操作简单，施工速度快，质量易于保证且施工不受气候影响等优点，这种方法宜用于 30m 以下钢筋混凝土结构，不适用于砖墙和加气混凝土墙（图 9-18）。

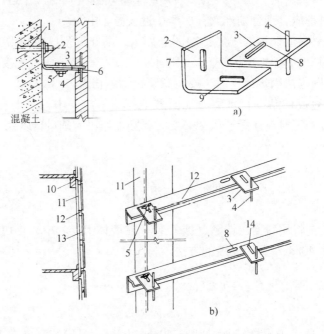

图 9-18 干挂法安装构造

a）挂件连接 b）金属钢架、挂件组合连接

1—不锈钢膨胀螺栓 2—不锈钢角钢 3—不锈钢连接片 4—不锈钢锚固针 5—连接螺栓
6—硅胶封闭 7—竖向椭圆孔 8—横向椭圆孔 9—纵向椭圆孔 10—预埋件或不锈钢膨胀螺栓
固定 11—槽钢镀锌或防腐处理 12—角钢镀锌或防腐处理 13—饰面石板 14—直椭圆孔

2. 施工准备

1）测量结构的"看面尺寸"，计算饰面板排列分块尺寸。

2）选板、试拼。对照分块图检查外观、误差大小，淘汰不合格产品。

3）机具准备。准备切割机、磨石机、电钻等。

3. 操作程序

（1）粘贴法 基层处理→抹底层、中层灰→弹线、分格→选料、预排→对号→粘贴→嵌缝→清理→抛光打蜡。

（2）传统湿作业法 基层处理→绑扎钢筋网片→弹饰面看面基准线→预拼编号→钻孔、剔凿、绑扎不锈钢丝（或铜丝）→安装→临时固定→分层灌浆→嵌缝→清洁板面→抛光打蜡。

（3）改进湿作业法 基层处理→弹准线→板材检验→预排编号→板面钻孔→就位→固定→加楔→分层灌浆→清理→嵌缝→抛光。

（4）干挂法 基层处理→划线→锚固（膨胀）螺栓→连接件安装→挂板→连接件涂胶→嵌缝胶。

4. 操作要点

（1）粘贴法

1）将基体表面的灰尘、污垢和油渍清除干净，并浇水湿润。对于混凝土等表面光滑平整的基体应进行凿毛处理。检查墙面平整、垂直度，并设置标筋，作为抹底层、中层灰的标准。

2）将饰面板背面和侧面清洗干净，湿润后阴干，然后在阴干的饰面板背面均匀抹上厚度约 2~3mm 的 TG 胶水泥砂浆。依据已弹好的水平线镶贴墙面底层两端的两块饰面板，然后在两端饰面板上口拉通线，依次镶贴饰面板，第一层镶贴完毕，进行第二层镶贴，以此类推，直至贴完。在镶贴过程中应随时用靠尺、吊线锤、橡胶锤等工具将饰面板校平、找直，并将饰面板缝内挤出的水泥浆在凝结前擦净。

3）饰面板镶贴完毕，表面应及时清洗干净，晾干后，打蜡擦亮。

（2）传统湿作业法

1）绑扎钢筋网剔出预埋件，焊接或绑扎 φ6~φ8 竖向钢筋，再焊或绑 φ6 的横向钢筋，距离为板高减 80~100mm。

2）预拼编号。按照设计进行预拼图案，认可后编号堆放。

3）打眼、开槽挂丝。在板的侧面上钻孔打眼，孔径为 φ5mm 左右，孔深为 15~20mm，孔位一般在板端 1/4~1/3 处，在位于板厚中心线上垂直钻孔，再在板背的直孔位置，距板边 8~10mm 打一横孔，使横直孔相通，然后用长约 30cm 的不锈钢丝穿入挂接。

4）板材安装。从最下一层开始，两端用板材找平找直，拉上横线再从中间或一端开始安装。安装时，先将下口钢丝绑在横筋上，再绑上口钢丝，用托线板靠直靠平，并用木楔垫稳，再将钢丝系紧，保证板与板交接处四角平整。安装完一层，要在找平、找直、找方后，在石板表面横竖接缝处每隔 100~150mm 用调成糊状的石膏浆予以粘贴，临时固定石板，使该层石板成一整体，以防发生位移。余下板的缝隙，用纸和石膏封严，待石膏凝结、硬化后再进行灌浆。

5）灌浆。一般采用 1:3 水泥砂浆，稠度控制在 8~15cm，将砂浆徐徐灌入板背与基体间的缝隙，每次灌浆高度为 150mm 左右，灌至离上口 50~80mm 处停止灌浆。为防止空鼓，灌浆时可轻轻地捣砂浆，每层灌注时间要间隔 1~2h。

6）嵌缝与清理。全部石材安装固定后，用与饰面板相同颜色的水泥砂浆嵌缝，并及时对表面进行清理。

（3）改进湿作业法

1）石板块钻孔。将石材直立固定于木架上，用手电钻在距两端 1/4 处距板厚中心钻孔，孔径为 φ6mm，深 35~40mm，板宽小于 500mm 打直孔 2 个；板宽 500~800mm 打直孔 3 个；板宽大于 800mm 打直孔 4 个。然后将板旋转 90°固定于木架上，在板两边分别打直孔 1 个，孔位距板下端 100mm，孔径为 φ6mm，深 35~40mm，上下直孔需在板背方向剔出 7mm 深小槽。

2）基体上钻斜孔。板材钻孔后，按基体放线分块位置临时就位，确定对应于板材上下直孔的基体钻孔位置，用冲击钻在基体钻出与板材平面呈 45°的斜孔，孔径为 φ6mm，孔深 40~50mm。

3）板材安装与固定。在钻孔完成后，仍将石材板块返还原位，再根据板块直径与基体的距离用 φ5mm 的不锈钢丝制成楔固石材板块的 U 形钉，然后将 U 形钉一端钩进石材板块直孔中，并随即用硬小木楔上紧，另一端钩进基体斜孔中，校正板块准确无误后用硬木楔将钩入基体斜孔的 U 形钉楔紧,同时用大头木楔张紧安装板块的 U 形钉,随后进行分层灌浆。

(4) 干挂法

1) 对基层要求平整度控制在 4mm 以内,墙面垂直度偏差在 20mm 以内。

2) 划线。板与板之间应有缝隙,磨光板材的缝隙除有镶嵌金属装饰条缝外,一般可为 1~2mm。划线必须准确,一般由墙中心向两边弹放,使误差均匀地分布在板缝中。

3) 固定锚固体。打出螺栓孔,埋置膨胀螺栓,固定锚固体。

4) 安装固定板材。把连接件上的销子或不锈钢丝,插入板材的预留接孔中,调整螺栓或钢丝长度,当确定位置准确无误后,即可紧固螺栓或钢丝,然后用特种环氧树脂或水泥麻丝纤维浆堵塞连接孔。

5) 嵌缝。先填泡沫塑料条,然后用胶枪注入密封胶。为防止污染,在注胶前先用胶纸带覆盖缝两边板面,注胶完后,将胶带纸揭去。

二、内外墙瓷砖饰面

1. 施工准备

1) 基体表面弹水平、垂直控制线,进行横竖预排砖,以使接缝均匀。

2) 选砖、分类:砖放入水中浸泡 2~3h,取出晾干备用。

3) 工具准备:装板机、橡胶锤、水平靠尺等。

2. 操作程序

(1) 室内 基层处理→抹底子灰→选砖、浸砖→排砖、弹线→贴标准点→垫底尺→镶贴→擦缝。

(2) 室外 基层处理→抹底子灰→排砖→弹线分格→选砖、浸砖→镶贴面砖→勾缝、擦缝。

3. 操作要点

(1) 室内镶贴

1) 基层打好底子灰六七成干后,按图样要求,结合实际和瓷砖规格进行排砖、弹线。

2) 镶贴前应贴标准点,用废瓷砖粘贴在墙上,用以控制整个表面平整度。

3) 垫底尺寸。计算好最下一皮砖下口标高,底尺上皮一般比地面低 1cm 左右,以此为依据放好尺。

4) 粘贴应自下向上粘贴,要求灰浆饱满,亏灰时,要取下重贴,随时用靠尺检查平整度,随粘随检查,同时要保证缝隙宽窄一致。

5) 镶贴完,自检合格后,用棉丝擦净,然后用白水泥擦缝,用布将缝子的素浆擦匀,砖面擦净。

(2) 室外镶贴

1) 吊垂直、套方、找规矩。高层建筑使用经纬仪在四大角、门窗口边打垂直线;多层建筑可使用线坠吊垂直,根据面砖尺寸分层设点,作标志。横向水平线以楼层为水平基线交圈控制,竖向线则以四大角和通天柱、垛子为基线控制,全部都是整砖,阳角处要双面排直,灰饼间距为 1.6m。

2) 打底应分层进行,第一遍厚度为 5mm,抹后扫毛;待六七成干时,可抹第二遍,厚度为 8~12mm;随即用木杠刮平,木抹搓毛。

3）排砖以保证砖缝均匀，按设计图样要求及外墙面砖排列方式进行排布、弹线，凡阳角部位应选整砖。

4）粘贴。在砖背面铺满粘结砂浆，粘贴后，用小铲柄轻轻敲击，使之与基层粘牢，随时用靠尺找平、找方，贴完一皮后，须将砖上口灰刮平，每日下班前须清理干净。

5）分格条应在贴砖次日取出，完成一个流程后，用1∶1的水泥砂浆勾缝，凹进深度为3mm。

6）整个工程完工后，应加强保护，同时用稀盐酸清洗表面，并用清水冲洗干净。

三、施工质量验收

1. 石材饰面

1）饰面板的品种、规格、颜色和性能应符合设计要求。饰面板孔、槽的数量、位置和尺寸应符合设计要求。

2）饰面板表面应平整、洁净、色泽一致，无裂痕和缺损。石材表面应无泛碱等污染。

3）石材饰面工程质量验收标准见表9-9。

表9-9　石材饰面工程质量验收标准

| 项次 | 项目 | 允许偏差/mm | | | | | | | 检验方法 |
| | | 石材 | | | 瓷板 | 木材 | 塑料 | 金属 | |
		光面	剁斧石	蘑菇石					
1	立面垂直度	2	3	3	2	1.5	2	2	用2m垂直检测尺检查
2	表面平整度	2	3	—	1.5	1	3	3	用2m靠尺和塞尺检查
3	阴阳角方正	2	4	4	2	1.5	3	3	用直角检测尺检查
4	接缝直线度	2	4	4	2	1	1	1	拉5m线，不足5m拉通线，用钢直尺检查
5	墙裙、勒脚上口直线度	2	3	3	2	2	2	2	拉5m线，不足5m拉通线，用钢直尺检查
6	接缝高低差	0.5	3	—	0.5	0.5	1	1	用钢直尺和塞尺检查
7	接缝宽度	1	2	2	1	1	1	1	用钢直尺检查

2. 瓷砖饰面

1）瓷砖的品种、规格、图案、颜色和性能应符合设计要求，粘贴必须牢固。

2）瓷砖表面应平整、洁净、色泽一致，无裂痕和缺损。

3）瓷砖饰面工程质量验收标准见表9-10。

表9-10　瓷砖饰面工程质量验收标准

| 项次 | 项目 | 允许偏差/mm | | 检验方法 |
		外墙面砖	内墙面砖	
1	立面垂直度	3	2	用2m垂直检测尺检查
2	表面平整度	4	3	用2m靠尺和塞尺检查
3	阴阳角方正	3	3	用90°角检测尺检查

（续）

项次	项 目	允许偏差/mm		检 验 方 法
		外墙面砖	内墙面砖	
4	接缝直线度	3	2	拉5m线，不足5m拉通线，用钢直尺检查
5	接缝高低差	1	0.5	用钢直尺和塞尺检查
6	接缝宽度	1	1	用钢直尺检查

四、饰面工程的安全注意事项

1）开始工作前应检查外架子是否牢靠，护身栏、挡脚板是否安全，水平运输道路是否平整。

2）采用外用吊篮进行外饰面施工时，吊篮内的材料、工具应放置平稳。

3）室内施工光线不足时，应采用36V低压电灯照明。

4）操作场地应经常清理干净，做到活完料净脚下净。

5）施工作业人员必须戴安全帽。

6）外饰面施工时不允许在操作面上砍砖，以防坠砖伤人。

第五节 吊 顶 工 程

吊顶主要由支承、基层、面层三部分组成（图9-19、图9-20）。

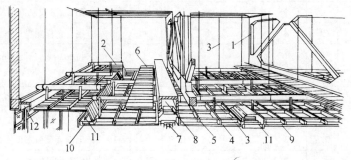

图9-19 吊顶悬挂于屋面下的构造示意图

1—屋架 2—主龙骨 3—吊筋 4—次龙骨 5—间距龙骨 6—检修走道
7—出风口 8—风道 9—吊顶 10—灯具 11—灯槽 12—窗帘盒

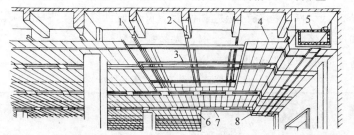

图9-20 吊顶悬挂于楼板底的构造示意图

1—主龙骨 2—吊筋 3—次龙骨 4—间距龙骨 5—风道
6—吊顶 7—灯具 8—出风口

一、轻钢龙骨吊顶

轻钢龙骨多用于铝合金吊顶和轻钢龙骨吊顶，其断面有 U 形、L 形等数种。每根轻钢长 2 ~ 3m，在现场用拼接件拼装，接头应相互错开（图 9-21）。

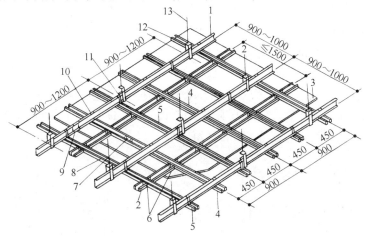

图 9-21 U 形轻钢龙骨吊顶示意图

1—UD 大龙骨　2—UZ 横撑龙骨　3—吊顶板　4—UZ 龙骨　5—UX 龙骨
6—UZ3 支柱连接　7—UZ2 连接件　8—UX2 连接件　9—BD2 连接件
10—UZ1 吊挂　11—UX1 吊挂　12—BD1 吊件　13—吊件（φ8 ~ φ10）

吊顶龙骨安装之前，要在墙上四周弹出水平线，作为吊顶安装的标志。对于较大的房间，吊顶应起拱，起拱高度一般为长度的 3% ~ 5%。吊顶龙骨的安装应先主龙骨，后次龙骨（龙骨），再横木（横撑龙骨）。

各种板材均用钉子或胶粘剂固定在龙骨与横木组成的方格上，板与板间应留 5 ~ 10mm 的空隙以调整位置。木丝板和刨花板等应用 25 ~ 30mm 宽的压条压缝，并刷浅色油漆。压条可用木质、铝合金、硬塑料等材料，也可用带色的铝板及塑料浮雕花压角。边缘整齐的板材也可不用压条，明缝安装。

如用 T 形轻钢骨架，则板材可直接安装在骨架翼缘组成的方格内，T 形缘外露，板材要固定，且可安放各种松散隔声材料在板上。

板材的尺寸是一定的，所以应按室内的长和宽的净尺寸来安排。每个方向都应有中心线，板材必须对称于中心线。若板材为单数，则对称于中间一行板材的中线；若板材为双数，则对称于中间的缝，不足一块的余数分摊在两边。安装龙骨和横木时，也应从中心向四个方向推进，切不可由一边向另一边分格。

当平顶上设有开孔的灯具和通风排气孔时，更应通盘考虑如何组成对称的图案排列，这种顶棚都有设计图样可依循。

吊顶应在室内墙板、柱面抹灰及线、灯具的部分零件安装完毕后进行。

二、铝合金吊顶

其吊顶安装工艺为：弹线→打钉→挂铝线→钉铝角→布设→找水平→铺板。在安装前，先检验平顶吊杆的位置和水平度，可采用能伸缩的吊杆，以便调整龙骨的高度和水平度，于墙体四周弹水平线，然后在混凝土顶棚和梁底按设计沿龙骨走向每隔900~1200mm用射钉枪射一枚带孔的50mm钢钉，通过18号铝丝将钢钉与龙骨系住（或打入膨胀螺钉，通过连接件与吊杆连接），用25mm的钢钉，以500~600mm间距把铝角钉牢于四周墙面，用尼龙线在房间四周拉十字中心线，按吊顶水平位置和天花板规格纵横布设，组成铝质吊顶搁栅托层。安装吊顶龙骨应先安装主龙骨，临时固定，经水平度校核无误后，再安装分格的次龙骨。铺设吊顶板材（或罩面板）的方式有两种：一种是搁置式（图9-22），用于跨度小的走道平顶，在龙骨架上搁置饰面板即可。另一种是锚固式（图9-23），将铝合金条板或板材（纸面石膏板等）按设计要求用射钉或自攻螺钉锚固于龙骨架上即可。铝合金吊顶龙骨必须绑扎牢固，并应互相交错拉牵，加强吊顶的稳定性。吊顶的水平面拱度要均匀、平整，不能有起伏现象。T形骨纵横都要平直，四周铝角应水平。

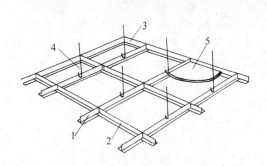

图9-22　铝合金吊顶（搁置式）
1—大T形骨　2—小T形骨　3—角条
4—吊件　5—饰面板

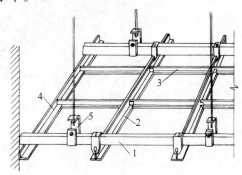

图9-23　铝合金吊顶（锚固式）
1—大龙骨　2—大T形骨　3—小T形骨
4—角条　5—大吊挂件

三、施工质量验收

1）吊顶标高、尺寸、起拱和选型应符合设计要求。

2）饰面材料的材质、品种、规格、图案和颜色应符合设计要求。

3）吊杆、龙骨的材质、规格、要求间距及连接方式应符合设计要求。

4）吊顶工程（明式龙骨）安装允许偏差见表9-11。

表9-11　吊顶工程（明式龙骨）安装允许偏差

项次	项目	允许偏差/mm				检验方法
		石膏板	金属板	矿棉板	塑料板、玻璃板	
1	表面平整度	3	2	3	2	用2m靠尺和塞尺检查
2	接缝直线度	3	2	3	3	拉5m线，不足5m拉通线，用钢直尺检查
3	接缝高低差	1	1	2	1	用钢直尺和塞尺检查

四、吊顶工程安全注意事项

1）吊扇、吊灯等较重的设备，应穿过吊顶面层固定在屋架或梁上，不得悬挂在吊顶龙骨上。

2）当吊顶内安装电气线路、通风管道等设备时，应单设安全工作通道，并有护栏保护，不得在吊顶小龙骨上行走。

3）吊顶施工人员应戴安全帽。

4）木质龙骨、罩面板应按品种、规格分类存放于干燥通风处，并避免接近火源。

第六节　幕墙安装

玻璃幕墙工程中采用的玻璃主要有夹丝玻璃、中空玻璃、彩色玻璃、钢化玻璃、镜面反射玻璃等。玻璃厚度有3～10mm等，色彩有无色、茶色、蓝色、灰色、灰绿色等。组合件厚度有6mm、9mm和12mm等规格。其中，中空玻璃是由两片（或两片以上）玻璃和间隔框构成，并带有封闭的干燥空气夹层的组合件，结构轻盈美观，并具有良好的隔热、隔声和防结露性能，应用较为广泛。

一、单元式（工厂组装式）玻璃幕墙

该种幕墙是将铝合金框架、玻璃、垫块、保温材料、减震和防水材料以及装饰面料等，事先在工厂组合成带有附加铁件的幕墙板，用专用运输车运往施工现场，直接与建筑物主体结构连接（图9-24）。

二、元件式（现场组装式）玻璃幕墙

这种幕墙是将零散材料运至施工现场，按幕墙板的规格尺寸及组装顺序先预埋好"T"形槽，再装好牛腿铁件，然后立铝合金框架、安横撑、装垫块、镶玻璃、装胶条（或灌注密封料）、涂防水胶、扣外盖板，即完成了幕墙的安装工作。

这种幕墙通过竖向骨架（竖筋）与楼板或梁连接。其分块规格可以不受层高和柱间的限制。竖筋的间距，常根据幕墙的宽度设置。为了增加横向刚度和便于安装，常在水平方向设置横筋。这是目前国内采用较多的一种形式（图9-25）。

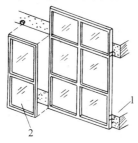

图9-24　单元式玻璃幕墙
1—楼板　2—玻璃幕墙板

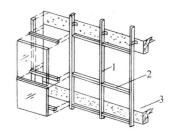

图9-25　元件式玻璃幕墙
1—竖筋　2—横筋　3—楼板

元件式幕墙的安装工艺流程如图9-26所示。

（1）测量放线　在工作层上，用经纬仪依次向上定出轴线。再根据各层轴线定出楼板预埋件的中心线，并用经纬仪垂直逐层校核，再定各层连接件的外边线，以便与主龙骨连接。如果主体结构为钢结构，由于弹性钢结构有一定挠度，故应在低风时测量定位为宜，且要多次测量，并与原结构轴线复核，调整误差。

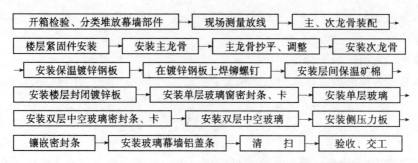

图 9-26　元件式幕墙的安装工艺流程

（2）装配铝合金主、次龙骨　这项工作可在室内进行。主要是装配好竖向主龙骨紧固件之间的连接件，横向次龙骨的连接件，安装镀锌钢板、主龙骨之间接头的内套管、外套管以及防水胶等。装配好横向次龙骨与主龙骨连接的配件及密封橡胶垫等。所有连接件、紧固件表面均应镀锌处理或用不锈钢。

（3）竖向主龙骨安装　主龙骨一般每 2 层 1 根，通过紧固件与每层楼板连接。主龙骨两端与楼板连接的紧固件为承重紧固件；主龙骨中间与楼板连接的紧固件为非承重紧固件。紧固件与楼层预埋槽形软件用螺栓连接，可做前后左右调整（图 9-27）。主龙骨安装完一根，即用水平仪调平、固定。主龙骨全部安装完毕，并复验其间距、垂直度后，即可安装横向次龙骨。

主龙骨的连接采用套筒法，即用方钢管铁心将上下主龙骨连接（图 9-28）。考虑到钢材的伸缩，接头应留有一定的空隙，接口宜采用 15° 接口。

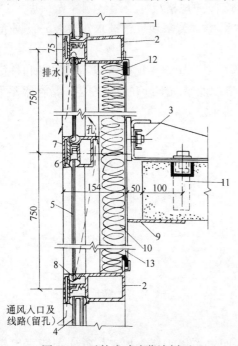

图 9-27　元件式玻璃幕墙剖面
1—竖向主龙骨　2—横向主龙骨　3—紧固件　4—双层玻璃
5—单层玻璃　6—侧板及次龙骨　7—幕墙铝盖条　8—密
封条　9—楼层封闭镀锌钢板　10—保温矿棉　11—螺栓
12—铝槽　13—保温镀锌钢板

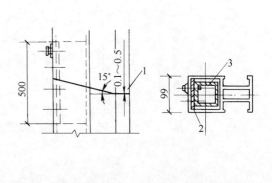

图 9-28　主龙骨接头
1—密封膏　2—固定钢板
3—方钢管（80mm×80mm×4mm）

（4）横向次龙骨安装 横向次龙骨与竖向主龙骨的连接采用螺栓连接。如果次龙骨两端套有防水橡胶垫，则套上胶垫后的长度较次龙骨位置长度稍有增加（约4mm）。安装时可用木撑将主龙骨撑开，装入次龙骨。拿掉支撑，则将次龙骨胶垫压缩，这样有较好的防水效果。

（5）安装楼层间封闭镀锌钢板（贴保温矿棉层） 将橡胶密封垫套在镀锌钢板四周，插入窗台或顶棚次龙骨铝件槽中，在镀锌钢板上焊钢钉，将矿棉保温层粘在钢板上，并用铁钉、压片固定保温层。

（6）安装玻璃 玻璃安装一般可采用人工在吊篮中进行，用手动或电动吸盘器（图9-29）配合安装。

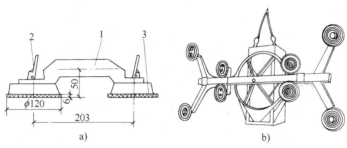

图9-29 吸盘器示意图
a）手动 b）电动
1—手把 2—扳柄 3—橡胶圆盘

安装时，先在下框塞垫定位块，嵌入内胶条，然后安装玻璃，嵌入外胶条。嵌胶条的方法是先间隔分点嵌塞，然后再分边嵌塞。

三、结构玻璃幕墙

结构玻璃幕墙（又称玻璃墙）一般用于建筑物首层或一、二层，是将厚玻璃上端悬挂，下端固定在建筑物首层，玻璃与玻璃之间的竖拼缝采用硅胶粘结，不用金属框架，使外观显得十分流畅、清晰（图9-30）。这种幕墙往往单块面积都比较大，高度达几米或十几米。由于玻璃竖向长、块大、体重，一般应采用机械化施工方法。其主要方法为：在叉车上安装电动真空吸盘将玻璃就位，操作人员站在玻璃上端两侧脚手架上，用夹紧装置将玻璃上端安装固定。亦可采用汽车式起重机将电动真空吸盘吊起，然后用电动真空吸盘将玻璃吸住起吊安装、就位。

四、氟碳铝板幕墙

氟碳铝板采用铝合金板作基材，其厚度有2.0mm、2.5mm、3.0mm、3.5mm、4.0mm等规格，成型铝板的最大尺寸可达1600mm×4500mm，其加工工艺好，可加工成平面、弧形面和球面等各种复杂的形状，可根据客户要求制作各种规格形状的异形铝单板。氟碳铝板表面涂层为氟碳喷涂，涂层分为二涂一烤、三涂二烤，客户可根据公司提供的色卡选择颜色。金属单板的结构主要由面板、加强筋、挂耳等部件组成。有要求时板背面可填隔热矿岩棉，挂耳可直接由面板折弯而成，亦可在板上另外加装。为了确保金属单板在长期使用中的平整度，在面板背面装有加强筋，通过螺栓把加强筋和面板相连接，使其形成一个牢固的整体，从而增加其强度和刚性。氟碳铝板以其重量轻、刚性好、强度高、色彩可选性广、装饰效果好、耐候性和耐腐蚀性好、安装施工方便、快捷等优点，应用于外墙、梁柱、阳台、隔板包饰、室内装饰等处。该产品不易沾污，便于清洁、保养；可回收再生处理，有利于环保。

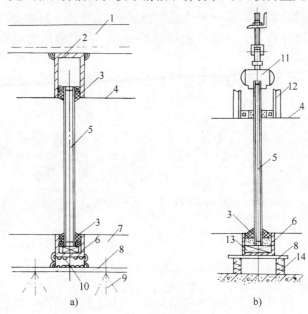

图 9-30　结构玻璃幕墙构造

a）整块玻璃小于 5m 高时用　b）整块玻璃大于 5m 高时用

1—顶部角铁吊架　2—吊钢顶框（5mm）　3—硅胶嵌缝　4—吊顶面　5—玻璃（15mm）

6—钢底框　7—地平面　8—铁板　9—螺栓（M12）　10—垫铁　11—夹紧装置

12—角钢　13—定位垫块　14—减震垫块

目前生产金属饰面板的厂家较多，各厂的节点构造及安装方法存在一定差异，安装时应仔细了解。固定金属饰面板的常用方法主要有两种：一是将板条或方板用螺钉拧到型钢或木架上，这种方法耐久性较好，多用于外墙（图 9-31）；另一种是将板条卡在特制的龙骨上，此法多用于室内。板与板之间的缝隙一般为 10～20mm，多用橡胶条或密封弹性材料处理。

五、施工质量验收

1）玻璃幕墙工程所用各种材料、构件和组件的质量，应符合设计要求及国家现行产品标准和工程技术规范的规定。

2）玻璃幕墙与主体结构连接的各种预埋件、连接件、紧固件必须安装牢固，其数量、规格、位置、连接方法和防腐处理应符合设计要求。

3）玻璃幕墙表面应平整、洁净；整幅玻璃的色泽

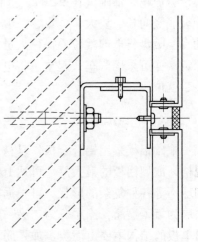

图 9-31　氟碳铝板安装节点

308

应均匀一致；不得有污染和镀膜损坏。

4）玻璃幕墙的密封胶缝应横平竖直、深浅一致、宽窄均匀、光滑顺直。

5）玻璃幕墙（外框）安装质量允许偏差见表9-12。

表9-12 玻璃幕墙（明框）安装质量允许偏差

项次	项 目		允许偏差/mm	检 验 方 法
1	幕墙垂直度	幕墙高度≤30m	10	用经纬仪检查
		30m＜幕墙高度≤60m	15	
		60m＜幕墙高度≤90m	20	
		幕墙高度＞90m	25	
2	幕墙水平度	幕墙幅宽≤35m	5	用水平仪检查
		幕墙幅宽＞35m	7	
3	构件直线度		2	用2m靠尺和塞尺检查
4	构件水平度	构件长度≤2m	2	用水平仪检查
		构件长度＞2m	3	
5	相邻构件错位		1	用钢直尺检查
6	分格框对角线长度差	对角线长度≤2m	3	用钢直尺检查
		对角线长度＞2m	4	

六、幕墙安装安全注意事项

1）对高度大的多层及高层建筑，幕墙必须设置防雷系统。

2）玻璃幕墙与每层楼板、隔墙处的缝隙必须用不燃材料填实。

3）玻璃幕墙安装施工时，操作人员必须系安全带。

4）幕墙运至现场，应立即起吊就位，否则应以杉杆搭架存放，四周以苫布围严，以防伤人。

5）玻璃幕墙立柱安装就位，调整后应及时紧固。

6）现场焊接或高强螺栓紧固的构件固定后，应及时进行防锈处理。

第七节 涂料工程

涂饰于物体表面能与基体材料很好粘结并形成完整而坚韧保护膜的物涂称为涂料，它主要由成膜物质、颜料、溶剂和辅助材料构成。

1）按化学成分可分为无机、有机、复合型涂料。

2）按使用角度可分为内墙涂料、顶棚涂料、外墙涂料、地面涂料以及特种涂料。

3）按装饰质感可分为薄质涂料、厚质涂料、复合（多彩）涂料。

涂料工程是建筑内外墙饰面的重要途径之一。它可起到保护墙体、美化建筑物，以及防水、吸声、隔声、防火、防腐、防静电等作用。

一、涂料施工

1. 基本施涂方法

（1）刷涂　刷涂是用毛刷、排笔等工具在物体表面涂饰涂料的一种操作方法。操作程序一般是先左后右、先上后下、先难后易、先点后面。刷时用刷子蘸上涂料，首先在被涂面上直刷几道，每道间距 5～6cm，把一定面积需要涂刷的涂料在表面上摊成几条，然后将开好的涂料横向、斜向涂刷均匀。待大面积刷均刷齐后，用毛刷的毛夹轻轻地在涂料面上顺出纹理，并且刷均匀物面边缘和棱角上的流料。

（2）滚涂　滚涂是利用长毛绒辊、泡沫塑料辊等辊子蘸匀适量涂料，在待涂物体表面施加轻微压力上下垂直来回滚动，最后用辊筒按一定方向满滚一遍，才算完成大面。对阴阳角及上下口要用毛刷、排刷补刷。

（3）喷涂　喷涂是借助喷涂机具将涂料成雾状或粒状喷出，分散沉积在物体表面上。喷涂施工根据所用涂料的品种、黏度、稠度、最大粒径等确定喷涂机具的种类、喷嘴口径、喷涂压力和与物体表面之间的垂直距离等。喷涂施工时要求喷涂工具移动应保持与被涂面平行，一般直线喷涂 70～80cm 后，拐弯 180° 反向喷涂下一行，两行重叠宽度控制在喷涂宽度的 1/3～1/2。

（4）弹涂　先在基层刷涂 1～2 道底涂层，待其干燥后进行弹涂。弹涂时，弹涂器的出口应正对墙面，距离 300～500mm，按一定速度自上而下，自左至右地弹涂。

（5）抹涂　先在底层上刷涂或滚涂 1～2 道底层涂料，待其干燥后，用不锈钢抹子将涂料抹到已不涂刷的底层涂料上，一般抹一遍成活，抹完间隔 1h 后再用不锈钢抹子压平。

2. 操作要点

（1）基层处理　混凝土和抹灰基层表面，施涂前应将其缺棱掉角处，用 1∶3 水泥砂浆或聚合物水泥砂浆修补；表面麻面及缝隙应用腻子填补齐平；基层表面上的灰尘、污垢、砂浆流痕应清除干净。金属基层表面则应刷防锈漆打底；一般要求基层的含水率小于或等于 12%，碱性 pH 值小于或等于 10。

抹灰或混凝土基层表面刷水性涂料时，一般用 30% 的 TG 胶打底；刷油性涂料时一般可用熟桐油加汽油配成的清油打底。

（2）打底子　木材表面打底子的目的是使表面具有均匀吸收涂料的性能，以保证面层的色泽均匀一致，木材表面涂刷混色涂料时，一般用自配的清油打底；若涂清漆，则应用油粉或水粉进行调粉。油粉是用大白粉、颜料、熟桐油、松香水等配成，其渗透力强，耐久性好，但价格高，用于木门窗、地板。水粉是由大白粉加颜料再加水胶配成，其着色强、操作容易、价廉，但渗透力弱，不易刷匀，耐久性较差，适用于室内物面或家具。

（3）刮腻子、磨光　木材表面上的灰尘、污垢等施涂前应清理干净，木材表面的缝隙毛刺、脂囊修整后，应用腻子填补，并用砂纸磨光。节疤处应点漆片 2～3 遍，木制品含水率不得大于 12%（质量分数）。

金属表面施涂前应将灰尘、油渍、鳞皮、锈斑、毛刺等清除干净，潮湿的表面不得施涂涂料。

刮腻子的次数随涂料工程质量等级的高低而定，一般以三道为限。头道要求平整，二、三道要求光洁，每刮一道腻子待其干燥后，都应用砂纸磨光一遍。

（4）施涂涂料　可用刷涂、喷涂、滚涂、弹涂、抹涂等方法施工。

二、复层涂料施工

封底涂料可用刷、喷、滚涂的任一方法施工。主层涂料用喷头喷涂，涂花点的大小、疏密可根据浮雕的需要确定，有大花、中花、小花。在每一分格块中要先边后中喷涂，表面颜色要一致，花纹大小要均匀，不显接槎，花点如需压平时，则应在喷点后适时用塑料或橡胶辊蘸汽油或二甲苯压平，主层涂料干燥后刷二道罩面涂料，其时间间隔为2h左右。

三、施工质量验收

1）涂料工程的颜色、图案应符合设计要求。

2）涂料工程要用涂料的品种、型号和性能应符合设计要求。

3）涂料工程的基层处理应符合下列要求：

①新建建筑物的混凝土抹灰基层在涂装前应涂刷抗碱封闭底漆。

②旧墙面在涂装前应清除疏松的旧装修层，并涂刷界面剂。

③基层腻子应平整、坚实、牢固、无粉化、起皮和裂缝。

④厨房、卫生间墙面必须使用耐水腻子。

4）薄涂料表面的质量要求见表9-13。

表9-13　薄涂料表面的质量要求　　　　　　（单位：mm）

项次	项　目	普通涂饰	高级涂饰	检验方法
1	颜色	均匀一致	均匀一致	观察
2	泛碱、咬色	允许少量轻微	不允许	
3	流坠、疙瘩	允许少量轻微	不允许	
4	砂眼、刷纹	允许少量轻微砂眼，刷纹通顺	无砂眼，无刷纹	
5	装饰线、分色线直线度允许偏差	2	1	拉5m线，不足5m拉通线，用钢直尺检查

5）厚涂料表面的质量要求见表9-14。

表9-14　厚涂料表面的质量要求

项　次	项　目	普通涂饰	高级涂饰	检验方法
1	颜色	均匀一致	均匀一致	观　察
2	泛碱、咬色	允许少量轻微	不允许	
3	点状分布	—	疏密均匀	

6）复层涂料表面的质量要求见表9-15。

表9-15　复层涂料表面的质量要求

项　次	项　目	质量要求	检验方法
1	颜色	均匀一致	观　察
2	泛碱、咬色	不允许	
3	喷点疏密程度	均匀，不允许连片	

建筑施工技术

7）清漆表面的质量要求见表9-16。

表9-16　清漆表面的质量要求

项次	项　目	普通涂饰	高级涂饰	检验方法
1	颜色	基本一致	均匀一致	观　察
2	木纹	棕眼刮平、木纹清楚	棕眼刮平、木纹清楚	观　察
3	光泽、光滑	光泽基本均匀 光滑无挡手感	光泽均匀一致光滑	观察、手摸检查
4	刷纹	无刷纹	无刷纹	观　察
5	裹棱、流坠、皱皮	明显处不允许	不允许	观　察

四、涂料工程安全注意事项

1）施工现场应有良好的通风条件。如在通风条件不好的场地施工须安置通风设备才能施工。

2）在用钢丝刷等工具清除铁锈、旧漆层时，需戴上防护眼镜。

3）使用烧碱等清理时，必须穿戴上橡胶手套、防护眼镜、橡胶裙和胶靴。

4）在涂刷或喷涂对人体有害的涂料时，要戴上防毒口罩。如对眼睛有害，须戴上密闭式眼镜加以保护。

5）喷涂硝基漆或其他挥发性、易燃性溶剂稀释的涂料时不准使用明火。

6）操作人员在施工时感觉头痛、心悸或恶心时，应立即离开工作地点，走到通风处换气，如仍不舒服应去医院治疗。

第八节　裱　糊　工　程

一、基层处理

1. 混凝土和抹灰面基层

1）基层必须具有一定强度，不松散，不起粉脱落。墙面允许偏差应在质量标准的规定范围内。

2）墙面基本干燥，不潮湿发霉，含水率不大于8%（质量分数），湿度较大的房间和经常潮湿的墙表面，应采用具有防水性能的墙纸和胶粘剂等材料。

3）基层表面应清扫干净，对表面脱灰、孔洞较大的缺陷用砂浆修补平整；对麻点、凹坑、接缝、裂缝等较小缺陷，用腻子涂刮1~2遍修补填平，干固后用砂纸磨平。

2. 木板基层

1）要求接缝严密、接缝处裱糊纱布。

2）表面不露钉头，钉眼处用腻子满刮补平，干后用砂纸打磨平整光滑。

二、壁纸裱糊

1. 操作要点

（1）弹线　在墙面上弹划出水平、垂直线作为裱糊的依据，保证壁纸裱糊后横平竖直、图案端正、垂直线一般弹在门窗边附近，水平线以挂镜线为准。

（2）裁纸　量出墙顶（或挂镜线）到踢脚板上口的高度，两端各留出 30～50mm 的备用量作为下料尺寸。有图案的壁纸，根据对花、拼图的需要，统筹规划、对花、拼图后下料，再编上号，以便按顺序粘贴。

（3）润纸　一般将壁纸放在水槽中浸泡 2～3min，取出后抖掉余水，若有吸水面可用毛巾擦掉，然后才能涂胶。也可以用排笔在纸背上刷水，刷满均匀，保持 10min 也可达到使其充分膨胀的目的，玻璃纤维基材的壁纸、墙布，可在壁纸背面均匀刷胶后，将胶面与胶面对叠，放置 4～8min 后上墙。

（4）刷胶　纸背刷胶要均匀，不裹边，不起堆，以防溢出，弄脏壁纸。刷胶方法如下：

1）PVC 壁纸。裱糊墙面时，可只在墙面上刷胶，裱糊顶棚时则需在基层与纸背上都刷胶。刷胶时，基层表面涂胶宽度要比壁纸宽约 30mm，纸背涂胶后，纸背与纸背反复对叠，可避免污染正面。

2）纸背带胶壁纸。其纸背及墙面均无需涂胶，裱糊墙面时可将裱好的壁纸浸泡于水槽中，然后由底部开始，图案面向外，卷成一卷，1min 后可上墙。但裱糊顶棚时，其壁纸背上还应涂刷稀释的胶粘剂。

3）对于较厚的壁纸、墙布，应对基层和纸背都刷胶。

（5）裱糊　先贴长墙面，后贴短墙面，每个墙面从显眼的墙面以整幅纸开始，将窄条纸留在不明显的阴角处，每个墙角的第一条纸都要挂垂线。

贴每条纸时均先对花，对纹拼缝由上而下进行，不留余量，先在一侧对缝保证墙底粘贴垂直，后对花纹拼缝到底压实后，再抹平整张墙纸。

阴角转角处不留拼缝，包角要压实，并注意花纹、图案与阴角直线的关系，若遇阴角不垂直，其接缝应为搭接缝，墙纸由受侧光墙面向阴角的另一面转 5～10mm，压实，不得空鼓，搭接在前一条墙纸的外面。

采用搭口拼缝时，要待胶粘剂干到一定程度后，用刀具裁墙纸，撕去割出部分，现刮压密实。用刀时，一次直落，力量要适当、均匀，不能停，以免出现刀痕搭口，同时也不要重复切割。

墙纸粘贴后，若出现空鼓、气泡，可用针刺放气，再用注射针挤进胶粘剂，用刮板刮压密实。

2. 成品保护

1）裱糊工程尽量放在最后一道工序。

2）裱糊时，空气相对湿度不应过高，一般应低于 85%，湿度不应剧烈变化。

3）在潮湿季节裱糊好的墙面竣工以后，应在白天打开门窗，加强通风，夜晚关门闭窗，防止潮气侵袭。同时，要避免胶粘剂未干前，墙壁面受穿堂风劲吹。

4）基层抹灰层宜具有一定的吸水性，混合砂浆和纸筋灰罩面的基层，适宜于裱贴墙纸，若用石膏罩面效果更佳，水泥砂浆抹光基层的裱贴，效果较差。

三、施工质量验收

裱糊工程完工并干燥后，方可进行质量检查验收。

1）材料的品种、颜色、图案要符合设计要求。

2）表面色泽一致，不得有气泡、空鼓、翘边、皱折和斑污，斜视无胶痕。

3）各幅拼接不得露缝，距墙面 1.5m 处正视，不显接缝。

4）接缝处的图案和花纹应吻合。

5）不得有漏贴、补贴和脱层缺陷。

四、裱糊工程安全注意事项

1）裁割刀使用时，应用拇指与食指夹刀，使刀刃同墙面保持垂直，这样切割刀口又小，又完全。

2）热源切勿靠近裱糊墙面。

3）高凳必须固定牢固，跳板不应损坏，跳板不要放在高凳的最上端。

4）在超高的墙面上裱糊时，逐层架子要牢固，要设护身栏。

第九节　外墙保温施工

外墙保温可分为外墙内保温，外墙内外混合保温和外墙外保温三种形式，工程应用中一般采用外墙外保温的形式。目前，保温材料以挤密苯板、聚苯板、聚苯颗粒保温材料为主。外墙外保温可分为板类保温系统和涂饰类保温系统两种，板类保温系统主要有 EPS 板（聚苯板）外墙保温系统和 XPS（挤塑板）外墙保温系统；EPS 板（聚苯板）外墙保温系统主要有 EPS 板薄抹灰、EPS 板现浇混凝土、EPS 钢丝网架板现浇混凝土、机械固定 EPS 钢丝网架板等外墙外保温系统。外墙外保温系统在变形作用下容易开裂，造成外墙面渗水，丧失保温功能，因此技术复杂，施工难度大。

板类保温施工使用的主要材料有：外墙保温板、胶粘剂、玻纤网、锚栓、钢筋、外加剂、界面剂、水泥、砂浆等，使用的主要机具有：壁纸刀、螺钉旋具（螺丝刀）、剪刀、钢丝刷、棕刷、粗砂纸、电动搅拌器、冲击钻、抹子、托线板、2m 靠尺、钢卷尺、扫帚等，施工工艺流程一般为：基层处理→保温层施工→抹抗裂砂浆面层及细部处理→饰面层施工→包边、清理→检查验收。基层处理包括：清理主体施工时墙面遗留的钢筋头、废模板，填堵施工孔洞；清扫墙面的浮灰，清洗油污、隔离剂；墙面松动、风化部分应剔除干净并找平；墙表面突起物不小于 10mm 时应剔除。

涂饰类施工使用的主要材料有：聚苯颗粒、玻纤网、外加剂、水泥等，使用的主要机具有：砂浆搅拌机、铁锹、筛子、水桶、灰斗、灰勺、刮杠、线坠、托灰板、抹子、金属水平尺、喷壶、铁锤、钢丝刷、拖线板、2m 靠尺、钢卷尺等。施工工艺流程一般为：基层处理→保温层施工→抹抗裂砂浆面层→饰面层施工→检查验收。

一、EPS 板薄抹灰外墙外保温

EPS 板薄抹灰外墙外保温结构由 EPS 板保温层、薄抹面层和饰面涂层构成，EPS 板用胶粘剂固定在基层上，薄抹面层中满铺玻纤网，如图 9-32 所示。弹线包括板材位置线、门窗中心线、阴阳角吊垂直线。

粘贴 EPS 板时，应将胶粘剂涂在 EPS 板背面，周边涂胶 50mm 宽，在某一侧面留 30mm×50mm 排气口，板心呈梅花形布粘结点，间距为 150～200mm，直径为 100mm 左右，粘贴面积不得小于 EPS 板面积的 40%。

EPS 板应按顺砌方式粘贴，竖缝应逐行错缝。抹胶后，立即将板立起就位粘贴，粘贴时要注意对准厚度线，用力轻揉，均匀挤压，随时用托线板检查垂直度及平整度，板之间错缝粘贴。粘完板后，板缝交接处或大面上局部有不平整处可用带有木板背衬的粗砂纸打磨，打磨后清理表面。建筑物高度在 20m 以上时，在受负风压作用较大的部位宜使用锚栓辅助固定。必要时应设置抗裂分隔缝。

二、EPS 板现浇混凝土外墙外保温

EPS 板现浇混凝土外墙外保温（无网现浇系统）以现浇混凝土外墙作为基层，EPS 板为保温层。EPS 板内表面（与现浇混凝土接触的表面）沿水平方向开有矩形齿槽，内、外表面均满涂界面砂浆。在施工时将 EPS 板置于外模板内侧，并安装锚栓作为辅助固定件。浇灌混凝土后，墙体与 EPS 板以及锚栓结合为一体。EPS 板表面抹抗裂砂浆薄抹面层，外表以涂料为饰面层，薄抹面层中满铺玻纤网，如图 9-33 所示。绑扎完墙体钢筋后，在外墙钢筋外侧绑扎水泥垫块，每块 EPS 板不少于 6 块。安装前先在 EPS 板及对应墙的高低槽口处均匀涂刷一层胶粘剂，然后进行拼装，使相邻 EPS 板相互紧密粘结。在安装好的 EPS 板面上弹线，标出锚栓的位置，使锚栓呈梅花形分布，每块 EPS 板上的锚栓数量不少于 5 个。EPS 板拼缝处需布置锚栓，门窗洞口过梁上设一个或多个锚栓。安装锚栓前，在 EPS 板上预先穿孔，然后将锚栓与墙体钢筋绑扎做临时固定。水平抗裂分隔缝宜按楼层设置，垂直抗裂分隔缝宜按墙面面积设置。混凝土浇筑后，EPS 板表面局部不平整处宜抹胶粉 EPS 颗粒保温浆料修补和找平，修补找平处的厚度不得大于 10mm。

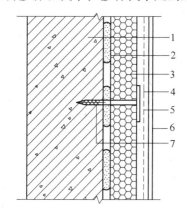

图 9-32　EPS 板薄抹灰外墙外保温构造
1—基层　2—胶粘剂　3—EPS 板　4—玻纤网
5—薄抹面层　6—饰面板　7—锚栓

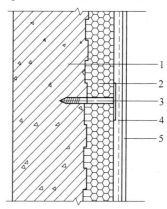

图 9-33　EPS 板现浇混凝土外墙外保温构造
1—现浇混凝土外墙　2—EPS 板　3—锚栓
4—抗裂砂浆薄抹面层　5—饰面层

三、EPS 钢丝网架板现浇混凝土外墙外保温

EPS 钢丝网架板现浇混凝土外墙外保温系统（有网现浇系统），以现浇混凝土为基层，EPS 单面钢丝网架板置于外墙外模板内侧，并安装φ6 钢筋作为辅助固定件。浇灌混凝土后，EPS 单面钢丝网架板挑头钢丝和φ6 钢筋与混凝土结合为一体，EPS 单面钢丝网架板表面抹掺外加剂的水泥砂浆形成厚抹面层，外表做饰面层，如图 9-34 所示。以涂料做饰面层时，

应加抹玻纤网抗裂砂浆薄抹面层。

斜插腹丝要求用镀锌钢丝，EPS 单面钢丝网架板每平方米斜插腹丝不得超过 200 根，板两面应预喷刷界面砂浆，界面砂浆应涂敷均匀，与钢丝和 EPS 板附着牢固。有网现浇系统 EPS 钢丝网架板厚度、每平方米腹丝数量和表面荷载值应通过试验确定。EPS 钢丝网架板构造设计和施工安装，应考虑现浇混凝土侧压力影响，抹面层厚度应均匀，钢丝网应完全包覆于抹面层中。钢筋每平方米宜设 4 根，锚固深度不得小于 100mm。在每层层间宜留水平抗裂分隔缝，层间保温板外钢丝网应断开，抹灰时嵌入层间塑料分隔条或泡沫塑料棒，外表用建筑密封膏嵌缝。垂直抗裂分隔缝宜按墙面面积设置。

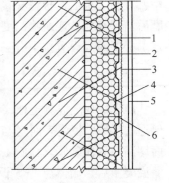

图 9-34　EPS 钢丝网架板现浇
混凝土外墙外保温构造
1—现浇混凝土外墙　2—EPS 单面
钢丝网架板　3—掺外加剂的水泥
砂浆厚抹面层　4—钢丝网架
5—饰面层　6—φ6 钢筋

四、饰面层及细部处理

EPS 板安装完毕并检查验收后，将搅拌好的抗裂砂浆均匀地抹在板表面，厚度为 2～3mm，同时将翻包玻纤网压入砂浆中。抗裂砂浆必须在 2h 内用完。将玻纤网绷紧后贴于底层罩面砂浆上，用抹子由中间向四周把玻纤网压入砂浆的表层，要平整压实，严禁玻纤网折皱。玻纤网不得压入过深，表面必须暴露在底层砂浆之外。铺贴遇有搭接时，必须满足横向 100mm、纵向 80mm 的搭接长度要求。在门窗洞口的四角处必须沿 45°加贴一道玻纤网格布。洞口四个阴角必须加贴一道网格布，网格布严禁干搭。在底层砂浆凝结前再抹一道罩面砂浆，厚度为 1～2mm，使玻纤布露纹不露网。面层砂浆切忌不停揉搓，以免形成空鼓。砂浆抹灰施工间歇应留在伸缩缝、阴阳角等部位。在连续墙面上如需停顿，面层砂浆不应完全覆盖已铺好的网格布，需与网格布、底层砂浆呈台阶形坡槎，留槎间距不小于 150mm，以免网格布搭接处平整度超出偏差。留设伸缩缝时，分格条应在进行抹灰施工工序时放入，待砂浆初凝后起出，修整缝边。缝内填塞泡沫塑料棒作背衬，再分两次填建筑密封膏。沉降缝和温度缝根据缝宽和位置设置金属盖板，用射钉或螺钉紧固。装饰分格缝处的保温板不断开，在板上开槽嵌入塑料分格条。

饰面层施工的基层应无脱层、空鼓和裂缝，基层应平整、洁净。含水率应符合饰面层施工的要求。外墙外保温工程不宜采用粘贴饰面砖做饰面层；当采用时，其安全性与耐久性必须符合设计要求。饰面砖应做粘结强度拉拔试验，试验结果应符合设计和有关标准的规定。外墙外保温工程的饰面层不得渗漏。外墙外保温层及饰面层与其他部位交接的收口处，应采取密封措施。

在檐口、勒脚处应做好系统的包边处理。装饰缝、门窗四角和阴阳角等处应做好局部加强网施工。变形缝处应做好防水和保温构造处理。

五、涂饰类外墙外保温

涂饰类保温由界面层、胶粉 EPS 颗粒保温浆料保温层、抗裂砂浆薄抹面层和饰面层组成，如图 9-35 所示。胶粉 EPS 颗粒浆料经现场拌和后，喷涂或抹在基层上形成保温层。薄抹面层中应满铺玻纤网，聚苯颗粒粒径为 2～3mm。

基层处理：同板类外墙外保温做法。

保温层施工：抹保温浆料前，在基层上抹一道界面砂浆，界面砂浆要粘结牢固；胶粉 EPS 颗粒保温浆料宜分遍抹灰，经现场拌和后喷涂或抹在基层上形成保温层。每遍间隔时间应在 24h 以上，每遍厚度不宜超过 20mm，第一遍抹灰应压实，最后一遍应找平，并用大杠搓平；胶粉 EPS 颗粒保温浆料保温层的设计厚度不宜超过 100mm。保温层厚度应符合设计要求，不得有负偏差；保温层硬化后，应现场检验保温层厚度，并现场取样检验胶粉 EPS 颗粒保温浆料的干密度。现场取样胶粉 EPS 颗粒保温浆料的干密度不应大于 $250kg/mm^3$，并且不应小于 $180kg/mm^3$。

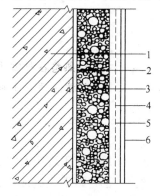

图 9-35　浆料外墙外保温构造
1—基层　2—界面砂浆　3—胶粉
EPS 颗粒保温浆料　4—抗裂砂浆
薄抹面层　5—玻纤网
6—饰面层

抹抗裂砂浆面层：同板类保温砂浆施工方法。

饰面层施工：在外墙做完防护层后，根据设计要求进行饰面层施工。

六、外墙外保温施工质量要求要点

1）用于墙体的保温材料、构件等，其品种、规格应符合设计要求和相关标准的规定。

2）墙体使用的保温隔热材料，其导热系数、密度、抗压强度或压缩强度、燃烧性能应符合设计要求。

3）墙体节能工程采用的保温材料和粘结材料等，进场时应对其性能进行复验。

4）当外墙采用保温浆料做保温层时，应在施工中制作同条件养护试件，检测其导热系数、干密度和压缩强度。

5）外墙或毗邻不供暖空间墙体上的门窗洞口四周的侧面，墙体上凸窗四周的侧面，应符合设计要求。

思　考　题

1. 装饰工程施工有哪些特点？

2. 如何控制抹灰层厚度及平整度？

3. 为什么抹灰时每层厚度不宜过厚？

4. 一般抹灰的基层处理有哪些内容？

5. 试述门窗工程施工顺序、施工质量要求及其保证要点。

6. 试述抹灰工程施工质量要求及其保证要点。

7. 试述楼地面工程施工质量要求及其保证要点。

8. 试述饰面工程施工质量要求及其保证要点。

9. 试述吊顶工程施工质量要求及其保证要点。

10. 试述玻璃幕墙工程施工质量要求及其保证要点。

11. 试述涂料工程施工质量要求及其保证要点。

12. 试述裱糊工程施工质量要求及其保证要点。

第十章　脚手架与垂直运输设备

> **学习目标**：熟悉各种常用脚手架及垂直运输设备的构造，熟悉脚手架工程的质量要求要点及安全注意事项。了解各种常用脚手架的搭设、拆除及常用垂直运输设备的使用技术要求。

脚手架是在施工现场为安全防护、工人操作和解决楼层水平运输而搭设的架体，是施工临时设施，也是施工企业常备的施工工具。

脚手架的种类很多，按用途分有结构脚手架、装修脚手架和支撑脚手架等；按搭设位置分有外脚手架和里脚手架；按使用材料分有木、竹和金属脚手架；按构造形式分有扣件式、框组式、碗扣式、悬挑式、吊式及附墙升降式脚手架等。本章仅介绍几种常用的脚手架。

第一节　扣件式钢管脚手架

扣件式钢管脚手架装拆方便、搭设灵活、能适应建筑物平面及高度的变化；承载力大、搭设高度高、坚固耐用、周转次数多；加工简单、一次投资费用低、比较经济，故在建筑工程施工中使用最为广泛。它除用作搭设脚手架外，还可用以搭设井架、上料平台和栈桥等。但也存在着扣件（尤以其中的螺杆、螺母）易丢易损、螺栓上紧程度差异较大、节点在力作用线之间有偏心或交汇距离等缺点。

一、主要组成部件及作用

扣件式钢管脚手架由钢管、扣件、底座、脚手板和安全网等部件组成（图10-1）。

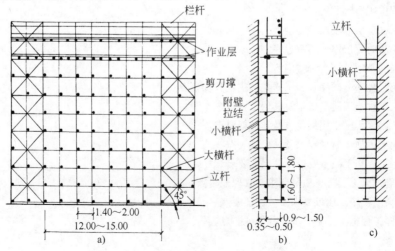

图 10-1　扣件式钢管外脚手架（单位：m）

1. 钢管

一般采用 $\phi48 \times 3.5$ 的焊接钢管或无缝钢管，也可用外径为 $50 \sim 51mm$、壁厚 $3 \sim 4mm$ 的焊接钢管。根据钢管在脚手架中的位置和作用不同，钢管可分为立杆、纵向水平杆、横向水平杆、连墙杆、剪刀撑、水平斜拉杆等，其作用如下：

（1）立杆　平行于建筑物并垂直于地面，是把脚手架荷载传递给基础的受力杆件。

（2）纵向水平杆　平行于建筑物并在纵向水平连接各立杆，是承受并传递荷载给立杆的受力杆件。

（3）横向水平杆　垂直于建筑物并在横向水平连接内、外排立杆，是承受并传递荷载给立杆的受力杆件。

（4）剪刀撑　设在脚手架外侧面并与墙面平行的十字交叉斜杆，可增强脚手架的纵向刚度。

（5）连墙杆　连接脚手架与建筑物，是既要承受并传递荷载，又可防止脚手架横向失稳的受力杆件。

（6）水平斜拉杆　设在有连墙杆的脚手架内、外排立杆间的步架平面内的"之"字形斜杆，可增强脚手架的横向刚度。

（7）纵向水平扫地杆　连接立杆下端，是距底座下皮 $200mm$ 处的纵向水平杆，起约束立杆底端在纵向发生位移的作用。

（8）横向水平扫地杆　连接立杆下端，是位于纵向水平扫地杆上方处的横向水平杆，起约束立杆底端在横向发生位移的作用。

2. 扣件

扣件是钢管与钢管之间的连接件，有可锻铸铁扣件和钢板轧制扣件两种，其基本形式有直角扣件、回转扣件、对接扣件三种（图 10-2）。

（1）直角扣件　用于两根垂直相交钢管的连接，依靠扣件与钢管表面间的摩擦力来传递荷载。

（2）回转扣件　用于两根任意角度相交钢管的连接。

（3）对接扣件　用于两根钢管对接接长的连接。

3. 底座

底座设在立杆下端，是用于承受并传递立杆荷载给地基的配件。底座可用钢管与钢板焊接，也可用铸铁制成（图 10-3）。

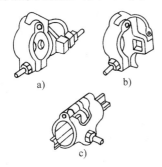

图 10-2　扣件形式

a）回转扣件　b）直角扣件　c）对接扣件

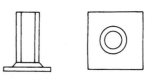

图 10-3　脚手架底座

4. 脚手板

脚手板是提供施工操作条件并承受和传递荷载给纵横水平杆的板件，当设于非操作层时起安全防护作用，可用竹、木、钢等材料制成。

5. 安全网

安全网是保证施工安全和减少灰尘、噪声、光污染的措施，包括立网和平网两部分。

二、构造要点

钢管外脚手架分双排和单排两种搭设方案（图10-1b、c）。

1. 单排

单排脚手架仅在外侧有立杆，其横向水平杆的一端与纵向水平杆或立杆相连，另一端则搁在内侧的墙上。单排脚手架的整体刚度差，承载力低，故不适用于下列情况：

1）墙体厚度小于或等于180mm。

2）建筑物高度超过24m。

3）空斗砖墙、加气块墙等轻质墙体。

4）砌筑砂浆强度等级小于或等于M1.0的墙体。

2. 双排

双排脚手架的一般搭设高度为$H \leqslant 50m$，如$H > 50m$时则应分段搭设，或采用双立杆等构造措施，并需经过承载力的校核计算。

（1）立杆　横距为0.9～1.5m，纵距为1.2～2.0m。立杆接长除顶层可采用搭接外，其余各层必须用对接扣件对接；两相邻立杆的接头位置不应设在同一步距内，同步内隔一根立杆的两个相隔接头在高度方向应错开的距离不小于500mm，且与相近的纵向水平杆距离不应大于等于1/3步距（图10-4）；立杆与纵向水平杆必须用直角扣件扣紧，不得隔步设置或遗漏；立杆顶端应高出女儿墙上皮1.0m，高出檐口上皮高度1.5m；每根立杆均应设置底座或垫块。

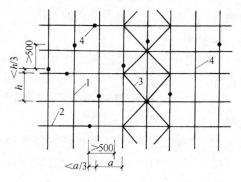

图10-4　立杆、纵向水平杆的接头位置
1—立杆　2—纵向水平杆　3—剪刀撑　4—接头

（2）纵向水平杆（大横杆）　设于横向水平杆之下，在立杆的内侧，其长度不少于三跨；用直角扣件与立杆扣紧，其步距为1.2～1.8m。上下横杆的接头位置应错开布置，不应设在同一步距内，其相邻接头的水平距离应大于等于500mm，且接头位置与相近立杆的距离应小于等于1/3纵距（图10-4）。

（3）横向水平杆（小横杆）　每一立杆节点处必须设置一根横向水平杆，并搭接于纵向水平杆之上用直角扣件扣紧。在双排架中靠墙一侧的外伸长度应小于等于500mm；操作层上中间节点处的横向水平杆宜按脚手板的需要等间距设置，但最大间距应小于等于1/2立杆距离；单排架的横向水平杆插入墙内的长度应大于等于180mm。

（4）剪刀撑　当单、双排架高小于等于24m时，剪刀撑在侧立面的两端均应设置，中间每隔15m设一道（图10-5），其宽度大于等于4m，且跨度大于等于6m，斜杆与地面间的倾角为45°～60°；当双排架高大于24m时，剪刀撑应在外侧立面整个长度上连续设置。每道剪刀撑跨越立杆的根数应按表10-1确定。

剪刀撑应用旋转扣件与立杆或横向水平杆的伸出端扣牢,连接点距脚手架节点不大于150mm;剪刀撑钢管接长,应采用搭接,搭接长度不小于1m,并用不少于两个旋转扣件扣牢。

(5)连墙杆　脚手架的承载力取决于连墙杆的布置形式和间距大小。脚手架倒塌的事故原因大多是连墙杆设置不足或被拆掉而引起的,连墙杆的数量和间距除满足设计的要求外,尚应符合表10-2的规定。

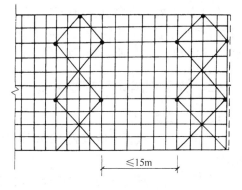

图10-5　剪刀撑布置

表10-1　剪刀撑跨越立杆的最多根数

剪刀撑斜杆与地面的倾角 α	45°	50°	60°
剪刀撑跨越立杆的最多根数 n	7	6	5

表10-2　连墙杆布置最大间距

脚手架高度		竖向间距	水平间距	每根连墙杆覆盖面积/m²
双排	≤50m	3h	3l	≤40
	>50m	2h	3l	≤27
单排	≤24m	3h	3l	≤40

注:h为步距;l为纵距。

连墙杆必须采用可承受拉力和压力的构造,采用拉筋必须采用顶撑,顶撑应可靠地顶在混凝土圈梁、柱等结构部位;高度超过24m的双排脚手架连墙杆必须采用刚性连接(图10-6)。

(6)水平斜拉杆　设置在有连墙杆的步架平面内成"之"字形斜杆。

(7)护栏和挡脚板　操作层必须设置高1.20m的防护栏杆和高0.18m的挡脚板,搭设在外排立杆的内侧,其构造如图10-7所示。

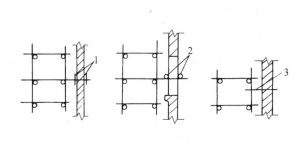

图10-6　连墙杆
1—两只扣件　2—两根短管
3—钢丝与墙内埋设的钢环拉柱

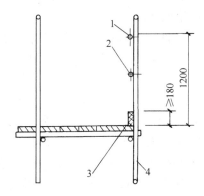

图10-7　栏杆与挡脚板构造
1—上栏杆　2—中栏杆
3—挡脚板　4—外立杆

（8）脚手板　脚手板一般应设置在 3 根横向水平杆上。当板长小于 2m 时，允许设在 2 根横向水平杆上，但应将板两端可靠固定，以防倾翻；自顶层操作层往下计，宜每隔 12m 满铺一层脚手板。作业层脚手板应铺满、铺稳，离墙 120～150mm。

三、脚手架搭设与拆除

1. 施工准备

1）单位工程负责人应按施工组织设计中有关脚手架的要求，向架设和使用人员进行技术交底。

2）应按规范规定和施工组织设计的要求对钢管、扣件、脚手板等进行检查验收，不合格产品不得使用。

3）经检验合格的构配件应按品种、规格分类，堆放整齐、平稳，堆放场地不得有积水。

4）应清除搭设场地杂物，平整搭设场地，并使排水畅通。

5）当脚手架基础下有设备基础、管沟时，在脚手架使用过程中不应开挖，否则必须采取加固措施。

2. 地基与基础

脚手架的自重及其上的施工荷载均由脚手架基础传至地基。为使脚手架保持稳定，不下沉，保证牢固和安全，必须要有一个牢固可靠的脚手架基础。

1）脚手架地基与基础的施工，必须根据脚手架搭设高度、搭设场地土质情况与现行国家标准的有关规定进行。

2）脚手架底座底面标高宜高于自然地坪 150～200mm。

3）脚手架搭设高度超过 50m 时，必须根据工程表面地质情况，进行脚手架基础的具体设计。

4）严禁将脚手架架设在深基础外侧的填土层上。

5）在脚手架外侧还应设置排水沟，以防雨天积水浸泡地基，产生脚手架的不均匀下沉，引起脚手架的倾斜变形。

6）脚手架基础经验收合格后，应按施工组织设计的要求放线定位。

3. 搭设要点

1）杆件搭设顺序：放置纵向水平扫地杆→逐根树立立杆（随即与扫地杆扣紧）→安装横向水平扫地杆（随即与立杆或纵向水平扫地杆扣紧）→安装第一步纵向水平杆（随即与各立杆扣紧）→安装第一步横向水平杆→安装第二步纵向水平杆→安装第二步横向水平杆→加设临时斜撑杆（上端与第二步纵向水平杆扣紧，在装设两道连墙杆后可拆除）→安装第三、四步纵横向水平杆→安装连墙杆、接长立杆，加设剪刀撑→铺设脚手板→挂安全网……。

2）脚手架必须配合施工进度搭设，一次搭设高度不应超过相邻连墙杆以上二步。

3）每搭完一步脚手架后，应按规范校正步距、纵距、横距及立杆的垂直度。

4）底座、垫板均应准确地放在定位线上；垫板宜采用长度不少于 2 跨、厚度不小于 50mm 的木垫板，也可采用槽钢。

5）立杆搭设严禁将外径为 48mm 与 51mm 的钢管混合使用；开始搭设立杆时，应每隔 6 跨设置一根抛撑，直至连墙件安装稳定后，方可根据情况拆除。

6）当搭至有连墙杆的构造点时，在搭设完该处的立杆、纵向水平杆、横向水平杆后，应立即设置连墙杆；连墙点的数量、位置要正确，连接牢固，无松动现象。拧紧扣件、设置连墙杆不得过松或过紧。

7）纵向水平杆搭设在封闭型脚手架的同一步中，纵向水平杆应四周交圈，用直角扣件与水平杆固定。

8）单排脚手架的横向水平杆不应设置在下列部位：

①设计上不允许留脚手眼的部位。

②过梁上与过梁两端成60°角的三角形范围内及过梁净跨度1/2的高度范围内。

③宽度小于1m的窗间墙。

④梁或梁垫下及其两侧各500mm的范围内。

⑤砖砌体的门窗洞口两侧200mm和转角处450mm的范围内，其他砌体的门窗洞口两侧300mm和转角处600mm的范围内。

⑥独立或附墙砖柱。

9）剪刀撑、横向斜撑应随立杆、纵向和横向水平杆等同步搭设，各底层斜杆下端均必须支承在垫块或垫板上。

10）扣件规格必须与钢管外径（ϕ48mm或ϕ51mm）相同，螺栓应拧紧。

11）在主节点处固定横向水平杆、纵向水平杆、剪刀撑、横向斜撑等用的直角扣件、旋转扣件的中心点的相互距离不应大于150mm，对接扣件开口应朝上或朝内。

12）各杆件端头伸出扣件盖板边缘的长度不应小于100mm。

4. 脚手架拆除

1）拆架时应划出工作区标志和设置围栏，并派专人看守，严禁行人进入。拆除作业必须由上而下逐层进行，严禁上下同时作业。

2）拆架时统一指挥，上下呼应，动作协调，当解开与另一人有关的结扣时应先行告知对方，以防坠落。

3）连墙杆必须随脚手架逐层拆除，严禁先将连墙杆整层或数层拆除后再拆脚手架；分段拆除高差不应大于2步，如高差大于2步，应增设连墙杆加固；当脚手架拆至下部最后一根长立杆的高度（约6.5m）时，应先在适当位置搭设临时抛撑加固后，再拆除连墙杆。

4）当脚手架采取分段、分立面拆除时，对不拆除的脚手架两端，应先按规范规定设置连墙杆和横向斜撑加固。

5）各构配件严禁抛掷至地面。

6）运至地面的构配件应及时检查、整修与保养，并按品种、规格随时码堆存放。

第二节　碗扣式脚手架

碗扣式脚手架是一种新型承插式钢管脚手架。脚手架独创了带齿碗扣接头，具有拼拆迅速、省力，结构稳定可靠，配备完善，通用性强，承载力大，安全可靠，易于加工，不易丢失，便于管理，易于运输，应用广泛等特点。

建筑施工技术

一、碗扣式脚手架杆配件规格及用途

碗扣式钢管脚手架的杆配件按其用途可分为主构件、辅助构件、专用构件三类。

1. 主构件

主构件是用于构成脚手架主体的部件。其中的立杆和顶杆各有两种规格，在杆上均焊有间距为 600mm 的下碗扣。若将立杆和顶杆相互配合接长使用，就可构成任意高度的脚手架。立杆接长时，接头应错开，至顶层后再用两种长度的顶杆找平。

（1）立杆　由一定长度的 $\phi 48 \times 3.5$ 钢管上每隔 0.6m 安装碗扣接头，并在其顶端焊接立杆焊接管制成。用作脚手架的垂直承力杆。

（2）顶杆　即顶部立杆，在顶端设有立杆的连接管，以便在顶端插入托撑。用作支撑架（柱）、物料提升架等顶端的垂直承力杆。

（3）横杆　由一定长度的 $\phi 48 \times 3.5$ 钢管两端焊接横杆接头制成。用于立杆横向连接管或框架水平承力杆。

（4）单横杆　仅在 $\phi 48 \times 3.5$ 钢管一端焊接横杆接头；用作单排脚手架横向水平杆。

（5）斜杆　在 $\phi 48 \times 2.2$ 钢管两端铆接斜杆接头制成，用于增强脚手架的稳定强度，提高脚手架的承载力。斜杆应尽量布置在框架节点上。

（6）底座　由 $150mm \times 150mm \times 8mm$ 的钢板在中心焊接连接杆制成，安装在立杆的根部，用作防止立杆下沉并将上部荷载分散传递给地基的构件。

2. 辅助构件

辅助构件用于作业面及附壁拉结等的杆部件。

（1）间横杆　为满足普通钢或木脚手板的需要而专设的杆件，可搭设于主架横杆之间的任意部位，用以减小支承间距和支撑挑头脚手板。

（2）架梯　由钢踏步板焊在槽钢上制成，两端带有挂钩，可牢固地挂在横杆上，用于作业人员上下脚手架的通道。

（3）连墙撑　用于脚手架与墙体结构间的连接件，以加强脚手架抵抗风载及其他永久性水平荷载的能力，防止脚手架倒塌和增强稳定性的构件。

3. 专用构件

专用构件是用作专门用途的杆部件。

（1）悬挑架　由挑杆和撑杆用碗扣接头固定在楼层内支承架上构成。用于其上搭设悬挑脚手架，可直接从楼内挑出，不需在墙体结构设埋件。

（2）提升滑轮　用于提升小物料而设计的杆部件，由吊柱、吊架和滑轮等组成。吊柱可插入宽挑梁的垂直杆中固定，与宽挑梁配套使用。

二、构造特点

碗扣式脚手架是在一定长度的 $\phi 48 \times 3.5$ 钢管立杆和顶杆上，每隔 600mm 焊下碗扣及限位销，上碗扣则对应套在立杆上并可沿立杆上下滑动。安装时将上碗扣的缺口对准限位销后，即可将上碗扣抬起（沿立杆向上滑动），把横杆接头插入下碗扣圆槽内，随后将上碗扣沿限位销滑下并沿顺时针方向旋转以扣紧横杆接头，与立杆牢固地连接在一起，形成框架结构。每个下碗扣内可同时装 4 个横杆接头，位置任意（图 10-8）。

三、搭设要点

1. 组装顺序

立杆底座→立杆→横杆→斜杆→接头锁紧→脚手板→上层立杆→立杆连接销→横杆。

2. 注意事项

1）在已处理好的地基上按设计位置安放立杆垫座（或可调底座），其上再交错安装 3.0m 和 1.8m 长立杆，调整立杆可调座，使同一层立杆接头不在同一平面内。

2）搭设中应注意调整架体的垂直度，最大偏差不得超过 10mm。

3）连墙杆应随脚手架的搭设而随时在设计位置设置，并尽量与脚手架和建筑物外表面垂直。

4）脚手架应随建筑物升高而随时搭设，但不应超过建筑物 2 个步架。

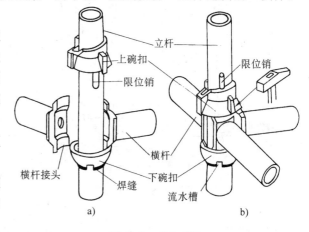

图 10-8　碗扣接头

a）连接前　b）连接后

第三节　框组式脚手架

以门形、梯形以及其他变化形式钢管框架为基本构件，与连接杆（构）件、辅件和各种功能配件组合而成的脚手架，统称为"框组式脚手架"。我国从 20 世纪 80 年代由日本引进门式钢管脚手架（简称门式脚手架），它的基本受力单元是由钢管焊接而成的门形刚架（简称门架），通过剪刀撑、脚手板（或水平梁）、连墙杆以及其他连接杆、配件组装成的逐层叠起脚手架，与建筑结构拉结牢固，形成整体稳定的脚手架结构。

门式脚手架的主要特点是尺寸标准，结构合理，承载力高，装拆容易，安全可靠，并可调节高度，特别适用于搭设使用周期短或频繁周转的脚手架。但由于组装件接头大部分不是螺栓紧固性的连接，而是插销或扣搭形式的连接，因此搭设较高大或荷重较大的支架时，必须附加钢管拉结紧固，否则会摇晃不稳。

门式脚手架的搭设高度 H：当施工荷载标准值为 $3 \sim 5kN/m^2$ 时，$H \leqslant 45m$；当荷载小于等于 $3kN/m^2$ 时，$H \leqslant 60m$。当架高为 $19 \sim 38m$ 时，可三层同时操作；当架高小于等于 17m 时，可四层同时操作。

一、主要组成部件

门式脚手架由门架、剪刀撑（交叉拉杆）和水平梁架（平行架）或脚手板构成基本单元（图 10-9）。将基本单元相互连接起来并增加梯子、栏杆等部件即构成整片脚手架。

（1）门架　门架有多种形式，标准型是最基本的形式（图 10-10a），用于构成脚手架的基本单元。标准门架宽度为 1.20m，高为 1.70m，由立杆、横杆、加强杆和锁销等焊接组成，门架之间的连接，在垂直方向用锁臂。

（2）水平梁架　用于连接门架顶部的水平框架，以增加脚手架的刚度（图10-10b）。

（3）剪刀撑　用于脚手架纵向连接两榀门架的交叉型拉杆（图10-10c）。

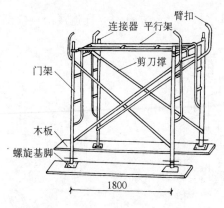

图10-9　门式脚手架的基本组合单元

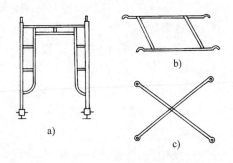

图10-10　门式脚手架主要部件
a）门架　b）水平梁架　c）剪刀撑

（4）底座和托座（图10-11a、b）　分为可调和固定底（托）座。可调底座用于扩大脚手架的支承面积和传递竖向荷载，并可调节脚手架的高度及整体水平度、垂直度；而固定底座不能调节高度。

（5）脚手板　采用定型脚手板（图10-11c）时在板的两端装有挂扣，用于搁置在门架的横杆上并扣紧，供工人站立并可增加门架的刚度。因此，即使无作业层，也要每隔3～5层设置一层脚手板。

（6）其他部件　如连接棒、锁臂（图10-12）、钢梯、栏杆、连墙杆等。

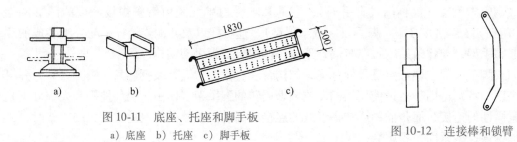

图10-11　底座、托座和脚手板
a）底座　b）托座　c）脚手板

图10-12　连接棒和锁臂

二、构造要点

1）门架之间必须满设剪刀撑和水平梁架（或脚手板），并连接牢固。在脚手架外侧应设长剪刀撑，剪刀撑与地面倾角为45°～60°，宽度为4～8m。

2）整片脚手架下面三层步架每层设置一道长的纵向水平杆，三层以上则每隔三层设一道，水平加固杆用扣件与门架立杆扣紧。

3）设置连墙点与墙拉结要牢固，其间距见表10-3，在转角处应适当加密。

4）做好脚手架转角处理。脚手架在转角处必须连接牢固并与墙拉结好，以确保脚手架的整体性（图10-13）。

表 10-3　连墙件间距

脚手架搭设高度 /m	基本风压 $\omega_0/(\text{kN/m}^2)$	连墙件的间距/m	
		竖向	水平向
≤45	≤0.55	≤6.0	≤8.0
	>0.55	≤4.0	≤6.0
>45	—		

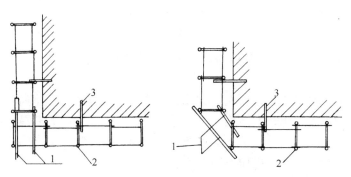

图 10-13　转角处脚手架连接
1—连接钢管　2—门架　3—连接件

三、搭设方法

1）脚手架的基础应根据土质及搭设高度按规范的要求处理，或按《建筑地基基础设计规范》（GB 50007—2011）的有关规定经计算确定；场地平整坚实，并做好排水。

若脚手架搭设在结构的楼面、挑台上时，立杆底座下应铺设垫板或垫块，同时应对楼面、挑台等结构进行强度验算。

基础上应先弹出门架立杆位置线，垫板、底座安放位置应准确。

2）搭设顺序：铺放垫木→拉线放底座→自一端立门架，并随即装剪刀撑→装水平梁架（或脚手板）→装梯子→装通长的大横杆（一般用 $\phi48\text{mm}$ 脚手架钢管）→装设连墙杆→插上连接棒→安装上一步门架→装上锁臂→照上述步骤逐层向上安装→装加强整体刚度的长剪刀撑→装设顶部栏杆。

3）搭设要点

①交叉支撑、水平架、脚手板、连接棒和锁臂的设置应符合规范要求；不配套的门架与配件不得混合使用于同一脚手架。

②门架安装应自一端向另一端延伸，并逐层改变搭设方向，不得相对进行。搭完一步架后，应按规范要求检查并调整其水平度与垂直度。

③交叉支撑、水平架或脚手板应紧随门架的安装及时设置，连接门架与配件的锁臂、搭钩必须处于锁住状态。

④水平架或脚手板应在同一步内连续设置，脚手板应满铺。

⑤底层钢梯的底部应加设钢管并用扣件扣紧在门架的立杆上，钢梯的两侧均应设置扶手，每段梯可跨越两步或三步门架再行转折。

⑥栏板（杆）、挡脚板应设置在脚手架操作层外侧、门架立杆的内侧。

⑦加固杆、剪刀撑必须与脚手架同步搭设；水平加固杆应设于门架立杆内侧，剪刀撑应设于门架立杆外侧并连牢。

⑧连墙件的搭设必须随脚手架搭设同步进行，严禁滞后设置或搭设完毕后补做；连墙件应连于上、下两榀门架的接头附近，且垂直于墙面、锚固可靠。

⑨当脚手架操作层高出相邻连墙件以上两步时，应采用确保脚手架稳定的临时拉结措施，直到连墙件搭设完毕后方可拆除。

⑩脚手架应沿建筑物周围连续、同步搭设升高，在建筑物周围形成封闭结构；如不能封闭时，在脚手架两端应按规范要求增设连墙件。

第四节　悬吊式脚手架

悬吊式脚手架又称吊篮，主要用于建筑外墙施工和装修。它是将架子（吊篮）的悬挂点固定在建筑物顶部悬挑出来的结构上，通过设在每个架子上的简易提升机械和钢丝绳，使架子升降，以满足施工要求。悬吊式脚手架与外墙面满搭外脚手架相比，可节约大量钢管材料、节省劳动力、缩短工期、操作方便灵活、技术经济效益较好。

吊篮一般分为手动与电动两种，目前我国采用手动吊篮较多，而且都是在施工现场根据工程特点自行设计，并用扣件钢管组装而成，比电动吊篮经济实用。但用于高层建筑外墙面的维修、清扫时，采用电动吊篮（或擦窗机）则具有灵活、轻便、速度快的优点。

一、手动吊篮

1. 基本构造

手动吊篮由支承设施（建筑物顶部悬挑梁或桁架）、吊篮绳（钢丝绳或钢筋链杆）、安全钢丝绳、手扳葫芦（或倒链）和篮型架子（一般称吊篮架体）组成（图10-14）。

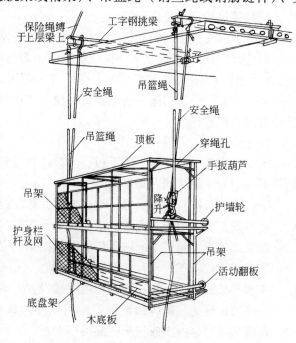

2. 支设要求

1）吊篮内侧距建筑物的间隙为100~200mm，两个吊篮之间的间隙不得大于200mm。吊篮的最大长度不宜大于8m，宽度为0.8~1.0m，高度一般不宜超过两层。特殊需要应专门设计，每层高度不超过2m。吊篮的立杆（或单元片）纵向间距不得大于2m。吊篮外侧及两端栏杆高1.5m，每道栏杆间距不大于500mm，挡脚板不低于180mm，并用安全网封严。

2）支承脚手板的横向水平杆间距不大于1m（50mm厚脚手板），脚手板必须与横向水平杆绑牢或卡牢固，不允许

图10-14　双层作业的手动提升式吊篮示意图

有松动或探头板。

3）吊篮内侧两端应装有可伸缩的护墙轮等装置，使吊篮与建筑物在工作状态时能靠紧，以减少架体晃动；同时超过一层架高的吊篮架要设爬梯，每层架的上下人孔要有盖板。

4）吊篮架体的外侧大面和两端小面应加设剪刀撑或斜撑杆卡牢。

5）吊篮若用钢筋链杆，其直径不小于16mm，每节链杆长800mm，每5～10根链杆应相互连成一组，使用时用卡环将各组连接成所需要的长度。安全绳均采用直径不小于ϕ13mm的钢丝绳通长到底布置。

6）悬挂吊篮的挑梁必须按设计规定与建筑结构固定牢靠，挑梁挑出长度应保证悬挂吊篮的钢丝绳（或钢筋链杆）垂直地面。挑梁之间应用纵向水平杆连接成整体，以保证挑梁结构的稳定。挑梁与吊篮吊绳连接端应有防止滑脱的保护装置。

3. 操作程序与使用方法

吊篮是用倒链先在地面上组装好吊篮架体，并在屋顶挑梁上挂好承重钢丝绳和安全绳，然后将承重钢丝绳穿过手扳葫芦的导绳孔向吊钩方向穿入、压紧，往复扳动前进手柄，即可使吊篮提升，往复扳动倒退手柄即可下落；但不可同时扳动上下手柄。如果采用钢筋链杆作承重吊杆，则先把安全绳与钢筋链杆挂在已固定好的屋顶挑梁上，然后把倒链挂在钢筋链杆的链环上，下部吊住吊篮，利用倒链升降。因为倒链行程有限，因此在升降过程中，要多次倒替倒链，人工将倒链升降，如此接力升降。

二、电动吊篮

1. 构造

电动吊篮主要由工作吊篮、提升机构、绳轮系统、屋面支承系统及安全锁组成。图10-15为ZLD—500型电动吊篮示意图。

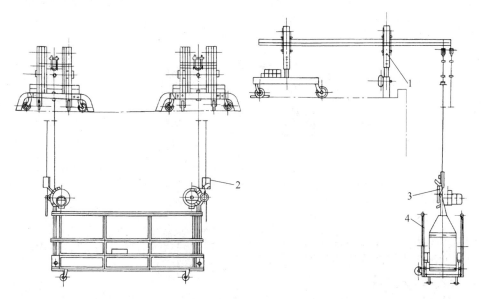

图 10-15　ZLD—500 型电动吊篮示意图

1—屋面支承系统　2—安全锁　3—提升机构　4—工作吊篮

建筑施工技术

（1）提升机构　提升机构是电动吊篮的核心，由电动机、制动器、减速系统及压绳系统组成。

（2）吊篮架体　电动吊篮的主体由底篮、栏杆、挂架和附件组成。按原材料区分，工作吊篮有两种：一种用合金型材制成；一种用薄钢板冲压制成。工作吊篮的宽度为0.7m，标准吊篮的长度为2m、2.5m及3m。吊篮四周设有高1.2m的护栏，靠墙面的一侧围护栏杆可以升降，以扩大操作面。吊篮上还装有可沿建筑物墙面滚动的托轮，以减少吊篮晃动。吊篮底设有脚轮，以利于在现场移动。吊篮顶部设有防护棚，以防高空坠物伤人。此外，吊篮上还装有与建筑物拉结用的锚固器，以便于吊篮较长时间停置一处，完成较复杂的装修作业。

（3）屋面支承系统　电动吊篮屋面支承系统可概括分为4种（图10-16）：

1）简单固定挑梁式。

2）移动挑梁式。

3）高女儿墙适用移动挑梁式。

4）人悬臂移动桁架式。

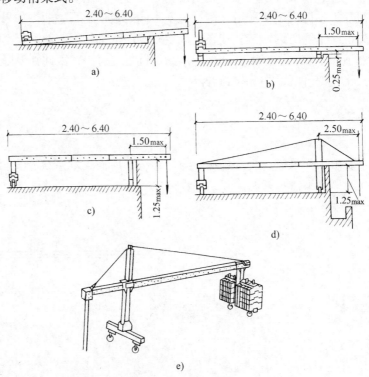

图10-16　电动吊篮屋面支撑系统示意图（单位：m）
a）简单固定挑梁式　b）移动挑梁式　c）高女儿墙适用移动挑梁式　d）、e）大悬臂移动桁架式

（4）安全锁　根据有关安全规程，载人作业的电动吊篮均应备有独立的安全绳和安全锁，以保护吊篮中操作人员不致因吊篮意外坠落而受到伤害。

2. 安装及使用要点

1）安装屋面支承系统时一定要仔细检查各处连接件及紧固件是否牢固，检查悬挑梁的悬挑长度是否符合要求，检查配重码放位置以及配重数量是否符合使用说明书中的有关规

330

定。

2）屋面支承系统安装完毕后，方可安装钢丝绳。安全钢丝绳在外侧，工作钢丝绳在里侧，两绳相距15cm，钢丝绳应固定、卡紧。

3）吊篮在现场附近组装完毕，经过检查后运至指定位置，然后接通电源试车。同时，由上部将工作钢丝绳和安全钢丝绳分别插入提升机构及安全锁中。工作钢丝绳一定要在提升机运行中插入。接通电源时，一定要注意相位，使吊篮能按正确方向升降。

4）新购电动吊篮组装完毕后，应进行空运转试验6~8h，待一切正常，即可开始负荷运行。

5）当吊篮停置于空中工作时，应将安全锁锁紧，需要移动时，再将安全锁放松。安全锁累计使用1000h必须进行定期检验和重新标定，以保证其安全工作。

6）吊篮上携带的材料和施工机具必须安置妥当，不得使吊篮倾斜和超载。

7）电动吊篮在运行中如发生异常响声和故障，必须立即停机检查，故障未经彻底排除，不得继续使用。

8）在吊篮下降着地之前，应在地面上垫好方木，以免损坏吊篮底部脚轮。

9）每日作业班后应注意检查并做好下列收尾工作：

①将吊篮内的建筑垃圾杂物清扫干净。将吊篮悬挂于离地3m处，撤去上下扶梯。

②使吊篮与建筑物拉结，以防大风骤起刮坏吊篮和墙面。

③作业完毕后应将电源切断。

④将多余的电缆线及钢丝绳存放在吊篮内。

第五节　悬挑式脚手架

悬挑式脚手架是一种不落地式脚手架。这种脚手架的特点是脚手架的自重及其施工荷重，全部传递至由建筑物承受，因而搭设不受建筑物高度的限制，主要用于外墙结构、装修和防护，以及在全封闭的高层建筑施工中，用以防坠物伤人。悬挑式脚手架与前面几种脚手架比较更为节省材料，具有良好的经济效益。

一、适用范围

1）±0.000以下结构工程回填土不能及时回填，脚手架没有搭设的基础，而主体结构工程又必须立即进行，否则将影响工期。

2）高层建筑主体结构四周为裙房，脚手架不能直接支承在地面上。

3）超高层建筑施工，脚手架搭设高度超过了架子的容许搭设高度，因此将整个脚手架按容许搭设高度分成若干段，每段脚手架支承在由建筑结构向外悬挑的结构上。

二、悬挑式支承结构

悬挑式外脚手架是利用建筑结构外边缘向外伸出的悬臂结构来支承外脚手架，将脚手架的荷载全部或部分传递给建筑结构。悬挑脚手架的关键是悬挑支承结构，它必须有足够的强度、稳定性和刚度，并能将脚手架的荷载传递给建筑结构。

悬挑支承结构的结构形式大致分两大类：

建筑施工技术

1）用型钢作梁挑出，端头加钢丝绳（或用钢筋花篮形螺栓拉杆）斜拉，组成悬挑支承结构。由于悬出端支承杆件是斜拉索（或拉杆），又简称为斜拉式（图 10-17a、b）。斜拉式悬挑外脚手架，悬出端支承杆件是斜拉钢丝绳受拉绳索，其承载能力由拉索的承载力控制，故断面较小，钢材用量少且自重小，但拉索锚固要求高。

2）用型钢焊接的三角桁架作为悬挑支承结构，悬出端的支承杆件是三角斜撑压杆，又称为下撑式（图 10-17c）。下撑式悬挑外脚手架，悬出端支承杆件是斜撑受压杆件，其承载力由压杆稳定性控制，故断面较大，钢材用量多且自重大。

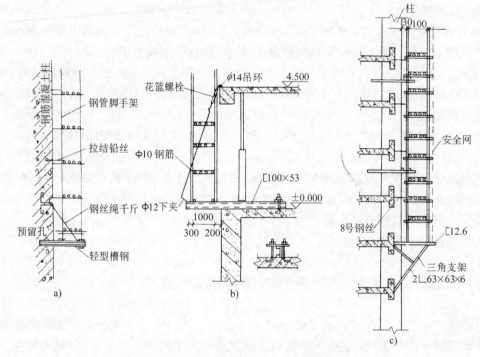

图 10-17 两种不同悬挑支撑结构的悬挑式脚手架
a）、b）斜拉式悬挑外脚手架 c）下撑式悬挑外脚手架

三、构造及搭设要点

1）悬挑支承结构必须具有足够的承载力、刚度和稳定性，能将脚手架荷载全部或部分传递给建筑物。

2）悬挑脚手架的高度（或分段悬挑搭设的高度）不得超过 25m。

3）新设计组装或加工的定型脚手架段，在使用前应进行不低于 1.5 倍使用施工荷载的静载试验和起吊试验，试验合格（未发现焊缝开裂、结构变形等情况）后方能投入使用。

4）塔吊应具有满足整体吊升（降）悬挑脚手架段的起吊能力。

5）悬挑梁支托式挑脚手架立杆的底部应与挑梁可靠连接固定。一般可采用在挑梁上焊短钢管，将立杆套入顶紧后，使用 U 形销插入其销孔连接固定；亦可采用螺栓连接方式。

6）超过 3 步的悬挑脚手架，应每隔 3 步和 3 跨设一连墙件，以确保其稳定承载。

7）悬挑脚手架的外侧立面一般均应采用密目网（或其他围护材料）全封闭围护，以确保架上人员操作安全和避免物件坠落。

8）必须设置可靠的人员上下的安全通道（出入口）。

9）使用中应经常检查脚手架段和悬挑设施的工作情况。当发现异常时，应及时停止作业，进行检查和处理。

第六节　附着升降式脚手架

近年来，随着高层、高耸结构的不断涌现和在工程建设中脚手架所占比重的迅速扩大，对施工用的脚手架在施工速度、安全可靠和经济效益等方面提出了更高的要求。附着升降式脚手架是在悬挑式与吊式脚手架的基础上增加升降功能而形成和发展起来的脚手架。具体形式有：导轨式、主套架式、悬挑式、吊拉式（互爬式）等（图 10-18），均采用定型加工或用脚手杆件组装成架体，依靠自身带有的升降设备，实现整体或分段升降。其中主套架式、吊拉式采用分段升降方式；悬挑式、导轨式既可采用分段升降，亦可采用整体升降。无论采用哪一种附着升降式脚手架，其技术关键是：

1）与建筑物有牢固的固定措施。

2）升降过程均有可靠的防倾覆措施。

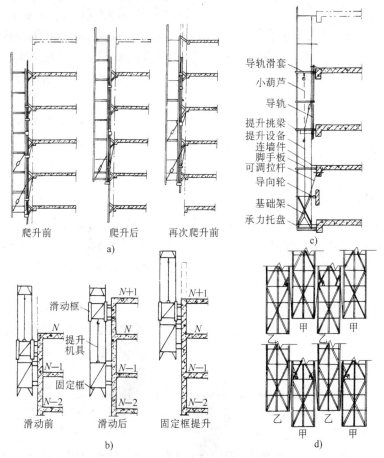

图 10-18　几种附着升降式脚手架示意图

a）导轨式　b）主套架式　c）悬挑式　d）吊拉式

3）设有安全防坠落装置和措施。

4）具有升降过程中的同步控制措施。

一、主要组成部件

1. 架体

架体常用桁架作为底部的承力装置，桁架两端支承于横向刚架或托架上，横向刚架又通过与其连接的附墙支座固定于建筑物上。架体本身一般均采用扣件式钢管搭设，其高度不少于4个楼层的高度，架宽不宜超过1.2m，分段单元脚手架长度不应超过8m。主要构件有立杆、纵横向水平杆、斜杆、剪刀撑、脚手板、梯子、扶手等。脚手架的外侧设密目式安全网进行全封闭，每步架设防护栏杆及挡脚板，底部满铺一层固定脚手板。整个架体的作用是提供操作平台、物料搬运、材料堆放、操作人员通行和安全防护等。

2. 爬升机构

爬升机构是实现架体升降、导向、防坠、固定提升设备、连接吊点和架体通过横向刚架与附墙支座的连接等，它的作用主要是进行可靠的附墙和保证将架体上的恒载与施工活荷载安全、迅速、准确地传递到建筑结构上。

3. 动力及控制设备

提升用的动力设备主要有：手拉葫芦、环链式电动葫芦、液压千斤顶、螺杆升降机、升板机、卷扬机等。目前采用电动葫芦者居多，原因是其使用方便、省力、易控。当动力设备采用电控系统时，一般均采用电缆将动力设备与控制柜相连，并用控制柜进行动力设备控制。

动力设备采用液压系统控制时，则一般采用液压管路与动力设备和液压控制台相连，然后液压控制台再与液压源相连，并通过液压控制台对动力设备进行控制。总之，动力设备的作用是为架体实现升降提供动力的。

4. 安全装置

（1）导向装置　它的作用是保持对架体前后、左右水平方向位移的约束，限定架体只能沿垂直方向运动，并防止架体在升降过程中晃动、倾覆和水平方向错动。

（2）防坠装置　它的作用是在动力装置本身的制动装置失效、起重钢丝绳或吊链突然断裂和横吊梁掉落等情况发生时，能在瞬间准确、迅速锁住架体，防止其下坠造成伤亡事故发生。

（3）同步提升控制装置　它的作用是使架体在升降过程中，控制各提升点保持在同一水平位置上，以便防止架体本身与附墙支座的附墙固定螺栓产生次应力和越载而发生伤亡事故。

二、构造要点

1）架体立杆横距为0.9～1.0m，立杆纵距不大于1.5m，栏杆高度大于等于1.5m，架体支承点设置的水平间距（架体跨度）不应大于8.0m。

2）位于附着支承点左右之外的悬挑长度：当为两端对称悬出时不得大于2.0m；单面悬出时不得大于1.0m；位于附着支承点以上悬出的高度不得大于4.5m，当必须超出上述悬出长度时，必须采取相应措施。

3）架体的高度则应满足附着升降式脚手架的附着支承和抗倾覆能力的要求，且架体全高与支承跨度的乘积不应大于110m²。

4）当脚手架在升降时，其上、下附着支承点的间距不得大于楼层高度，也不小于1.8m；在使用时，当采用架体直接附着构造时，竖向相邻附着支承点的间距不得大于楼层高度及4.5m；若采用导轨附着构造时，架体与导轨之间的附着点不得少于两处，相邻附着点的间距不应大于4.5m，而导轨与建筑结构的相邻附着点的间距不得大于楼层高度及3.6m。

5）附着支承本身的构造必须满足升降工况下的支承和抗倾覆的要求。当具有整体和分段升降功能时，其附着支承构造应同时满足在两种工况下，在最不利受力情况下的支承和抗倾覆的要求。

6）架体的承力桁架应采用焊接或螺栓连接的轴向拼装桁架，并应向定型化、工具化方向发展。

7）架体外侧和架体在升降状态下的开口端，要采用密目式安全网（每1cm²面积上不小于20目）围挡。架体与工程结构外表面之间和架体之间的间隙，要有防止材料坠落的措施。另外，当脚手架在升降时，由于要通过塔吊、电梯等的附着装置，必须拆卸脚手架架体的部分杆件，应采用相应的加固措施，来保证架体的整体稳定。

8）提升机具优先采用重心吊，即吊点应设在架体的重心。若采用偏心吊时，提升座应与偏心吊点进行刚性连接，且必须具有足够的刚度和强度。

设于架体的防倾、防坠装置和其他设备，必须固定在架体的靠墙一侧，其设置部位应具有加强的构造措施。

9）在多风地区或风季使用附着升降式脚手架时，除在架体下侧应设置抵抗风载上翻力的拉结装置外，还要从架体底部每隔3.6m在里外两纵向水平杆之间，于立杆节点处，沿纵向设置水平"之"字形斜杆，以抵抗水平风力。

10）架体外侧禁止设置用于吊物等增加倾覆力矩的装置。若需设置与作业层相连或有共用杆件的卸料平台时，必须在构造上采用自成系统的悬挑、斜撑（拉）构造，严禁对架体产生倾覆力矩。

三、附着升降式脚手架的基本要求

1. 一般要求

1）应满足安全、适用、简便和经济的要求，并使其产品达到设备化、标准化和系列化。

2）架体应构成整体，具有足够的强度、刚度和稳定性，还应具有足够的安全储备。

3）升、降过程中不得有摇晃摆动和倾斜情况产生。

4）附墙措施要考虑在结构施工时，混凝土未达设计强度之前的实际强度而进行附墙支承核算。

5）动力设备要符合产品规定、使用规定和其他有关技术规定的要求。

6）各类附着升降式脚手架要按照各自的特点分别进行设计计算，且必须具备构造参数、计算书、试验检验报告、适用范围和使用规定等资料。

2. 功能要求

1）满足结构施工中钢筋连接、支拆模、浇筑混凝土、砌筑墙体等操作的要求。

2）满足装饰施工中进行抹灰、镶贴面砖和石材、喷涂、安装幕墙等各种要求。

3）满足操作人员工作、通行，物料搬运及堆放的要求。

4）附着升降式脚手架升降时，要考虑塔吊和室外电梯的附墙支撑与架体的相互影响。

5）要能适应高层建筑平面和立面的变化等需要。

6）满足特殊使用功能的要求，如附加模板系统组成爬模等。

3. 安全要求

1）要在升降中保持垂直与水平位移的约束，防止架体摇晃、内外倾斜或倾覆。

2）升降时，如因动力失效、起吊绳链断裂、横吊梁掉落，要有防止架体坠落和有迅速锁住架体防止滑移的措施。

3）要设置自动同步控制装置，严格控制提升过程中的同步性和水平度。

4）架体要做到各操作层封闭、外侧封闭、底层全封闭，同时架体还应超出施工面1.2m以上。

5）动力设备的控制系统要具有整体升降、分片升降及点控调整功能；还应具有过载保护、短路保护功能；另外，布线和接线要符合安全用电的技术要求。

6）爬升机构与建筑结构的附墙连接要牢靠，且连接的方法、强度和位置一定要绝对牢固。

四、升降式脚手架坠落事故及防坠装置

升降式脚手架在升降过程中，也时会发生坠落事故，究其原因很多，但其主要因素有：设计、使用、维护不当；架体钢管强度不够；扣件断裂、加工粗糙、焊接不牢；葫芦失效、链条断裂；防倾、防坠装置失效；连墙拉结、拉杆或穿墙螺栓破坏等，这些均会导致架体坠落。

防坠落装置主要有：夹片夹柔性或刚性吊杆式、带斜齿凸轮咬住吊杆式、带斜齿楔块楔紧吊杆式等装置。这些装置的防坠基本原理都是当葫芦失效时，其夹片或楔块能迅速咬住或楔紧吊杆，来防止架子产生坠落。防坠装置可直接或间接（如通过工字钢梁、提升跳梁等）可靠地连接在结构上，同时将连接在脚手架上的钢杆或钢丝绳等穿过防坠器，一旦出现葫芦链条断裂、穿墙螺栓被拔出等意外情况时，防坠装置就会立即拉住脚手架，避免架子坠落事故的发生，起到防坠作用。

五、使用注意事项

施工技术和组织管理对升降式脚手架的要求很高，而目前其设计和计算却较粗略，使用操作也不规范，因而也导致出现某些坠落事故。总结经验教训，脚手架升降中必须要有足够的安全可靠性，在使用中必须注意以下事项：

1）脚手架平面布置中提升机位布点必须均匀合理，以免某些布点超载。

2）升降过程中需有专人统一指挥协调，并设有超载预警及防坠落装置。

3）升降式脚手架必须由经培训、持证的专业化队伍施工。

4）应定期检查、维修施工机具，制订设备定期检修制度。

5）脚手架上的施工人员、堆料应均布，并尽量避免交叉作业。

6）穿墙螺栓预留孔位要准确，支座处墙面应平整，必须保证两个螺栓同时受力，其紧

固扭矩应达到 40~50N·m。

第七节 里 脚 手 架

里脚手架是搭设在建筑物内部的一种脚手架，用于在楼层上砌筑、装修等。里脚手架种类较多，在无需搭设满堂脚手架时，可采用各种工具式脚手架。这种脚手架具有轻便灵活，周转容易，搭设方便，占地较少等特点。

下面介绍几种常用的里脚手架。

一、折叠式里脚手架

（1）角钢折叠式里脚手架（图10-19）采用角钢制成，上铺脚手板。其架设间距：砌筑时小于 1.80m；装修时小于 2.20m。可搭设两步，第一步为 1m，第二步为 1.65m。每个重 25kg。

（2）钢管（筋）折叠式里脚手架（图 10-20）采用钢管或钢筋制成，其构造与架设间距同上。每个重 18kg。

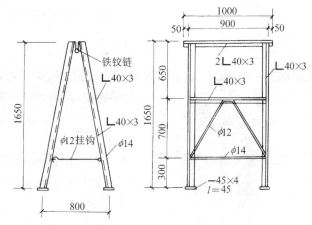

图 10-19 角钢折叠式里脚手架

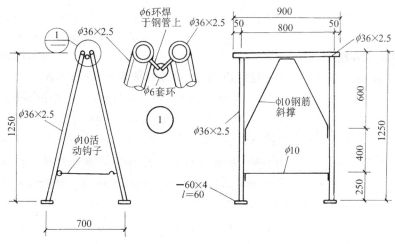

图 10-20 钢管折叠式里脚手架

二、支柱式里脚手架

支柱式里脚手架是由支柱及横杆组成，上铺脚手板。其搭设间距：砌墙时小于等于 2m，装修时小于等于 2.50m。

（1）套管式支柱（图10-21）搭设时插管插入立杆中，以销孔间距调节高度，插管顶端的"U"形支托搁置方木横杆用以铺设脚手板。架设高度为 1.57~2.17m。每个支柱重

14kg。

（2）承插式钢管支柱（图10-22） 架设高度为1.2m、1.6m、1.9m，搭设第三步时要加销钉以保安全。每个支柱重13.7kg，横杆重5.6kg。

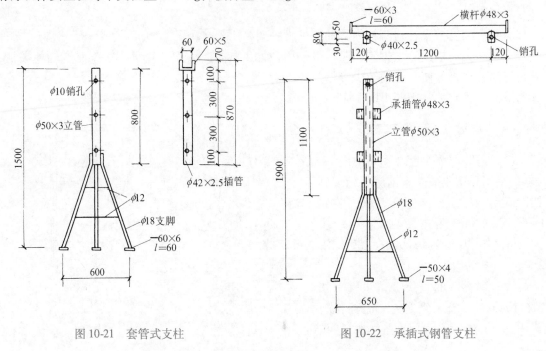

图 10-21　套管式支柱

图 10-22　承插式钢管支柱

此外还有马凳式里脚手架、伞脚折叠式里脚手架、梯式支柱里脚手架、门架式里脚手架、以及平台架、移动式脚手架等里脚手架。广泛用于各种室内砌筑及装饰工程。

第八节　脚手架工程质量要求要点及安全注意事项

一、脚手架构配件质量要求

1）新钢管必须有产品质量合格证，必须有质量检验报告；钢管表面应光滑，不应有裂缝、结疤、分层、错位、毛刺、压痕和深痕划道；钢管外径、壁厚、端面等的允许偏差，应分别符合规范规定，外形不得有硬弯；应涂防锈漆。

2）旧钢管表面锈蚀度不得超过0.5mm。锈蚀检查每年一次，检查时，应在锈蚀严重的钢管中抽取3根，在每根锈蚀严重部位横向截断取样检查。钢管弯曲变形在端部长度1.5m以内不得超过5mm，立杆弯曲不得超过12mm。

3）新扣件应有产品质量合格证、生产许可证与专业检测单位的测试报告，旧扣件使用前必须进行质量检查，有裂缝、变形的严禁使用，脱扣的螺栓要更换；新、旧扣件均必须涂防锈漆。

4）钢脚手板尺寸允许偏差，表面挠曲不应超过12mm，表面扭曲（指任一角翘起）不应超过5mm；必须涂防锈漆。

木脚手板的宽度不宜小于200mm，厚度不宜小于50mm，其材质应符合规范规定，腐朽的脚手板不应使用。

二、脚手架的质量检查验收

1. 脚手架的地基基础及初步检验

1）基础完工后应对基础进行认真检查，合格后方可进行下道工序施工。

2）脚手架搭设好后应进行下列检查，合格后方可申请验收：

①脚手架的搭设和构造是否符合技术要求，立杆的沉降与垂直偏差是否符合规定。

②杆件的设置和连接、连墙件、剪刀撑或斜撑、水平加固杆、门洞桁架等的构造是否符合要求。

③安全防护措施是否符合要求。

2. 脚手架的避雷及其与架空输电线路的安全距离

脚手架与架空输电线路的安全距离、工地临时用电线路架设及脚手架接地避雷措施等是否按《施工现场临时用电安全技术规范》的有关规定执行。

3. 验收时应具备的基本文件

1）脚手架的施工设计文件及组装图。

2）脚手架部件的出厂合格证、试验报告和质量合格标志。

3）脚手架工程的施工记录、班组自检记录和工程项目部的检查记录。

4）脚手架搭设过程中出现的重要问题及处理文件记录。

5）对升降式脚手架应有提升设备、绳具的出厂合格证和承力桁架、导向承重柱、横向承力刚架或托架、防坠装置等的试验记录证明。

6）脚手架工程的施工验收报告。

4. 验收的组织和重点验收项目

（1）验收的分工　高度在 25m 及 25m 以下的脚手架，由项目工程负责人组织技术和安检人员进行验收；高度大于 25m 的脚手架，应由上一级技术负责人随工程进度分阶段组织工程项目负责人、有关技术和安检人员进行验收。

（2）重点验收项目　重点验收项目如下，并做好验收记录记在验收报告内。

1）安装后的扣件，其拧紧螺栓的扭力矩应用扭力扳手抽查，抽样方法应按随机均布原则进行；抽样数目与质量判定标准应按表 10-4 的规定确定，不合格时必须整体重新拧紧，并经复验合格后方可验收。

表 10-4　扣件拧紧质量、抽样数目及判定标准

项次	检查验收项目	安装扣件数量/个	抽检数量/个	允许不合格数量/个
1	连接立杆与纵（横）向水平杆或剪刀撑的扣件；接长立杆与纵（横）向水平杆或剪刀撑的扣件	51～90	5	0
		91～150	8	1
		151～280	13	1
		281～500	20	2
		501～1200	32	3
		1201～3200	50	5

（续）

项次	检查验收项目	安装扣件数量 /个	抽检数量 /个	允许不合格数量 /个
2	连接横向水平杆与纵向水平杆的扣件	51～90	5	1
		91～150	8	2
		151～280	13	3
		281～500	20	5
		501～1200	32	7
		1201～3200	50	10

2）杆件设置是否齐全，连接件、挂扣件、承力件和与建筑物的固定件是否牢固可靠。

3）安全设施（安全网、护栏、挡脚板等）、脚手板、导向和防坠装置是否齐全和安全可靠。

4）基础是否平整坚实，支垫是否符合要求。

5）连墙件的数量、位置和竖向水平间距是否符合要求。

6）垂直度及水平度是否合格，其偏差应符合表10-5的要求。

表 10-5　脚手架搭设垂直度及水平度偏差　　　　　（单位：mm）

项　　目		允　许　偏　差
垂直度	每步架	$\Delta \leqslant h/1000$ 且不超过 ± 2.0
	脚手架整体	$\Delta \leqslant H/600$ 且不超过 ± 5.0
水平度	一跨距内两端、里外高差	$\pm l/600$ 且不超过 ± 3.0
	脚手架整体	$\pm L/600$ 且不超过 ± 5.0

注：1. h—步距，H—脚手架高度。

　　2. l—跨距，L—脚手架长度。

三、脚手架安全注意事项

1）脚手架搭设人员必须是经过国家《特种作业人员安全技术考核管理规则》考核合格的专业架子工。上岗人员应定期体检，体检和考核合格者持证上岗。

2）对脚手架的选型、设计、搭设、构造、拆除和安全防护等的规定，必须作为单项工程施工组织设计的主要内容之一。

3）贯彻"安全第一，预防为主"的方针政策，管生产必须管安全，组成安全管理体系。

4）工地临时用电线路的架设及脚手架接地、避雷措施等应符合规范规定。

5）搭、拆脚手架时，应按《建筑施工高处作业安全技术规范》的有关规定执行，且地面应设围栏和警戒标志，并派专人看守，严禁非操作人员入内。

6）搭、拆脚手架前，应由工程项目技术负责人向工长、安全员、施工操作队组全体人员做安全技术交底。

7）采用新技术、新工艺、新设备时，必须制定相应的安全技术措施，经有关部门批准方可执行。

8）对职工经常进行安全技术教育，发现施工中的安全技术问题应立即解决。

9）垂直设置建筑的外脚手架外侧满挂安全网围护，一般采用细尼龙绳编织的密目式安全网。安全网应封严，与外脚手架固定牢靠。

10）从2层楼面起设水平安全网，往上每隔3~4层设一道，同时再设一道随施工层安全网。要求网绳不破损，生根要牢固，绷紧、圈拼要严密。

11）严禁任意拆除杆件和危及架子的作业。

①不得任意拆除下列杆件，否则应报主管部门批准，并采取可靠的安全补救措施后方可拆除：a. 主节点处的纵、横向水平杆和纵、横向扫地杆、封口杆等。b. 连墙杆件、水平加固杆、交叉撑、水平架。c. 剪刀撑、之字撑、斜撑等。d. 栏杆、挡脚板。e. 安全立网和水平网。

②从室内往室外挖掘管沟通过脚手架立杆时，应提出对立杆的加固措施，报主管部门批准后方可动工挖沟。

③在邻近脚手架处进行挖掘作业时，应采取安全措施后报主管部门批准方可开工。

④在脚手架上进行电、气焊作业时，应有防火措施和专人看守。

12）脚手架使用注意事项：

①应设置专供操作人员上下使用的安全扶梯、爬梯或斜道，否则必须设置室外电梯供操作人员上下。

②严格控制各式脚手架上的施工荷载，特别是对于附着升降式脚手架、桥式、吊、挂、插、挑等脚手架更应严格控制施工荷载。

③在脚手架上同时进行多层作业时，各作业层之间应设置可靠的防护棚挡，以防上层坠物伤及下层作业人员。

④不得在脚手架上堆放模板、钢筋等物件。

⑤严禁在脚手架上栓拉缆风绳，固定、架设混凝土输送泵和泵管、起重拔杆和起重设备等。

⑥临街或人行通道的脚手架外侧，应有严密的防护措施，以防坠物伤人。

⑦遇有立杆沉陷或悬空、架子歪斜、脚手板上结冰等情况时，在上述问题未解决前应停止使用脚手架。

⑧定期并及时清除脚手架上的建筑垃圾，清理时不许抛扔，应用垂直运输设备集中运走。

⑨支模时的支撑禁止与脚手架相连，运转料的平台严禁受力于架上。

⑩脚手架使用中应定期查看下列项目：a. 杆件的设置和连接，连墙件、支撑、门洞桁架等的构造是否符合要求。b. 扣件螺栓是否松动。c. 地基是否积水，底座是否松动。d. 橡胶电缆有无破损，提升设备有无损伤。

⑪现场安全员有权制止违章指挥和违章作业，遇有险情应立即停止施工作业，并报告工程项目领导及时处理。

⑫操作人员应严格遵守劳动纪律，服从领导和安全检查人员的指挥，且工作中要思想集中和精心操作。

⑬六级及六级以上大风、大雾、大雨、大雪应停止脚手架作业；雨雪后上脚手架作业前应先清除积雪并有防滑措施。

第九节　垂直运输设备

垂直运输设备是指担负垂直运输建筑材料和供人员上下的机械设备。建筑工程施工的垂直运输工程量很大，如在施工中需要运输大量的建筑材料、周转工具及人员等。常用的垂直运输设备有井架、龙门架、塔式起重机、施工电梯等。

一、井架

井架是砌筑工程中最常用的垂直运输设备，可用型钢或钢管加工成定型产品，或用其他脚手架部件（如扣件式、门式和碗扣式钢管脚手架等）搭设。一般井架为单孔，也可构成双孔或三孔。井架构造简单、加工容易、安装方便、价格低廉、稳定性好，且当设附着杆与建筑物拉结时，无需拉缆风绳。

图 10-23 为普通型钢井架的示意图，在井架内设有吊盘（或混凝土料斗）；当双孔或三孔井架时，可同时设吊盘及料斗，以满足运输多种材料的需要，吊重可达 1～3t。型钢井架的搭设高度可达 60m。为了扩大起重运输服务范围，常在井架上安装悬臂桅杆，桅杆长 5～10m，起升载荷为 0.5～1t，工作幅度为 2.5～5m。当井架高度小于等于 15m 时，设缆风绳一道；高度大于 15m 时，每增高 10m 增设一道；每道 4 根，用 ϕ9mm 的钢丝绳，与地面夹角为 45°。

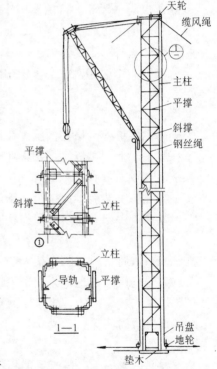

图 10-23　普通型钢井架

井架使用注意事项：

1）井架必须立于可靠的地基和基座之上。井架立柱底部应设底座和垫木。其处理要求同建筑外脚手架。

2）在雷雨季节使用的、高度超过 30m 的钢井架，应装设避雷装置；没有装设避雷装置的井架，在雷雨天气应暂停使用。

3）井架自地面 5m 以上的四周（出料口除外），应使用安全网或其他遮挡材料（竹笆、篷布等）进行封闭，避免吊盘上的材料坠落伤人。卷扬机司机操作观察吊盘升降的一面只能使用安全网。

4）必须采取限位自停措施，以防吊盘上升时"冒顶"。

5）应设置安全卷扬机作业棚。卷扬机的设置位置应符合以下要求：

①不会受到场内运输和其他现场作业的干扰。

②不要设在塔吊起重时的回转半径之内，以免吊物坠落伤人。

③卷扬机司机能清楚地观察吊盘的升降情况。

6）吊盘不得长时间悬于井架中，应及时落至地面。

7）吊盘内不要装长杆材料和零乱堆放的材料，以免材料坠落或长杆材料卡住井架造成事故。

8）吊盘内的材料应居中放置，避免载重偏在一边。

9）卷扬设备、轨道、地锚、钢丝绳和安全装置等应经常检查保养，发现问题及时加以解决，不得在有问题的情况下继续使用。

10）应经常检查井架的杆件是否发生变形和连接松动情况。经常观察有否发生地基的不均匀沉降情况，并及时加以解决。

11）井架安装的垂直偏差应控制在全高的 1/600 以内。

二、龙门架

龙门架构造简单，制作容易，用材少，装拆方便，适用于中小工程。但由于立杆刚度和稳定性较差，一般常用于低层建筑。如果分节架设，逐步增高，并与建筑物加强连接，也可以架设较大的高度。

1. 龙门架的构造（图10-24）

按照龙门架的立杆组成来分，目前常用的有组合立杆龙门架、钢管龙门架、木龙门架等。组合立杆龙门架的立杆是由钢管、角钢和圆钢互相组合焊接而成的，具有强度高、刚度好、小材大用等优点。其起升载荷为 0.6 ~ 1.2t，起升高度可达 20 ~ 35m。钢管龙门架和木龙门架是以单根杆件作为立杆而构成的，制作安装均较简便，但稳定性较组合立杆差，在低层建筑中使用较为适合。龙门架需在四个方向（至少两个）设揽风绳增强稳定性。

2. 龙门架的设置

龙门架一般单独设置。在有外脚手架的情况下，可设在脚手架的外侧或转角部位，其稳定靠拉设缆风绳解决。亦可以设在外脚手架的中间，用拉杆将龙门架的立柱与脚手架拉结起来，以确保龙门架和脚手架的稳定。但在垂直于脚手架的方向仍需设置缆风绳并设置附墙拉结。与龙门架相接的脚手架井架加设必要的剪刀撑予以加强。龙门架的安全装置必须齐全，正式使用前应进行试运转。

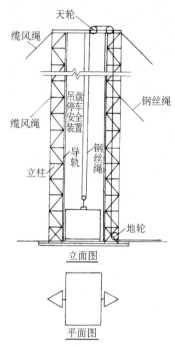

图 10-24　龙门架的基本构造形式

三、塔式起重机

1. 构造、分类和特点

（1）**构造**　塔式起重机俗称塔吊，由钢结构、工作机构、电气设备及安全装置组成。钢结构包括起重臂（又称吊臂）、平衡臂、塔尖、塔身（塔架）、转台、底架及台车等。工作机构包括起升机构（或称主卷扬）变幅机构、回转机构及大车行走机构等。电气设备包括电动机、电缆卷筒和中央集电环、操纵电动机用的各种电器、整流器、控制开关和仪表、保护电器、照明设备和音响信号装置等。安全装置包括起重力矩限制器、起重量限制器、吊钩高度限制器、幅度限位开关、大车行程限制器等。

（2）**塔吊类别及特点**　塔吊按其在工地上使用架设的要求不同可分为：轨道式、固定式、内爬式、附着式四种（图10-25）。

1）轨道式塔吊：可沿轨道行走，作业面大，覆盖范围为长方形空间，适合于条状的板式建筑；轨道式塔吊的塔身受力状况较好，造价低，拆装快，转移方便；无需与建筑物拉结，但占用施工场地较多，且轨道基础工作量大，造价较高。

2）固定式塔吊：起升高度不大，一般为50m以内；安装方便；占用施工场地小，适合多层建筑施工。

3）附着式塔吊：起升高度大，一般为70～100m，少数达160m；能随施工进程进行顶升接高，安装方便；占用施工场地极小，特别适合在狭窄工地施工。但塔身固定，服务空间受限制，装拆占场地较大。

4）内爬式塔吊：安装在建筑物内部（利用电梯井、楼梯间等空间），不占施工场地；不需轨道和锚固，用钢量省，造价低；但装拆不便，结构加固复杂，司机视线受阻，操作不便。

各类塔式起重机的共同特点是：塔身高度大，臂架长，可以覆盖广阔的空间，作业面大；能吊运各类建筑材料、制品、预制构件及建筑设备，特别适合吊运超长、超宽的重大物件；能同时进行起升、回转及行走，完成垂直运输和水平运输作业；可通过改变吊钩滑轮组钢丝绳倍率，以提高起重量，较好地适应施工需要；有多种工作速度，生产效率高；

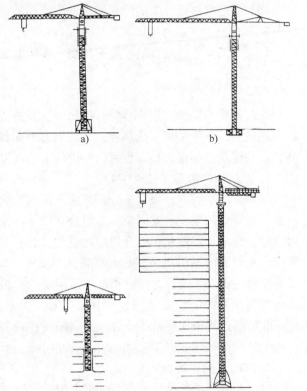

图10-25　建筑施工用塔式起重机的
几种主要类型示意图
a）轨道式　b）固定式　c）内爬式　d）附着式

设有较齐全的安全装置，运行安全可靠；安装投产迅速；驾驶室设在塔身上部，司机视野好，便于提高生产率；操作方便，掌握容易，经过短期培训，技工便可上岗驾驶。

正是由于上述种种优点，塔式起重机被誉为建筑机械化施工的主导机械。

2. 塔式起重机的选用

（1）参数的确定　塔式起重机的主参数是：起重力矩、幅度、起重量和吊钩高度。选用塔式起重机进行高层建筑结构施工时，首先应根据施工对象确定所要求的参数。

1）幅度。幅度又称回转半径或工作半径，是从塔吊回转中心线至吊钩中心线的水平距离，它又包括最大幅度和最小幅度两个参数。对于采用俯仰变幅臂架的塔吊，最大幅度是指当动臂处于接近水平或与水平夹角为15°时，从塔吊回转中心线至吊钩中心线的水平距离；当动臂仰成63°～65°角（个别可仰至85°角）时的幅度，则为最小幅度。

建筑施工选择塔式起重机时，首先应考察该塔吊的最大幅度是否能满足施工需要。

2）起重量。包括最大幅度时的起重量和最大起重量两个参数。起重量包括重物、吊索及铁扁担或容器等的重量。

确定塔吊起重量的因素较多，如：金属结构承载能力、起升机构的功率和吊钩滑轮绳数的多少等。起重量参数变化很大，在进行塔吊选型时，必须依据拟建建筑的构造特点，构件、部件类型及重量，施工方法等，做出合理的选择。务求做到既能充分满足施工需要，又可取得最大经济效益。

3）起重力矩。幅度和与之相对应的起重量的乘积，称为起重力矩（单位为 kN·m）。塔吊的额定起重力矩是反映塔吊起重能力的一项首要指标。在进行塔吊选型时，初步确定起重量和幅度参数后，还必须根据塔吊技术说明书中给出的数据，核查是否超过额定起重力矩。

4）吊钩高度。吊钩高度是自轨道基础的轨顶表面或混凝土基础顶面至吊钩中心的垂直距离，其大小与塔身高度及臂架构造形式有关。选用时，应根据建筑物的总高度、预制构件或部件的最大高度、脚手架构造尺寸以及施工方法等确定。

（2）选择塔式起重机的原则　建筑施工用塔式起重机，必须遵循下列原则进行选择：

1）参数应满足施工要求。要对塔式起重机各主要参数逐项核查，务使所选用塔式起重机的幅度、重量、起重力矩和吊钩高度诸参数与前述"参数的确定"所分析的结果相适应。

2）塔式起重机的生产效率应能满足施工进度的要求。

3）充分利用现有机械设备，尽量不新购设备，以减少投资。

4）塔式起重机效能要得到充分发挥，不大材小用。

5）选用的塔式起重机，应能适应施工现场环境，便于进场安装架设和拆除后退场。

（3）注意事项　选择塔式起重机时，应考虑以下一些问题：

1）在确定塔式起重机的形式及高度时，应考虑塔身锚固点与建筑物相对应的位置以及塔吊平衡臂是否影响臂架正常回转等问题。

2）在多台塔式起重机作业条件下，应处理好相邻塔式起重机的塔身高度差，以防止两塔碰撞，务使彼此互不干扰。

3）在考虑塔式起重机安装的同时，应考虑塔式起重机的顶升、接高、锚固以及完工后的落塔、拆卸附着装置、拆卸并运走塔身节等事项。例如起重臂和平衡臂是否落在建筑物上、辅机停车位置及作业条件、场内运输道路有无阻碍等。

4）在考虑塔式起重机安装时，应处理好顶升套架的安装位置（即塔架引进平台或引进轨道应与臂架同向）及锚固环的安装位置的正确无误。

5）应考虑外脚手架的搭接形式与挑出建筑物的距离，以免与下回转塔式起重机转台尾部回转时发生矛盾。

3. 塔式起重机操作注意事项

1）塔式起重机应由受过专业训练的专职司机进行操作。

2）塔式起重机一般准许工作气温为 -20~40℃，风速小于六级。大风和雷雨天禁止操作。

3）塔式起重机在作业现场安装后，必须遵照《建筑机械技术试验规程》进行试验和试运转。

4）起重机必须有可靠接地，所有电气设备外壳都应与机体妥善连接。

5）起重机安装好后，应重新调节好各种安全保护装置和限位开关。夜间作业必须有充足的照明。

6）起重机行驶轨道不得有障碍或下沉现象。轨道面应水平，轨距公差不得超过 3mm。直轨要平直，弯轨要符合弯道要求，轨道末端 1m 处必须设有止挡装置和限位装置。

7）工作前应检查各控制器的转动装置，制动器闸瓦、传动部分润滑油量、钢丝绳磨损情况及电源电压等。如有不符合要求，应及时修整。

8）起重机工作时必须严格按照额定起重量起吊，不得超载，不准吊运人员、斜拉重物、拔除地下埋物。

9）司机必须得到指挥信号后，方可进行操作，操作前司机必须按电铃、发信号。

10）吊物上升时，吊钩距起重臂端不得小于 1m。

11）工间休息或下班时，不得将重物悬挂在空中。

12）起重机的变幅指示器、力矩限制器以及各种行程限位开关等安全保护装置，均必须齐全完整、灵敏可靠。

13）作业后，需做到下列几点：

①起重机开到轨道中间位置停放，臂杆转到顺风方向，并放松回转制动器。小车及平衡重应移到非工作状态位置。吊钩提升到离臂杆顶端 2～3m 处。

②将每个控制开关依次断开，切断电源总开关，打开高空指示灯。

③锁紧夹轨器，如有八级以上大风警报，应另拉缆风绳与地面或建筑物固定。

思 考 题

1. 试述扣件式钢管脚手架构造和保证安全的技术要点。
2. 试述碗扣式脚手架特点、构造和保证安全的技术要点。
3. 试述框组式脚手架特点、构造和保证安全的技术要点。
4. 试述悬吊式脚手架特点、构造和保证安全的技术要点。
5. 试述悬挑式脚手架特点、构造和保证安全的技术要点。
6. 试述附着升降式脚手架特点、构造和保证安全的技术要点。
7. 试述脚手架种类及构造。
8. 试述建筑施工用垂直运输设备的种类和保证安全使用的技术要点。

第十一章 冬期与雨期施工

> **学习目标**：掌握冬期回填土的技术要求、混凝土冬期施工原理及热工计算方法，熟悉地基土的防冻方法、混凝土冬期施工方法的选择要求及温度测定方法，熟悉氯盐砂浆法、冻结法，熟悉装饰工程施工的热作法、冷作法技术要求，熟悉雨期施工的技术要点，熟悉冬期、雨期施工的安全技术，了解冻土挖掘方法、融解方法。

许多工程项目在建设过程中不可避免地要经历各种天气，这其中冬期与雨期施工是最让工程建设者感到棘手的。只有选择合理的施工方案，周密的组织计划，才能保证工程质量，使工程顺利进行下去，取得较好的技术经济效果。

根据当地多年气象资料统计，当室外日平均气温连续 5d 稳定低于 5℃时，土木工程应采取冬期施工措施。我国的冬期施工地区主要在东北、华北和西北。每年有 3～6 个月的时间处于冬期施工时期。

由于受到环境的影响，冬期施工期间经常发生质量事故，且有些事故的发生具有隐蔽性和滞后性。冬期施工，到了春季才暴露出来。鉴于冬期施工对工程的经济效益和安全生产影响较大，因此冬期施工必须严格遵守以下规则：保证质量、安全生产、经济合理、节约能源。

第一节 土方工程冬期施工

在冬期，土由于遭受冻结，挖掘起来非常困难，施工费用增加，回填质量难以保证，因此事先必须进行技术经济评价，选择合理的方案方可进行。

一、土的防冻

土的防冻应尽量利用自然条件，以就近取材为原则。其防冻方法主要有三种：地面耕松耙平防冻、覆雪防冻、隔热材料防冻。

（1）地面耕松耙平防冻 此方法是在指定的施工地段，进入冬期之前，将地面耕起 25～30cm 并耙平。在耕松的土中，有许多孔隙，这些孔隙的存在使土层的导热性降低。

（2）覆雪防冻 在积雪大的地方，可以利用自然条件覆雪防冻。

（3）隔热材料防冻 面积较小的地面防冻，可以直接用保温材料（如：树叶、刨花、锯末、膨胀珍珠岩、草帘等）覆盖。

保温层厚度必须一致。保温层铺出的宽度应不小于最大的冻结深度。开挖完的地方，必须防止基槽（坑）的底部受冻或相邻建筑物的地基及其他设施受冻。如挖完后不能及时进行下道工序施工，应在基底标高上预留适当厚度的土层，并覆盖保温材料保温。

二、冻土的破碎与挖掘

冻土的破碎与挖掘方法一般有爆破法、机械法和人工法三种。

（1）爆破法　爆破法是以炸药放入直立爆破孔或水平爆破孔中进行爆破，冻土破碎后用挖土机挖出，或借爆破的力量向四外崩出，做成需要的沟巢。此法适用于冻土层较厚的土方工程。

（2）机械法　当冻土层厚度为 0.25m 以内时，可用中等动力的普通挖土机挖掘。当冻土层厚度不超过 0.4m 时，可用大马力的掘土机开挖土体。用拖拉机牵引的专用松土机，能够松碎不超过 0.3m 的冻土层。厚度在 0.6~1m 的冻土，通常是用吊锤打桩机往地里打楔或用楔形锤打桩机进行机械松碎。厚度在 1~1.5m 的冻土，可以使用强夯重锤。也可用风镐将冻土打碎，然后用人工或机械运输，此法施工较为简单。

（3）人工法　通常用的工具有镐、铁楔子，使用铁楔子挖冻土比用其他手工工具效果要好，效率要高。

采用铁楔子施工时要注意去掉楔头打出的飞刺，以防伤人。掌铁楔的人与掌锤的人不能脸对脸，必须互成 90°。

人工法是一种较落后的方法，一般适用于场地狭小不适宜用大型机械施工的地方。

破碎后的冻土可用机械或人工方法挖掘。由于施工时外界气温较低，如措施不利，常常会使未冻的土冻结，给施工带来麻烦，施工时应周密安排，确保挖土工作连续进行；各种管道、机械设备和炸药、油料等必须采取保温措施；对运输的道路必须采取防滑措施；土方开挖完毕或完成了一段，须暂停一段时间的，如在一天内，可在未冻土上覆盖一层保温材料，以防基土受冻。如间歇时间较长，则应在地基上留一层土暂不挖除，或覆以其他保温材料，待砌基础或埋设管道之前再将基坑或管沟底部清除干净。

三、冻土的融解

冻土的融解是依靠外加的能量来完成的，所以费用较高，只有在面积不大的工程上采用。通常采用循环针法、电热法和烘烤法。

（1）循环针法　循环针分为蒸汽循环针与热水循环针两种。其施工方法是一样的。先在冻土中按预定的位置钻孔，然后把循环针插到孔中，热量通过土传导，使冻土逐渐融解。通蒸汽循环的叫做蒸汽循环针，通热水的叫做热水循环针。

（2）电热法　电热法主要有垂直电极法和深电极法。此法是以通闭合电路的材料加热为基础，使冻土层受热逐渐融解。电热法耗电量相当大，成本较高。

（3）烘烤法　烘烤法就是利用燃料（如锯末、刨花、植物杆、树枝、工业废料等）燃烧释放的热量将冻土融解。冬天风大时需要专人值班，以防发生火灾。

四、回填土

由于土冻结后成为硬土块，在回填过程中如不能压实或夯实，土解冻后就会造成土体下沉，所以对于冻土回填应认真对待。室内的基坑（槽）或管沟不得用含有冻土块的土回填；室外的基坑（槽）或管沟可用含有冻土块的土回填，但冻土块的体积不得超过填土总体积的 15%，管沟底至管顶 0.5m 范围内不得用含有冻土块的土回填；位于铁路、有路面的道路和人行道范围内的平整场地的填方，可用含有冻土块的填料填筑，但冻土块的体积不得超过填料体积的30%。冻土块的粒径不得大于15cm，铺填时冻土块应分散开，并逐层夯实。

在冬期回填土时，应采取以下措施：

1）把回填用土预先保温。在入冬以前，将土堆积一处进行严密保温，等冬期需要回填时，将内部含有一定热量的土挖出来进行回填。

2）在冬期挖土时，应将挖出未冻结的土堆积起来加以覆盖，以备回填用土。

3）回填土方前应将基底清理干净。

4）在保证基底不受冻结的前提下，适当减少回填土方量，待春暖时再继续回填。

5）采用人工回填时，每层虚铺厚度比常温减少25%，每层铺土厚度不得超过2m，夯实厚度为10~15cm。

6）为确保冬期回填土质量，对一些重大工程，必要时可以考虑用砂土进行回填。

7）有工业废料的地方，也可考虑利用其作回填之用。

第二节 混凝土工程冬期施工

一、混凝土冬期施工原理

混凝土能凝结、硬化并取得强度，是由于水泥和水进行水化作用的结果。水化作用的速度在一定湿度条件下主要取决于温度，温度愈高，强度增长也愈快，反之则慢。当温度降至0℃以下时，水化作用基本停止，温度再继续降至-2~-4℃，混凝土内的水开始结冰，水结冰后体积增大8%~9%，在混凝土内部产生冰晶应力，使强度很低的水泥石结构内部产生微裂纹，同时减弱了水泥与砂石和钢筋之间的粘结力，从而使混凝土后期强度降低。受冻的混凝土在解冻后，其强度虽然能继续增长，但已不能再达到原设计的强度等级。

试验证明，混凝土遭受冻结带来的危害，与遭冻的时间早晚、水灰比等有关，遭冻时间愈早，水灰比愈大，则强度损失愈多，反之则损失少。

经过试验得知，混凝土经过预先养护达到一定强度后再遭冻结，其后期抗压强度损失就会减少。一般把遭冻结其后期抗压强度损失在5%以内的预养强度值定为"混凝土受冻临界强度"。

通过试验得知，混凝土受冻临界强度与水泥品种、混凝土强度等级有关。对普通硅酸盐水泥和硅酸盐水泥配制的混凝土，受冻临界强度为设计的混凝土强度标准值的30%；对矿渣硅酸盐水泥配制的混凝土，受冻临界强度定为设计的混凝土强度标准值的40%。

混凝土冬期施工除上述早期冻害之外，还需注意拆模不当带来的冻害。混凝土构件拆模后表面急剧降温，由于内外温差较大会产生较大的温度应力，亦会使表面产生裂纹，在冬期施工中亦应力求避免这种冻害。

当室外日平均气温连续5d稳定低于5℃时，就应采取冬期施工的技术措施进行混凝土施工。因为从混凝土强度增长的情况看，新拌混凝土在5℃的环境下养护，其强度增长很慢。而且在日平均气温低于5℃时，一般最低气温已低于0~-1℃，混凝土已有可能受冻。

二、混凝土冬期施工方法的选择

混凝土冬期施工方法分为三类：混凝土养护期间不加热的方法、混凝土养护期间加热的方法和综合方法。混凝土养护期间不加热的方法包括蓄热法、掺化学外加剂法；混凝土养护期间加热的方法包括电极加热法、电器加热法、感应加热法和暖棚法；综合方法即把上述两类方法综合应用，如目前最常用的综合蓄热法，即在蓄热法基础上掺加外加剂（早强剂或防冻剂）或进行短时加热等综合措施。

选择混凝土冬期施工方法，要考虑自然气温、结构类型和特点、原材料、工期限制、能源情况和经济指标。对工期不紧和无特殊限制的工程，从节约能源和降低冬期施工费用的角度考虑，应优先选用养护期间不加热的施工方法或综合方法；在工期紧张、施工条件又允许时才考虑选用混凝土养护期间的加热方法，一般要经过技术经济比较来确定。一个理想的冬期施工方案，应当是杜绝混凝土早期受冻的前提下，用最低的冬期施工费用，在最短的施工期限内，获得优良的施工质量。

三、混凝土冬期施工的一般要求

（1）混凝土材料的选择及要求　配置冬期施工的混凝土，应优先选用硅酸盐水泥或普通硅酸盐水泥。水泥强度等级不应低于42.5等级，最小水泥用量不宜少于300kg/m³，水灰比不应大于0.6。使用矿渣硅酸盐水泥，宜采用蒸汽养护；使用其他品种水泥，应注意其中掺合材料对混凝土抗冻、抗渗等性能的影响。冬期浇筑的混凝土，宜使用无氯盐类防冻剂。对抗冻性要求高的混凝土，宜使用包括引气减水剂或引气剂在内的外加剂，但掺用防冻剂、引气减水剂或引气剂的混凝土施工，应符合现行国家标准《混凝土外加剂应用技术规范》的规定。如在钢筋混凝土中掺用氯盐类防冻剂时，应严格控制氯盐掺量，且一般不宜采用蒸汽养护。

混凝土所用骨料必须清洁，不得含有冰、雪等冻结物及易冻裂的矿物质，在掺用含有钾、钠离子防冻剂的混凝土中，不得掺有活性骨料。

（2）混凝土材料的加热　冬期拌制混凝土时应优先采用加热水的方法，当加热水仍不能满足要求时，再对骨料进行加热，水及骨料的加热温度应根据热工计算确定，但不得超过表11-1的规定。

表11-1　拌合水及骨料最高温度　　　　　　　　（单位：℃）

项　目	拌　合　水	骨　料
低于52.5等级的水泥、矿渣硅酸盐水泥	80	60
大于等于52.5等级的硅酸盐水泥、矿渣硅酸盐水泥	60	40

（3）混凝土的搅拌　搅拌前应用热水或蒸汽冲洗搅拌机，搅拌时间应较常温延长50%。投料顺序为先投入骨料和已加热的水，然后再投入水泥，且水泥不应与80℃以上的水直接接触，避免水泥假凝。混凝土拌合物的出机温度不宜低于10℃，入模温度不得低于5℃。对搅拌好的混凝土应常检查其温度及和易性，若有较大差异，应检查材料加热温度和骨料含水率是否有误，并及时加以调整。在运输过程中要有保温措施，以防止混凝土热量散失和被冻结。

（4）混凝土的浇筑 混凝土在浇筑前，应清除模板和钢筋上的冰雪和污垢；且不得在强冻胀地基上浇筑混凝土，当在弱冻胀地基上浇筑混凝土时，基土不得遭冻；当在非冻胀性地基土上浇筑混凝土时，混凝土在受冻前，其抗压强度不得低于临界强度。

当分层浇筑大体积结构时，已浇筑层的混凝土在被上一层混凝土覆盖前，其温度不得低于按热工计算的温度，且不得低于 2℃。

对加热养护的现浇混凝土结构，混凝土的浇筑程序和施工缝的位置，应能防止在加热养护时产生较大的温度应力；当加热温度在 40℃ 以上时，应征得设计人员同意。

对于装配式结构，浇筑承受内力接头的混凝土或砂浆，宜先将结合处的表面加热到正温；浇筑后的接头混凝土或砂浆在温度不超过 40℃ 的条件下，应养护至设计要求强度；当设计无专门要求时，其强度不得低于设计的混凝土强度标准值的 75%；浇筑接头的混凝土或砂浆，可掺用不致引起钢筋锈蚀的外加剂。

四、冬期施工方法及热工计算

1. 对混凝土原材料的加热

最简易也是最经济的方法是加热拌合水。水不但易于加热，而且水的比热比砂石大，其热容量也大，约为骨料的五倍左右。只有当外界温度很低，只加热水而不能获得足够的热量时，才考虑加热骨料。加热骨料的方法，可以在骨料堆或容器中通入蒸汽或热空气，较长期使用的可安装暖气管路，也有用加热的铁板或火坑来加热骨料的，这种方法只适用于分散、用量小的地方。任何情况下都不得加热水泥，原因是加热不易均匀，加热的水泥遇水会导致水泥假凝。

混凝土的搅拌温度是由外界气温及入模温度所决定的。根据所需要的混凝土温度，选择材料的加热温度。混凝土拌合料的搅拌温度的热工计算，可按下式进行：

$$T_0 = [0.9(m_{ce}T_{ce} + m_{sa}T_{sa} + m_g T_g) + 4.2T_w(m_w - \omega_{sa}m_{sa} - \omega_g m_g) + c_1(\omega_{sa}m_{sa}T_{sa} + \omega_g m_g T_g) - c_2(\omega_{sa}m_{sa} + \omega_g m_g)] \div [4.2m_w + 0.9(m_{ce} + m_{sa} + m_g)] \tag{11-1}$$

式中　　　　　T_0——混凝土拌合物的温度（℃）；

m_w、m_{ce}、m_{sa}、m_g——水、水泥、砂、石的用量（kg）；

T_w、T_{ce}、T_{sa}、T_g——水、水泥、砂、石的温度（℃）；

ω_{sa}、ω_g——砂、石的含水量（%）；

c_1、c_2——水的比热容（kJ/kg·K）及溶解热（kJ/kg），当骨料温度大于 0℃ 时，$c_1 = 4.2$，$c_2 = 0$，当骨料温度小于等于 0℃ 时，$c_1 = 2.1$，$c_2 = 335$。

经式（11-1）所计算出的混凝土拌合料温度 T_0 是个理想值。实际上经搅拌再倾出，要损失一部分热量，因此，混凝土拌合物的出机温度应为：

$$T_1 = T_0 - 0.16(T_0 - T_i) \tag{11-2}$$

式中　T_1——混凝土拌合物的出机温度（℃）；

T_i——搅拌机棚内温度（℃）。

2. 混凝土的运输与浇筑

混凝土拌合物经搅拌倾出后，还需经过一段运输距离，才能入模成型。在运输过程中，仍然要有热量损失。经运输到浇筑时的温度可按下式计算：

$$T_2 = T_1 - (\alpha t_\tau + 0.032n)(T_1 - T_\alpha) \tag{11-3}$$

式中　T_2——混凝土运输至浇筑成型的温度（℃）；

　　　　t_{τ}——混凝土自运输至浇筑成型完成的时间（h）；

　　　　n——混凝土的运转次数；

　　　　T_{α}——运输时的环境温度（℃）；

　　　　α——温度损失系数（h^{-1}），其值如下：

　　　　当用混凝土搅拌运输车时，$\alpha = 0.25$；

　　　　当用开敞大型自卸汽车时，$\alpha = 0.20$；

　　　　当用开敞小型自卸汽车时，$\alpha = 0.30$；

　　　　当用封闭式自卸汽车时，$\alpha = 0.10$；

　　　　当用人力手推车时，$\alpha = 0.50$。

混凝土拌合料经运输至入模时，考虑模板和钢筋吸热影响，混凝土成型完成时的温度计算式为：

$$T_3 = \frac{C_c m_c T_2 + C_f m_f T_f + C_s m_s T_s}{C_c m_c + C_f m_f + C_s m_s} \tag{11-4}$$

式中　　　T_3——考虑模板和钢筋吸热影响，混凝土成型完成时的温度（℃）；

C_c、C_f、C_s——混凝土、模板材料、钢筋的比热容（kJ/kg·K）；

　　　　m_c——每立方米混凝土的质量（kg）；

m_f、m_s——与每立方米混凝土相接触的模板、钢筋的质量（kg）；

　T_f、T_s——模板、钢筋的温度；未预热者可采用当时的环境气温（℃）。

从式（11-3）看，运输中的温度损失，与运输时间、运输工具的散热程度以及倒运次数有关。为了尽量减少损失，应根据具体情况采取一些必要措施。如尽可能使运输距离缩短，对运输机具采取保温措施，减少倒运次数等。

混凝土在低温下强度增长应充分利用水泥水化所放出的热量。为促使水化热能尽早散发，混凝土的入模温度不宜太低，一般取 15～20℃。规范规定，养护前的温度不得低于 2℃。混凝土入模前，应清除模板和钢筋上的冰雪、冻块和污垢。如可用热空气或蒸汽融解冰雪。冰雪融溶后应及时浇筑混凝土，然后立即覆盖保温。

3. 混凝土的养护

混凝土的养护有蓄热法、综合蓄热法、蒸汽加热法、电解法、暖棚法等。

（1）蓄热法养护　蓄热法就是将具有一定温度的混凝土浇筑后，在其表面用草帘、锯末、炉渣等保温材料并结合塑料布加以覆盖，避免混凝土的热量和水泥的水化热散失太快，以此来维持混凝土在冻结前达到所要求的强度。

蓄热法适用于室外最低气温不低于 -15℃，表面系数不大于 $5 m^{-1}$ 的结构以及地面以下工程的冬期混凝土施工的养护。

选用蓄热养护时，应进行方案设计，并进行热工计算，满足要求后再施工。

混凝土蓄热养护开始至任一时刻 t 的温度为：

$$T = \eta e^{-\theta \nu_{ce} \cdot t} - \varphi e^{-\theta \nu_{ce} \cdot t} + T_{m,a} \tag{11-5}$$

混凝土蓄热养护开始至任一时刻 t 的平均温度为：

$$T_m = \frac{1}{\nu_{ce} t} \left(\varphi e^{-\nu_{ce} \cdot t} - \frac{\eta}{\theta} e^{-\theta \nu_{ce} \cdot t} + \frac{\eta}{\theta} - \varphi \right) + T_{m,a} \tag{11-6}$$

其中，θ、φ、η 为综合参数。

$$\theta = \frac{\omega K \psi}{\nu_{ce} C_c \rho_c}$$

$$\varphi = \frac{\nu_{ce} C_{ce} m_{ce}}{\nu_{ce} C_{ce} \rho_c - \omega K \psi}$$

$$\eta = T_3 - T_{m,a} + \varphi$$

式中 T——混凝土蓄热养护开始至任一时刻 t 的温度（℃）；

T_m——混凝土蓄热养护开始至任一时刻 t 的平均温度（℃）；

t——混凝土蓄热养护开始至任一时刻的时间（h）；

$T_{m,a}$——混凝土蓄热养护开始至任一时刻 t 的平均气温（℃）；

ρ_c——混凝土的密度（kg/m³）；

m_{ce}——每立方米混凝土的水泥用量（kg/m³）；

C_{ce}——水泥累积最终放热量（kJ/kg），见表11-2；

ν_{ce}——水泥水化速度系数（h⁻¹），见表11-2；

ω——透风系数，见表11-3；

ψ——结构表面系数（m⁻¹），可按式 $\psi = A_c / V_c$ 计算，A_c 是混凝土结构表面积，V_c 是混凝土结构总体积；

e——自然对数之底，可取 e = 2.72；

K——围护层的总传热系数 [kJ/（m²·h·K）]，可按下式计算：

$$K = \frac{3.6}{0.04 + \sum_{i=1}^{n} \frac{d_i}{k_i}}$$

式中 d_i——第 i 围护层的厚度（m）；

k_i——第 i 围护层的导热系数 [W/（m·K）]。

表 11-2 水泥累积最终放热量 C_{ce} 和水泥水化速度系数 ν_{ce}

水泥品种及标号	C_{ce}/（kJ/kg）	ν_{ce}/h⁻¹
52.5 等级硅酸盐水泥	400	
52.5 等级普通硅酸盐水泥	360	0.013
42.5 等级普通硅酸盐水泥	330	
42.5 等级矿渣火山灰粉煤灰水泥	240	

表 11-3 透风系数 ω

保温层的种类	透风系数 ω		
	小风	中风	大风
保温层由容易通风材料组成	2.0	2.5	3.0
在容易透风材料外面包以不易通风材料	1.5	1.8	2.0
保温层由不易通风材料组成	1.3	1.45	1.6

注：小风速 $v_w < 3m/s$，中风速 $3m/s \leqslant v_w \leqslant 5m/s$，大风速 $v_w > 5m/s$。

当施工需要计算混凝土蓄热养护冷却至0℃的时间时，可根据式（11-5）采用逐次逼近的方法进行计算，如果实际采取的蓄热养护条件满足 $\psi/T_{m,a} \geq 1.5$，且 $K\psi \geq 50$ 时，也可按下式直接计算：

$$t_0 = \frac{1}{\nu_{ce}} \ln \frac{\psi}{T_{m,a}}$$

式中　t_0——混凝土蓄热养护冷却至0℃的时间（h）。

混凝土蓄热养护开始冷却至0℃的时间 t_0 内的平均温度，可根据式（11-6）取 $t = t_0$ 进行计算。

利用公式可以算出蓄热养护的冷却时间和混凝土养护的平均温度，从而可以确定在一定气温条件下混凝土是否会受冻，或者可以对所采用的施工方案的合理性进行判断，并且可以计算出混凝土在蓄热养护期间的逐日温度，故而可以估算逐日强度，以指导施工。

（2）综合蓄热法　蓄热法虽是简单易行且费用较低的一种养护方法，但因受到外界气温及结构类型条件的约束，而影响了它的应用范围。目前国内在混凝土冬期施工中，较普遍采用的是综合蓄热法，即根据当地的气温条件及结构特点，将其他有效方法与蓄热法综合应用，以扩大其使用范围。这些方法包括：掺入适当的外加剂，用以降低混凝土的冻结温度并加速其硬化过程；采用高效能保温材料如泡沫塑料等；与外部加热法合并使用，如早期短时间加热或局部加热；以棚罩加强维护保温等。这些方法不一定同时使用。目前工程实践中，以蓄热法加用外加剂的综合法应用较多。

混凝土冬期施工中使用的外加剂有四种类型，即早强剂、防冻剂、减水剂和引气剂，可以起到早强、抗冻、促凝、减水和降低冰点的作用。这是混凝土冬期施工的一种有效方法。当掺加外加剂后仍需加热保温时，这种混凝土冬期施工方法称为正温养护工艺；当掺加外加剂后不需加热保温时，这种混凝土冬期施工方法称为负温养护工艺。

1）防冻剂和早强剂。防冻剂的作用是降低混凝土液相的冰点，使混凝土早期不受冻，并使水泥的水化能继续进行；早强剂是指能提高混凝土早期强度，并对后期强度无显著影响的外加剂。

常用的防冻剂有氯化钠（NaCl）、亚硝酸钠（NaNO$_2$）、乙酸钠（CH$_3$COONa）等。

早强剂以无机盐类为主，如氯盐（CaCl$_2$、NaCl）、硫酸盐（Na$_2$SO$_4$、CaSO$_4$、K$_2$SO$_4$）、碳酸盐（K$_2$CO$_3$）、硅酸盐等。其中的氯盐使用历史悠久：氯化钙早强作用较好，常作早强剂使用；而氯化钠降低冰点作用较好，故常作为防冻剂使用。有机类有：三乙醇胺 [N（C$_2$H$_4$OH）$_3$]、甲醇（CH$_3$OH）、乙醇（C$_2$H$_5$OH）、尿素 [CO（NH$_2$）$_2$]、乙酸钠（CH$_3$COONa）等。

氯盐的掺入效果随掺量而异，掺量过高，不但会降低混凝土的后期强度，而且将增大混凝土的收缩量。由于氯盐对钢筋有锈蚀作用，故规范对氯盐的使用及掺量有严格规定：

在钢筋混凝土结构中，氯盐掺量按无水状态计算不得超过水泥重量的1%。

经常处于高湿环境中的结构、预应力及使用冷拉钢筋或冷拔低碳钢丝的结构、具有薄细构件的结构或有外露钢筋预埋件而无防护的部位等，均不得掺入氯盐。

2）减水剂。减水剂是指在不影响混凝土和易性条件下，具有减水及提高强度作用的外加剂。

常用的减水剂有木质素磺酸盐类、奈系减水剂、树脂系减水剂、糖蜜系减水剂、腐植酸减水剂、复合减水剂等。

3）引气剂。引气剂是指在混凝土中，经搅拌能引入大量分布均匀的微小气泡的外加剂。当混凝土具有一定强度后受冻时，孔隙中部分水被冻胀压力压入气泡中，缓解了混凝土受冻时的体积膨胀，故可防止冻害。

引气剂按材料成分可分为松香树脂类、烷基苯磺酸盐类、脂肪醇类等。

（3）蒸汽加热法　蒸汽加热养护分为湿热养护和干热养护两类。湿热养护是让蒸汽与混凝土直接接触，利用蒸汽的湿热作用来养护混凝土，常用的棚罩法、蒸汽套法以及内部通汽法等就属这类。而干热养护则是将蒸汽作为热载体，通过某种形式的散热器将热量传导给混凝土使其升温，如毛管法和热模法就属这类。

1）棚罩法是在现场结构物的周围制作能拆卸的蒸汽室，如在地槽上部盖简单的盖子或在预制构件周围用保温材料（木材、砖、篷布等）做成密闭的蒸汽室，通入蒸汽加热混凝土。本法设灵活、施工简便、费用较小，但耗汽量大，温度不易控制，适用于加热地槽中的混凝土结构及地面上的小型预制构件。

2）蒸汽套法是在构件模板外再用一层紧密不透气的材料（如木板）做成蒸汽套，汽套与模板间的空隙约为150mm，通入蒸汽加热混凝土。此法温度能适当控制，加热效果取决于保温构造，设备复杂、费用大，可用于现浇柱、梁及肋形楼板等整体结构加热。

3）内部通汽法是在混凝土构件内部预留直径为13~50mm的孔道，再将蒸汽送入孔内加热混凝土。当混凝土达到要求的强度后，排除冷凝水，随即用砂浆灌入孔道内加以封闭。内部通汽法节省蒸汽、费用较低，但入汽端易过热产生裂缝，适用于梁柱、桁架等结构件。

4）毛管法是在模板内侧做成沟槽（断面可做成三角形、矩形或半圆形），间距为200~250mm，在沟槽上盖以0.5~2mm厚的铁皮，使之成为通蒸汽的毛管，通入蒸汽进行加热。毛管法用汽少，但仅适用于以木模浇筑的结构，对于柱、墙等垂直构件加热效果好，而对于平放的构件，其加热不易均匀。

5）蒸汽热模法是利用钢模板加工成蒸汽散热器，通过蒸汽加热钢模板，再由模板传热给混凝土。

一般蒸汽养护制度包括升温、恒温、降温三个阶段。整体浇筑的混凝土结构，混凝土的升温和降温速度不得超过有关规定，以减少加热养护对混凝土强度的不利影响，防止混凝土出现裂缝。

（4）暖棚法　它是在被养护的构件和结构外围搭设围护物，形成棚罩，内部安设散热器、热风机或火炉等作为热源，加热空气，从而使混凝土获得正温的养护条件。由于空气的热辐射低于蒸汽，因此，为提高加热效果，应使热空气循环流通，并应注意保持暖棚内有一定的湿度，以免混凝土内水分蒸发过快，使混凝土干燥脱水。

当在暖棚内直接燃烧燃料加热时，为防止混凝土早期碳化，要注意通风，以排除二氧化碳气体。采用暖棚法养护混凝土时，棚内温度不得低于5℃，并必须严格遵守防火规定，注意安全。

（5）电热法　它是利用电能作为热源来加热养护混凝土的方法。这种方法设备简单、操作方便、热损失少、能适应各种施工条件。但耗电量较大，冬期施工附加费用较高。按电能转换为热能的方式不同，电热法可分为电极加热法、电热器加热法和电磁感应加热法。

1）电极加热法。它是在混凝土构件内安设电极（φ6~φ12钢筋），通以交流电，利用混凝土作为导体和本身的电阻，使电能转化为热能，对混凝土进行加热。

为保证施工安全和防止热量损失，通电加热应在混凝土的外露表面覆盖后进行。所用的工作电压宜为 50～110V。在养护过程中，应注意观察混凝土外露表面的湿度，防止干燥脱水。当表面开始干燥时，应先停电，然后浇温水湿润混凝土表面。

电极加热法的优点是热效率较高，缺点是升温慢，热处理时间较长，电能消耗大，电极用钢量大。对密集钢筋的结构，由于钢筋对电热场的影响，使构件加热不均匀，故只宜用于少筋或无筋的结构。

2）电热器加热法。它是将电热器贴近于混凝土表面，靠电热元件发出的热量来加热混凝土。电热器可以用红外线电热元件或电阻丝电热元件制成，外形可成板状或棒状，置于混凝土表面或内部进行加热。由于它是一种间接加热法，故热效率不如电极加热法好，一般耗电量也大，但它不受构件中钢筋疏密与位置的影响，施工较简便。

在大模板工程中，采用电热毯电热器来加热混凝土也可取得较好效果。电热毯是由四层玻璃纤维布中间夹以电阻丝制成。根据大模板背后空档区格的大小，将规格合适的电热毯铺设于格内，外侧再覆盖保温材料（如岩棉板等），这样在保温层与电热毯之间形成的热夹层能有效地阻止冷空气侵入，减少热量向外扩散。

3）电磁感应加热法。它是利用铁质材料在电磁场中会发热的原理，将产生的热量传给混凝土，以达到加热养护混凝土的目的。它可分为工频感应模板加热法和线圈感应加热法。

①工频感应模板加热法：在钢模板外侧焊上管内穿有导线的钢管，便形成工频感应模板。当频率为 50Hz（工频）的交流电在钢管内导线中通过时，由于电磁感应作用，使管壁上产生感应电流。这种感应电流为自成闭合回路的环流，成旋涡状，故称为涡流，涡流产生的热效应使钢管发热，热量传给钢模板，再传给混凝土，从而对混凝土进行加热养护。

工频感应模板加热法设备简单，只需要导线和钢管，加热易于控制，混凝土温度比较均匀，适用于在日平均气温为 -5～-20℃ 条件下的冬期施工。

②线圈感应加热法：当交流电通入线圈中时，在线圈内及周围会产生交变磁场。若线圈内放有铁心，则在铁心内会产生涡电流而使铁心发热。如果在梁、柱构件钢模板的外表面缠绕上连续的感应线圈，线圈中通入工频交流电，则处在线圈内的钢模板和钢筋中也会因电磁感应产生涡流而发热，从而将热量传给混凝土，对其进行加热养护。

线圈感应加热法适用于各种负温环境，对于表面系数大于 5 且钢筋密集的梁、柱构件的加热养护以及对钢筋和钢模板的预热等最为有效，其温度分布均匀，混凝土质量良好。

（6）远红外线养护法　它是利用远红外辐射器向新浇筑的混凝土辐射远红外线，使混凝土的温度得以提高，从而在较短时间内获得要求的强度。这种工艺具有施工简便、升温迅速、养护时间短、降低能耗、不受气温和结构表面系数的限制等特点，适用于薄壁结构、大模工艺、装配式结构接头等混凝土的加热。产生远红外线的能源除电源外，还可用于天然气、煤气、石油液化气和热蒸汽等，可根据具体条件选择。

（7）空气加热法　空气加热法有两种：一是用火炉加热，只用在小型工地上，由于火炉燃烧，放出很多的二氧化碳，可使新浇的混凝土表面碳化。二是用热空气加热，它是通过热风机将空气加热，并以一定的压力把热风输送到暖棚或覆盖在结构上的覆盖层之内，使新浇的混凝土在一定温度及湿度条件下硬化。热风机可采用强力送风的移动式轻型热风机，它与保暖设备和暖棚相结合，设备简单，施工方便，费用低廉。

五、混凝土工程温度测定

混凝土工程冬期施工必须做好测温工作。

1）室外空气温度及周围环境温度，每天测定四次。

2）水、骨料和混凝土出罐温度，每工作班测定四次。

3）蓄热法养护的混凝土，养护期间每天测定四次。

4）采用加热法养护的混凝土，升温和降温期间每小时测定一次，恒温期间每 2h 测定一次。

5）负温养护的混凝土每天测定两次。

测温工作必须定时定点进行，全部测温孔均应进行编号，绘制布置图，做好测温记录。测温的温度表应与外界妥善隔离，温度表在测温孔内停留 3～5min，再进行读数。测温孔应设置在混凝土温度较低和有代表性的部位。采用不加热养护方法时，应设置在易冷却的部位；采用加热养护方法时，应选在离热源距离远近不同的部位；对于厚大结构应设置在表面和内部有代表性的部位。

六、混凝土强度估算

在冬期施工中，需要及时了解混凝土强度的发展情况。例如当采用蓄热法养护时，混凝土冷却至 0℃前是否已达到受冻临界强度；当采用人工加热养护时，在停止加热前混凝土是否已达到预定的强度；当采用综合蓄热法养护时，混凝土预养时间是否足够等。在施工现场留置同条件养护的试块很难做到与结构物保持相同的温度，因此代表性较差。又由于模板未拆，也不能使用任何非破损方法进行检验。因此采用计算的方法对混凝土进行强度估算或预测是较为实用的。

对混凝土强度进行估算的方法较多，这里介绍一种方法叫成熟度法。成熟度法的原理是：相同配合比的混凝土，在一定温度范围内，在不同的温度-时间下养护，只要成熟度相等，其强度大致相同。本法适用于不掺外加剂在 50℃ 以下正温养护和掺外加剂在 30℃ 以下正温养护的混凝土，也可用于掺防冻剂的负温混凝土。本法适用于估算混凝土强度标准值 60% 以内的强度值。采用本法估算混凝土强度，需要用实际工程使用的原材料和配合比，制作至少 5 组混凝土标养试块，得出 1、2、3、7、28d 的强度值。其步骤如下：

1）用标准养护试件 1～7d 龄期强度数据，经回归分析拟合下列形式曲线方程：

$$f = ae^{\frac{b}{D}} \tag{11-7}$$

式中　f——混凝土立方体抗压强度（N/mm²）；

　　　D——混凝土养护龄期（d）；

　a、b——参数。

2）根据现场的实测混凝土养护温度资料，用式（11-8）计算混凝土已达到的等效龄期（相当于 20℃ 标准养护的时间）：

$$t = \sum \alpha_T t_T \tag{11-8}$$

式中　t——等效龄期（h）；

　　　α_T——温度为 T℃ 的等效系数；

t_T——温度为 $T℃$ 的持续时间（h）。

3）以等效龄期 t 代替 D 代入式（11-7）可算出强度。

第三节　砌体工程冬期施工

冬期施工时，砌体砂浆会在负温下冻结，停止水化作用，失去粘结力。解冻后，砂浆的强度虽仍可继续增长，但其最终强度将显著降低，而且由于砂浆的压缩变形大，使砌体的沉降量大，稳定性随之降低。实践证明，砂浆的用水量越多，遭受冻结越早，冻结时间越长，灰缝厚度越厚，其冻结的危害程度越大；反之，越小。而当砂浆具有 20% 以上设计强度后再遭冻结，解冻后砂浆的强度降低很少。因此，砌体在冬期施工时，必须采取有效的措施，尽可能减少砌体的冻结程度。冬期施工常用的方法有氯盐砂浆法、冻结法和暖棚法，而应以氯盐砂浆法为主。

一、对材料的要求

砖和砌块在砌筑前，应清除表面污物、冰雪等，遭水浸后冻结的砖或砌块不得使用。砂浆宜优先采用普通硅酸盐水泥拌制，因其早期强度发展较快，有利于砂浆在冻结前具有一定的强度。石灰膏、黏土膏等应防止受冻，如遭冻结，应经融化后方可使用，若石灰膏已脱水粉化，则不得使用。拌制砂浆所用的砂不得含有冰块和直径大于 10mm 的冻结块。为使砂浆有一定的正温度，可将水、砂加热，但水的温度不得超过 80℃，砂的温度不得超过 40℃。当水温超过规定时，应将水、砂先行搅拌，再加水泥，以防出现假凝现象。普通砖在正温条件下砌筑时，应适当浇水湿润，可用喷壶随浇随砌；在负温条件下砌筑时，可不浇水。但砂浆的稠度必须比常温施工时适当增加，可通过增加石灰膏或黏土膏的办法来解决。严禁使用已遭冻结的砂浆，不准以热水掺入冻结砂浆内重新搅拌使用，也不宜在砌筑时向砂浆内掺水使用。

二、氯盐砂浆法

氯盐砂浆法是将砂浆的拌合水加热，砂和石灰膏在搅拌前也保持正温，使砂浆经过搅拌、运输，在砌筑时仍具有 5℃ 以上的正温，并且在拌合水中掺入氯盐，以降低冰点，使砂浆在砌筑后可以在负温条件下不冻结，继续硬化，强度持续增长，因此不必采取防止砌体沉降变形的措施。这种方法施工工艺简单、经济、可靠，是砌体工程冬期施工广泛采用的方法。但由于氯盐对钢材的腐蚀作用，在砌体中埋设的钢筋及钢预埋件，应预先做好防腐处理。

砂浆中的氯盐掺量，视气温而定：在 –10℃ 以内时，掺氯化钠为用水量的 3%，–11 ~ –15℃ 时为 5%，–16 ~ –20℃ 时为 7%；气温在 –15℃ 以下时可掺用双盐，在 –16 ~ –20℃ 时掺氯化钠 5% 和氯化钙 2%。低于 –20℃ 时分别掺 7% 和 3%。如设计无特殊要求，当日最低气温等于或低于 –15℃ 时，砌筑承重砌体的砂浆强度等级应按常温施工时提高一级。砌体的每日砌筑高度不得超过 1.2m。

由于掺盐砂浆会使砌体产生析盐、吸湿现象，故氯盐砂浆不得在下列情况下采用：对装饰工程有特殊要求的建筑物；处于潮湿环境的建筑物；配筋、铁埋件无可靠的防腐处理措施的砌体；变电所、发电站等接近高压电线的建筑物；经常处于地下水位变化范围内，而又没有防水措施的砌体。

三、冻结法

冻结法是在室外用热砂浆砌筑，砂浆中不使用任何防冻外加剂。砂浆在砌筑后很快冻结，到融化时强度仅为零或接近零，转入常温后强度才逐渐增长。由于砂浆经过冻结、融化、硬化三个阶段，其强度及粘结力都有不同程度的降低，且砌体在解冻时变形大、稳定性差，故使用范围受到限制。混凝土小型空心砌块砌体、空斗墙、毛石砌体、承受侧压力的砌体，在解冻期间可能受到振动或动力荷载的砌体和在解冻期间不允许发生沉降的结构等，均不得采用冻结法施工。

为了弥补冻结对砂浆强度的损失，如设计未做规定，当日最低气温不低于 -25℃时，承重砌体的砂浆强度等级应提高一级；气温低于 -25℃时，则应提高二级。采用冻结法施工时，为便于操作和保证砌筑质量，砂浆在砌筑时的温度为：当气温在 -10℃以内时不应低于 +10℃；气温在 -11 ~ -25℃时不应低于 +15℃；气温低于 -25℃时不低于 +20℃。砌体砌筑时，组砌形式一般应采用一顺一丁或梅花丁，并应按照"三一"砌砖法砌筑，对于房屋转角处和内外墙交接处的灰缝应特别仔细砌合。水平灰缝厚度不宜大于10mm，门窗框上部应预留不小于5mm的缝隙。墙砌体一般应在一个工作段的范围内，砌筑至一个施工层的高度，不得间断。每天砌筑高度和临时间断处的高度差均不得大于1.2m。临时间断处砌体应留斜槎，并每隔500mm埋设2φ6的拉结钢筋，深入两边不小于1m，接槎时应仔细地清除冰雪和已经冻结的砂浆。

当春季开冻期来临前，应从楼板上除去设计中未规定的临时荷载，并检查结构在开冻期间的承载力和稳定性是否有足够的保证，还要检查结构的减载措施和加强结构的方法。在解冻期间应进行周密的观测和检查，如发现砌体有不均匀沉降、裂缝、倾斜、鼓起等现象时，应分析原因并立即采取措施，以消除或减弱其影响。

第四节　装饰工程冬期施工

装饰工程的冬期施工有两种施工方法，即热作法和冷作法。

热作法是利用房屋的永久热源或设置临时热源来提高和保持操作环境的温度，使装饰工程在正温条件下进行。

冷作法是在砂浆中掺入防冻剂，使砂浆在负温条件下硬化。

饰面、油漆、刷浆、裱糊、玻璃和室内抹灰均应采用热作法施工，室外大面积抹灰也应采用热作法，室外零星抹灰可采用冷作法施工。

一、热作法施工

1）在进行室内抹灰前，应将门窗口封好，门窗口的边缝及脚手眼、孔洞等亦应堵好。施工洞口、运料口及楼梯间等处做好封闭保温。在进行室外施工前，应尽量利用外架子搭设暖棚。

2）施工环境温度不应低于5℃，以地面以上50cm处为准。

3）需要抹灰的砌体应提前加热，使墙面保持在5℃以上，以便湿润墙面时不致结冰，使砂浆与墙面粘结牢固。

4）用冻结法砌筑的砌体，应提前加热进行人工开冻，待砌体已经开冻并下沉完毕后，再行抹灰。

5）用临时热源（如火炉等）加热时，应当随时检查抹灰层的湿度，如干燥过快发生裂缝时，应当进行洒水湿润，使其与各层（底层、面层）能很好的粘结，防止脱落。

6）用热作法施工的室内抹灰工程，应在每个房间设置通风口或适当开放窗户，进行定期通风，排除湿空气。

7）用火炉加热时，必须装设烟囱，严防煤气中毒。

8）抹灰工程所用的砂浆，应在正温度的室内或临时暖棚中制作。砂浆使用时的温度，应在5℃以上。为了获得砂浆应有温度，可采用热水搅拌。

9）装饰工程完成后，在7d内室（棚）内温度仍不应低于5℃。

二、冷作法施工

1）冷作法施工所用砂浆，必须在暖棚中制作。砂浆使用时的温度，应在5℃以上。

2）砂浆中掺入亚硝酸钠作防冻剂时，其掺量可参考表11-4。

表11-4　砂浆内亚硝酸钠掺量（占用水量的%）

室外气温/℃	0 ~ -3	-4 ~ -9	-10 ~ -15	-16 ~ -20
掺量（%）	1	3	5	8

3）砂浆中掺入氯化钠作防冻剂时，其掺量可参考表11-5。氯盐防冻剂禁用于高压电源部位和油漆墙面的水泥砂浆基层。

表11-5　砂浆内氯化钠掺量（占用水量的%）

项目	室外气温/℃	
	0 ~ -5	-5 ~ -10
挑檐、阳台、雨罩、墙面等抹水泥砂浆	4	4 ~ 8
墙面为水刷石、干贴石水泥砂浆	5	5 ~ 10

4）防冻剂应有专人配制和使用，配制时先制成20%（质量分数）浓度的标准溶液，然后根据气温再配制成使用浓度溶液。

5）防冻剂的掺入量是按砂浆的总含水量计算的，其中包括石灰膏和砂子的含水量。石灰膏中的含水量可按表11-6计算。

表11-6　石灰膏的含水量（质量分数）

石灰膏稠度/cm	含水量（%）	石灰膏稠度/cm	含水量（%）
1	32	8	46
2	34	9	48
3	36	10	49
4	38	11	52
5	40	12	54
6	42	13	56
7	44		

6）采用氯盐作防冻剂时，砂浆内埋设的铁件均需涂刷防锈漆。

7）抹灰基层表面如有冰霜雪时，可用与抹灰砂浆同浓度的防冻剂热水溶液冲刷，将表面杂物清除干净后再行抹灰。

第五节 冬期施工安全注意事项

1）冬期施工时，要采取防滑措施。

2）雪后应将架子上的雪清扫干净，并检查马道平台，如有松动下沉现象，必须及时处理。

3）施工时如接触汽源、热水，要防止烫伤；使用氯化钙、漂白粉时，要防止腐蚀皮肤。

4）亚硝酸钠有毒，应严加保管，防止发生食物中毒。

5）现场火源要加强保管；使用天然气、煤气时要防止爆炸；使用焦炭炉、煤炉或天然气、煤气时应注意通风换气，防止气体中毒。

6）电源开关、控制箱等设施要加锁，并设专人负责管理，防止发生漏电触电现象。

第六节 雨 期 施 工

一般中等规模以上的工程项目均不可避免的要经历雨期，故在进入现场平整场地时就应做好基本防止山洪、雨水浸入场区的措施。在单体工程施工中尚须采取具体措施。

一、雨期施工的准备工作

由于雨期施工持续时间较长，而且雨期施工带有突然性，因此应及早作好雨期施工的准备工作。

1）合理组织施工。根据雨期施工的特点，将不宜在雨期施工的工程提前或延后安排，对必须在雨期施工的工程制定有效的措施突击施工；晴天抓紧室外工作，雨天安排室内工作；注意天气预报，做好防汛准备工作。

2）现场排水。施工现场的道路、设施必须做到排水畅通。要防止地表水流入地下室、基础、地沟内；要防止滑坡、塌方，必要时加固在建工程。

3）做好原材料、成品、半成品的防雨防潮工作。

4）在雨期前对现场房屋及设备加强排水防雨措施。

5）备足排水所用的水泵及有关器材，准备好塑料布、油毡等防雨材料。

二、各分部分项工程在雨期施工的注意事项

雨期施工主要解决雨水的排除，对于大中型工程的施工现场，必须做好临时排水的总体规划，其中包括阻止场外水流入现场和使现场内的水排出场外两部分。其原则是上游截水、下游散水、坑底抽水、地面排水。

（1）土方和基础工程 雨期开挖基坑（槽）或管沟时，应注意边坡稳定，应放足边坡或架设支撑。

建筑施工技术

临近雨期开挖基坑（槽），工作面不宜过大，应分段进行。已开挖基坑（槽）如不能及时砌（浇）筑基础时，应较设计基底标高少挖 5～10cm，待施工基础前再挖至设计标高，这样可避免雨水浸泡坑（槽）后，清理基底时超挖土方影响设计基底标高。基础挖到设计标高后，及时验收并浇筑混凝土垫层。

为防止泡槽，开挖时要在坑内做好排水沟、集水井。

基础施工完毕，应抓紧进行基坑四周的回填工作。

（2）砌筑工程　砌块在雨期应集中堆放，不宜浇水。砌块湿度大时不可上墙，每日砌筑高度不宜超过 1.2m。

遇到大雨时必须停工。大雨过后受雨水冲刷的新砌墙体应翻砌最上面的两层砌块。

砌筑工程要有遮蔽或铺一层混合砂浆在砌体表面，雨后施工时应先清除雨淋的表层砂浆，重铺新浆。

内外墙要尽量同时砌筑，转角及丁字墙间的连接要同时跟上。

雨后继续施工，须复核已完工砌体的垂直度和标高。

（3）混凝土工程　大雨天禁止浇筑混凝土，已浇筑部位要加以覆盖。现浇混凝土应根据结构情况，多考虑几道施工缝的留设位置。

模板涂刷隔离剂应避开雨天。支撑模板的地基要密实，并在模板支撑和地基间加好垫板，雨后及时检查有无下沉。

雨期施工时，应加强对混凝土粗细骨料含水量的测定，及时调整混凝土搅拌时的用水量，并须在有遮蔽的情况下运输、浇筑。雨后要排除模板内的积水，并将雨水冲掉砂浆部分的松散砂、石清除掉，然后按施工缝接槎处理。

大体积混凝土浇筑前，要了解 2～3d 的天气预报，尽量避开大雨。混凝土浇筑现场要预备大量的防雨材料，以备浇筑时突然遇雨加以覆盖。

（4）吊装工程　构件堆放地点要严整坚实，周围要做好排水工作，严禁构件堆放区集水、浸泡，防止泥土粘到预埋件上。

大型构件的堆放应按设计受力状态支垫平稳，特别要防止支垫处发生沉陷变形，导致构件损坏。

塔式起重机的路基必须高出地面 15cm，严禁雨水浸泡路基。

雨后吊装时，要先做试吊，将构件吊至 1m 左右，往返数次，稳定后再进行吊装工作。

（5）屋面工程　卷材屋面应尽量在雨期前施工，并同时安装屋面的水落管。

雨天严禁油毡屋面施工，油毡、保温材料不能淋雨。

雨期屋面工程宜采用"湿铺法"施工工艺。所谓"湿铺法"就是在"潮湿"的基层上铺贴卷材，先喷刷 1～2 道冷底子油，喷刷工作应在水泥砂浆凝结初期进行操作，以防止基层浸水。

（6）抹灰工程　雨天不得进行室外抹灰，至少应预计 1～2d 的天气变化情况。对已经施工的墙面，应注意防止雨水的污染。

室内抹灰应尽量在做完屋面后进行，至少做完屋面找平层，并铺一层油毡。

雨天不宜做罩面油漆。

（7）机械防雨　所有的机械棚要搭设牢固，防止漏水倒塌。电机设备应采取防雨、防淹措施，安装接地安全装置。电闸箱的漏电保护装置要可靠。

三、防雷设施

雨期施工时，为了防止雷击造成的事故，在施工现场高出建筑物的塔吊、人货电梯、钢脚手架等必须安装防雷装置。

施工现场的防雷装置一般由避雷针、接地线和接地体三部分组成。

避雷针装在高出建筑物的塔吊、人货电梯、钢脚手架的最高端上。

接地线可用截面积不小于 $16mm^2$ 的铝导线，或用截面积不小于 $12mm^2$ 的铜导线，也可用直径不小于 8mm 的圆钢。

接地体有棒形和带形两种。棒形接地体一般采用长度为 1.5m、壁厚不小于 2.5mm 的钢管或∟5mm×50mm 的角钢。带形接地体可采用截面积不小于 $50mm^2$、长度不小于 3m 的扁钢，平卧于地下 500mm 处。

防雷装置避雷针、接地线和接地体必须焊接，焊接的长度应为圆钢直径的 6 倍或扁钢厚度的 2 倍以上，电阻不宜超过 4Ω。

思 考 题

1. 试述土方工程冬期施工方法种类及技术要点。
2. 试述混凝土工程冬期施工原理及方法种类。
3. 试述砌体工程冬期施工方法种类及技术要点。
4. 试述装饰工程冬期施工方法种类及技术要点。
5. 试述冬期施工安全注意事项。
6. 试述雨期施工安全注意事项。
7. 混凝土冬期施工用外加剂配方应满足哪些要求？常用外加剂配方有哪些？适用于哪些情况？

习 题

已知混凝土每立方米的材料用量为 42.5 级普通硅酸盐水泥 300kg、水 160kg、砂 600kg、石子 1350kg。材料温度分别为：水 75℃，砂子 50℃，石子 −5℃，水泥 5℃。砂子含水量为 5%（质量分数），石子含水量为 2%（质量分数）。搅拌棚内温度为 5℃。混凝土拌合物用人力手推车运输，倒运 1 次，运输和成型共历时 0.5h。每立方米混凝土接触的钢模板为 320kg、钢筋为 50kg，模板未预热。混凝土用蓄热法施工，围护层采用 20mm 厚草帘、3mm 厚油毡，其热导率分别为 $\lambda_1 = 0.047W/(m \cdot K)$、$\lambda_2 = 0.175W/(m \cdot K)$。考虑平均气温为 −5℃。透风系数 $W = 1.45$，混凝土结构表面系数 $\psi = 12.1m^{-1}$。求混凝土冷却至 0℃的时间及其平均温度。钢材比热容 $C_s = 0.48kJ/(kg \cdot K)$，水泥水化速度系数 $V_{ce} = 0.013h^{-1}$，水泥累积最终放热量 $C_{ce} = 330kJ/kg$，混凝土拌合物比热容 $C_c = 0.9kJ/(kg \cdot K)$。

参 考 文 献

[1] 杨嗣信. 建国60年来我国建筑施工技术的重大发展[J]. 建筑技术, 2009(9): 774-778.

[2] 张亚英, 张波, 李小利. 高职"建筑施工技术"精品课程建设实践与思考[J]. 北京工业职业技术学院学报, 2008(1): 80-83.

[3] 教育部职业教育与成人教育司. 高等职业学校专业教学标准(试行): 土建大类 水利大类 环保、气象与安全大类[M]. 北京: 中央广播电视大学出版社, 2012.

[4] 中国建设教育协会, 等. JGJ/T 250—2011 建筑与市政工程施工现场专业人员职业标准[S]. 北京: 中国建筑工业出版社, 2011.

[5] 中华人民共和国住房和城乡建设部. GB 50666—2011 混凝土结构工程施工规范[S]. 北京: 中国建筑工业出版社, 2011.

[6] 中国建筑科学研究院, 等. JGJ 130—2011 建筑施工扣件式钢管脚手架安全技术规范[S]. 北京: 中国建筑工业出版社, 2011.

[7] 中国建筑标准设计研究院. 11G101-1 混凝土结构施工图平面整体表示方法制图规则和构造详图(现浇混凝土框架、剪力墙、梁、板)[S]. 北京: 中国计划出版社, 2011.

[8] 中国建筑标准设计研究院. 11G101-2 混凝土结构施工图平面整体表示方法制图规则和构造详图(现浇混凝土板式楼梯)[S]. 北京: 中国计划出版社, 2011.

[9] 中国建筑标准设计研究院. 11G101-3 混凝土结构施工图平面整体表示方法制图规则和构造详图(独立基础、条形基础、筏形基础及桩基承台)[S]. 北京: 中国计划出版社, 2011.

[10] 中国建筑标准设计研究院. 03G363 多层砖房钢筋混凝土构造柱抗震节点详图[S]. 北京: 中国计划出版社, 2011.

[11] 杨宗放, 郭正兴. 现代模板工程[M]. 北京: 中国建筑工业出版社, 1995.

[12] 张厚先, 陈德方. 高层建筑施工[M]. 北京: 北京大学出版社, 2006.

[13] 建筑施工手册(第三版)编写组. 建筑施工手册[M]. 3版. 北京: 中国建筑工业出版社, 1997.

[14] 侯君伟. 近20年来我国建筑技术的创新[J]. 建筑技术, 2001, 11: 728-731.

[15] 刘宗仁. 建筑施工技术[M]. 北京: 北京科学技术出版社, 1993.

[16] 阎西康, 张厚先, 赵春艳. 建筑工程施工[M]. 北京: 人民交通出版社, 2006.

[17] 秦春芳. 建筑施工安全技术手册[M]. 北京: 中国建筑工业出版社, 1991.

[18] 《桩基工程手册》编写委员会. 桩基工程手册[M]. 北京: 中国建筑工业出版社, 1995.

[19] 潘蕭. 模板工程施工图册[M]. 北京: 中国建筑工业出版社, 1993.

[20] 杨嗣信. 高层建筑施工手册[M]. 北京: 中国建筑工业出版社, 2002.

[21] 孙沛平. 建筑施工技术[M]. 北京: 中国建筑工业出版社, 2000.

[22] 杜荣军. 建筑施工脚手架实用手册[M]. 北京: 中国建筑工业出版社, 1994.

[23] 郭正兴, 王玉岭, 姜波.《混凝土结构工程施工规范》GB 50666—2011 编制简介——模板工程[J]. 施工技术, 2012, 41(3 上): 5-10.

[24] 赵挺生, 唐菁菁, 周萌. 模板工程结构的承载能力计算与变形验算[J]. 施工技术, 2012, 41(3上): 21-56.

[25] 中华人民共和国住房和城乡建设部. GB 50009—2012 建筑结构荷载规范[S]. 北京: 中国建筑工业出版社, 2012.

[26] 中华人民共和国建设部. GB 50017—2003 钢结构设计规范[S]. 北京: 中国计划出版社, 2003.

[27] 中国建筑科学研究院. GB 50204—2002 混凝土结构工程施工质量验收规范(2011年版)[S]. 北京: 中国建筑工业出版社, 2011.